“十二五”职业教育国家规划教材
经全国职业教育教材审定委员会审定

无土栽培教程

第 2 版

王振龙　主编

中国农业大学出版社
· 北京 ·

内容简介

本教材为“十二五”职业教育国家规划教材。内容包括营养液配制与管理、基质混配与处理等基本理论知识与技能，以及无土育苗、水培、雾培、基质培、立体栽培、蔬菜树状栽培、阳台种菜养花、芽苗菜生产、植物营养诊断与病虫害防治、设施建造、环境调控和工厂化生产管理等无土栽培管理技术。

教材编写本着借鉴与创新的原则，基于无土栽培生产与管理岗位能力要求与工作任务，广泛吸纳行业最新科技成果、企业先进成熟技术和生产实践经验，体现科学性、实用性、先进性。如在教材中增加了观光农业、都市园艺、阳台农业等相关的蔬菜树状栽培、墙式栽培、阳台种菜养花、基地项目规划设计和生产成本核算、农产品合同起草，以及与生产管理相关的知识与技能等内容。此外，基于行动导向理论，创新项目教材结构，以项目为载体，以任务为导向，主动适应“做中学”的需要，更加体现职教特色和鲜明的时代性。

本教材适合农林院校园艺、植物营养、生物技术专业学生和相关农事企业技术和管理人员、专业户使用。

图书在版编目(CIP)数据

无土栽培教程/王振龙主编. —2 版. —北京：中国农业大学出版社，2014.9(2022.10 重印)
ISBN 978-7-5655-1056-4

Ⅰ.①无… Ⅱ.①王… Ⅲ.①无土栽培-教材 Ⅳ.①S317

中国版本图书馆 CIP 数据核字(2014)第 191579 号

书　　名 无土栽培教程　第 2 版
作　　者 王振龙　主编

策划编辑 郭建鑫　姚慧敏　伍　斌　　**责任编辑** 韩元凤
封面设计 郑　川
出版发行 中国农业大学出版社
社　　址 北京市海淀区圆明园西路 2 号　　**邮政编码** 100193
电　　话 发行部 010-62818525，8625　　读者服务部 010-62732336
编辑部 010-62732617，2618　　出　版　部 010-62733440
网　　址 http://www.cau.edu.cn/caup　　**e-mail** cbsszs @ cau.edu.cn
经　　销 新华书店
印　　刷 北京时代华都印刷有限公司
版　　次 2014 年 11 月第 2 版　　2022 年 10 月第 4 次印刷
规　　格 787×1 092　　16 开本　　20.25 印张　　505 千字
定　　价 52.00 元

中国农业大学出版社
“十二五”职业教育国家规划教材
建设指导委员会专家名单
（按姓氏拼音排列）

编审人员

主　编	王振龙	辽宁农业职业技术学院
副主编	黄广学	北京农业职业学院
	陈艳丽	海南大学
	彭世勇	辽宁农业职业技术学院
	程贵兰	辽宁农业职业技术学院
	张　青	海城三星生态农业有限公司
	王洪安	沈阳城市公用集团
	王　翀	沈阳市农科院
参　编	刘全国	唐山职业技术学院
	张　瑜	黑龙江农业职业技术学院
	姜　闯	海城三星生态农业有限公司
	王兴东	辽宁省果树科学研究所
	张　燕	信阳农林学院
	韩德伟	辽宁农业职业技术学院
	夏中强	辽宁农业职业技术学院
	方其仙	云南农业职业技术学院
	李常英	潍坊职业学院
	矫天育	辽宁农业职业技术学院
	王晓峰	辽宁省农科院蔬菜研究所
	孙晓艳	凌源市职教中心
主　审	王国东	辽宁农业职业技术学院
	王月英	北京农业职业学院

◆◆◆◆◆前　言

无土栽培是以矿物质营养学说为理论基础逐步完善和不断发展起来的一项农业高新技术。目前，许多发达国家已逐步实现了无土栽培的集约化、自动化、现代化、工厂化生产和高产、高效、优质和低耗的目的，成为设施园艺的关键技术和生态农业的技术支撑，并被广泛采用，使设施园艺作物的产量和品质大幅度提高，开辟了农业生态环境保护的新途径。无土栽培的优越性得到充分体现，其重要性也已被世人所公认，无土栽培生产技术的发展水平和应用程度已成为世界各国农业现代化水平的重要标志之一。

我国无土栽培的研究及应用在20世纪70年代后期才开始，但随着改革开放、国际交流和旅游业的发展而得到飞速发展。到2000年全国无土栽培面积已急增至500 hm^2 以上，无土栽培的作物种类不断增多，无土栽培系统和栽培方式不断推陈出新，并呈现出明显的多样化、区域化、规模化特点，客观上显著促进了我国设施农业、观光农业和都市园艺的发展。随着国家级、省市级农业高科技示范园区和无公害优质农产品市场的相继建立，以及绿色食品生产的需要，更加促进了无土栽培技术的推广应用。如今，在我国大力发展现代农业，积极推进生态农业、观光农业和都市园艺，加快社会主义新农村建设的新形势下，并随着人们环保意识、食品安全和改善生活质量意识的增强，无土栽培凭借自身独特的技术优势必将成为促进我国现代农业、设施农业、生态农业、旅游观光农业、都市农业和节水农业发展强有力的技术支撑，也会成为解决人口增长、耕地减少、土壤连作障碍、水资源匮乏等现实和实现农民增收、农业增效的有效手段、重要途径。在行业不断发展、技术不断革新、应用领域不断扩大，以及大力发展职业教育，推行工学结合、理实一体教学模式的大背景下，及时修订教材，力求反映行业发展与技术应用领域的新技术、新成果、新理论和新动态，同时适应现代职业教育，旨在更好地总结、宣传、推广和应用无土栽培技术和培养出更多从事园艺无土栽培的职业类人才。

在教材修订过程中，我们本着借鉴与创新的原则，基于无土栽培生产与管理岗位能力要求与工作任务，广泛吸纳最新科研成果、行业企业的成熟技术、教学与生产实践经验，力求教材在内容上体现科学性、实用性、先进性，在形式上创新工学结合项目教材。如在教材中增加了蔬菜树状栽培、墙式栽培、阳台农业、基地规划设计、生产成本核算、农产品合同起草等新内容。

教材修订遵循职教规律、认知规律，基于行动导向理论和岗位能力分析，并结合农业生产特点和职业院校大学生现状，模块化设计、递进式编排教材内容，并且以能力培养为主线，以素质教育为着眼点，理实结合，以期适应项目驱动、任务导向式的“做中学”和“学中教”的现代职教模式，更加突出职教特色和育人的针对性。全书项目编排从用品准备、设施建造、生产计划到育苗与栽培实践，每个项目自成体系，图文并茂，通俗易懂，适合国内农业职业院校园艺、植物营养和生物技术专业学生和相关农事企业、专业户使用。

本书在充分调研的基础上，校企合作修订原版教材。在此过程中，得到了全国 11 所职业院校专业教师和三家科研单位、两家企业的领导、教师和行业技术人员的大力支持、积极参与和认真编写，最后由副主编、主编统稿。在此一并表示感谢！由于水平所限，书中难免有不妥之处，敬请读者不吝赐教。

编　者

2014 年 5 月

目　录

项目 1　技术概览 …… 1
任务 1-1　技术解读 …… 1
任务 1-2　无土栽培类型的识别 …… 11
项目 2　营养液配制与管理 …… 16
任务 2-1　营养液配制 …… 17
任务 2-2　营养液管理 …… 34
项目 3　基质混配与处理 …… 53
任务 3-1　固体基质理化性质的测定 …… 54
任务 3-2　基质混配与处理 …… 61
项目 4　无土育苗技术应用 …… 71
任务 4-1　莴苣普通无土育苗 …… 72
任务 4-2　番茄工厂化育苗 …… 84
任务 4-3　矮牵牛工厂化育苗 …… 95
项目 5　水培和雾培技术应用 …… 107
任务 5-1　番茄 DFT 水培 …… 108
任务 5-2　莴苣 NFT 水培 …… 121
任务 5-3　马铃薯槽式雾培 …… 133
项目 6　基质培技术应用 …… 143
任务 6-1　甜瓜槽培 …… 143
任务 6-2　红掌槽培 …… 155
任务 6-3　彩椒袋培 …… 163
任务 6-4　蝴蝶兰钵栽 …… 170
任务 6-5　西瓜有机生态型无土栽培 …… 180
项目 7　立体栽培技术应用 …… 191
任务 7-1　紫背天葵立柱栽培 …… 191
任务 7-2　西芹管道水培 …… 200
任务 7-3　油菜墙式基质培 …… 207
任务 7-4　番茄树状水培 …… 214
任务 7-5　草莓立架式基质培 …… 220

项目 8　芽苗菜生产 …… 227
任务 8-1　豌豆苗生产 …… 227
项目 9　阳台无土栽培 …… 238
任务 9-1　阳台种菜 …… 238
任务 9-2　阳台养花 …… 252
项目 10　无土栽培环境调控与病虫害防治 …… 263
任务 10-1　无土栽培环境调查与调控 …… 264
任务 10-2　无土栽培病虫害调查 …… 275
项目 11　无土栽培基地规划设计与生产管理 …… 289
任务 11-1　无土栽培基地规划设计 …… 290
任务 11-2　工厂化无土栽培生产管理 …… 295
附录 …… 306
附录Ⅰ　无土栽培常用营养液配方选集 …… 306
附录Ⅱ　无土栽培课程考核方案(参考) …… 310
附录Ⅲ　项目/任务________学习评价表 …… 311
参考文献 …… 312

项目1

技术概览

无土栽培技术是以矿物质营养学说为理论基础逐步完善和不断发展起来的一项农业高新技术，涉及营养液配制、基质混配与消毒、设施建造、无土育苗、栽培管理等多个技术环节，而在普通无土栽培发展起来的工厂化无土栽培具有技术标准化、设施自动化、生产精细化、操作规范化和管理集约化的特点。这就要求从业人员在学习无土栽培技术之前，应对该项技术有个全面的了解，形成正确的认识，对后续学习掌握相关知识与技能，提高操作与管理水平是非常必要的。

学习目标

☆ 终极目标：掌握无土栽培的基本知识，熟悉无土栽培工作岗位。

☆ 促成目标：

1. 了解无土栽培的发展与应用前景；
2. 能够识别无土栽培的常见栽培类型；
3. 掌握无土栽培的含义、实质、特点、要求与应用；
4. 转变学习观念与学习方式，准确定位学习角色，适应理实一体教学模式。

任务1-1 技术解读

任务描述

☆ 具体任务：①学习掌握无土栽培相关知识；②了解项目课程内涵和理实一体教学模式。

☆ 实施形式：个人自学与分组讨论相结合。

☆ 实施程序：教师介绍课程与教学模式→下发任务工单→学生自学→组内讨论→组间分享→师生点评→现场考评。

任 务 分 析

高质量完成本次及学期学习任务，是以学生（学员）具有较强的自学能力和积极主动自学为前提，在教师（师傅）组织指导下进行，才能达到预期效果。作为课程理实一体教学的序幕和开篇之举，要求教师（师傅）高度重视首堂课，引导学生理解、认同全新的教学模式，转变学习观念与学习方式；学生（学员）主动适应学习角色，掌握学习方法，积极主动自学，在学习中培养和提高自学能力；师生共同努力，为今后顺利实施课程理实一体教学奠定基础。

【任务实施】

表 1-1-1　教学设计

教学环节	教师任务	学生任务
1. 课前准备	①学生基础分析；②教学设计与教具准备；③制定任务工单、评价单。	
2. 课程介绍	①介绍课程性质、特点；②介绍项目课程内涵与理实一体教学模式；③介绍师生角色定位。	①课上听讲；②讨论、咨询相关问题。
3. 任务介绍	①下发任务工单、评价单；②介绍学习任务；③提出学习要求。	①接受任务工单、评价单；②了解学习任务；③提出相关疑问。
4. 任务实施	①巡回指导、答疑；②督导"一般"学生；③维持教学秩序。	①参照任务工单、教材自学；②做学习笔记。
5. 互动与分享	①组织组内、组间讨论交流；②随机参与组内讨论；③现场点评。	①组内讨论交流；②组间分享式交流；③组间点评。
6. 现场考评	①填写评价单。	①填写评价单。
备注	下发第二次教学任务工单。	接受任务工单。

【知识链接】

一、无土栽培的含义

无土栽培（soilless culture）是一种不用土壤而用营养液（图 1-1-1）或固体基质加营养液栽培作物（图 1-1-2）的种植技术。它是继 20 世纪 60 年代世界农业上的"绿色革命"之后兴起的一场新的"栽培革命"，改变了自古以来农业生产依赖于土壤的种植习惯，把农业生产推向工业化、商业化生产的新阶段。作为现代农业设施栽培的高新技术，其核心和实质是营养液代替土壤向作物提供营养，独立或与固体基质共同创造良好的根际环境，充分发挥作物的生产潜力，从而获得最大的经济效益或观赏价值。因此，无土栽培也称之为营养液栽培或养液栽培。因为营养液是以矿质营养学说为依据、人工配制而成，所以矿物质营养学说是无土栽培的理论基础。

图 1-1-1 水培

图 1-1-2 基质栽培

目前，我国广泛推广应用的以有机基质作载体，栽培过程中全程或阶段性浇灌营养液的有机基质栽培技术，特别是在固体基质中施用有机固体肥料、只浇清水的有机生态型无土栽培技术，大大降低了一次性投资和生产成本，简化了操作环节，由此也丰富和拓展了传统无土栽培的内涵。

二、无土栽培的特点

(一)优点

1. 产量高，效益大，品质好，价值高

无土栽培的突出优点是产量高、效益大。无土栽培与设施园艺相结合，能合理调节作物生长发育的环境条件，尤其人工创造的根际环境能够妥善解决水气矛盾，使作物的生长发育更加协调，因而无土栽培更有利于充分发挥作物的生长潜能，实现高效栽培(表 1-1-2)。

表 1-1-2 几种作物无土栽培与土壤栽培的产量比较

作物	土壤栽培/(kg/667 m^2)	无土栽培/(kg/667 m^2)	相差倍数
菜豆	833	3 500	4.2
豌豆	169	1 500	9.0
水稻	76	379	5.0
马铃薯	1 212	11 667	9.6
莴苣	667	1 867	2.8
黄瓜	523	2 087	4.0
番茄	827～1 647	9 867～49 400	12～30

有机生态型无土栽培(见任务 1-2)蔬菜能达到 AA 级绿色食品标准，品质好，价值高，其他用营养液灌溉的无土栽培产品只能达到 A 级绿色食品标准。无土栽培的绿叶菜生长速度快，叶色浓绿，幼嫩肥厚，粗纤维含量少，维生素 C 含量高；果菜类商品外观整齐，开花早，结果多，着色均匀，口感好，营养价值高，产品洁净、鲜嫩、无公害。如无土栽培的番茄可溶性固形物高

出土壤栽培 280%左右，维生素 C 含量则由 18 mg/100 g 增加到 35 mg/100 g，总酸含量增加 3 倍，硬度达到 6.4 kg/cm^2，比土壤栽培提高 1 倍，维生素 A 含量略有增加，干物质含量增加近 1 倍。

无土栽培的花卉植株生长迅速、健壮，开花多而早、大而香，病虫害少，清洁卫生。如无土栽培的香石竹要比土壤栽培的提前 2 个月开花，每株多开 4 朵花，香味浓郁，花期长，上等品率高；无土栽培的仙客来花茎粗，花瓣多，商品质量高，提早上市。

温馨提示

绿色食品的含义与分类

绿色食品是无污染、优质、营养类食品的总称。根据中国绿色食品发展中心的规定，绿色食品分为 AA 级和 A 级两种。

1. AA 级绿色食品　是指在生态环境质量符合规定标准的产地，生产过程中不使用任何化学合成物质，按特定的生产操作规程生产、加工，产品质量及包装经检测、检查符合特定标准，并经专门机构认定，许可使用 AA 级绿色食品标志的产品。

2. A 级绿色食品　是指在生态环境质量符合规定标准的产地，生产过程中允许限量使用限定的化学合成物质，按特定的生产操作规程生产、加工，产品质量及包装经检测、检查符合特定标准，并经专门机构认定，许可使用 A 级绿色食品标志的产品。考虑到我国当前农业生产的具体条件，A 级绿色食品生产，可以限量使用少量化肥和农药，以不超过规定的标准为度，但化肥中的硝酸盐仍然是严加限制的。

2. 节省肥水和土地，省力又省工

无土栽培通过营养液按需供应水肥，能大幅度减少水分和养分的流失、渗漏和土壤微生物的吸收固定，充分被植物吸收利用。无土栽培耗水量只有土壤栽培的 1/10～1/4，一般可节水 70%以上（表 1-1-3），是发展节水型农业的有效措施之一。全世界土壤栽培肥料利用率大约只有 50%，我国的肥料利用率只有 30%～40%，而无土栽培按需配制和循环供应营养液，肥料利用率达 90%以上，即使是开放式无土栽培系统，营养液的流失也很少，从而大大降低生产成本。无土栽培不需中耕、翻地、做畦、锄草等体力劳动，而且随着计算机和智能系统的使用，逐步实现了机械化和自动化操作，节省人力和工时，提高了劳动生产率。此外，还可以立体栽植作物，从而显著提高土地利用率。日本称无土栽培为“健幸乐美”农业。

表 1-1-3　茄子不同栽培方式的产量与耗水量比较

栽培方式	茄子产量/kg	水分消耗/kg	每千克茄子所需水量/kg
土培	13.05	5 250	200
水培	21.50	1 000	23
气培	34.20	2 000	26

3. 病虫害少，生产过程可实现无公害化

无土栽培属于设施农业，在相对封闭的环境条件下进行，严格控制生长条件，可为作物生长提供相对无菌和减少虫源的环境，在一定程度上避免了外界环境和土壤病原菌与害虫对植物的侵袭,加之植物生长健壮,因而病虫害轻微,也较易控制,这样在种植过程中可少施或不施农药,节省农药费用;不存在土壤种植中因施用有机粪尿而带来的寄生虫卵及重金属、化学有害物质等公害污染。

4.避免土壤连作障碍

设施土壤栽培常由于作物重茬而诱发土壤连作障碍,采用换土、土壤消毒、灌水洗盐等传统处置方法的局限性大,费工费时;通过增施化肥和不加节制地大量使用农药,又会造成生产成本的不断上升和环境污染日趋严重,植物产量、品质和效益急速下滑,甚至停种,而无土栽培可以从根本上避免和解决土壤连作障碍的问题,每收获一茬后,只要对栽培设施进行必要的清洗和消毒就可以种植下一茬作物。

5.极大拓展农业生产空间

无土栽培使作物生产摆脱了土壤的约束,极大扩展了农业生产的可利用空间,且不受地域限制,在荒山、河滩、海岛、沙漠、石山等不毛之地和城市的阳台和屋顶、河流、湖泊及海洋上,甚至宇宙飞船上都可以进行无土栽培。在温室等园艺设施内发展多层立体栽培,充分利用空间,以利于挖掘设施农业生产的潜力。

6.有利于实现农业生产的现代化

无土栽培是多学科、多种技术融合形成的一门综合性应用科学,加之计算机和智能系统的使用,可以按照人的意志组织生产,所以是一种“受控农业”,有利于实现农业机械化、自动化,从而逐步走向工业化、现代化。目前一些发达国家,已进入微电脑应用时代,供液及营养液成分的调控全部用计算机管理;在奥地利、荷兰、美国、日本、俄罗斯等国都有“水培工厂”,是现代化农业的标志。我国近十年来引进和兴建的现代化温室及配套的无土栽培技术,有力推动了我国农业现代化的进程。

(二)缺点

1.一次性投资较大,运行成本高

只有具备一定设施设备条件才能进行无土栽培,而且设施的一次性投资较大,尤其是大规模、集约化、现代化无土栽培生产投资更大,依靠种植一般作物回收投资是很难的。无土栽培生产所需肥料要求严格,营养液的循环流动、温度控制等能耗大,生产运行成本较土壤栽培高。高昂的运行费用迫使无土栽培必须尽量生产高附加值的园艺经济作物和高档的园艺产品,以求高额的经济回报。另外,必须因地制宜,结合当地的经济水平、市场状况和可以利用的资源条件选择适宜的无土栽培设施和形式。近年来,我国陆续研制出一些节能、低耗的简易无土栽培形式,大大降低了投资成本和运行费用。如浮板毛管水培技术、鲁SC型无土栽培、有机生态型无土栽培、袋培、立体栽培等都具有投资少、运行费用低、经济实用的特点。

2.技术要求较高

无土栽培过程的营养液配制、供应与调控技术较为复杂,要求管理人员具备相应的知识和技能,并且具有较高的职业素质。通过采用自动化设备、选用厂家生产的专用无土栽培肥料、采取简易无土栽培形式(如有机基质培等),可大大简化技术应用难度。

3. 管理不当，易发生某些病害的迅速传播

无土栽培生产属设施农业范畴，相对密闭的栽培环境湿度大，光照相对较弱，而水培形式中根系长期浸于营养液中，若遇高温，营养液中含氧量快速下降，根系生长和功能受阻；环境高温高湿，病菌快速繁殖，侵染植物，加之营养液循环流动，极易迅速传播，从而导致种植失败。如果栽培设施、种子、基质、器具、生产工具等消毒不彻底，操作不当，也容易造成病原菌的大量繁殖和传播。营养液缓冲能力差，水肥管理不当还容易出现生理性障碍。因此，从事作物无土栽培时，必须加强管理，规范操作，全面详细做好记录，以便复查核对，并在出现问题时迅速找出原因，及时解决。

三、无土栽培的要求

1. 要求比较严格的标准化技术

无土栽培所用的营养液缓冲性能低，根际环境控制水平是决定栽培成败的关键。营养液栽培中存在的一些问题，一般与根际环境管理密切相关。因此，无土栽培对环境条件的调控要求比较严格，而且管理方法也与土壤栽培（简称“土培”）不完全一样。只要我们掌握无土栽培的规律性，摸清各种环境因子对植物的影响及其相互间的关系，制定出合理的标准化技术措施，就能获得更好的栽培效果。

2. 必须有相应的设备和装置

无土栽培除了要求具有性能良好的环境保护设施之外，还需要一些专门设施、设备，以保证营养液的正常供给和有效。例如，采用循环供液方式时，必须有贮液池、栽培槽、营养液循环管道及水泵等无土栽培设施设备；为了准确判断与掌握营养液的浓度变化、供液量和供液时间，需要有相应的测定仪器，如电导仪、pH 计等。当然，土培时为使栽培管理科学化，也需要相应的生产与检测设备，但不如无土栽培要求严格。

3. 按营养液栽培的规律掌握关键措施

为了获得最好的栽培效果，必须最大限度地满足作物高产所需要的条件。无土栽培虽不能像土培那样采取合理蹲苗的技术措施来调节作物地上部与地下部、营养生长与生殖生长的关系，但可通过调节营养液浓度，控制供液量，增加供氧量，合理调节气温，以及应用生长抑制剂等措施来调节它们之间的关系。无土栽培特别重视营养液 pH 的调节，栽培上往往因营养液 pH 调控不当而引发多种生理性障碍。

为了减少某些侵染性及生理性病害对生产造成的损失，无土栽培较土培更加强调“以防为主”的病虫害防治原则。原因是无土栽培病害发生较快，甚至呈现爆发性的特点，一旦发病，即使采取有力措施加以控制，作物的生长发育也会受到很大的影响而造成减产；无土栽培施用的大量药剂也容易产生药害。在无土栽培实行标准化技术措施的前提下，以预防为主，一般能取得较好的栽培效果。

无土栽培生长速度快，为作物提早收获、缩短生长期和增加产量提供了有利条件，但有时也会对作物的平衡生长，特别是地上部与地下部、同化器官与经济器官之间生育上的平衡产生不良影响。例如，无土育苗时，如果不注意控制，则幼苗徒长，花芽分化延迟，抗性减弱，幼苗质量降低。因此，在无土栽培中，必须在很好利用“生长快”栽培优势的同时，通过温度、营养液供

给量及浓度等多方面的调控，使植株向健康方向发展，为高产奠定基础。“控”只有和“促”相结合，才能收到合理调节的效果。

四、无土栽培的应用

无土栽培是在可控条件下进行的，完全可以代替土培，但它的推广应用受到地理位置、经济环境和技术水平等诸多因素的限制，在现阶段和今后相当长时期内，无土栽培不能完全取代土培，其应用范围有一定的局限性。因此，要从根本上把握无土栽培的应用范围和价值。

1. 用于高档园艺产品的生产

目前，多数国家采用无土栽培方式生产洁净、优质、高档、新鲜、高产的无公害蔬菜产品，多用于反季节和长季节栽培。例如，露地很难栽培、产量低、质量好的七彩甜椒以及高糖生食番茄、迷你番茄、小黄瓜等可用无土栽培生产，供应高档消费或出口创汇，经济效益良好；切花、盆花无土栽培的花朵较大，花色鲜艳，花期长，香味浓，尤其是家庭、宾馆等场所无土栽培盆花深受消费者欢迎。草本药用植物和食用菌无土栽培，同样效果良好。

2. 在不适宜土壤耕作地区的应用

在沙漠、盐碱地等不适宜进行土壤栽培的不毛之地，可利用无土栽培大面积生产蔬菜和花卉，具有良好的效果。例如，新疆吐鲁番西北园艺作物无土栽培中心在戈壁滩上兴建了112栋日光温室，占地面积34.2 hm^2，采用河沙基质槽式栽培形式种植蔬菜作物，产品在国内外市场销售，取得了良好的经济和社会效益。

3. 在土壤连作障碍严重的保护地应用

无土栽培技术作为解决温室等保护地生产土壤连作障碍的有效途径已被世界各国广泛应用。适合国情的各种无土栽培形式在设施园艺上的应用，同样成为彻底解决土壤连作障碍问题的有效途径，在我国设施园艺迅猛发展的今天，更具有重要的现实意义。

4. 在家庭园艺中的应用

利用小型无土栽培装置，利用家庭阳台、楼顶、庭院、居室等空间种菜养花，既有娱乐性，又有一定的观赏和食用价值，便于操作、洁净卫生，可美化环境，适应人们返璞归真、回归自然的心理。这是一种典型的“都市农业”和“室内园艺”栽培形式。

5. 在观光农业、生态农业和农业科普教育上应用

目前，观光农业已成新兴产业，建设生态酒店（餐厅）、生态停车场、生态园，成为倡导人与自然和谐发展新观念的一大亮点，高科技示范园成为展示未来农业的窗口，许多现代化无土栽培基地已成为中小学生的农业科普教育基地，而无土栽培是这些园区或景观采用最多的栽培形式和主要的技术支撑，尤其是一些造型美观、独具特色的立体栽培方式如蔬菜树状栽培等，更受人们的青睐。

6. 在太空农业上应用

在太空舱中采用无土栽培技术生产绿色食品是最有效的方法。目前无土栽培技术在太空农业上的研究与应用正发挥着重要的作用。如美国肯尼迪宇航中心应用无土栽培技术来生产宇航员所需的一些粮食和蔬菜已获成功，并取得了很好的效果。

五、无土栽培的现状与展望

1. 国外无土栽培的发展现状与展望

目前应用无土栽培技术生产园艺作物的国家和地区已达100多个，栽培技术不断发展日趋成熟，应用范围和栽培面积不断扩大，经营与技术管理水平不断提高，实现了集约化、工厂化生产。蔬菜主要以营养液膜水培和岩棉基质培为主；花卉主要以基质栽培为主。具有代表性的国家有美国、日本和荷兰等。美国目前无土栽培面积不大，且多集中在干旱、沙漠地区，但美国的无土栽培技术家庭普及率高，开发出大量小规模、家用型的无土栽培装置，其无土栽培研究的重点放在太空农业中的无土栽培技术上。日本水培技术国际领先，其自主开发的深液流栽培技术已演化出多种形式。1999年日本无土栽培面积达到1 056 hm^2，主要以岩棉培、深液流水培和营养液膜水培为主，主要栽培草莓、番茄、青椒、黄瓜、甜瓜和花卉，现正将“蔬菜工厂”实用化，全国植物工厂达40处。荷兰是世界无土栽培最发达的国家之一，2000年无土栽培面积已超过10 000 hm^2 以上，主要栽培形式是岩棉培，占无土栽培总面积的2/3，主要种植番茄、黄瓜、甜椒和花卉，生产高度自动化、现代化。目前发达国家无土栽培技术的新进展大致可归纳为以下几点：采用机器人进行精确移苗与定量灌溉；正在寻找草炭、岩棉等基质的替代品，以降低生产成本和防止环境污染，如英国采用椰壳纤维育苗；营养液配制实现自动化和电脑控制，以及根据太阳辐射来调整植物所需的元素等。

无土栽培技术的发展，使人类对作物不同生育时期的栽培环境(地上和地下)条件进行精密控制成为可能，从而使农业生产有可能彻底摆脱自然条件的制约，按照人类的愿望，向着空间化、机械化、自动化和工厂化的方向发展，将会使农作物的产量和品质得以大幅度提高。1981年在英国北部坎伯来斯福尔斯建成世界上最大的“番茄工厂”，面积为8 hm^2。美国的怀特克公司、艾克诺公司，加拿大的冈本农园，日本的富士农园、三浦农园、原井农园等都建有实用化的植物工厂。

2. 我国无土栽培的发展现状与展望

自20世纪70年代我国开始在生产中应用无土栽培技术以来，无土栽培技术的开发应用取得了明显成效，研究开发出符合国情国力的无土栽培设施与配套技术。北京的蛭石袋培与有机基质培、江苏的岩棉培和简易营养液膜水培、浙江的稻壳熏炭基质培和深水培、广东的深水培和椰壳渣基质培等均各具特色。其中，中国农业科学院蔬菜花卉研究所推出的有机生态型无土栽培技术，具有国际领先水平；江苏省农科院和南京玻纤院合作研制成功的农用岩棉和岩棉培技术填补了国内空白并已投产；无土栽培技术在阳台园艺栽培和有关试验中的应用也初见成效；由中国农科院蔬菜花卉研究所研究开发的无土栽培芽苗菜的生产也发展很快。2000年我国无土栽培面积急速扩大到500 hm^2 以上，现仍处于蓬勃发展的势头中。西瓜、甜瓜、草莓等20多种蔬菜花卉无土栽培技术达到成熟，栽培规模不断扩大。从栽培形式来看，南方以广东为代表，以深水培为主，槽式基质培也有一定的发展，还有少量的基质袋培；东南沿海、长江流域以江浙沪为代表，以浮板毛管、营养液膜水培为主，有一部分深液流水培，近年来有机基质培发展迅速；北方广大地区以基质培为主，有部分进口岩棉培，北京地区有少量的深液流浮板水培；无土栽培面积最大的新疆戈壁滩，主要推广鲁

SC 型改良而成的沙培技术为主，到 20 世纪 90 年代末，其沙培蔬果的面积已占全国无土栽培面积的 1/3。今后遵循就地取材、因地制宜、高效低耗的原则，我国无土栽培形式将呈现以基质培为主，多种形式并存的发展格局。经济发达的沿海地区和大中城市将是现代化无土栽培发展的重点地区，已作为都市农业和观光农业的主要组成部分，必将会有更大的发展；成本低廉、管理简单的简易槽式基质培等和其他无土栽培形式将是大规模生产应用、推广的主要形式。

【拓展学习】

一、无土栽培发展简史

作物无土栽培技术研究与应用的历史历经 140 多年，大体上可分为试验研究、生产应用和规模化、集约化与自动化生产应用 3 个时期。

1. 试验研究时期(1840—1930 年)

1840 年德国化学家李比希提出了植物以矿物质为原始养分的"矿质营养学说"，为科学的无土栽培奠定了理论基础。1865 年萨克斯和克诺普共同设计一种水培植物的装置(图 1-1-3)，配制出克诺普营养液，用于栽培植物试验获得成功，总结了许多水培过程的管理方法。此后其他科学家通过对营养液的深入研究，提出了许多标准的营养液配方。美国科学家霍格兰和阿农提出了营养液中添加微量元素的必要性，并对营养液中各种营养元素的比例和浓度进行了大量的研究，在此基础上发表的标准营养液配方，至今仍被广泛使用。

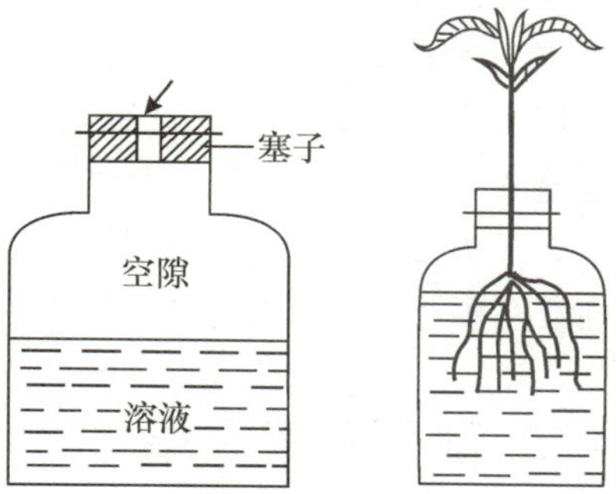

图 1-1-3　萨克斯和克诺普的水培装置

这一时期主要是科学家先后用营养液进行植物生理学方面的试验，无土栽培只作为一种试验手段，在试验室探索植物的营养源问题，还未意识到这种先进农业生产技术的应用价值。

2. 生产应用时期(1830—1960 年)

无土栽培技术最早应用于生产的是 1929 年美国加利福尼亚大学的格里克，他利用自己设计的"水培植物设施"(图 1-1-4)成功种出一株植株高 7.5 m、单株果实重量达 14.5 kg 的水培番茄，在科技界引起了轰动，同时对全世界无土栽培的兴起和发展也产生了深远的影响。后来美国又试验成功沙培、砾培技术。20 世纪 50 年代以后开始进入实际应用阶段。从这个时期起意大利、西班牙、法国、英国、瑞典、以色列、前苏联等国广泛开展了相关研究与实际应用，无土栽培理论和技术趋于完善和成熟，到 60 年代无土栽培出现了蓬勃发展的局面。

3. 规模化、集约化、自动化生产应用时期(1960 年至今)

20 世纪 60 年代以后，随着温室等设施栽培的迅速发展，在种植业形成了一种新型农业生产方式——可控环境农业(CEA)，而且近二十几年来发展非常迅速，无土栽培作为 CEA 中的重要组成部分和核心技术，充分吸收传统农业技术中的精华，广泛采用现代农业技术、信息技术、环境工程技术及材料科学技术等，将多学科研究成果加以融合和综合应用，使自身迅速发

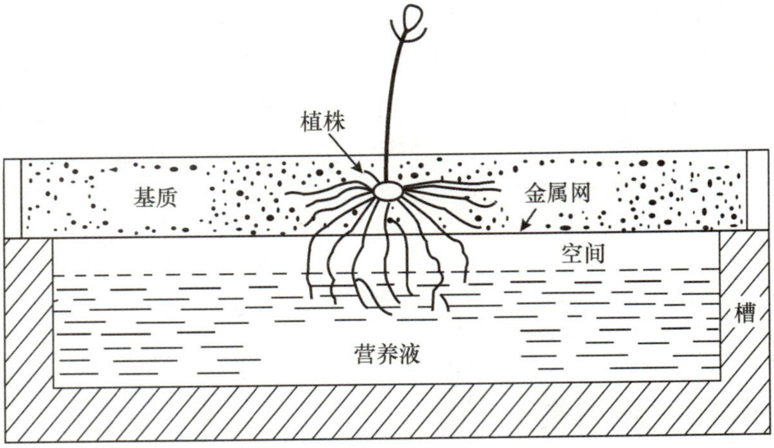

图 1-1-4 格里克的"水培植物装置"

展为设施配套齐全的现代化高新农业技术，逐步实现了机械化、自动化和集约化，已成为设施生产中一项省工、省力、能克服连作障碍、实现优质高效农业的一种理想模式，该项技术已在世界范围内广泛研究和推广应用，生产规模日渐扩大，大型的机械化或自动化的植物工厂在世界各地建立，代表着未来无土栽培技术的发展方向。国际无土栽培学会(ISOSC)的成立，有力推动了世界无土栽培技术的发展，无土栽培逐渐也从园艺栽培学中分离出来并独立成为一门综合性应用科学，成为现代农业新技术与生物科学、作物栽培相结合的边缘科学。

二、项目课程介绍

1. 理实一体教学模式

无土栽培课程的理实一体教学模式是基于行动导向理论，以完成工作任务为主要学习方式，以生产合格的产品为主线，以项目和具体的工作任务为载体，以培养和提升学生职业能力为目标，做中学和学中做，理论实践相融合，知识学习与能力提升、素质培养同步。教学实施大致程序见图 1-1-5。

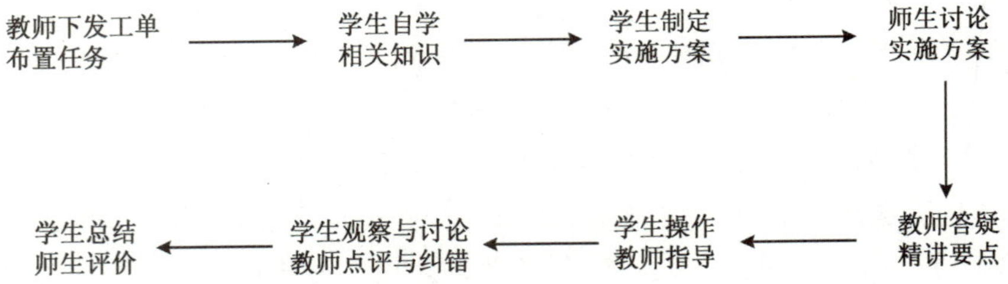

图 1-1-5 理实一体教学程序

2. 师生角色定位

课程基于工作过程实施理实一体教学，改变先理论、后实践的授课方式和以教师为主体的被动学习方式，突出"能力本位"的教学理念和学生的主体地位，实现教学场景真实化，教学过程工作化，教师师傅化，学生员工化，知识学习与能力素质培养同步化。师生只有在观念和角色上实现真正的转变,才能很好地适应理实一体教学模式,才能构建良性的师生互动关系和职业化的课堂,从而提高学生职业能力,使学生顺利向职业人过渡。理实一体教学模式下师生角色定位见表 1-1-4。

表 1-1-4 理实一体教学模式下师生的角色定位

身份属性	教师	学生
角色定位	能者;师傅;指导员;技术顾问;被学习者;学习者;学生的朋友。	学习者;徒弟;工作者;合作者;项目组成责任人或成员;教师的朋友。

任务 1-2 无土栽培类型的识别

任务描述

☆ 具体任务:识别常见无土栽培类型。
☆ 实施形式:现场参观与分组讨论相结合。
☆ 实施程序:教师下发任务工单→学生自学→观看视频→现场参观→组内讨论→组间分享→师生评价点评→现场考评。

任务分析

园艺作物无土栽培之前,首先应确定栽培对象和栽培类型。依据各种无土栽培类型及其栽培装置的主要特点,准确观察,就能够准确判定出无土栽培类型。

【任务实施】

表 1-2-1 教学设计

阶段任务	教师任务	学生任务
1. 课前准备	①下发任务工单;②准备相关素材。	①对照任务工单要求自学;②观看视频、动画。
2. 现场参观	①就近联系组培企业或科研单位;②强调纪律,明确具体的参观任务。	①做好参观前的准备;②识别无土栽培类型。
3. 组内讨论	①提出问题;②巡回答疑解惑。	①针对问题展开分析;②提出相关疑问。
4. 互动与分享	①现场"主持"组间讨论;②现场纠错与点评。	①各小组选派代表发言;②组间点评。
5. 现场考评	①填写评价单。	①填写评价单。

【知识链接】

无土栽培的类型

无土栽培的类型很多，目前还没有统一的分类方法。按照是否使用基质，可分为基质栽培和无基质栽培，进而根据技术特点、设施构造和固定材料的不同又细分为多种类型；按其消耗能源多少和对生态环境的影响，可分为有机生态型和无机耗能型无土栽培（图 1-2-1）。不同的无土栽培类型在技术难度、应用效果、一次性投资额度等方面差别很大。要想从事作物无土栽培，首先必须掌握各种无土栽培类型的特点与具体应用技术，再根据栽培作物的种类与特性、当地的技术与经济条件来选择适当的无土栽培类型。

- 无土栽培
  - 按照是否使用固体基质划分
    - 无固体基质栽培
      - 水培：包括深液流水培（DFT）、营养液膜水培（NFT）、浮板毛管水培（FCH）、浮板水培（FHT）和动态浮根水培（DRF 等）。
      - 雾培：包括喷雾培和半喷雾培两种。
    - 固体基质栽培
      - 无机基质培：包括沙培、陶粒培、珍珠岩培、岩棉培、蛭石培、炉灰渣培等。
      - 有机基质培：包括草炭培、塑料泡沫培、锯木屑培、树皮培、砻糠灰培、蔗渣培等。
      - 复合基质培：基质由无机基质与有机基质按比例混合而成。
  - 按照耗能多少及对环境的影响划分
    - 无机耗能型无土栽培
    - 有机生态型无土栽培

图 1-2-1　无土栽培的类型

（一）无固体基质栽培

无固体基质栽培是指植物根系生长在营养液或含有营养成分的潮湿空气中的一类栽培形式。它又可分为水培和雾培两大类型。

1. 水培

水培是指植物大部分根系直接生长在营养液的液层中（图 1-1-1）。根据营养液液层的深浅分为多种栽培形式（表 1-2-2）。不同水培形式各有优缺点，应根据不同地区的生产实际灵活选用。

2. 雾培

雾培，又称喷雾培或气培，是作物根系悬挂在封闭、不透光的容器（槽、箱或床）内，营养液通过特殊装置形成水雾，间歇性地将营养液喷到作物根系上，以提供作物生长发育所需水分和养分的一类无土栽培技术。这种方法可同时解决根系对养分、水分和氧气的需求，但因雾培设备投资大，根际温度受气温影响大，设备和管理水平要求高，大多应用在立体栽培和观光农业生产上。雾培的栽培类型有 A 型（或梯形）雾培、立柱式雾培和半雾培三种类型（图 1-2-2）。其中，特殊类型是半喷雾培（可看作是水培的一种类型），即部分根系生长在浅层的营养液层或短时间浸没在雾状的营养液中，大部分根系或多数时间根系在雾状营养液的空间内。

表 1-2-2 水培类型的比较

水培类型	英文缩写	液层深度/cm	营养液状态	特点
营养液膜技术	NFT	1～2	流动	根系置于定植槽底。
深液流技术	DFT	4～10	流动	植株悬挂在定植板上，部分根系浸入营养液中。
浮板毛管技术	FCH	5～6	流动	营养液中有浮板，上覆无纺布，部分根系分布在无纺布上。
浮板水培技术	FHT	10～100	流动或静止	植物定植在浮板上，浮板在营养液中自然漂浮。
动态浮根技术	DRF	8→4→8（液层动态变化）	流动	植株悬挂在定植板上，在营养液灌溉时，根系随营养液的液位变化而上下左右波动。

A型雾培　　立柱式雾培　　半雾培

图 1-2-2 雾培类型

(二)固体基质栽培

固体基质栽培简称基质培，是指通过各种天然或人工合成的固体基质固定根系，作物从基质中吸收营养和氧气的一类栽培形式。基质培的最大特点是有基质固定根系，并借以保持和充分供应营养和空气，能够很好地协调水、肥、气三者矛盾，设备投资较低，便于就地取材，生产性能优良而稳定。但基质会占用部分投资，生产用量和所占体积较大，填充、消毒、再利用费用较高，费时费工，后继生产资料消耗较大。

根据生产上选用的基质不同，基质培分为无机基质培、有机基质培和复合基质培；根据栽培形式的不同分为槽培、箱培和盆栽、袋培、立体栽培等。

1. 无机基质栽培

是指用河沙、岩棉、珍珠岩、蛭石等无机基质作为栽培基质的栽培形式。其中，应用最广泛的首推岩棉培，在西欧、北美的基质栽培中占绝大多数。我国则以珍珠岩培、蛭石培、煤渣培和沙培等作为常用的无机基质栽培方式。陶粒培大多用于花卉无土栽培。目前无机基质培发展最快，应用范围较广。

2. 有机基质栽培

是指用草炭、木屑、稻壳、树皮、菇渣等有机基质作为栽培基质的栽培形式。由于这类基质为有机物，所以在使用前多做发酵处理，以保持理化性状的稳定，达到安全使用的目的。实践中应根据不同地区的资源状况，选择合适的有机基质栽培形式。

3.复合基质栽培

是指以有机、无机基质按适当比例混合而成的复合基质作为栽培基质的基质栽培形式。复合基质可改善单一基质的理化性质，提高基质的使用效果，而且可就地取材，配方选择灵活，因而基质成本较低。复合基质栽培是目前我国应用最广、成本最低、使用效果最稳定的无土栽培形式。

(三)有机生态型无土栽培与无机耗能型无土栽培

有机生态型无土栽培是指全部使用固态有机肥代替营养液，灌溉时只浇清水的一种基质栽培类型，其排出液对环境无污染，能生产合格的绿色食品，应用前景广阔。无机耗能型无土栽培是指全部用化肥配制营养液，营养液循环中耗能多，排出液污染环境和地下水，生产出的食品中硝酸盐含量较高或超标，不符合绿色食品的要求，如果硝酸盐含量得到有效控制，则能生产无公害食品。传统的无土栽培属于无机耗能型无土栽培类型。

【拓展学习】

自主学习平台：

1.中国无土栽培网：

http://www.chinasoilless.com/tech.html

2.无土栽培网：

http://www.wutu8.com/

【学习总结】

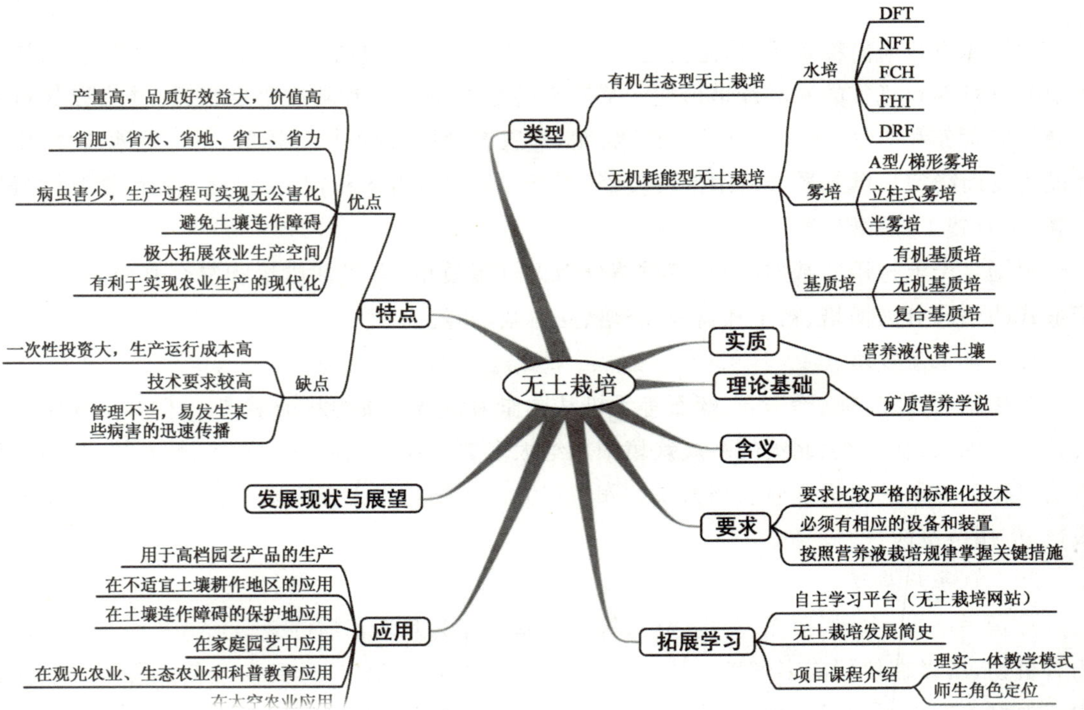

【能力测试】

1. 无土栽培与土壤栽培相比，具有哪些优越性？
2. 如何辩证理解“土壤是农业生产的基础”这句话？
3. 为什么说营养液是无土栽培的核心？
4. 如何选择无土栽培类型？
5. 作物在无土栽培条件下会改变自身的生物学特性吗？
6. 比较不同无土栽培类型之间的不同点。

项目2

营养液配制与管理

根据生产要求，配制营养液是蔬菜花卉无土栽培的基本操作技能和非常重要的技术环节。无土栽培的成功与否在很大程度上取决于营养液配方和浓度是否合适、营养液管理能否满足植物生长发育的需求。因此，可以说营养液的配制与管理是无土栽培的基础和核心技术。只有深入了解营养液的组成、变化规律及其管理技术，才能真正掌握无土栽培的精髓；只有正确配制和合理使用营养液，才能保证获得高产、优质、快速的无土栽培效果。

学习目标

☆ 终极目标：能够根据生产要求，熟练、准确配制和科学管理营养液。

☆ 促成目标：

1. 能够识别相关试剂与肥料，清楚其作用；
2. 了解营养液的组成、类型，掌握营养液的组成原则；
3. 理解营养液配方的含义、类型、设计原则与方法，掌握常用的营养液配方；
4. 掌握营养液配制方法与操作规程，会化验水质和配制营养液；
5. 会使用电导率仪、pH 计等设备，能够准确检测营养液的 pH、EC 值和溶存氧；
6. 根据园艺作物的种类与生育期，能够科学管理营养液；
7. 具备职业态度、协作意识、责任心和分析解决问题的能力。

任务 2-1 营养液配制

任务描述

☆ 具体任务：①化验水质；②配制园试配方 100 倍 A、B 母液和 1 000 倍 C 母液；③配制园试配方 1 000 倍工作液。

☆ 具体方法：①水质化验采用络合滴定法；②母液直接配制；③工作液直接配制或通过母液稀释。

☆ 操作要求：符合操作程序和技术要求，操作规范、熟练。

任务分析

营养液配制包括母液配制和工作液配制，一般在生产现场配制母液，再稀释成工作液使用。配制用水需提前化验，以便实际配制时适当调整。准确配制营养液，是做好营养液管理和正常生产的必要前提，要求配制人员具有高度责任心，熟悉配制所需肥料(或试剂)，科学计算用量；熟练掌握配制方法、技术要求与操作流程，会使用相关设备用具。生产初始配制或更换营养液，工作量相对较大，操作工序多，技术上要求严格，一般要求多人合作完成，并填写配制记录表，登记备案。学生(新员工)经培训合格后方能参与配制生产用营养液。

【任务实施】

子任务1 水质化验

一、准备用品

1. 水源

自来水或生产现场的地下水样。

2. 药剂

氢氧化钠(NaOH)；氯化铵(NH_4Cl)；氨水($NH_3 \cdot H_2O$)；无水硫酸钠(Na_2SO_4)；氯化钠(NaCl)；七水硫酸镁($MgSO_4 \cdot 7H_2O$)；乙二铵四乙酸二钠盐(Na_2-EDTA)；铬黑 T 指示剂(H_2In)；钙指示剂；甘油。

3. 仪器与用具

托盘天平（或分析天平）；干燥器；碱式滴定管；研钵；50 mL 量筒、250 mL 容量瓶；500 mL 烧杯；250 mL 锥形瓶；移液管；50 或 100 mL 棕色瓶；pH 计或 pH 试纸；滤纸。

二、配制药液

6 mol/L NaOH 溶液：称取 24 g NaOH 溶于 100 mL 水中，充分溶解。

pH 10 的 NH_3(aq)-NH_4Cl 缓冲液：称取 6.75 g NH_4Cl 溶于 20 mL 水中，加入 57 mL 氨水（15 mol/L），然后用水稀释到 100 mL。

0.5 %铬黑指示剂：将铬黑 T 与固体无水 Na_2SO_4 或 NaCl 以 1∶100 比例混合，研磨均匀，放入干燥的棕色瓶中，保存于干燥器内。

1%钙指示剂：钙指示剂与固体无水 Na_2SO_4 以 2∶100 比例混合，研磨均匀，放入干燥的棕色瓶中，保存在干燥器内。

0.01 mol/L Mg^{2+} 标准溶液的配制：准确称取 0.615 8 g $MgSO_4\cdot 7H_2O$，溶于少量水中，转入 250 mL 容量瓶中，稀释至标线。

0.01 mol/L EDTA 溶液：称取 3.7 g EDTA 二钠盐溶于 1 000 mL H_2O 中。若有不溶残渣，则用滤纸滤除。提前做好标定：用 25 mL 移液管吸取 Mg^{2+} 标准溶液，移于 250 mL 锥形瓶中，加水 150 mL，加入 NH_3(aq)-NH_4Cl 缓冲液 5 mL、铬黑指示剂 30 mg。用 EDTA 溶液滴定，不断搅拌，当滴定至溶液由酒红色变成纯蓝色时，即为滴定终点。

三、水样检测

1. Ca^{2+} 含量的测定

用量筒、移液管分别移取水样 50 mL、6 mol/L NaOH 1.5 mL 于锥形瓶内，以酸度计或 pH 试纸检测溶液的 pH>12。然后加入钙指示剂约 30 mg，用 EDTA 滴定。当溶液由红色变为纯蓝色时，即为终点，记下所用 EDTA 的体积（V_1），再用同样方法测定 1 份。注意滴定过程中要充分摇匀，特别接近终点时，必须慢慢滴加，否则容易造成 EDTA 过量。

2. Ca^{2+}、Mg^{2+} 总量的测定

取水样 50 mL 于锥形瓶中，加水 150 mL、NH_3(aq)-NH_4Cl 缓冲液 5 mL、铬黑指示剂 30 mg，然后用 EDTA 滴定。当溶液由酒红色变为纯蓝色时，即为终点，记下所用 EDTA 的体积（V_2）。再用同样方法测定一份。

3. 计算

按下列公式计算出每升水样中 Ca^{2+} 和 Mg^{2+} 的含量。

Ca^{2+} 含量(mg/L) ＝($M_{EDTA}V_1$×1 mol Ca 重)/ 50×1 000

Mg^{2+} 含量(mg/L)＝[$M_{EDTA}(V_2-V_1)$×1 mol Mg 重]/ 50×1 000

技术提示

1. 测定 Ca^{2+} 和 Ca^{2+}、Mg^{2+} 含量时，要求溶液调至不同的 pH。
2. 滴定时要细心、耐心，滴定前期稍快，后期接近终点时缓慢加入，充分摇匀，注意观察颜色变化，溶液原来颜色消失即为滴定终点。
3. 测定水样 Ca^{2+} 含量时，如果溶液中 Mg^{2+} 含量较高，水样中加入 NaOH 后会产生 $Mg(OH)_2$ 沉淀，吸附部分指示剂，从而导致测定结果偏低或终点不明显。通过稀释溶液后再测定，可以避免发生此类问题。
4. 连续检测几种待测样品时，当一种样品检测结束后，应将电极用蒸馏水冲洗干净，然后用滤纸吸干，再浸入另一种待测样品中检测。

子任务2　母液配制

一、领取任务工单

＜任务工单＞

配制任务：

A母液：浓缩100倍，50 L

B母液：浓缩100倍，50 L

C母液：浓缩1 000倍，10 L

营养液配方：日本园试配方

＜工单补丁＞

母液成分解释：

A母液：$Ca(NO_3)_2 \cdot 4H_2O$和KNO_3

B母液：$NH_4H_2PO_4$和$MgSO_4 \cdot 7H_2O$

C母液：螯合铁和微量元素化合物

二、配制前准备

1. 制订计划

学生小组根据任务工单要求制定实施方案，明确配制方法和所需设备用品，制定操作流程，做好人员分工。

2. 准备相关设备与用品

设备：托盘天平；电子分析天平（感量 0.001 g）。

肥料（或试剂）：配制日本园试配方（见附录 1）所需的试剂或肥料；1 mol/L HNO_3 溶液。

用具：黑色塑料桶（50 L，2 个）、烧杯（500 mL、1 000 mL）或塑料水桶、黑色塑料贮液罐（50 L，3 个）、塑料水管、标签纸、玻璃棒、短木棒或长硬质塑料钎、钢笔、记号笔、母液配制登记表等。

三、配制母液

参照母液配制操作流程(图 2-1-1)分步操作。

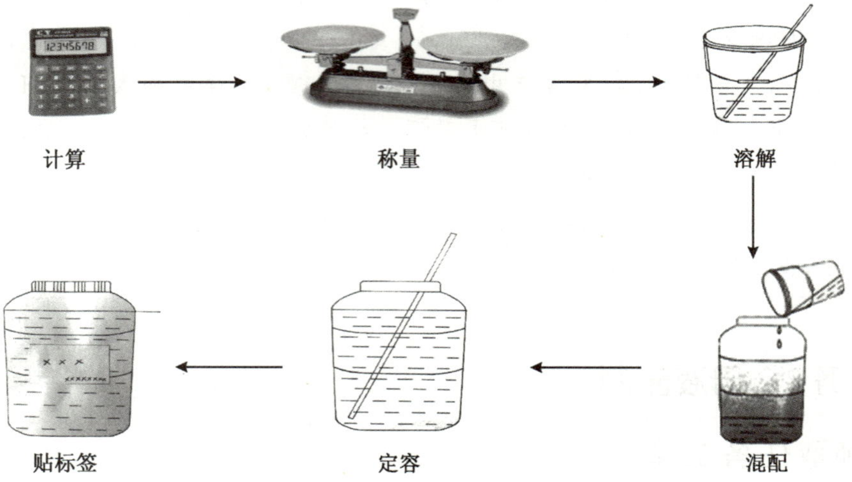

图 2-1-1　母液配制操作流程

1. 计算

根据任务工单要求及园试配方的规定，计算出各种肥料或试剂的用量。如果不是使用自来水配制，则需要根据水质化验结果，在计算的用量中扣除水中实际的含量。

2. 称量

使用托盘天平或分析天平称量，要求操作稳、准、快，称量大量元素化合物精确到±0.1 g以内。

3. 溶解、混配与定容

(1)A 母液配制　操作流程见图 2-1-2。

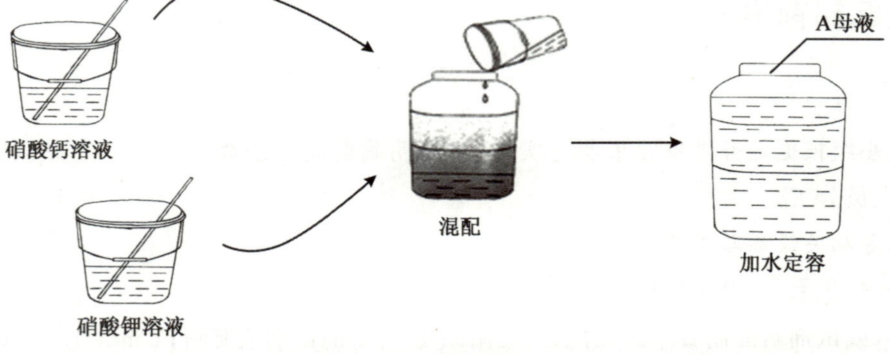

图 2-1-2　A 母液配制操作流程

(2)B 母液配制　分别称量、溶解硫酸镁和磷酸二氢铵两种试剂，然后混配、定容成 B 母液。配制方法参照图 2-1-2。

(3)C 母液配制　将称好的螯合铁及各种微量元素化合物分别溶解后，先将螯合铁倒入 C 母液罐，加水配成 1 000 倍的螯合铁溶液，再将各种微量元素化合物溶液倒入 C 母液罐，搅拌均匀。如果没有现成的螯合铁试剂，也可用 $FeSO_4 \cdot 7H_2O$ 和 Na_2-EDTA 自行配制。配制方法是分别称取 $FeSO_4 \cdot 7H_2O$ 13.9 g、Na_2-EDTA 18.6 g，用温水分别溶解后，然后将 $FeSO_4 \cdot 7H_2O$ 溶液缓慢倒入 Na_2-EDTA 溶液中，边加边搅拌，达到均匀，倒入 C 罐，然后再将分别溶解的各种微量元素化合物溶液分别缓慢倒入 C 罐，边加边搅拌，最后加水至最终体积，即成 1 000 倍的 C 母液。

4. 保存与记录

在 A、B、C 黑色塑料贮液罐(桶)上贴上标签纸或直接用记号笔标明母液名称、浓缩倍数、配制日期，然后将母液罐置于阴凉避光处保存。填写母液配制登记表(表 2-1-1)，以备查验。

表 2-1-1　母液配制登记表

<table>
<tr><td>配方名称</td><td></td><td>使用对象</td><td colspan="2"></td></tr>
<tr><td rowspan="2">A 母液</td><td>浓缩倍数</td><td></td><td>配制日期</td><td></td></tr>
<tr><td>体积</td><td></td><td>计算人</td><td></td></tr>
<tr><td rowspan="2">B 母液</td><td>浓缩倍数</td><td></td><td>审核人</td><td></td></tr>
<tr><td>体积</td><td></td><td>配制人</td><td></td></tr>
<tr><td rowspan="2">C 母液</td><td>浓缩倍数</td><td></td><td rowspan="2">备注</td><td rowspan="2"></td></tr>
<tr><td>体积</td><td></td></tr>
<tr><td colspan="2">肥料或试剂名称及称取量</td><td colspan="3"></td></tr>
</table>

技术提示

1. 在计算试剂或肥料用量时应按实际纯度对用量进行修正。
2. 硬水地区在计算肥料或试剂用量时，应扣除水中所含的 Ca^{2+}、Mg^{2+}。
3. 反复核对试剂或肥料用量的计算结果，以保证按照配方、浓缩倍数和母液配制量称取。
4. 配制螯合铁时，注意 $FeSO_4 \cdot 7H_2O$ 溶液倒入 Na_2-EDTA 溶液的动作一定要缓慢，并且要边加边搅拌，以利二者逐渐反应，最终形成足量螯合铁。
5. 如果母液存放时间较长时，应将其酸化，以防沉淀的产生。一般可用 HNO_3 酸化至 pH 3～4。

子任务 3　工作液配制

一、领取任务工单

<任务工单>

配制任务： 结合营养液更换，配制1 000 L园试配方工作液

配制方法： 稀释法或直接配制二选一

<工单补丁>

1.配制操作熟练、准确

2.工作液不产生沉淀

3.工作液浓度符合要求

二、配制前准备

1. 制定计划

学生小组根据任务工单要求制定实施方案，明确配制方法和所需设备用品，制定操作流程，做好人员分工。

2. 准备相关设备与用品

现场配制工作液时，因配制方法不同，需要准备的用品相差较大。采用母液稀释法时，只需准备 A、B、C 三种母液罐（桶）和塑料刻度烧杯、搅拌工具即可；直接配制工作液时，除不用黑色塑料储液罐和将母液配制登记表换成工作液登记表外，其他与母液配制所需用品基本相同。

三、配制工作液

配制工作液可以采取直接配制或母液稀释法。直接配制工作液的操作流程与母液稀释法基本相同，不同之处是 A、B 母液中的大量元素化合物按照所需用量现场称量、溶解后，分批按先后顺序倒入贮液池。铁盐和微量元素化合物一次配制用量较少，直接配制工时长，又不容易准确称量，仍需提前配成母液。以下介绍母液稀释法的操作步骤（图 2-1-3）：

(1)计算母液的移取量。母液移取量按以下公式计算：

$$V_2\text{(母液移取量)}=V_1\text{(工作液体积)}/n\text{(母液浓缩倍数)}$$

(2)向贮液池内注入营养液配制量 50%～70%的水量。

(3)量取 A 母液倒入其中，开动水泵使营养液在贮液池内循环流动 30 min 或搅拌使其扩散均匀。

(4)量取 B 母液缓慢注入贮液池的清水入口处，随水流动带入贮液池，开动水泵使营养

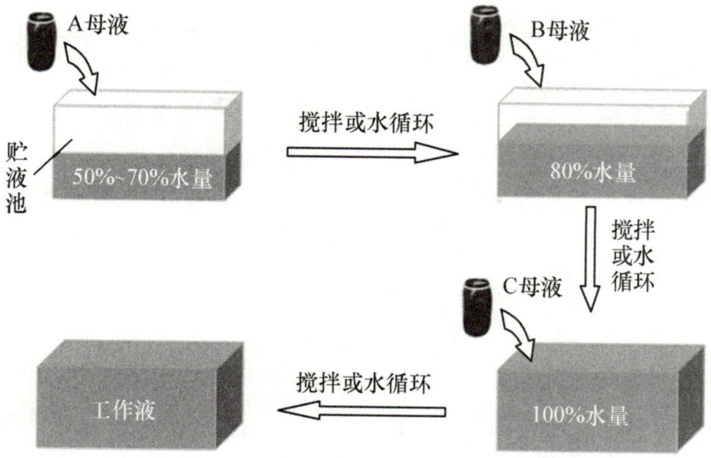

图 2-1-3 工作液配制操作流程(母液稀释法)

液在贮液池内循环流动 30 min 或搅拌使其扩散均匀,此过程加入的水量已达到总液量的80%左右。

(5)量取 C 母液,参照 B 母液的注入方法操作,经水泵循环流动或搅拌均匀,此时水量已达 100%。

(6)用酸度计和电导率仪检测营养液的 pH 值和 EC 值。如果 pH 值的检测结果不符合配方和作物栽培要求,应及时调整。pH 调整完毕的营养液静置 30 min 以上,在供液系统内循环 5～10 min 左右,再测试一次 pH 值,直至与要求相符。酸度计和电导率仪的使用和营养液 pH 值的调整方法见任务 2-2 内容。

(7)填写工作液配制登记表,以备查验。工作液配制登记表样式见表 2-1-2。

表 2-1-2 工作液配制登记表

配制场地		使用对象	
配方名称		A 母液移取量	
营养液配制量/L		B 母液移取量	
计算人		C 母液移取量	
审核人		水的 pH 值	
配制人		营养液 pH 值	
配制日期		营养液 EC 值	
肥料或试剂称取(移取)量			

(8)现场清理。要求物归原位,现场整洁如初。

技　术　提　示

1. 工作液配制前，应将配制用品和称好的肥料置于现场有序摆放，经核查无误后方可动手配制。
2. 配制工作液时，要防止由于加入母液的速度过快，造成局部浓度过高而出现大量沉淀。如果较长时间开启水泵循环之后仍不能使这些沉淀溶解时，应重新配制营养液。
3. 建立严格的营养液配制档案，以备查验。

【知识链接】

一、营养液的基本组成

无土栽培主要通过营养液为植物提供水分和养分。营养液是指根据植物生长发育对养分的需求，将肥料按一定的数量和适宜的比例溶解于水中配制而成的水溶液。其基本的组成成分包括水、肥料（无机盐类化合物）和辅助物质。一般认为合适的营养液配方必须结合当地水质、气候条件、作物种类，以标准营养液配方为参照，对配制营养液所需肥料的种类、用量和比例作适当调整，才能最大程度发挥营养液的使用效果。只有对营养液的组成成分及要求有清楚的了解，才能配成符合生产要求的营养液。

（一）水源与水质

1. 水源

配制营养液的用水十分重要。在研究营养液新配方及营养元素缺乏症等试验水培时，要使用蒸馏水或去离子水；无土生产上一般使用自来水和井水。以自来水作水源，水质有保障，但生产成本高；以井水作水源，生产成本低，但以软质的井水为宜。河水、泉水、湖水、水库水、雨水也可用于营养液配制。无论采用何种水源，使用前都要经过水质化验或从当地水利部门获取相关资料，以确定水质是否适宜，必要时需经过处理，使之达到符合卫生规范的饮用水程度。流经农田的水、未经净化的海水和工业污水不能用作水源。

作物无土栽培要求水量充足，尤其在夏天不能缺水。如果单一水源水量不足时，可以把自来水和井水、雨水、河水等混合使用。

2. 水质

水质好坏对无土栽培的影响很大。因此，无土栽培的水质要求比国家环保总局颁布的《农田灌溉水质标准》（GB 5084—85）的要求稍高，与符合卫生规范的饮用水相当。无土栽培用水必须检测多种离子含量，测定电导率和酸碱度，作为配制营养液时的参考。天然水中含有的钙、镁含量相对较多，可采用络合滴定法测定含量；含有的有机质往往对无土栽培有好处，但有机质浓度不能过高，否则会降低 pH 值和微量元素的供应。营养液对水质要求的主要指标如下：

（1）硬度　配制营养液的水体硬度一般以不超过 10°为宜。水质过硬，水的 pH 值高，水体偏碱，会降低 Fe、B、Mn、Cu、Zn 等离子的有效性，植物会发生缺素症状。水中钙离子过多，植物对钾离子的吸收将受到抑制。

温馨提示

水的硬度

水质有软水和硬水之分。水的硬度标准统一以每升水中 CaO 的含量来表示，1°相当于 10 mg CaO/L。0°～4°为极软水，4°～8°为软水，8°～16°为中硬水，16°～30°为硬水，30°以上为极硬水。石灰岩地区和钙质土地区的水多为硬水。人们常说的“水土不服”就是由于不同地区的水质，尤其是水的硬度不同引起的肠胃不良反应。

（2）酸碱度　一般要求 pH 5.5～8.5。

（3）溶解氧　使用前的溶解氧应接近饱和，即 4～5 mg O_2/L。

（4）NaCl 含量　小于 2 mmol/L。水中如果 NaCl 含量过高，会使植物生长不良或枯死。

（5）余氯　主要来自自来水和设施消毒所残存的氯。氯对植物根系有害。因此，最好自来水进入设施系统之前放置半天以上，设施消毒后也要空置半天，以便余氯散逸。

（6）悬浮物　小于 10 mg/L。以河水、水库水作水源时要经过澄清之后才可使用。

（7）重金属及有毒物质含量　无土栽培的水中重金属及有毒物质含量不能超过国家标准（表 2-1-3）。

表 2-1-3　无土栽培水中重金属及有毒物质含量标准

名称	标准	名称	标准
汞（Hg）	≤0.005 mg/L	铜（Cu）	≤0.10 mg/L
镉（Cd）	≤0.01 mg/L	铬（Cr）	≤0.05 mg/L
砷（As）	≤0.01 mg/L	锌（Zn）	≤0.20 mg/L
硒（Se）	≤0.01 mg/L	铁（Fe）	≤0.50 mg/L
铅（Pb）	≤0.05 mg/L	氟化物（F^-）	≤3.00 mg/L
六六六	≤0.02 mg/L	酚	≤1.00 mg/L
苯	≤2.50 mg/L	大肠杆菌	≤1 000 个/L
DDT	≤0.02 mg/L		

（二）肥料与辅助物质

1. 肥料选择要求

（1）根据栽培目的选择肥料。如果是研究营养液新配方和探索营养元素缺乏症等试验，必须使用化学试剂，除特别要求精细以外，一般用到化学纯级即可。如果用于作物无土栽培生产，除了微量元素用化学纯试剂或医药用品外，大量元素的供给多采用农用品，以降低成本。如无合格的农业原料可用工业用品代替，但肥料成本会增加。

（2）根据作物的特殊需要选择肥料。如铵态氮（NH_4^+）和硝态氮（NO_3^-）都是作物生长发育的良好氮源。铵态氮在植物光合作用快的夏季或植物缺氮时使用较好，而硝态氮在任何条件下均可使用。研究表明，无土栽培时施用硝态氮的效果远远大于铵态氮。现在世界上绝大多数营养液配方都使用硝酸盐作为主要氮源。其原因是硝酸盐所造成的生理碱性比较弱而缓慢，且植物本身有一定的抵抗能力，人工控制比较容易；而铵盐所造成的生理酸性比较强而迅速，植物本身很难抵抗，人工控制十分困难。所以，在组配营养液时，应根据作物的需要，选用硝态氮或铵态氮，一般以选用硝态氮源为主；或者两种氮源肥料按适当的比例混合使用，一般比单用硝态氮效果还要好。

(3)选用溶解度大的肥料。如硝酸钙的溶解度大于硫酸钙，易溶于水，使用效果好，故在配制营养液需要钙时，一般都选用硝酸钙。硫酸钙虽然价格便宜，却难溶于水，生产上一般很少使用。

(4)肥料的纯度要高，适当采用工业品。这是因为劣质肥料中含有大量惰性物质，配制营养液时会产生沉淀，堵塞供液管道，妨碍根系吸收养分。营养液配方中标出的用量是以纯品表示的，在配制营养液时，要按各种化合物原料标明的百分纯度来折算出原料的用量。原料中本物以外的营养元素都作杂质处理，但要注意这类杂质的量是否达到干扰营养液平衡的程度。在考虑成本的前提下，可适当采用工业品。

(5)肥料种类适宜。对提供同一种营养元素的不同肥料的选择要以最大限度地适合组配营养液的需要为原则。如选用硝酸钙作氮源就比用硝酸钾多一个硝酸根离子。一种化合物提供的营养元素的相对比例，必须与营养液配方中需要的数量进行比较后选用。

(6)肥料中不含有毒、有害成分，购买方便，价格便宜。

2. 无土栽培常用的肥料

(1)氮源　主要有硝态氮和铵态氮两种。蔬菜多为喜硝态氮作物，硝态氮多时不会产生毒害，而铵态氮多时会使生长受阻，造成毒害。常用的氮源肥料有硝酸钙、硝酸钾、磷酸二氢铵、硫酸铵、氯化铵、硝酸铵等。

(2)磷源　常用的磷肥有磷酸二氢铵、磷酸二铵、磷酸二氢钾、过磷酸钙等。磷过多会导致铁和镁的缺乏症。

(3)钾肥　常用的钾肥有硝酸钾、硫酸钾、氯化钾以及磷酸二氢钾等。植物对钾的吸收较快，需要保证补给，但营养液中钾离子过多会影响到钙、镁和锰的吸收。

(4)钙源　最常用的钙源肥料是硝酸钙，也可适当使用氯化钙和过磷酸钙。钙在植物体内的移动比较困难，无土栽培时常会发生缺钙症状，应特别注意调整。

(5)铁源　营养液 pH 偏高、钾量不足以及磷、铜、锌、锰过多时都会引起缺铁症。为解决铁元素的供应，一般使用螯合铁。螯合态铁是有机化合物与铁形成的螯合物，在营养液中不易发生固定、沉淀，容易被作物吸收，使用效果明显强于无机铁盐和有机酸铁。常用的螯合铁有乙二胺四乙酸一钠铁、二钠铁（NaFe-EDTA、Na_2Fe-EDTA）。螯合铁的用量一般按铁元素的质量计算，每升营养液用 3～5 mg。

(6)镁、锌、铜、铁等硫酸盐　可同时解决硫、镁和微量元素的供应。

(7)硼肥和钼肥　多用硼酸、硼砂和钼酸钠、钼酸钾。

3. 辅助物质

营养液常用的辅助物质是螯合剂，它与某些金属离子结合可形成螯合物。最常用的螯合剂是乙二胺四乙酸(EDTA)。它与铁离子螯合形成的螯合铁，常用于解决营养液中铁源的沉淀或氧化失效的问题。

温馨提示

螯合剂与螯合物

螯合剂是一类能与金属离子起螯合作用的配位有机化合物。它既能有选择性地捕捉某些金属离子，又能在必要时适量释放出这种金属离子来。螯合物是螯合剂的一个大分子配位体与一个中心金属原子连接所形成的环状结构。例如乙二胺与金属离子的结合物就是一类螯合物，因乙二胺与金属离子结合的结构很像螃蟹用两只螯夹住食物一样，故起名为螯合物。所有的多价阳离子都能与相应的配体结合形成螯合物。其中高铁螯合物较其他任何为植物生长所必需的金属螯合物都稳定。螯合物具有以下特性：①与螯合剂络合的阳离子不易沉淀和被其他多价阳离子所置换，又能被植物的根表所吸收和在体内运输与转移；②易溶于水，又具有抗水解的稳定性；③治疗缺素症的浓度不损伤植物。

(三)营养液的组成原则

营养液不仅直接影响作物的生长发育，而且也涉及养分经济有效利用的问题。根据植物种类、水源、肥源和气候条件等具体情况，有针对性地确定和调整营养液的组成成分，能够充分发挥营养液的使用功效，更好地适应作物栽培的要求。营养液成分组配时应坚持以下原则：

1. 营养元素齐全

植物生长发育必需的营养元素有16种，其中C、H、O三种营养元素由空气和水提供，其余13种营养元素(N、P、K、Ca、Mg、S、Fe、Mn、B、Zn、Cu、Mu、Cl)从根际环境中吸收。因此，配制的营养液应含有这13种营养元素。因为在水源、固体基质或肥料中已含有植物所需的某些微量元素的数量，所以配制营养液时一般不需额外添加。

2. 营养元素可以被植物吸收

配制营养液的肥料应以化学态为主，在水中具有良好的溶解性，同时能被作物有效利用。通常都是无机盐类，也有一些有机螯合物。不能被植物直接吸收利用的有机肥不宜作为营养液的肥源。

3. 营养均衡

营养液中各营养元素的数量比例应是符合植物生长发育和生理均衡要求的，可以保证各种营养元素有效性的充分发挥和植物吸收的平衡。在保证元素种类齐全，并且符合配方要求的前提下，所用肥料的种类力求要少(一般不超过4种)，防止化合物带入植物不需要和引起过剩的离子或其他有害杂质(表2-1-4)。

4. 总盐度和酸碱度适宜

营养液中总浓度应符合植物正常生长要求(表2-1-5)。不因浓度太低，造成作物缺素；也不因浓度太高，作物发生盐害。尽管某些肥料溶解后因为根系的选择性吸收而表现出生理酸性或生理碱性，甚至其生理酸碱性较强，但营养液的酸碱度及其总体表现出来的生理酸碱反应是较为平稳的，不超出植物正常生长所要求的酸碱度变化范围。

表 2-1-4 营养液中各元素浓度范围

元素	浓度/(mg/L)			浓度/(mmol/L)		
	最低	适中	最高	最低	适中	最高
硝态氮(NO_3^--N)	56	224	350	4	16	25
铵态氮(NH_4^+-N)	—	—	56	—	—	4
磷(P)	20	40	120	0.7	1.4	4
钾(K)	78	312	585	2	8	15
钙(Ca)	60	160	720	1.5	4	18
镁(Mg)	12	48	96	0.5	2	4
硫(S)	16	64	1 440	0.5	2	45
钠(Na)	—	—	230	—	—	10
氯(Cl)	—	—	350	—	—	10
铁(Fe)	2	—	10	—	—	—
锰(Mn)	0.5	—	5	—	—	—
硼(B)	0.5	—	5	—	—	—
锌(Zn)	0.5	—	1	—	—	—
铜(Cu)	0.1	—	0.5	—	—	—
钼(Mo)	0.001	—	0.002	—	—	—

表 2-1-5 营养液总浓度范围

浓度表示方法	范围		
	最低	适中	最高
渗透压/Pa	0.3×10^5	0.9×10^5	1.5×10^5
正负离子合计数/(mmol/L)	12	37	62
在 20℃时的理论值			
电导率/(ms/cm)	0.83	2.5	4.2
总盐分含量/(g/L)	0.83	2.5	4.2

5.营养元素有效期长

营养液中的各种营养元素在栽培过程中应长时间地保持其有效态，并且有效性不因氧化、根系吸收以及离子间的相互作用而在短时间内降低。

二、营养液的种类

(1)原液　原液是指按配方配成的一个剂量的标准溶液。

(2)母液　又称浓缩贮备液，是为了贮存和方便使用而把原液浓缩多少倍的营养液。其浓缩倍数是根据营养液配方规定的用量、盐类化合物在水中的溶解度及贮存需要配制的，以不致过饱和而沉淀析出为准。一般浓缩倍数以配成整数值为好，方便操作。母液配制一次，多次使用，便于长期保存和提高工效。

(3)工作液　工作液是指直接为作物提供营养的栽培液。一般根据作物的种类和生育期的不同，由母液稀释而成，但是稀释成的工作液不一定就是原液。

三、营养液浓度的表示方法

营养液浓度的表示方法分为直接表示法和间接表示法。直接表示的营养液浓度有化合物重量/升、百万分比浓度、元素重量/升和摩尔/升，其中前两种为操作浓度，可直接用于营养液配制；后两种多用于营养液配方比较时使用，必须换算成化合物浓度才能用于营养液配制。间接表示法有渗透压和电导率。这里主要介绍渗透压和电导率。

1. 渗透压(P)

渗透压表示在溶液中溶解的物质因分子运动而产生的压力。单位是帕斯卡(Pa)。营养液中溶解的物质愈多，浓度越高，分子运动产生的渗透压愈大。当营养液的浓度高于根细胞内溶液的浓度时，根细胞的水会通过原生质膜(半透膜)而渗透到营养液中，这个过程称为生理失水。生理失水严重时植物会出现萎蔫甚至缺水死亡。反之，则根细胞正常吸水。因此，渗透压可以作为反映营养液浓度是否适宜作物生长的重要指标。

营养液适宜的渗透压因植物而异。根据斯泰钠的试验，当营养液的渗透压为$(0.507\sim1.621)\times10^5$ Pa时，对生菜的水培生产无影响；在$(0.202\sim1.115)\times10^5$ Pa时，对番茄的水培生产无影响。无土栽培营养液的渗透压可用下面的理论公式计算：

$$P=C\times0.0224\times(273+t)/273$$

式中：P为溶液的渗透压，以标准大气压(atm)为单位；C为溶液的浓度(以溶液中所有的正负离子的总浓度表示，即正负离子 mmol/L 为单位)；t为使用时溶液的温度(℃)；0.022 4 为范特行甫常数；273 为绝对温度。

2. 电导率(EC)

营养液因其组成成分中的某些盐类化合物是强电解质而具有导电作用。其导电能力的大小用电导率表示，常用单位为毫西门子/厘米，符号为 ms/cm，一般简化为 ms(毫西)。在一定浓度范围内，营养液的含盐量与电导率成正比，即含盐量越高，电导率越大，反之则愈低。所以，电导率能间接反映营养液的总含盐量，可用电导率值表示营养液的总盐浓度，但电导率不能反映营养液中某一种无机盐单独浓度的大小。

电导率值用电导率仪测定。它和营养液浓度的关系，可以通过以下方法求得(以日本园试配方为例)。以该配方的 1 个剂量为基础浓度S，然后以一定的浓度梯度差[如每相距 0.1 或 0.2 个剂量(B)]来配制系列浓度梯度的营养液，并用电导率仪测定每个级差浓度的电导率值(表 2-1-6)。

营养液浓度梯度(S)与电导率(EC)之间存在着正相关的关系，这种正相关的关系可用线性回归方程来表示：

$$EC=a+bS\text{（}a\text{、}b\text{ 为直线回归系数）}$$

从表 2-1-6 中的数据可以计算出电导率与园试配方营养液浓度之间的线性回归方程为：

$$EC=0.279+2.12S\text{（相关系数 }r=0.9994\text{）}\qquad(1)$$

表 2-1-6　日本园试配方各浓度梯度差的营养液电导率值

溶液浓度梯度(S)	大量元素化合物总含量/(g/L)	测得的电导率/(ms/cm)
2.0	4.8	4.465
1.8	4.32	4.03
1.6	3.84	3.685
1.4	3.36	3.275
1.2	2.88	2.865
1.0	2.40	2.435
0.8	1.92	2.000
0.6	1.44	1.575
0.4	0.96	1.105
0.2	0.48	0.628

通过实际测定得到某个营养液配方的电导率与浓度之间的线性回归方程之后，就可在作物生长过程中，测定出营养液的电导率，并利用此回归方程来计算出营养液的浓度，依此判断营养液浓度的高低和决定是否需要补充养分。例如，栽培上确定用日本园试配方的 1 个剂量浓度(B)的营养液种植番茄，管理上规定营养液的浓度降至 0.3 个剂量(B)时即要补充养分恢复其浓度至 1 个剂量水平。当营养液被作物吸收以后，其浓度已成为未知数，今测得其电导率(EC)为 0.72 ms/cm，代入方程(1)得：$S = 0.21 < 0.3$，表明营养液浓度已低于规定的限度，需要补充养分。

营养液浓度与电导率之间的回归方程，必须根据具体的营养液配方和不同的栽培地区自行测定的结果来确定特定的线性回归关系。因为不同的配方所用的盐类形态不尽相同，各地区自来水含有的杂质有异，这些都会使溶液的电导率随之变化。因此，各地要根据选定配方和当地水质的情况，实际配制不同浓度梯度水平的营养液来分别测定其电导率值，以建立能够真实反映实际情况、较为准确的营养液浓度和电导率之间的线性回归方程。

电导率与渗透压之间的关系，可用经验公式：$P(\text{Pa}) = 0.36 \times 10^5 \times EC(\text{ms/cm})$来表达。换算系数($0.36 \times 10^5$)不是一个严格的理论值，它是由多次测定不同盐类溶液的渗透压与电导率得到许多比值的平均数。因此，它是近似值，但对一般估计溶液的渗透压或电导率还是可用的。

电导率与总含盐量的关系，可用经验公式：营养液的总盐分(g/L)$= 1.0 \times EC(\text{ms/cm})$来表达。换算系数 1.0 的来源和渗透压与电导率之间的换算系数来源相同。

四、营养液配方

在规定体积的营养液中，规定含有各种必需营养元素的盐类数量称为营养液配方(见附录)。按照营养液配方配制而成的营养液是处于生理平衡和化学平衡的营养液。配方中列出的规定用量，称为这个配方的一个剂量(B)。如果使用时将各种盐类的规定用量都减半使用，则称为某配方的 1/2B，余类推。一个生理平衡的营养液配方可能适用于某一类或几类作物，也可能适用于几类作物中的几个品种。

营养液配方根据应用对象的不同，分为叶菜类和果菜类营养液配方；根据配方的使用范围分为通用性（如霍格兰配方、日本园试配方）和专用性营养液配方；根据营养液盐分浓度的高低分为总盐度较高和总盐度较低的营养液配方。营养液中的微量元素可按表 2-1-7 添加，对多数作物都适用。掌握了不同营养液配方的特点，就能在实际生产中做到灵活应用。

表 2-1-7　通用微量元素配方

化合物名称	每升水中含有的化合物的毫克数/（mg/L）	每升水中含有的元素的毫克数/（mg/L）
乙二胺四乙酸二钠铁（$Na_2Fe\text{-}EDTA$）	20～40*	2.8～5.6
硼酸（H_3BO_3）	2.86	0.5
硫酸锰（$MnSO_4 \cdot 4H_2O$）	2.13	0.5
硫酸锌（$ZnSO_4 \cdot 7H_2O$）	0.22	0.05
硫酸铜（$CuSO_4 \cdot 5H_2O$）	0.08	0.02
钼酸铵［$(NH_4)_6Mo_7O_{24} \cdot 4H_2O$］	0.02	0.01

* 易缺铁的植物选用高用量。

五、营养液的配制技术

（一）营养液配制的原则

营养液配制的总原则是确保在配制后和使用营养液时都不会产生难溶性物质沉淀的发生。每一种营养液配方都潜伏着产生难溶性物质沉淀的可能性，这与营养液的组成是分不开的。营养液是否会产生沉淀主要取决于营养液的浓度。几乎任何均衡的营养液中都含有可能产生沉淀的 Ca^{2+}、Fe^{3+}、Mn^{2+}、Mg^{2+} 等阳离子和 SO_4^{2-}、PO_4^{3-} 或 HPO_4^{2-} 等离子，当这些离子在浓度较高时会相互作用而产生沉淀。如 Ca^{2+} 与 SO_4^{2-} 相互作用产生 $CaSO_4$ 沉淀；Ca^{2+} 与磷酸根（PO_4^{3-} 或 HPO_4^{2-}）产生 $Ca_3(PO_4)_2$ 或 $CaHPO_4$ 沉淀；Fe^{3+} 与 PO_4^{3-} 产生 $FePO_4$ 沉淀，以及 Ca^{2+}、Mg^{2+} 与 OH^- 产生 $Ca(OH)_2$ 和 $Mg(OH)_2$ 沉淀。实践中运用难溶性物质溶度积法则作指导，采取以下两种方法可避免营养液中产生沉淀：一是对容易产生沉淀的二种盐类化合物分别溶解，分罐配制与保存，使用前再稀释、混合；二是向营养液中加酸，降低 pH 值，使用前再加入强碱调整至正常水平。

（二）营养液配制前的准备工作

1. 正确选用和调整营养液配方

这是因为不同地区的水质和肥料纯度存在差异，会直接影响营养液的组成；栽培作物的不同种类和生育期所要求的营养元素比例（特别是 N、P、K 营养三元素的比例）也不同；栽培方式特别是基质栽培时，基质的吸附性和本身的营养成分都会改变营养液的组成；不同营养液配方的使用还涉及栽培成本问题。因此，营养液配制前应根据植物种类、生育期、当地水质、气候条件、肥料纯度、栽培方式以及成本大小，正确选用和灵活调整营养液配方，在证明其确实可行之后再大面积推广应用。

2. 选好适当的肥料

配制营养液选用的肥料既要考虑肥料中可供使用的营养元素的浓度和比例，又要注意选择溶解度大、纯度高、杂质少、价格低的肥料。

3. 阅读有关资料

在配制营养液之前，先仔细阅读有关肥料或化学品的说明书或包装说明，注意肥料的分子式、纯度和含有的结晶水等。

4. 选择水源，化验水质

选择水源，化验水质，其化验结果作为配制营养液时的重要参考。

5. 准备好贮液罐及其他必要物件

营养液一般配成浓缩 100～1 000 倍的母液，需要 2～3 个母液罐。小型母液罐的容积以 25 L 或 50 L 为宜，以深色不透光的为好。此外，还需准备好相关的检测设备和溶解、搅拌用具等。

(三)营养液的配制方法

生产上配制的营养液一般分为母液(浓缩贮备液)和工作液两种。母液配制时，不能将所有肥料都溶解在一起，因为浓缩后某些阴阳离子间会发生反应而沉淀。所以一般配成 A、B、C 3 种母液。A 母液以钙盐为中心，凡不与钙作用而产生沉淀的盐都可溶在一起，一般配成 100～200 倍的浓缩液；B 母液以磷酸盐为中心，凡不与磷酸根形成沉淀的盐都可溶在一起，一般配成 100～200 倍的浓缩液；C 母液是由铁盐和微量元素化合物混配而成，因其用量小，一般配成 1 000～3 000 倍的浓缩液。

工作液的配制方法有母液稀释法和直接配制法。其中，母液稀释法是生产上常用的工作液配制方法。母液和工作液的配制方法见“任务实施”中的相关内容。

温馨提示

在荷兰、日本等国家的现代化温室中大规模无土栽培生产时，一般采用 A、B 两种母液。A 母液主要含硝酸钙、硝酸钾、硝酸铵和螯合铁；B 母液主要含硫酸钾、硝酸钾、磷酸二氢钾、硫酸镁、硫酸锰、硫酸铜、硫酸锌、硼砂和钼酸钠，通常制成 100 倍的母液。为了防止母液罐出现沉淀，有时还配备酸液罐以调节母液的酸度。整个系统由计算机控制调节，按需稀释、混合成工作液。

(四)营养液配制的操作规程

为了保证营养液配制过程中不出差错，需要建立一套严格的操作规程：

(1)仔细阅读肥料或化学品说明书，注意分子式、含量、纯度等指标，检查原料名实是否相符，准备好盛装浓缩液的容器，贴上不同颜色的标识。

(2)原料的计算结果要经过 3 名工作人员 3 次核对，确保准确无误。

(3)各种原料分别称好后，一起放到配制场地规定的位置上，最后核查无遗漏，才能动手配制。切勿在用料及配制用具未到齐的情况下匆忙动手操作。

(4)原料加水溶解时，有些试剂溶解太慢，可以加热；有些试剂如硝酸铵，不能用铁质的器具敲击只能用木、竹或塑料器具取用。

(5)建立严格的记录档案，以备查验。

【拓展学习】

营养液配方设计

营养液配方设计，就是指营养液成分的合理组配。在营养液配方中除了要明确种植某种作物时的总浓度之外，还需要确定营养液中各元素间是否保持化学平衡和生理平衡，并且经过生产检验、修正与完善，确定作物能在营养液中正常生长发育，同时有较高的产量。这样才可以说营养液组配成功。

(一)确定营养液组成的理论依据

目前，世界上关于营养液组成主要有三派配方理论，即日本园艺试验场提出的园试标准配方、山崎配方和斯泰纳配方。

(1)园试标准配方理论　由日本园艺试验场经过多年的研究而提出来的，其依据是分析植株对不同元素的吸收量，以此来决定营养液配方的组成。

(2)山崎配方理论　由日本植物生理学家山崎肯哉以园试标准配方为基础，以果菜类为材料研究提出来的。其依据是作物吸收元素量与吸水量之比，即表观吸收成分组成浓度(n/w值)来决定营养液配方的组成。几种蔬菜的 n/w 值见表 2-1-8。

表 2-1-8　几种蔬菜的 n/w 值(山崎，1976)

蔬　菜	生长季节	一株作物一生吸水量/L	每吸 1 L 水的同时吸收各元素的量/(mmol/L)				
			N	P	K	Ca	Mg
甜瓜	3～6 月份	65.45	13	1.33	6	3.5	1.5
黄瓜	12 月份至翌年 7 月份	173.36	13	1.00	6	3.5	2.0
番茄	12 月份至翌年 7 月份	164.5	7	0.67	4	1.5	1.0
甜椒	8 月份至翌年 6 月份	165.81	9	0.83	6	1.5	0.75
茄子	3～10 月份	119.08	10	1.00	7	1.5	1.00
结球莴苣	9 月份至翌年 1 月份	29.03	6	0.50	4	1.0	0.50
草莓	11 月份至翌年 3 月份	12.64	7.5	0.75	4.5	1.5	0.75

(3)斯泰纳配方理论　由荷兰科学家斯泰纳依据作物对离子的吸收具有选择性而提出来的。斯泰纳营养液是以阳离子(Ca^{2+}、Mg^{2+}、K^+)之摩尔和与相近的阴离子(NO_3^-、PO_4^{3-}、SO_4^{2-})之摩尔和相等为前提，而各阳、阴离子之间的比值，则是依据植株分析得出的结果而制定的。根据斯泰纳的试验结果，阳离子的比值为 $K^+ : Ca^{2+} : Mg^{2+} = 45 : 35 : 20$，阴离子的比值为 $NO_3^- : PO_4^{3-} : SO_4^{2-} = 60 : 5 : 35$ 时为最恰当。

(二)营养液总盐度的确定

首先，根据作物种类、品种、生育期在不同气候条件下对营养液含盐量的要求来大体确定营养液的总盐分浓度。一般营养液的总盐分浓度在0.4%～0.5%以下，大多数作物都可以正常生长。当营养液的总盐分浓度超过0.5%以上，很多蔬菜、花卉植物就会表现出不同程度的盐害。不同作物对营养液总盐分浓度的要求差异较大，例如番茄、甘蓝、康乃馨要求营养液的总盐分浓度为0.2%～0.3%，荠菜、草莓、郁金香要求营养液的总盐分浓度为0.15%～0.2%，显然前者比后者较耐盐。因此，在确定营养液的盐分总浓度时应考虑到植物的耐盐程度。

(三)营养液成分的确定

主要依据生理平衡性和化学平衡性来确定营养液各组成成分的适宜用量和比例。

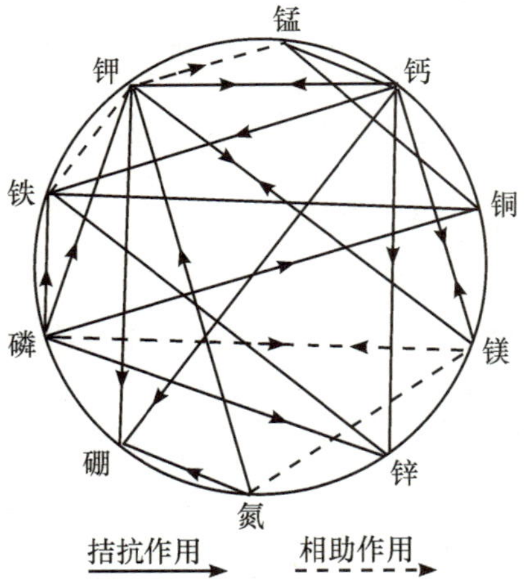

图 2-1-4　元素间的相互作用

(1)生理平衡　生理平衡的营养液是既含有满足植物正常生长发育需要的一切营养元素，又不影响到其正常生长发育的营养液。影响营养液生理平衡的因素主要是营养元素间的协助作用或拮抗作用（图 2-1-4）。目前世界上流行的确定原则是分析正常生长的植物体中各种营养元素的含量来确定其比例。以下是根据植物化学分析的结果来设计生理平衡配方的方法步骤：①对正常生长的植物进行化学分析，确定每株植物一生中吸收各种营养元素的数量；②将以 g/株表示的各种元素的吸收量转化成以 mmol/L 表示，以方便设计过程中计算；③确定营养液的适宜总浓度（如总浓度确定为 37 mmol/L)，然后按比例计算出各种营养元素在总浓度内占有的份额(mmol/L)；④选择适宜的肥料盐类，并按各营养元素应占的毫摩尔数选配肥料的用量。含某种营养元素的肥料一般有多种化合物形态，需要经研究和比较试验才能最终决定选择哪一种肥料；⑤可将以 mmol 表示的剂量转化为用 g 表示的剂量，以方便配制。

(2)化学平衡　营养液组配的几种化合物，当其离子浓度处在一定浓度范围时，不会因相互作用而形成难溶性的化合物沉淀，不会造成营养液中某些营养元素的有效性降低。这样的营养液就是营养元素间化学平衡的营养液。营养液是否会形成沉淀则根据“溶度积法则”来推断。

任务 2-2　营养液管理

任务描述

☆ 具体任务：①测定不同配方、温度、浓度条件下营养液的溶存氧含量；②检测营养液浓度；③检测和调整营养液的 pH 值。

☆ 具体方法：采用溶氧仪、电导率仪和 pH 计检测营养液的溶存氧和 pH、EC 值。

☆ 操作要求：熟练使用检测设备，操作规范、熟练，检测结果准确，调整到位。

任 务 分 析

营养液管理包括营养液浓度、溶存氧和酸碱度的管理等。生产上通过检测设备监控营养液的变化，然后依据检测结果科学调控营养液。科学调控营养液是对营养液实施有效管理、保证高效优质生产的具体要求。这就决定了本任务完成的关键是熟练使用检测设备，做到准确检测营养液。实践中可反复多次练习使用检测设备，并参与项目实践，这为更好地掌握营养液管理方法，提供了锻炼机会。

【任务实施】

子任务1　营养液溶存氧的测定

一、领取任务工单

＜任务工单＞

检测对象： 自来水；现配和使用中的营养液

营养液配方： 园试配方、山崎配方

营养液剂量水平： 1 B、1/2 B、2/3 B

营养液温度： 4℃、20℃、30℃

＜工单补丁＞

检测程序：

1.认知便携式溶解氧仪构造

2.练习使用便携式溶解氧仪

3.实际测量

4.比较分析检测结果

二、检测前准备

1.设备与用品准备

HQ30d便携式溶解氧仪；配制园试营养液和山崎营养液所需的肥料、设备与用具；生产基地正使用的营养液样品；自来水样；蒸馏水；滤纸条；烧杯(500 mL)；记号笔、钢笔、溶存氧测量记录表等。

2.配制营养液

按任务工单要求，两种配方的营养液分别配制3组不同剂量(1 B、1/2 B、2/3 B)的营养液，分别置于4℃、20℃、30℃不同环境下保存0.5～1 h。

3.取样

从生产基地取回正使用的营养液样品，并准备自来水水样，各100 mL，用矿泉水瓶密封盛装。

4. 安装便携式溶解氧仪

对照说明书，熟悉便携式溶解氧仪构造，安装电池和电极。

(1)设备构造认知　便携式溶解氧仪由主机和电极两部分构成。主机和电极结构分别见图 2-2-1、图 2-2-2。

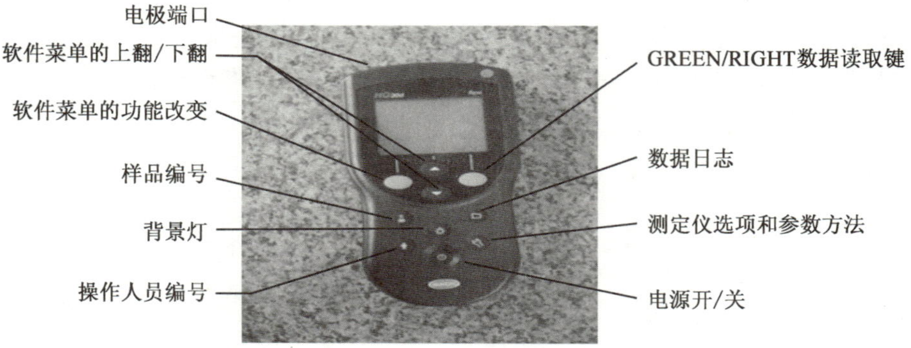

图 2-2-1　HQ30d 便携式溶解氧仪的主机构造

(2)安装电极　将电极接头插入电极端口后旋紧，避免测量时电极脱落(图 2-2-2)。

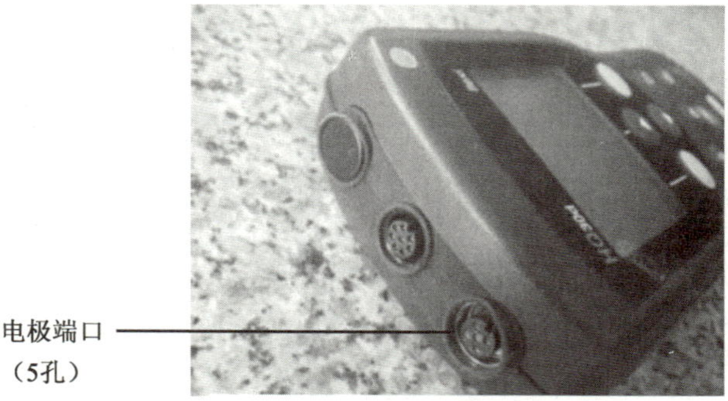

图 2-2-2　示电极端口位置

(3)安装电池　拉下电池盖上的拉环，取下电池盖，然后按照电池室上的极性标识放入 4 节 AA 碱性电池或镍氢电池，最后将电池盖安装回原位。

三、检测

按照表 2-2-1 分别检测自来水、现配的山崎、园试两种配方不同剂量水平的营养液和正在使用中的营养液在不同温度环境下的溶存氧。具体检测方法步骤如下：

(1)长按 ON/OFF 键约 3 s，打开溶解氧仪，进入溶解氧测定界面。若仪器长时间未使用时，则会首先进入时间设置界面，待时间设置完成后，再进入测定界面。

(2)将 LDO 电极探头分别插入不同温度、不同类型的待测营养液中。

(3)按下 Read 下面的 GREEN/RIGHT 按键，屏幕上会有一个逐渐显示稳定的进程条。待数据稳定时，会出现锁定光标。重复测量时，只需再次按下 GREEN/RIGHT 键。

(4)读取温度和溶解氧值　当屏幕上左上角出现“稳定标志”时，读取温度和溶解氧值(图 2-2-3)。

(5)记录　将检测结果填入检测记录表(表 2-2-1)。

(6)测量结束后，按下 ON/OFF 键，关闭溶氧仪。再用蒸馏水冲洗电极，用滤纸吸干，罩上保护罩，将电极拆下，放入电极盒。

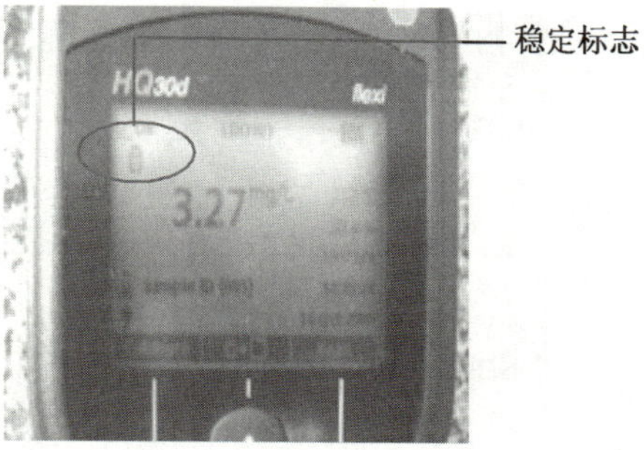

图 2-2-3　示稳定标志

表 2-2-1　营养液中溶存氧检测记录表

检测对象	剂量水平	溶存氧值(4℃)	溶存氧值(20℃)	溶存氧值(30℃)
园试配方营养液	1 B 1/2 B 2/3 B			
山崎配方营养液	1 B 1/2 B 2/3 B			
自来水				
使用中的营养液(工作液)				

四、结果分析与溶解氧调整

比较分析几种不同类型的待测营养液在不同温度条件下其溶存氧含量的差异性。根据基地正使用的营养液溶解氧的检测结果，与管理目标对比，确定是否补充溶解氧，以及需要补充时所应采取的必要措施。

技术提示

1. 探头要始终保持清洁。
2. 检测时要确保电极的探头完全浸没在营养液中。
3. 连续检测几种待测样品时，一种样品检测结束后，应将电极用蒸馏水冲洗干净，然后用滤纸吸干，再浸入另一种待测样品中检测。

子任务 2　营养液 EC 值检测与浓度调整

一、领取任务工单

<任务工单>

检测对象： 自来水；现配和使用中的营养液

营养液配方： 园试配方、山崎配方

<工单补丁>

检测程序：

1.认别和练习使用电导率仪

2.实际测量

3.比较分析测量结果

4.营养液浓度的调整

二、配制前准备

(一)设备与用品准备

DDS-11D 型电导率仪和便携式电导率仪(FG3)；配制园试营养液和山崎营养液所需肥料、设备与用具；生产基地正使用的营养液样品；自来水样；蒸馏水；滤纸条；烧杯(500 mL)；记号笔、钢笔和 EC 值测量记录表等。

(二)配制营养液

按任务工单要求，两种配方的营养液分别配制 1 组相同浓度梯度(0.1 B、0.5 B、1.0 B、1.5 B、2.0 B)的营养液，室温下保存。

(三)取样

同溶解氧测定。

(四)安装电导率仪

1. DDS-11D 型电导率仪安装

对照说明书，熟悉 DDS-11D 型电导率仪构造(图 2-2-4)，选择并安装好电极。安装时，先固定好电极杆和电极夹，然后将电极插头插入电极插口内，旋紧插口上的紧固螺丝。用电极夹夹紧电极的胶木帽，固定在电极杆的适当位置。电极的选择有以下 3 种方法：

(1)当被测溶液的电导率低于 10 μs/cm 时，使用 DJS-1 型光亮电极。这时应把常数补偿调节器调节在与所配套的电极常数相对应的位置上。例如，若配套电极的常数为 0.95，则调在 0.95 的位置上；若配套的电极常数为 1.1，则调在 1.1 的位置上。

(2)当被测溶液的电导率在 $10 \sim 10^4$ μs/cm 之间，则使用 DJS-1 型铂黑电极。同样应把常数补偿调节器调节在与所配套的电极常数相对应的位置上。

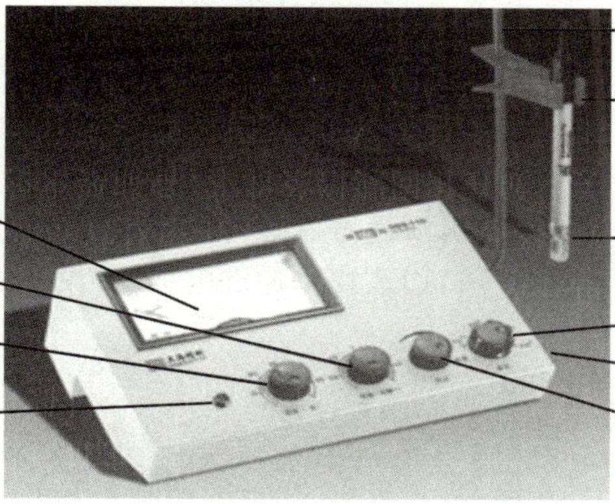

图 2-2-4 DDS-11D 型电导率仪的构造

(3)当被测溶液的电导率大于 10^4 μs/cm 时,以至使用 DJS-1 型铂黑电极测不出时,则选用 DJS-10 型铂黑电极。这时应把常数补偿调节器调节在与所配套的电极常数相对应的 1/10 位置上。例如:若电极常数为 9.5,则应把常数补偿调节器调在 0.95 的位置上。用此电极测量待测溶液时,应将测得的数值×10,即得被测溶液的电导率。

2. FG3 型便携式电导率仪安装

对照说明书,熟悉电导率仪构造(图 2-2-5),安装好电极和电池。安装电极时只需将电极插头插入主机的电极端口内,旋紧端口上的紧固螺丝即可。安装电池时,向上拉电池盖上的按钮,用两个手指捏住电池盖,顺势取下;将 4 节 AAA(7 号)电池按标识装入电池盒,合上电池盖,使电池盖上的按钮滑入卡槽内。

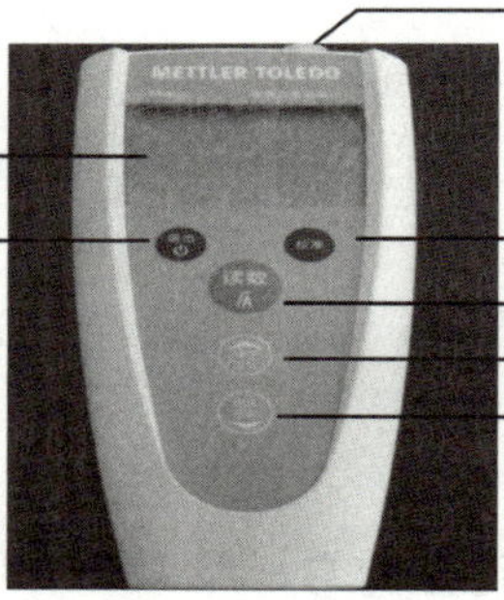

图 2-2-5 FG3 型便携式电导率仪

三、检测

按任务工单及表 2-2-2、表 2-2-3 的要求,分组检测营养液和水样的 EC 值。各组任选一种电导率仪使用,但要求用同一种电导率仪检测所有的待测样品。注意先检测不同浓度梯度的现配营养液后,再测自来水样和基地正使用的工作液样品的 EC 值。以下是两种电导率仪的检测方法。

(一)DDS-11D 型电导率仪的使用方法

(1)调节"温度"旋钮。用温度计测出被测溶液的温度后,把"温度"旋钮指针置于相应的温度刻度上。若把旋钮置于 25℃线上,则仪器不能进行温度补偿(无温度补偿方式)。

(2)通电预热 10 min 后,将"量程"开关扳在"检查"位置,调节"校正调节器"使表盘指针指示满度。

(3)将"量程开关"扳在所需的测量挡。如预先不知被测样品的电导率大小,应先把其扳到最大电导率挡，然后逐挡下降，以防表盘指针打坏。

(4)测量。为确保测量精度，电极在使用前，用小于 0.5 μs/cm 的蒸馏水(或去离子水)冲洗 2 次，再用待测液冲洗电极 2～3 次后再使用。测量时，只需将电极分别插入不同配方、不同浓度梯度的待测营养液中。

(5)记录。将“量程开关”扳到黑点挡，读取表盘上面的数值；最后做好检测记录。

(6)测量结束后，关闭电源开关，用蒸馏水冲洗电极，再用滤纸吸干，罩上保护罩，将电极拆下，放入电极盒即可。

(二)FG3 型便携式电导率仪的使用方法

(1)校准。打开开关，长按模式/设置键，当前的校准设置开始闪烁，使用▲或▼ 键来选择您需要的标准溶液，按读数键确认。主机附带的标准溶液有 3 种(84 μs/cm、1 413 μs/cm、12.88 ms/cm)。将电导电极放入相应的标准溶液中，按校准键开始校准。默认状态下，FG3 电导率仪将自动到达校准终点。如需手动终点判断，按读数键，仪表显示屏锁定并显现电极常数 3 s，然后返回样品测量画面。

(2)测量。将电极分别放入待检自来水样品和营养液样品中，然后按读数键开始测量，测量时小数点在闪动。显示屏显示样品的电导率值。仪表默认的测量终点方式是自动终点判断方式(屏幕上有 A 图标显示)。

(3)记录。当结果稳定后，测量停止，小数点不再闪动，A显示在屏幕上。记录下样品的检测值。

(4)测量结束后，关闭电源开关键，用蒸馏水冲洗电极，再用滤纸吸干；然后将电极拆下，放入电极盒即可。

四、结果分析

(1)按照表 2-2-2 现配营养液的检测值，画出两种营养液浓度与 EC 的关系图，并求出两种营养液的 EC 值与浓度的线性回归方程($EC=a+bS$)(见任务 2-1)。

(2)按照表 2-2-3 记录的检测结果，并根据相同配方的营养液浓度与 EC 值的关系图，确定基地工作液的浓度值，或通过线性回归方程计算出营养液的浓度。

(3)分析比较不同营养液配方、相同营养液配方但不同营养液浓度的 EC 差异性，以及影响营养液浓度变化的因素。

表 2-2-2　现配制的营养液 *EC* 值检测记录表

营养液配方	浓度	*EC* 值/(us/cm)	营养液配方	浓度	*EC* 值/(us/cm)
	0.1 B			0.1 B	
	0.5 B			0.5 B	
园试配方	1.0 B		山崎配方	1.0 B	
	1.5 B			1.5 B	
	2.0 B			2.0 B	

表 2-2-3 自来水样及基地待检营养液样品的 *EC* 值检测记录表

待检样品	*EC* 值/(us/cm)
自来水样品	
基地正使用的山崎营养液(工作液)样品	
基地正使用的园试营养液(工作液)样品	

五、营养液浓度的调整

将基地工作液的检测结果与原登记备案的工作液的初始浓度、EC 值对比，确定正在使用的工作液的减少量及浓度的降低程度，再依据营养液浓度的管理目标，决定是否补充营养液，以及需补充营养液时应外加的数量。营养液补充时，必须是整体补充，而非针对营养液中的某一种元素化合物。营养液浓度调整结束后，再测一次 EC 值，以确认是否浓度调整到位。

技 术 提 示

1. 电极插头和主机电极插口绝对禁止沾上水，以免造成不必要的测量误差。
3. 待测溶液中应不含有杂质，清晰透明，盛装待测溶液的容器必须清洁，无离子玷污，否则会因杂质吸附在电极铂片上而损害电极的铂黑层，导致测量出现偏差。
4. 电极应定期进行电极常数标定。标定时应使用有效期内的标准溶液。
5. 测量时电极的铂片部分应全部浸没在溶液中。

子任务 3 营养液 pH 值的检测与调整

一、领取任务工单

＜任务工单＞

检测对象：现配和正在使用中的营养液

营养液配方：山崎番茄配方

＜工单补丁＞

检测程序：

1.认知便携式pH计的构造
2.练习使用便携式pH计
3.实际测量
4.调整pH值

二、检测前准备

1. 设备与用品准备

PHB-8 型笔式 pH 计；配制山崎配方营养液所需肥料、设备与用具；烧杯（1 000 mL、100 mL、500 mL），滴瓶，玻璃棒；滤纸条；记号笔、钢笔；pH 值检测记录表等。

2. 配制营养液

按任务工单要求，配制山崎番茄配方 1B 营养液，然后将该溶液等分成 4 份，分别置于不同的烧杯中，在室温下保存备用。此外，需配制 1 mol/L HNO_3 和 1 mol/L NaOH 各 2 000 mL，用于 pH 调整。

3. 取样

从生产基地取回正使用的工作液样品 100 mL，用矿泉水瓶密封盛装。

4. 安装便携式溶解氧仪

对照说明书，熟悉便携式 PHB-8 型笔式 pH 计的构造（图 2-2-6），然后安装好电池和电极。在安装电极时，将电极保护帽取下，对准仪器接口顺时针轻轻旋转至紧（不可用力过大）；安装电池时先拉出电池后盖，装入 3 节 3V 锂电池后再盖上后盖。

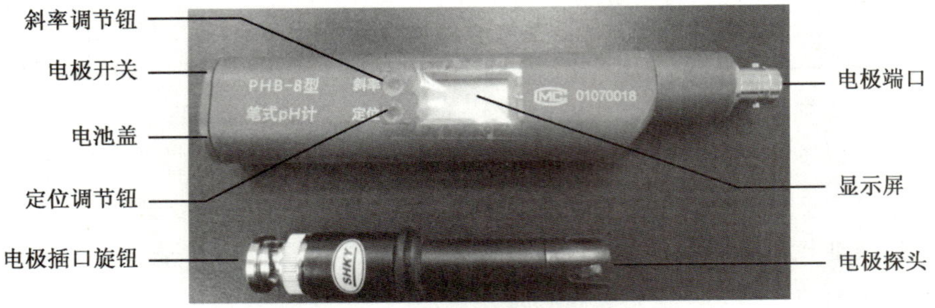

图 2-2-6　PHB-8 型笔式 pH 计构造

三、检测

1. 校准

打开电源开关，首先进行设备校准。设备校准包括定位校准和斜率校准。

（1）定位校准　将电极插入 pH 6.86（25℃）的缓冲溶液中，用专用工具调节定位，使设备的显示值与该溶液在当时温度下的 pH 值相同。

（2）斜率校准　将电极插入 pH 4.00（25℃）或 pH 9.18（25℃）的缓冲溶液中，（测酸性溶液时用 pH 4.00；测碱性溶液时用 pH 9.18），用专用工具调节斜率，使仪器显示值与该溶液在当时温度下的 pH 值相同。

2. 检测

用蒸馏水冲洗电极数次，再用滤纸吸干水分，然后分别插入到配制好的山崎配方营养液和正在使用的工作液中，仪器显示的数值即为该测定溶液的 pH 值。

3. 填写记录

将营养液样品的 pH 检测值填写在 pH 值检测记录表内（表 2-2-4）。

表 2-2-4 待检营养液样品的 pH 值检测记录表

待检样品	pH 值
现配的山崎营养液	
基地正使用的山崎营养液(工作液)样品	

4. pH 调整

(1)现配的营养液 pH 调整　按任务工单要求,将配制好的 4 份山崎营养液的 pH 值分别调整为 5、6、7、8。调整方法是根据测定的 pH 值和调整的目标值,用滴管吸取少量的硝酸或氢氧化钠滴入营养液中,每次滴 1～3 滴,边滴边搅拌,之后再次测定 pH 值,如此反复,直至与要求相符。

(2)正在使用的营养液 pH 调整　根据栽培植物对营养液 pH 的要求进行调整。向贮液池内加入酸或碱后,应静置 30 min 以上,然后在供液系统内循环 5～10 min,再次测定其 pH 值,直至与要求相符。如果供液系统能够自动调节 pH 值,只需供液前设定好工作液的目标 pH 值和保持酸液罐与自动施肥机有效连接即可。

5. 电极清洗

pH 测量与调整结束后,关闭电源,用蒸馏水清洗电极数次,再用滤纸吸干水分,然后卸下电极,套好电极保护套(保护套里装有氯化钾保护液),装箱备用。

技术提示

1. 每次测量 pH 之前和测量结束后,都应先用蒸馏水清洗,再用滤纸吸干;注意清洗电极时,不要弄湿电极接头。
2. 电极与仪器的连接部分应保持高度清洁、干燥,如有污迹可用 95%酒精擦净。
3. 当仪器显示变淡时,应及时更换电池,安装新电池时要注意电池的正负极。

【知识链接】

营养液管理是无土栽培技术的核心和无土栽培的重要工作任务。营养液的管理主要指循环供液系统中营养液的管理,包括溶存氧、营养液浓度、酸碱度、供液时间与供液次数等管理内容。生产实践中如果管理不当,则直接关系到营养液的使用效果,进而影响植物生长发育的质量。在供液设施自动化程度较低的情况下,更要加强营养液的管理。

一、溶存氧的管理

无土栽培尤其是水培,是否充分和及时供应氧气,往往成为植物能否正常生长的限制因素。生长在营养液中的根系,其呼吸所需的氧气主要依赖于根系对营养液中溶存氧的吸收。若营养液的溶存氧含量低于正常水平,就会影响根系呼吸和营养吸收,植物就表现出各种异常,甚至死亡。

(一)溶存氧的含义

溶存氧(DO)也称为溶解氧,是指在一定温度和大气压条件下单位体积营养液中溶解的氧气的数量,单位常以 mg/L 表示。在一定温度和压力条件下单位营养液中能够溶解的氧气达到饱和时的溶存氧含量称为氧的饱和溶解度。由于在一定温度和压力条件下,溶解于溶液中的溶存氧所占空气的比例是一定的,因此也可以用空气饱和百分数(%)来表示溶液中的氧气含量,相当于饱和溶解度的百分比。

(二)溶存氧的测定

营养液的溶存氧可以用溶解氧测定仪(溶氧仪或测氧仪)检测,方法简便、快捷。也可以用化学滴定的方法检测,但测定步骤相对繁琐。使用溶氧仪测定的结果一般是指测定溶液的空气饱和百分数,然后通过溶液的液温与氧气含量的关系表(表 2-2-5)中查出该溶液液温下氧的饱和溶解度,并用下列公式计算出营养液中实际的氧含量。有的溶氧仪能直接测出溶存氧含量,省去了公式换算等中间环节。

$$M_0 = M \times A$$

式中:M_0—在一定温度和压力下营养液中的实际溶存氧含量(mg/L);M—在一定温度和压力下营养液中的饱和溶存氧含量(mg/L);A—在一定温度和压力下营养液中的空气饱和百分数(%)。

表 2-2-5 不同温度下氧的饱和溶解度

温度/℃	溶存氧/(mg/L)	温度/℃	溶存氧/(mg/L)	温度/℃	溶存氧/(mg/L)
0	14.62	14	10.37	28	7.92
1	14.23	15	10.15	29	7.77
2	13.84	16	9.95	30	7.63
3	13.48	17	9.74	31	7.50
4	13.13	18	9.54	32	7.40
5	12.80	19	9.35	33	7.30
6	12.48	20	9.17	34	7.20
7	12.17	21	8.99	35	7.10
8	11.87	22	8.83	36	7.00
9	11.59	23	8.68	37	6.90
10	11.33	24	8.53	38	6.80
11	11.08	25	8.38	39	6.70
12	10.83	26	8.22	40	6.60
13	10.60	27	8.07		

(三)水培植物对溶存氧的要求

不同的作物种类对营养液溶存氧含量的要求不一样,这主要与植物本身的内部结构有关(表 2-2-6)。对水培不耐淹的大多数植物而言,营养液的溶存氧浓度一般要求保持在饱和溶解度 50%以上,相当于在适合多数植物生长的液温范围(15~18℃)内,4~5 mg/L 的含氧量,而对耐淹浸植物(即体内可以形成氧气输导组织的植物)的要求则可以适当降低。

表 2-2-6 植物根系对耐受水淹程度的比较

根据耐受程度分类	特点	代表植物
沼泽性植物	长期生长在淹水的沼泽地,体内存在氧气输导组织	水稻、豆瓣菜、水芹、茭白、蕹菜等
耐淹的旱地植物	根系受水淹时会产生结构性的改变而形成氧气输导组织或增大根系的吸收面积	田菁、芹菜、番茄
不耐淹的旱生植物	根系在淹水时,对低氧环境较为敏感	大多数的十字花科植物

(四)影响溶存氧含量的因素

营养液中溶存氧的多少,与温度、气压、植物种类、生育期和植株占液量有关。温度越高,气压越小,营养液的溶存氧越低;反之温度越低,气压越大,则营养液的溶存氧越高。一般瓜类、茄果类作物的耗氧量较大,叶菜类的耗氧量较小。植物处于生长旺盛阶段、占液量少的情况下,溶存氧的消耗速度快,反之则慢。据日本山崎肯哉资料介绍,在夏季的白天,始花期和结果网纹期的网纹甜瓜的耗氧量分别为 12.6 mg/株·h 和 40 mg/株·h。若设每株用营养液 15 L,25℃时饱和含氧量为 125.7 mg(8.38 mg/L×15 L),则始花期和结果网纹期内营养液的含氧量达到饱和溶氧量的 50%以下所需的时间分别为 6 h 和 2 h。

(五)增氧措施

营养液中溶存氧的补充来源,一是从空气中自然向溶液中扩散;二是人工增氧。自然扩散的速度较慢,增量少,只适宜苗期使用,而作物水培及多数基质培大都采用人工增氧的方法。人工增氧措施主要是利用机械和物理的方法来增加营养液与空气的接触机会,增加氧在营养液中的扩散能力,从而提高营养液中氧气的含量。常用的增氧方法有喷雾、搅拌、压缩空气、循环流动、间歇供液、使用增氧器和化学增氧剂、夏季降低营养液的温度和浓度等(图 2-2-7)。多种增氧方法结合使用,增氧效果更明显。其中,营养液循环流动的增氧效果不错,可在大规模生产中使用。其他几种方法在大规模生产中的使用都有一定的局限性。

二、营养液浓度的管理

由于作物生长过程中不断吸收养分和水分,加之营养液中的水分蒸发,从而引起营养液浓度、组成发生变化。因此,需要监测和定期补充营养液。

(一)水分的补充

水分的补充应每天进行,一天之内应补充多少次,视作物长势、每株占液量和耗水快慢而

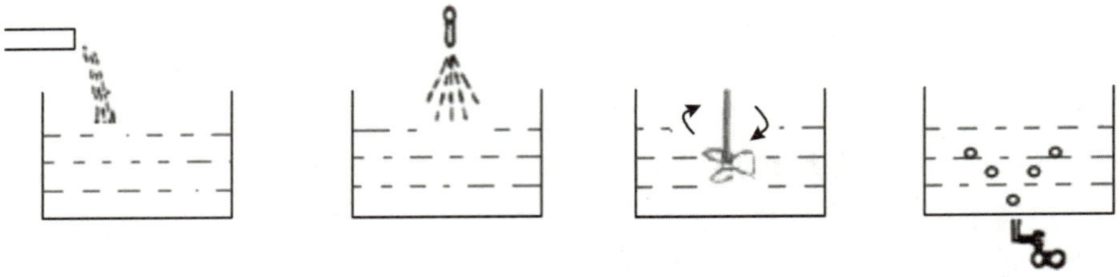

图 2-2-7 常用的营养液增氧措施

定。一般以不影响营养液的正常循环流动为准。在贮液池内划上刻度，定时关闭水泵，让管道内的营养液全部回流到贮液池中，如水位已下降到加水的刻度线，即要加水恢复到原来的水位线。

(二)养分的补充

1. 根据营养液成分的检测结果来补充

先检测营养液中 NO_3^--N 的减少量，按比例推算其他元素的减少量，然后加以补充，使营养液保持应有的浓度和营养水平。

2. 根据减少的水量来推算

先调查不同作物在无土栽培中水分消耗量和养分吸收量之间的关系，再根据水分的减少量推算出养分的补充量，加以补充调整。例如：已知黄瓜、番茄（甜椒）和芹菜硝态氮的吸收与水分的消耗的比例分别为 70/100、50/100 和 130/100 左右。据此，当总液量 10 000 L 消耗 5 000 L 时，黄瓜需另追加 3 500 L（5 000×0.7）营养液，番茄、甜椒需追加 2 500 L（5 000×0.5）营养液，然后再加水到 10 000 L。其他作物以此类推。但作物的不同生育阶段，吸收水分和消耗养分的比例有一定差异，在调整时需加以注意。

3. 根据营养液 EC 值的变化来调整

以实际检测的 EC 值为依据，决定是否补充和调整营养液，这是生产上常用的调整营养液浓度的方法。根据电导率与营养液浓度的正相关性，求出线形回归方程（$EC=a+bS$），再通过测定工作液的电导率值，就可计算出营养液浓度，据此再推算出需补充的营养液量。

在作物无土栽培过程中，营养液的 EC 值不能过高或过低，否则对作物生长发生不良影响。因此，应经常检测和调整，使营养液保持适宜的 EC 值。EC 值调整时应逐步进行，不应使营养液的浓度变化太大。电导率调整的原则是：

（1）针对不同栽培作物调整 EC 值　不同蔬菜作物对营养液 EC 值的要求不同，这与作物的耐肥性和营养液配方有关。如在相同栽培条件下，番茄要求的营养液比莴苣要求的浓度高些。虽然如此，各种作物都有一个适宜浓度范围。就多数作物来说，适宜的 EC 值范围为 0.5～3.0 ms/cm。过高不利于作物的生长发育。

（2）针对不同生育期调整 EC 值　作物在不同生育期要求的营养液的浓度不一样。一般苗期略低，生育盛期略高。据日本资料报道，番茄在苗期的适宜 EC 值为 0.8～1.0 ms/cm，定植至第一穗花开放为 1.0～1.5 ms/cm，结果盛期为 1.5～2.0 ms/cm。

（3）针对不同栽培季节调整 EC 值　营养液的 EC 值受温度影响而发生变化，在一定范围内，随温度升高有增高的趋势。一般来说，夏季营养液的 EC 值应低于冬季。Adams 认为，冬季番茄岩棉栽培的营养液 EC 值应为 3.0～3.5 ms/cm，夏季则降至 2.0～2.5 ms/cm 为宜。

(4)针对栽培方式调整 EC 值　同一种作物采用无土栽培方式不同，EC 值调整也不一样。如番茄水培与基质培相比，一般定植初期的营养液浓度都一样，采收期基质培的营养液浓度低于水培，这是因为基质吸附部分营养的结果。

(5)针对营养液配方调整 EC 值　同样用于栽培番茄的日本山崎配方和美国 A-H 营养液配方，它们的总浓度相差 1 倍以上。因此，在补充养分的限度上就有很大区别(以每株占液量相同而言)。低浓度的山崎配方补充养分的方法是：每天都补充，使营养液常处于 1 B 的浓度水平。即每天监测电导率以确定营养液的总浓度下降了百分之几个剂量，下降多少补充多少。高浓度的美国 A-H 配方补充养分的方法是：以总浓度不低于 1/2 B 时为补充界限。即定期测定营养液的电导率，如发现其浓度已下降到 1/2 B 水平时，即补充养分，补回到原来的浓度。隔多少天会下降到此限，视生育阶段和每株占液量多少而变。管理人员应在实践中自行积累经验，并做出预判。初学者应每天监测其浓度的变化。

温馨提示

营养液浓度的测定要在营养液补充足够水分使其恢复到原来体积时取样，而且一般生产上不作个别营养元素的测定，也不作个别营养元素的单独补充，要全面补充营养液。

三、营养液酸碱度的控制

(一)营养液 pH 值对植物生长的影响

营养液的 pH 对植物生长有直接和间接两方面的影响。直接的影响是，当溶液 pH 过高或过低时，会伤害植物的根系。据 Hewitt 总结文献资料认为，明显的伤害范围在 pH 4～9 之外。有些特别耐碱或耐酸的植物可以在这范围之外正常生长。例如，蕹菜在 pH 3 时仍生长良好。间接的影响是使营养液中的营养元素有效性降低甚至失效。pH>7 时，会降低 P、Ca、Mg、Fe、Mn、B、Zn 等元素的有效性，特别是 Fe 最突出；pH<5 时，由于 H^+ 离子浓度过高而对 Ca^{2+} 离子产生显著的拮抗，引起 Ca^{2+} 吸收量不足而出现缺钙症。有时营养液的 pH 虽然处在不会伤害植物根系的范围，仍会出现因营养失调而生长不良的情况。所以，除了一些特别嗜酸或嗜碱的植物外，一般将营养液 pH 控制在 5.5～6.5。

(二)营养液 pH 值发生变化的原因

营养液的 pH 变化主要受营养液配方中生理酸性盐和生理碱性盐的含量、比例和栽培作物的种类、每株根系占有的营养液体积大小、营养液的更换频率等多种因素的影响。生产上选用生理酸碱变化平衡的营养液配方，可减少调节 pH 值的次数；植株根系占有营养液的体积越大，则其 pH 变化速率就越慢、变化幅度越小；营养液更换频率越高，则 pH 值变化速度延缓、变化幅度也小。通过更换营养液来控制 pH 值变化的做法不经济，费力费时，也不实际。生产上一般采用酸度计监测营养液 pH 值的变化，方法简便、快速、准确、精确度高。pH 试纸监测营养液 pH 值的变化比较粗放，精度低。

(三)营养液 pH 值的控制

营养液 pH 值的控制有两种含义：一是治标，即采取酸碱中和的方法调节营养液的 pH 值；二是治本，即在营养液配方的组成上，使用适当比例的生理酸性盐和生理碱性盐，使营养液内部酸碱变化稳定在一定范围内。

1. 选用生理平衡的配方

营养液的 pH 因盐类的生理反应而发生变化，其变化方向视营养液配方而定。选用生理平衡的配方能够使 pH 变化比较平稳，可以减少调整的麻烦，达到治本的目的。

2. 酸碱中和

pH 上升时，用 1～2 mol/L 稀酸溶液如 H_2SO_4 或 HNO_3 溶液中和。H_2SO_4 溶液的 SO_4^{2-} 虽属营养成分，但植物吸收较少，常会造成盐分的累积；NO_3^- 植物吸收较多，盐分累积的程度较轻，但要注意植物吸收过多的氮而造成体内营养失调。生产上多用 H_2SO_4 调节 pH 值。中和的用酸量不能用 pH 值作理论计算来确定。因营养液中有高价弱酸与强碱形成的盐类存在，例如 K_2HPO_4、$Ca(HCO_3)_2$ 等，其离解是逐步的，会对酸起缓冲作用。因此，必须用酸碱滴定法来确定用酸量。具体做法是取出定量体积的营养液，用已知浓度的稀酸逐滴加入，检测其 pH 的变化，达到要求值后记录用酸量，然后推算出整个栽培系统的总用酸量。

pH 下降时，用 1～2 mol/L 稀碱溶液如 NaOH 或 KOH 中和。Na^+ 不是营养成分，会造成总盐浓度的升高。K^+ 是营养成分，盐分累积程度较轻，但其价格比较贵，且多吸收了也会引起营养失调。一般生产上常用 NaOH 调节 pH 值。

采用酸碱滴定法现场调整贮液池内营养液的 pH 值时，应做到加入的酸或碱液要少量多次、缓慢加入，并且边加边搅拌或开启水泵进行循环，避免因加入速度过快或局部浓度过高而造成沉淀。

四、光照与液温的管理

(一)光照

营养液受阳光直照时，对无土栽培是不利的。因为阳光直射会引起营养液中的铁离子产生沉淀；促使营养液的液面滋生藻类，而与栽培作物竞争养分和氧气。因此，应采取措施，保证供液系统内的营养液处于黑暗环境中。

(二)营养液的温度

1. 营养液温度对植物生长发育的影响

营养液的温度即液温会直接影响根系呼吸、对养分的吸收和作物的生长，以及微生物活动。植物对低液温或高液温的适宜范围都是比较窄的。温度的波动会引起病原菌的滋生和生理障碍的产生，同时会降低营养液中氧的溶解度。稳定的液温可以减少过低或过高的气温对植物生长造成的不良影响。例如，冬季气温降到10℃以下，如果液温仍保持在16℃，则对番茄的果实发育没有影响；夏季气温达到32～35℃时，如果液温仍保持不超过28℃，则黄瓜的产量不受影响，而且显著减少劣果数。即使是喜低温的鸭儿芹，如能保持液温在25℃以下，也能使夏季栽培的产量正常。

一般来说，夏季的液温保持不超过28℃，冬季的液温保持不低于15℃，对适应于该季栽培的大多数作物都是适合的。

2. 营养液的温度管理

除大规模的现代化无土栽培基地外，我国多数无土栽培设施中没有专门的营养液温度调控设备，多数是在建造时采用各种保温措施。具体做法是：

（1）种植槽采用隔热性能高的材料建造，如泡沫塑料板块、水泥砖块等。

（2）加大每株的用液量，提高营养液对温度的缓冲能力。

（3）建造深埋地下的贮液池。

营养液加温时，可采取在贮液池中安装不锈钢螺纹管，通过循环于其中的热水加温或用电热管加温。热水来源于锅炉加热、地热或厂矿余热。需要降低营养液温度时，最经济的强制冷却降温方法是抽取井水或冷泉水通过贮液池中的螺纹管进行循环降温。

需要注意的是光照、营养液的温度调控要综合考虑。液温应与光照强度同步提高或降低，强光低温不好，弱光高温也不好。

五、供液时间与供液次数

营养液的供液时间与供液次数，主要依据栽培形式、环境条件和作物的长势、长相而定。总的供液原则是：营养供应充分和及时，经济用肥和节约能源，既能保证根系得到营养液的充分供应，又能降低成本和环保。为此，在无土栽培过程中应做到适时供液和定时供液。如果基质层较厚，供液次数可少些，基质层较薄，供液次数可多些。NFT水培每日要多次供液，果菜每分钟供液量为2 L，而叶菜仅需1 L。作物生长盛期，对养分和水分的需要大，供液次数多些，每次供液的时间也应长。供液主要集中在白天进行，夜间不供液或少供液。晴天供液次数多些，阴雨天可少些，气温高、光线强时供液多些，反之则供液少些。应因时因地制宜，灵活把握营养液的供液时间与次数。

六、营养液的更换

循环利用的营养液在使用一段时间以后，需要配制新的营养液将其全部更换。更换的时间主要决定于有碍作物正常生长的物质在营养液中累积的程度。这些物质主要来源于：营养液配方所带的非营养成分（$NaNO_3$中的Na^+、$CaCl_2$中的Cl^-等）；中和生理酸碱性所产生的盐；使用硬水作水源时所带的盐分；植物根系的分泌物和脱落物以及由此而引发的微生物大量滋生与分解产物等。这些物质积累较多，就会造成总盐浓度过高而抑制作物生长，也干扰了对营养液浓度的准确测量。判断营养液是否更换的方法有：

（1）经过连续测量，并多次补充营养液后，营养液的EC值却居高不降。

(2)经仪器分析，营养液中的大量元素含量低而电导率值高。

(3)营养液滋生大量病菌，导致作物发病，且病害难以用农药控制。

(4)营养液混浊。

(5)如无检测仪器，可考虑用种植时间来决定营养液的更换时间。一般在软水地区，如果菜类生长期较长的作物(每茬3～6个月)可在生长中期更换1次或不换液，只补充消耗的养分和水分，调节pH值；叶菜类生长期较短的作物(每茬1～2个月)，可连续种3～4茬更换1次。每茬收获时，要将脱落的残根滤去，可在回水口安置网袋或用活动网袋打捞，然后补足所欠的营养成分(以总剂量计算)。硬水地区，生长期较短的蔬菜一般每茬更换一次，生长期较长的果菜每1～2个月更换一次营养液。

七、经验管理法

1. 三看两测管理法

营养液管理不同于土壤施肥，营养液只是配制好的溶液，如果缺少检测手段，更难于管理。杨家书根据多年积累的经验，提出三看两测的管理办法。三看是指：一看营养液是否混浊及漂浮物的含量，二看栽培作物生长状况，生长点发育是否正常，叶片的颜色是否老健清秀，三看栽培作物新根生长发育状况和根系的颜色；两测是指：每日检测营养液的pH值2次，每2日测1次营养液的电导度(EC值)。依据"三看两测"结果与综合分析，对营养液进行科学的管理。

2. 其他经验管理法

一些缺乏化学检测手段的无土栽培生产单位，也可采用以下方法来管理营养液：第一周使用新配制的营养液，在第一周末添加原始配方营养液的一半，在第二周末将营养液罐中剩余的营养液全部倒掉，从第三周开始再重新配制新的营养液，并重复上述过程。这种方法简单实用。

【拓展学习】

一、降低无土栽培农产品硝酸盐含量的措施

1. 以铵代硝或以脲代硝

通过在营养液中以铵态氮或酰胺态氮来全部或部分代替原有配方中的硝酸盐，再通过控制营养液的pH值变化和适当增加Ca^{2+}、K^{+}等离子的供应量，使作物生长正常，不至于降低产量。

2. 收获前断氮的方法

对于大多数专性喜硝的作物(如菠菜等)，因其耐受铵毒的能力较弱，即使通过控制pH值变化的方法也难以令其在铵态氮作为氮源的营养条件下生长良好。这种情况下，可在收获之前中断或减少氮素的供应数量，以达到降低产品中硝酸盐含量的目的。华南农业大学无土栽培技术研究室近年来的试验表明，通过在收获前1周中断氮素的供应，生菜和菜心等叶菜类的硝酸盐含量会降低到432 mg/kg以下，而且蔬菜产量并没有明显的降低。

二、废液处理与再利用

无土栽培系统中更换或排出的废液，并非含有大量的有毒物质而不能排放。主要是因为大面积栽培时，大量排出的废液将会影响地下水的水质，如大量排向河流或湖泊将会引起水的富营养化。另外，即使基质栽培排出的废液量少，但随着时间推移也会对环境产生不良的影响。因此，排出的废液经过杀菌与除菌、除去有害物质、调整离子组成等处理后，可以重复循环利用或回收用作肥料等是比较经济且环保的方法。营养液杀菌与除菌的方法有紫外线照射、高温加热、沙石过滤器过滤、药剂杀菌等；除去有害物质可采用砂石过滤器过滤或膜分离法。

经过处理的废液收集起来，用于同种作物或其他作物的栽培。也可用作土壤栽培的肥料，但需与有机肥合理搭配使用。

【学习总结】

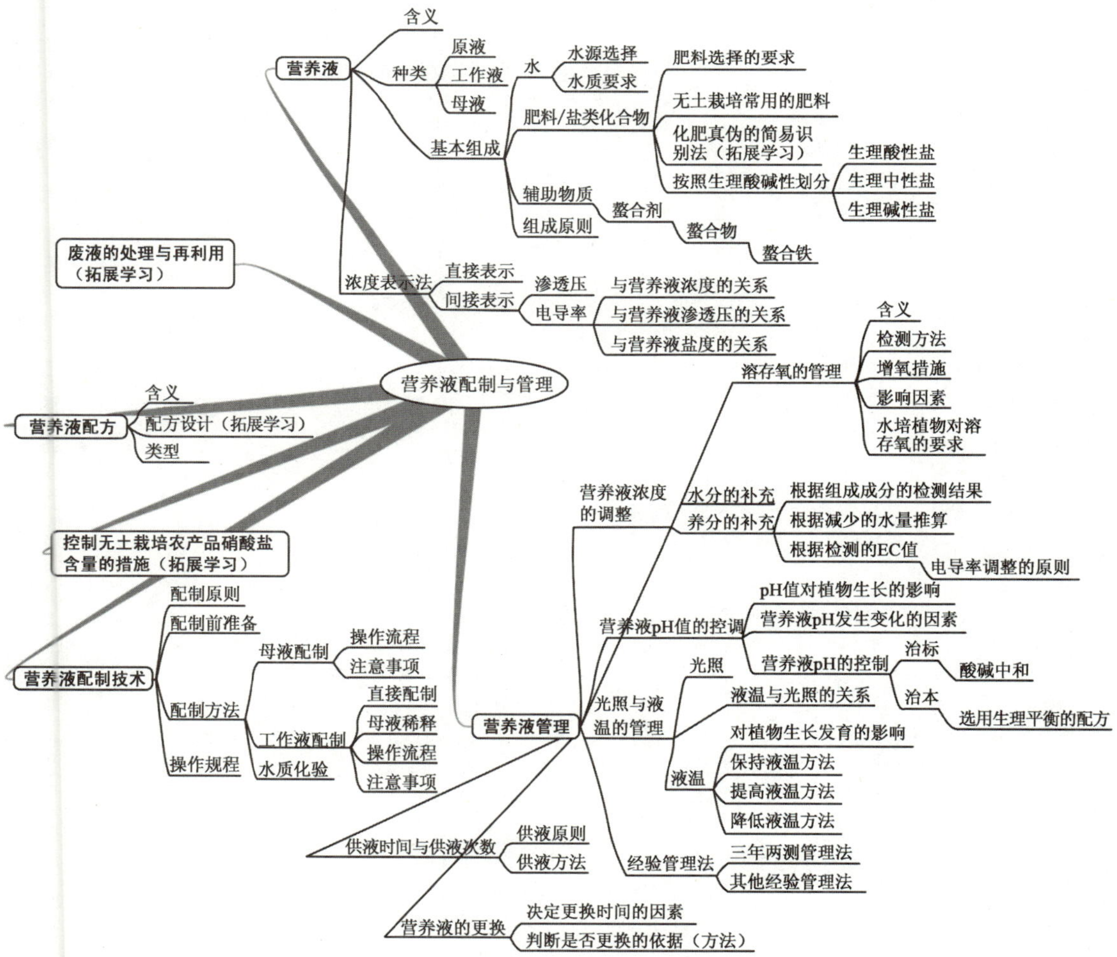

【能力测试】

1. 在配制营养液时，如何解决硬水地区的水源中含有较多钙盐、镁盐的问题？

2. 无土栽培营养液与植物组织培养配制的培养基有何异同？

3. 如果选用河水做无土栽培水源，在配制营养液之前需做哪些工作？

4. 作为营养液配制人员，要想使营养液达到生理平衡，该如何选择肥料？

5. 营养液经过多次补充养分后，作物虽然生长正常，但电导率却居高不下，这种现象说明什么？

6. 作为企业生产管理人员，如何才能对营养液进行科学有效的管理？

项目3

基质混配与处理

自然界有许多可用于无土栽培的固体基质，人工也在不断开发新基质。这些基质加入营养液后，能像土壤一样固定植株为栽培的作物提供氧气、水分、养分，并同时能够弥补纯水培的一些不足之处，如通气不良，不能调节供给根系的水分条件等。因此，基质是无土栽培中重要的介质和载体。但是，如何根据无土栽培生产上的需要来科学选配、有效处理和有针对性地应用基质，使基质的理化性质和作用在无土栽培上得以充分发挥，是从事作物无土栽培人员必须掌握的基本操作技能之一。

学习目标

☆ 终极目标：掌握基质混配与处理技术。

☆ 促成目标：

1. 能够识别常用的固体基质，清楚固体基质的种类和常用固体基质的特性；
2. 掌握固体基质的作用、理化性质、选用与混配原则；
3. 熟练掌握固体基质的混配、消毒与发酵处理方法；
4. 会检测固体基质的理化性质；
5. 能够正确选用固体基质，熟练进行基质的混配与消毒；
6. 具备职业态度、协作意识、责任心和辩证唯物主义思想。

任务 3-1 固体基质理化性质的测定

任务描述

☆ 具体任务：分别测定珍珠岩、蛭石、草炭、河沙等常用基质的容重、总孔隙度、大小孔隙度、pH 和 EC 值等理化指标。

☆ 具体方法：①称重法；②pH 计或 pH 试纸检测；③电导率仪检测。

☆ 操作要求：符合操作程序，操作规范、熟练，计算与称量准确。

任务分析

检测固体基质的理化性质，其结果可作为基质混配和栽培应用的重要依据。主要包括容重、总孔隙度、大小孔隙度、pH 和 EC 值等理化指标。其中，前三项采用称重法检测，相对简单；后两项是借助酸度计、电导率仪来检测，只要按照设备使用说明操作，就能顺利完成检测任务。因为是检测固体基质本身，因此要求检测的基质必须处于风干状态；测定大小孔隙度时，一定做到水分彻底渗出后再进行。由于检测的基质种类较多，最好多人合作，做好分工，尽职尽责，才能做到既有效率，又有质量。

【任务实施】

一、准备用品

1. 材料与药剂

珍珠岩、草炭、蛭石、河沙等风干基质若干。1 mol/L HNO_3 溶液；1 mol/L NaOH 溶液；饱和 $CaCl_2$ 溶液；去离子水。

2. 仪器与用具

托盘天平（或电子分析天平）；杆秤；pH 计；电导率仪；500 mL 罐头瓶；500 mL 烧杯；100 mL 烧杯；50 mL 量筒；精密 pH 试纸；纱布；滤纸等。

二、现场操作

1. 容重的测定

先用杆秤分别对 4 个 500 mL 空罐头瓶称重，记为 m_1，然后分别装填 4 种待测的干基质

(珍珠岩、草炭、蛭石、河沙)至罐头瓶的瓶肩部,再称重,记为 m_2。罐头瓶的容积记为 V。根据下列公式计算出不同固体基质的容重,单位为 g/L 或 g/cm^3。

$$基质的容重=(m_2-m_1)/V$$

2. 总孔隙度与大小孔隙度的测定

测定基质的大、小孔隙度时,一定要等基质的水分彻底渗出后再操作。取一个已知体积(V)和质量(m_1)的罐头瓶,装满待测基质后称其总质量(m_2),然后将其浸水 24 h,再称吸足水分后的基质及罐头瓶的总质量(m_3)。注意加水浸泡瓶内基质时,要让水位高于罐头瓶的顶部;如果基质较轻,可在罐头瓶的顶部用一块纱布包扎好,称重时再把包扎的纱布去掉。根据下列公式计算出基质的总孔隙度。

$$总孔隙度=[(m_3-m_1)-(m_2-m_1)]/V\times 100\%$$

基质的总孔隙度测定结束后,分别测定不同基质的大小孔隙度。将盛装基质的罐头瓶口用湿润纱布(m_4)包住后倒置,让基质中的水分向外渗出,静止放置 2 h 后,直到罐头瓶中没有水分渗出为止,称重(m_5)。根据下列公式计算出通气孔隙和持水孔隙。

$$通气孔隙=(m_3+m_4-m_5)/V\times 100\%$$
$$持水孔隙=(m_5-m_2-m_4)/V\times 100\%$$

3. 基质 pH 值与缓冲能力的测定

(1)基质酸碱度的测定 分别称取一定体积的干基质置于烧杯内,然后加入 5 倍于干基质的去离子水,充分搅拌后过滤,再用 pH 计或精密 pH 试纸测定基质浸提液的酸碱度。或称取干基质 10 g 于 50 mL 烧杯中,加 25 mL 去离子水后振荡或搅拌 5 min、静止 30 min,然后过滤,最后用 pH 计或精密 pH 试纸检测基质浸提液的酸碱度。pH 计的使用方法见任务 2-2。

(2)基质缓冲力的测定 向上述不同基质的浸提液中分别加入 1 mol/L HNO_3 溶液或 1 mol/L NaOH 溶液 1 mL,半小时后用 pH 计或精密 pH 试纸检测不同基质浸提液的 pH 值,从而比较不同基质缓冲能力的大小。

4. 电导率的测定

称取不同种类的风干基质各 10 g,分别置于 100 mL 的烧杯中,各加入饱和 $CaCl_2$ 溶液 25 mL,振荡浸提 10 min 后过滤,最后用电导率仪测定每种滤液的电导率。电导率仪的使用方法见任务 2-2。

5. 记录

将不同种类基质的理化性质指标的检测与计算结果填入记录表,并比较不同基质间的特性。

【知识链接】

一、固体基质的作用

1. 支持作用

固体基质能够支持、固定植株,使植株在固体基质中扎根而不致沉埋和倒伏,并给植物根系提供一个良好的生长环境。

2. 保水性与透气性

固体基质存有大、小孔隙，大孔隙内存有空气，小孔隙存有一定水分，二者比例适当，就可以有效协调解决透气和持水两者之间的对立统一关系，同时满足植物根系对水分和氧气的双重需求，从而有利于作物根系的生长发育。

3. 缓冲性和提供营养

部分固体基质还具有缓冲作用，能够提供部分营养。缓冲作用是指固体基质能够给植物根系的生长提供一个稳定环境的能力，即当根系生长过程中产生的有害物质或外加物质可能会危害到植物正常生长时，固体基质会通过其本身的一些理化性质将这些危害减轻甚至化解。具有物理化学吸收能力的固体基质如草炭、蛭石都有缓冲作用，这类基质称为活性基质，而不具有缓冲能力或缓冲能力较弱的基质，如河沙、石砾、岩棉等称为惰性基质。草炭、木屑、树皮等植物性的有机基质能为作物苗期或生长期间提供一定量的矿质营养元素，而一些矿物性的无机基质如沙子、石砾、岩棉等则不能为植物提供可吸收的任何养分。

二、基质的理化性质

(一)基质的物理性质

基质的好坏首先决定于基质的物理性质。在水培中，基质是否肥沃并不重要，只要能够固定植株和为作物生长创造良好的水气条件就可以了，而基质栽培则要求固体基质具有良好的物理性质。对栽培作物生长有较大影响的基质物理指标主要有容重、总孔隙度、大小孔隙比和颗粒大小等。

1. 容重

容重是指单位体积干基质的重量，一般用 g/L 或 g/cm^3 表示。测定方法见任务实施内容。

基质的容重与其自身的质地和颗粒大小关联度大，其大小反映了基质的疏松、紧实程度和持水、透气能力。容重过大，说明基质过于紧实，不够疏松，虽然持水性较好，但通气性较差；容重过小，说明基质过于疏松，虽然通气性较好，有利于根系延伸生长，但持水性较差，固定植株的效果较差，浇水时根系易漂浮。

不同基质的容重差异很大(表 3-1-1)；同一种基质由于压实程度、颗粒大小不同，其容重也存在较大差异。一般认为，基质容重在 0.1～0.8 g/cm^3 范围内作物栽培效果好。

2. 总孔隙度

总孔隙度是指基质中通气孔隙与持水孔隙的总和，以孔隙体积占基质总体积的百分数来表示。其大小反映了基质的孔隙状况。总孔隙度大(如岩棉、蛭石)，说明基质较轻、疏松，容纳空气和水的量大，有利根系生长，但植物易漂浮，锚定效果较差，易倒伏；总孔隙度小(如砂的总孔隙度约为 30%)，则基质较重、紧实，水分和空气的容纳量小，不利于根系伸展，但锚定效果好。由此可见，基质的总孔隙度过大或过小都不利于植物的正常生长发育。生产上常将颗粒大小不同的基质混合使用，以改善基质的物理性能。基质的总孔隙度一般要求在 54%～96% 范围内适合多数作物栽培。总孔隙度的测定方法见任务实施内容。

3. 大小孔隙比

基质总孔隙度只能反映基质容纳空气和水分的空间总和，难以反映水、气的相对容纳空间。而大小孔隙比能够反映基质中气、水间的状况，是衡量基质优劣的重要指标，与总孔隙度合在一起可全面反映基质中气水状态。所谓的大小孔隙比(即基质气水比)是指在一定时间内，基质中容纳气、水的相对比值，通常以通气孔隙和持水孔隙之比表示。基质中 ϕ 0.1 mm 以上的孔隙，其中的水分在重力作用下很快流失，主要容纳空气，称为通气孔隙(大孔隙)；而 ϕ 0.001～0.1 mm 的孔隙，主要贮存水分，称为持水孔隙(小孔隙)。如果大小孔隙比大，说明基质空气容量大，持水量小，贮水力弱，通透性强；反之，空气容量小，持水量大。一般来说，基质的大小孔隙比应保持在 1∶(1.5～4)为宜。基质中通气孔隙和持水孔隙的测定方法见任务实施内容。大小孔隙比的计算公式为：

大小孔隙比(气水比)＝通气孔隙(%)/ 持水孔隙(%)

4. 颗粒大小(粒径)

颗粒大小是指基质颗粒的直径大小，用毫米(mm)表示。基质的颗粒大小一般分为五级：即小于 1 mm 的为一级；大于 1 mm 小于 5 mm 的为二级；大于 5 mm 小于 10 mm 为三级；大于 10 mm 小于 20 mm 为四级；大于 20 mm 小于 50 mm 为五级。基质的颗粒大小直接影响基质的容重、总孔隙度和大小孔隙比。同一种基质的颗粒越大，容重越小，总孔隙度越大，气水比越大，结果较好，但持水性较差，栽培时要增加浇水次数；反之，颗粒越小，容重越大，总孔隙度越小，气水比越小，结果持水性较好，通气性较差，容易造成基质内通气不良、水分过多，影响根系呼吸，抑制根系生长。因此，选用基质时，要选择颗粒大小合适的材料。

几种常用基质的物理性状见表 3-1-1。

表 3-1-1 常用基质的物理性状

基质名称	容重 /(g/cm^3)	总孔隙度 /%	通气孔隙 /%	持水孔隙 /%	气水比
菜园土	1.10	66.0	21.0	45.0	1∶2.4
沙子	1.49	30.5	29.5	1.0	1∶0.03
炉渣	0.70	54.7	21.7	33.0	1∶1.51
蛭石	0.13	95.0	30.0	65.0	1∶2.17
珍珠岩	0.16	60.3	29.5	30.8	1∶1.04
岩棉	0.11	96.0～100	64.3	35.7	1∶0.55
泥炭	0.21	84.4	7.1	77.3	1∶10.89
木屑	0.19	78.3	34.5	43.8	1∶1.27
炭化稻壳	0.15	82.5	57.5	25.0	1∶0.44
棉子壳	0.24	74.9	55.1	19.8	1∶0.36

(二)基质的化学性质

对栽培作物生长影响较大的基质化学性质主要有基质的化学组成及由此引起的化学稳定性、酸碱性、阳离子代换量、缓冲能力和电导率等。了解基质的化学性质及其作用，有助于在选择基质和配制、管理营养液时增强针对性。

1. 基质的化学组成及其稳定性

基质的化学组成是指其本身所含有的化学物质种类及其含量，包括植物可吸收利用的有机营养、矿质营养，以及有毒有害物质等。基质的化学稳定性是指基质发生化学变化的难易程度。有些基质容易发生化学变化，会产生一些有害物质，既伤害植物根系，又破坏营养液原有的化学平衡，影响根系对养分的有效吸收。因此，无土栽培中应选用稳定性较强的材料作为基质，既可以减少对营养液的干扰，保持营养液的化学平衡，也便于营养液的日常管理和保证作物正常生长。

基质的种类不同，化学组成不同(表 3-1-2)，因而化学稳定性也不同。一般来说，主要由无机物质构成的基质，如河沙、石砾等化学稳定性较高；而主要由有机物质构成的基质，如木屑、稻壳等化学稳定性较差，但草炭的性质较为稳定，使用起来也最安全。

表 3-1-2　常见基质的营养元素含量

基质	全氮	全磷	速效磷	速效钾	代换钙	代换镁	速效铜	速效锌	速效铁	速效硼
菜园土	0.106	0.077	50.0	120.5	324.7	330.0	5.78	11.23	28.22	0.425
炉渣	0.183	0.033	23.0	203.9	9 247.5	200.0	4.00	66.42	14.44	20.3
蛭石	0.011	0.063	3.0	501.6	2 560.5	474.0	1.95	4.0	9.65	1.063
珍珠岩	0.005	0.082	2.5	162.2	694.5	65.0	3.50	18.19	5.68	—
岩棉	0.084	0.228	—	1.338*	—	—	—	—	—	—
棉子壳	2.20	0.210	—	0.17*	—	—	—	—	—	—
炭化稻壳	0.54	0.049	66.0	6 625.5	884.5	175.0	1.36	31.3	4.58	1.290

注：除全氮、全磷单位为%外，其他均为 mg/L；* 为全钾的百分数(%)。

2. 基质的酸碱性

基质本身具有一定的酸碱性。过酸或过碱的基质，都会影响到营养液的酸碱性，严重时会破坏营养液的化学平衡，阻止作物对养分的吸收。所以，选用基质之前，应对基质的酸碱性有一个大致的了解，以便采取相应的措施加以调节。基质酸碱度的检测方法见任务实施内容。

3. 基质的阳离子代换量(CEC)

基质的阳离子代换量是指在一定的酸碱条件下，基质含有可代换性阳离子的数量。它反映基质代换吸收营养液中阳离子的能力。通常在 pH7 时测定，以每 100 g 基质代换吸收营养液中阳离子的毫摩尔数(mmol/100g 基质)表示。并非所有的基质都有阳离子代换量。部分基质的阳离子代换量见表 3-1-3。

表 3-1-3　几种基质的阳离子代换量

基质种类	阳离子代换量 /(mmol/100 g)	基质种类	阳离子代换量 /(mmol/100 g)
高位泥炭	140～160	树皮	70～80
中位泥炭	70～80	沙、砾、岩棉等惰性基质	0.1～1.0
蛭石	100～150		

基质具有阳离子代换量会影响营养液的平衡，使人们难以监测和控制营养液的组分，而有利的一面是指它能暂时贮存营养，减少养分损失和对营养液的酸碱反应起到缓冲作用，即使在供液间歇期也不影响作物根系对养分的吸收。

4.基质的缓冲能力

缓冲能力是指基质在加入酸碱物质后本身所具有的缓和酸碱变化的能力。缓冲能力大小主要由阳离子代换量、基质中的弱酸及其盐类的多少决定的。一般说，阳离子代换量大的，其缓冲能力也大；阳离子代换量小的，其缓冲能力也小。依基质缓冲能力的大小排序，则有机基质＞无机基质＞惰性基质＞营养液。一般来说，植物性基质如木屑、泥炭、木炭等都具有缓冲能力；而矿物性基质除蛭石外，大多数没有或很少有缓冲能力。

5.基质的电导率

基质的电导率表示基质内部已电离盐类的溶液浓度，反映基质含有的可溶性盐分的多少，将直接影响到营养液的平衡。基质中可溶性盐分的含量不宜超过1 000 mg/kg，最好小于500 mg/kg。使用基质前应对其电导率进行测定，如果电导率值高，可采用淡水淋洗或作其他适当的处理。

基质的电导率和硝态氮之间存在相关性，故可由电导率值推断基质中氮素含量，判断是否需要施用氮肥。一般在花卉栽培时，当基质的电导率小于0.37～0.5 ms/cm时(相当于自来水的电导率)必须施肥；电导率达1.3～2.75 ms/cm时，一般不用施肥，并且最好淋洗盐分；而栽培蔬菜作物时的基质电导率应大于1 ms/cm。

6.基质的碳氮比

碳氮比是指基质中碳和氮的相对比值。碳氮比值高的基质，由于微生物生命活动对氮的争夺，会导致植物缺氮。碳氮比值很高的基质，即使采用了良好的栽培技术，也不易使植物正常生长发育。因此，木屑和蔗渣等有机基质，在配制混合基质时，用量不超过20%，或者每立方米加8 kg氮肥，堆积2～3个月后再使用。另外，大颗粒的有机基质由于其表面积小于其体积，分解速度较慢，而且其有效碳氮比小于细颗粒的有机基质，如粗、细锯末的碳氮比值相差20倍之多。所以，要尽可能使用粗颗粒的基质，尤其是碳氮比值低的基质。一般规定，碳氮比(200～500)∶1属中等；小于200∶1属低；大于500∶1属高。通常碳氮比宜中宜低不宜高，碳氮比30∶1左右比较适合作物的生长。

三、基质的种类

固体基质的分类方法很多，按基质的来源分类，分为天然基质(如沙子、石砾、蛭石等)和合成基质(如岩棉、陶粒、泡沫塑料等)；按基质的组成分类，分为无机基质(如沙子、蛭石、石砾、岩棉、珍珠岩等)、有机基质(如泥炭、木屑、树皮等)和化学合成基质(如泡沫塑料)；按基质的性质分类，分为活性基质(如泥炭、蛭石)和惰性基质(如砂、石砾、岩棉、泡沫塑料)；按基质使用时的组合分类，分为单一基质和复合基质等。

四、常用基质的特性

1. 岩棉

岩棉是人工合成的无机基质。荷兰于1970年首次将其应用于无土栽培。目前在全世界使用广泛的岩棉商品名为格罗丹(Grogen)。成型的大块岩棉可以切割成小的育苗块或定植块,也可以制成颗粒状(俗称粒棉),而国内已有一批中小型岩棉厂开始按农用要求进行专业化生产。如沈阳热电厂生产的优质农用岩棉,售价较低。岩棉具有以下理化性质:①化学性质稳定。岩棉是由氧化硅和一些金属氧化物组成,是一种惰性基质。新岩棉的pH值较高,一般为pH 7~8,使用前需用清水漂洗,或加少量酸,经调整后的农用岩棉的pH值比较稳定。②物理性状优良。岩棉质地较轻,不腐烂分解,容重一般为70~100 kg/m^3;孔隙度大,高达95%,透气性好;吸水力强,可吸收相当于自身重量13~15倍的水分。岩棉吸水后,会因其厚度的不同,含水量从下至上而递减,空气含量则自下而上递增。处于饱和态的岩棉,水分和空气所占比例为13∶6。③岩棉纤维不吸附营养液中的元素离子,营养液可充分提供给作物根系吸收。④岩棉经高温完全消毒,不会携带任何病原菌,可直接使用。

由于岩棉具有上述理化性质,并且使用简单、方便、造价低廉且性能优良,为植物提供了一个保肥、保水、无菌、空气供应充足的良好根际环境,目前被认为是当今无土栽培最好的基质之一,在全世界已普遍采用。目前主要应用于:①岩棉育苗。②循环营养液栽培(如NFT)中植株的固定。③岩棉栽培。这种基质栽培一般要求配备滴灌设施和良好的栽培技术,在无土栽培中栽培面积居第一位。

2. 珍珠岩

珍珠岩由硅质火山岩在1 200℃下燃烧膨胀而成,白色、质轻,呈颗粒状,其粒径为1.5~4 mm,容重0.13~0.16 g/cm^3,总孔隙度60.3%,密度低,气水比为1∶1.04,可容纳自身重量3~4倍的水,易于排水和通气,保冷隔热性能好。珍珠岩的化学性质也比较稳定,含有硅、铝、铁、钙、锰、钾等氧化物,电导率为0.31 ms/cm,化学稳定性强,pH呈中性,阳离子代换量小,无缓冲能力,不易分解,但遭受碰撞时易破碎。珍珠岩可以单独使用,但质轻粉尘污染较大,使用前最好戴口罩,先用水喷湿,以免粉尘纷飞;浇水过猛,淋水较多时易漂浮,不利于固定根系。因此,生产上多与其他基质混合使用。

3. 蛭石

蛭石是由云母类矿物加热至800~1 100℃时形成的海绵状物质。其质地较轻,每立方米重80~160 kg,容重0.07~0.25 g/cm^3,总孔隙度95%,气水比1∶4.34,具有良好的透气性和保水性,电导率为0.36 ms/cm,碳氮比低,阳离子代换量较高,具有较强的保肥力和缓冲能力。蛭石中含较多的钙、镁、钾、铁,可被作物吸收利用。蛭石因产地、组成不同,可呈中性或微碱性。当与酸性基质(如泥炭)混合使用时不会发生问题,而单独使用时如pH值太高,需加入少量酸调整。

新蛭石不必消毒可以直接使用,既可以单独用于水培育苗(蛭石粒径0.75~1.0 mm),也可以与其他基质混合用于栽培(蛭石粒径3 mm以上)。但蛭石易碎,长期使用后其结构会破碎,孔隙变小,影响通气和排水。因此,在运输、种植过程中不能受重压,不宜用作长期盆栽植物的基质。蛭石一般使用1~2次后,可以作为肥料施用到大田中。

4. 草炭

草炭又称泥炭，来自泥炭藓、苔藓和其他水生植物的分解残留物，是迄今为止世界上公认最好的无土栽培基质之一。草炭的容重为 0.2～0.6 g/cm^3，总孔隙度为 77%～84%，持水量为 50%～55%，电导率为 1.1 ms/cm，阳离子代换量属中或高，碳氮比低或中，pH 偏酸性或酸性，富含有机质(有机质含量通常在 40.2%～68.5%)。虽然草炭持水、保水力强，但由于质地细腻，容重小，透气性差，所以一般不单独使用，常与木屑、蛭石等基质混合使用，可提高其利用效果。尤其是现代工厂化育苗，大多是以草炭为主要基质，其中加入一定量蛭石、珍珠岩以调节物理性能，管理方便，成功率高。唯一的缺点是草炭栽培成本较高。

其他常用基质的主要理化性质见表 3-1-1 和表 3-1-4。

表 3-1-4　其他常用基质的化学性状

基质名称	酸碱性	有无阳离子代换量	化学稳定性	电导率/(ms/cm)	缓冲能力
沙子	6.5～7.8	无	强	0.46	无
炉渣	6.8	有	较强	1.83	较强
木屑	4.2～6.0	有	较差	0.56	强
树皮	4.2～4.5	有	较差	—	强

任务 3-2　基质混配与处理

任务描述

☆ 具体任务：①基质混配；②基质消毒；③基质发酵。

☆ 具体方法：①基质直接混配，在混配的同时进行药剂消毒；②基质消毒采用药剂消毒和太阳能消毒方法；③用秸秆发酵剂等发酵鸡粪。

☆ 操作要求：配方及方法选择适宜，符合操作程序，操作规范、熟练。

任务分析

本任务包括基质混配、基质消毒和基质发酵三项子任务。其中，前两项可先后或同步进行。基质混配在称量准确前提下，反复多次搅拌才能混匀，草炭混配前须用水润湿后捻碎，才可能与其他基质混拌均匀；药剂消毒可结合基质混配同步或先后进行，边喷边搅拌，同时要保证消毒时间，这样才能消毒彻底和均匀消毒。基质发酵一要保证按量混配，二要适时翻堆。此外，小组成员需相互配合，有利于提高工作效率。

【任务实施】

子任务1　基质混配与消毒

一、准备用品

1. 材料与药剂

珍珠岩、炉渣、蛭石、草炭、沙子等常用的有机和无机基质若干;高锰酸钾、甲醛。

2. 仪器与用具

托盘天平,杆秤;喷壶、水桶、塑料盆、小铁铲、铁锹;乳胶手套、宽幅塑料等。

二、分组操作

1. 基质混配

学生分组混配两种复合基质。复合基质配方表 3-2-1(见知识链接部分)中前 6 种配方中任选。要求基质混配后无杂物、均匀度高。

2. 基质药剂消毒

预先配好 1%高锰酸钾溶液和 40%甲醛 50 倍液。将单一基质或复合基质置于塑料盆中或铺有塑料膜的水泥平地上。先用水预湿,然后边混拌边用喷壶向基质喷洒消毒液,要求喷洒全面、彻底。采用高锰酸钾消毒时,喷完消毒液后 10～20 min,再喷水,最后装袋备用或直接装填栽培床;采用甲醛消毒(图 3-2-1)时,将消毒液按 20～40 L/m^3 的药液量均匀喷湿基质,用塑料薄膜覆盖封闭 12～24 h 之后再揭膜,待基质风干 2 周或暴晒 2 d 后再使用。

3. 基质太阳能消毒

基质太阳能消毒方法见图 3-2-2。在温室、塑料大棚内地面或室外铺有塑料膜的水泥平地上将基质堆成高 25 cm、宽 2 m 左右、长度不限的基质堆。在堆放的同时喷湿基质,使其含水

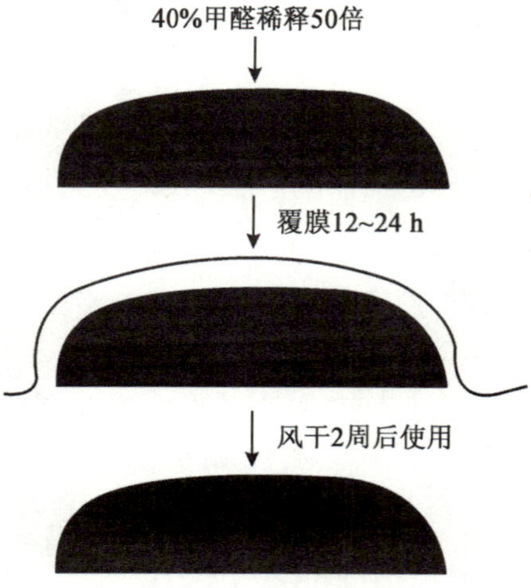

图 3-2-1　甲醛消毒

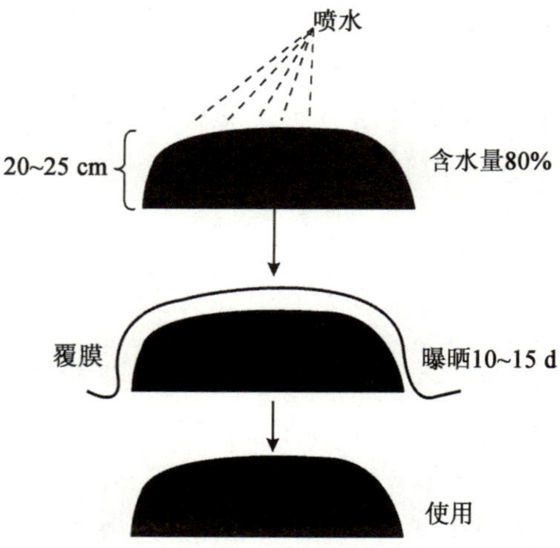

图 3-2-2　太阳能消毒

量超过80%，然后覆膜。如果是槽培，可在槽内直接浇水后覆膜。覆膜后密闭棚室，曝晒10～15 d，中间翻堆、摊晒1次。基质消毒后及时装袋备用。

子任务2 基质发酵

一、准备用品

1.材料与药剂

新鲜鸡粪；秸秆粉；锯末屑或菇渣、干泥土粉；麸皮或米糠、玉米粉；草炭或草粉；秸秆发酵剂；过磷酸钙；尿素。微生物秸秆发酵剂、金宝贝Ⅰ型发酵助剂。

2.仪器与用具

杆秤；喷壶、塑料盆、铁锹；塑料薄膜等。

二、现场操作

1.用微生物秸秆发酵剂发酵鸡粪

(1)混配　将干鸡粪呈长条状平铺在地上，按鸡粪重的35%浇水，每吨鸡粪加过磷酸钙15 kg除臭，加草粉或草炭100～150 kg；撒秸秆发酵剂2 kg，预先用米糠或麸皮稀释后撒施。如为鲜鸡粪，则先在地上铺一层秸秆粉(也可用米糠、草粉或草炭替代)，然后将湿鸡粪铺在上面，按堆料重量的0.1%撒入尿素，按每吨重量撒入20 kg左右的过磷酸钙，将2 kg秸秆发酵剂与麸皮或米糠混合撒入。堆肥要翻倒2～3次。

(2)发酵处理　将鸡粪堆成高约1 m、宽2 m的长方形物料堆，并在堆顶打孔通气，最后用塑料薄膜覆盖，保温、保湿。在塑料薄膜与地面接触的肥堆四周，每隔1 m压一重物，使膜内既通风又避免被大风吹起。夏、秋季节早晚揭膜通风1次(每次1～2 h)，天气晴朗时可在前一天傍晚揭膜，次日早上覆盖。堆沤4～6 d后，堆温可升至60～70℃，10 d后翻堆一次，堆沤20 d即能熟透。

2.用金宝贝Ⅰ型发酵助剂发酵鸡粪

(1)原料混配　按每千克金宝贝发酵剂加5 kg米糠(或麸皮、玉米粉等替代物)稀释，然后按照每吨有机物料(鲜料约2.5 t)加1 kg金宝贝发酵助剂的比例，将稀释后的发酵助剂撒入物料堆，并混拌均匀。注意最好使用新鲜米糠，不用“统糠”，因新鲜米糠的营养及通气性能远优于陈旧的米糠。

(2)发酵处理　物料堆大小参照方法1。发酵过程注意适当供氧与翻堆，升温控制在70℃左右，因温度太高时对养分有影响。发酵物料的含水量控制在60%～65%，过高过低均不利于发酵，水分过少则发酵慢；水分过多会导致通气差、升温慢，并产生臭味，可添加秸秆、锯末屑、菇渣或干泥土粉来调整物料水分。如果用手紧抓一把物料，指缝见水印但不滴水，落地即散则说明水分适宜。整个发酵过程需要5～7 d。成品有机肥为蓬松状、呈黑褐色，略带香味或泥土味，营养丰富。

技 术 提 示

1. 针对不同的基质类型选用适宜的消毒方法。
2. 太阳能消毒最好选择在高温季节进行，消毒快，消毒质量高。
3. 鸡粪与无机肥、秸秆发酵剂、金宝贝Ⅰ型发酵助剂混合时要均匀。
4. 基质发酵过程中注意通风换气、控温保湿和及时翻堆。

【知识链接】

一、基质选用的原则

1. 适用性

适用性是指基质适合所要种植的作物。基质是否适用可从以下几方面考虑：

(1)总体要求是所选用基质的总孔隙度在60%左右，气水比在0.5左右、化学稳定性强、酸碱度适中、无有毒物质。最好选用的是复合基质。

(2)虽然基质的某些性状会阻碍作物生长，但若这些性状通过经济有效的措施是可以消除的，则这些基质也是适用的。如草炭的颗粒较小，对于育苗是适用的，但在基质袋培时却因太细而不适用，必须与珍珠岩、蛭石等配制成复合基质后方可使用或直接选用颗粒大的草炭。

(3)必须考虑栽培形式和设备条件。如设备和技术条件较差时，可以采用槽培或钵栽，基质选用沙子或蛭石；如用袋培、柱状栽培时，可选用木屑或草炭加沙的混合基质。在有滴灌设施的情况下，可以采用岩棉作基质。

(4)必须考虑植物根系的适应性和气候条件、水质条件等。如气生根、肉质根需要很好的透气性，根系周围湿度要大；在空气湿度大的地区，则要求选用透气性良好的基质如松针、锯末等，北方水质一般呈碱性，选用泥炭与其他基质混合的复合基质效果较好。基质正式应用于生产之前，有针对性地进行栽培试验，可提高基质选择的准确性。

(5)立足实际。世界各国都应针对本国的基质资源状况，选择资源丰富的材料作为无土栽培用的基质。如加拿大采用锯末栽培；西欧各国岩棉培居多；南非蛭石栽培居多。

2. 经济性

经济效益决定无土栽培发展的规模与速度。基质培技术简单，投资小，但各种基质的价格相差很大。应根据当地的资源状况，尽量选择廉价优质、来源广泛、不污染环境、使用方便、可利用时间长、经济效益高的基质，最好能就地取材，从而降低无土栽培的成本，减少投入，体现经济性。

3. 市场性

不同基质栽培生产出的产品档次和市场需求是有差异的。如传统的无机基质栽培是以化肥和化学试剂为主配制的营养液为基础进行的水培或基质培，只能生产出优质的无公害蔬菜，而采用以有机基质为主要成分的复合基质进行有机生态型无土栽培，则能生产出绿色食品蔬菜。目前，市场上对绿色食品的需求日益加大，销售价格也远高于普通食品，市场前景看好。

因此，以产品市场为导向来选择适宜的基质和栽培类型，这在无土栽培生产上是非常重要的一个方面。

4. 环保性

基质的选用必须符合环境保护法规。为了防止无土栽培的废液因排到土壤或水中而造成土壤的次生污染和地区水体的富营养化，应将开放式基质培系统逐步改为封闭系统，这就要求选用的基质具有良好的理化性质，对盐分和 pH 值具有较强的缓冲性能。

草炭虽然是世界上应用最广泛、效果较理想的一种栽培基质，但是草炭是一种短期内不可再生资源，贮藏的总量有限，不能无限制地开采，所以今后应尽量减少草炭的用量或寻找草炭替代品，这是目前选择基质的一个热点。用有机废弃物作为栽培基质不仅可解决废弃物对环境的污染问题，而且还可以利用有机物中丰富的养分供应植物生长所需，但应考虑到有机物的盐分含量、有无生理毒素和生物稳定性，而且必须对有机废弃物特别是城市生活垃圾及工业垃圾的重金属含量进行检测。

二、基质的混配

每种基质的特点不一，如有的基质 pH 值偏高或偏低；容重过轻或过重；通气不良或通气过盛；基质的分解快慢不一等等，所以用单一基质栽培时往往会不同程度地存在问题。复合基质又称混合基质，是将特点不一的两种以上基质按一定比例混配制成的栽培基质，通过基质之间的优势互补，使得复合基质的各种性能指标达到要求的标准，因而在生产上得到越来越广泛的应用。美国加州大学、康奈尔大学从 20 世纪 50 年代开始，用草炭、蛭石、沙、珍珠岩等为原料，制成复合基质出售。我国较少以商品形式出售复合基质，生产上一般是根据作物种类和基质特性自行配制复合基质，这在客观上也降低了栽培成本。

1. 混配原则

基质混配的总原则要求是容重适宜，增加孔隙度，提高水分和空气的含量，并根据复合基质的特性，与栽培作物的营养液配方配合使用。虽然从理论上讲，混配的基质种类越多，其效果越好，但从控制生产成本考虑，生产上一般以 2～3 种基质混配为宜。栽培的作物种类不同，则复合基质的组成也不同，但比较好的复合基质应适用于多种作物，不能只适用于某一种作物。表 3-2-1 列出了国内外一些常用的混合基质配方。

2. 混配方法

干的草炭需提前 1 d 喷水或加入非离子润湿剂预湿。一般每 40 L 水中加入 50 g 次氯酸钙，能够预湿草炭 1 m^3，同时起到消毒作用。注意混合时要将草炭块尽量弄碎，否则不利于植物根系生长。

在配制复合基质时，根据栽培需要可以预先混入一定的肥料，肥料可用 N、P、K 三元复合肥(15-15-15)以 0.25% 比例加水混入，或按硫酸钾 0.5 g/L、硝酸铵 0.25 g/L、硫酸镁 0.25 g/L 的量加入，也可按其他营养液配方加入。复合基质混配后，用电导率仪测定 EC 值，以确定该基质是否会产生盐害。复合基质用量小时，可在水泥地面上用铁锹或铁铲混拌；用量大时用基质搅拌机混拌。

表 3-2-1　国内外常用的混合基质配方列举

序号	草炭	珍珠岩	蛭石	沙	刨花	炉渣	玉米秸秆	树皮	向日葵秆	木屑
1	1	1		1						
2	1	1								
3	1			3						
4	3			1						
5	1		1							
6	4	3	3							
7	2	2		5						
8	2	5	1							
9	3	1								
10	1	1						1		
11	2				1			1		
12	1							1		
13						2	3			
14						2			3	
15	1					3	1			
16	1		1							1
17	4	1	1							
18	2					3				

三、基质消毒

许多固体基质在使用前或在长期使用(特别是连作后)可能含有一些病菌或虫卵，容易引发病虫害。因此，大部分基质在使用前或下茬作物定植前，有必要对基质进行消毒，以消灭任何可能存留的病菌和虫卵。基质消毒常用的方法有蒸汽消毒、化学药剂消毒和太阳能消毒。

1. 蒸汽消毒

蒸汽消毒简便易行，安全彻底，但需要专用设备，成本高，操作不便。具体方法是：将基质装入容积 1～2 m^3 的柜(箱)内，通入蒸汽进行密闭消毒。一般在 70～90℃条件下，消毒 15～30 min，就能杀死病菌。如消毒的基质量大时，可将基质堆成 20 cm 高，长度依地形而定，全部用防水耐高温的帆布或塑料盖住，通入蒸汽，在 70～90℃下灭菌 1 h，杀菌效果较好。工厂化育苗时，可用基质消毒机或将蒸汽通入基质消毒池进行基质消毒。注意每次蒸汽消毒的基质不可过多，否则基质内部的病菌或虫卵不一定完全杀灭；消毒时基质的含水量应控制在 35％～45％，过湿或过干都可能降低消毒效果。

2. 化学药剂消毒

化学药剂消毒操作简单，成本较低，但消毒效果不如蒸汽消毒，且对操作人员身体不利。常用的化学药剂有甲醛、高锰酸钾和漂白剂等。

(1)40%甲醛　甲醛是良好的杀菌剂，但杀虫效果较差。一般用 40% 的原液稀释成 50 倍，按 20～40 L/m^3 的药液量对基质消毒。其消毒方法见任务实施相关内容。消毒时要求工作人员戴上口罩，做好防护工作。

(2)高锰酸钾　高锰酸钾是强氧化剂，一般用在石砾、粗沙等没有吸附能力且较容易用清水冲洗干净的惰性基质上消毒，而不能用于泥炭、木屑、岩棉、陶粒等有较强吸附力的活性基质或者难以用清水冲洗干净的基质，因为这些基质会因为吸附高锰酸钾而直接毒害作物，或造成植物的锰中毒。

(3)漂白剂　漂白剂包括次氯酸钙或次氯酸钠，特别适于砾石、沙子消毒。施用方法是在水池中制成 0.3%～1.0%的药液(有效氯含量)，浸泡基质 0.5 h 以上，然后用清水冲洗，以消除残留氯。一般不用于具有较强吸附力或难以用清水冲洗干净的基质上。

3. 太阳能消毒

蒸汽消毒比较安全，但成本较高；药剂消毒成本较低，但安全性较差，并且会污染周围环境。太阳能是近年来在温室栽培中应用较普遍的一种廉价、安全、简单实用的基质消毒方法。具体方法见任务实施相关内容。

四、基质发酵

稻壳、锯木屑等有机基质往往含有病菌、虫卵等，不能直接作为栽培基质使用，一般需要进行发酵处理后才能使用，否则，除养分流失外，会因为有机物被迫在作物根部或栽培床“被动发酵”而“烧根”、“烧苗”，造成大批量的死苗。以甘蔗渣、稻草秆、玉米秸等为主原料，以养殖业废弃物为氮源发酵，不仅可以生产富有营养的有机基质，而且还是解决农牧业废弃物污染环境的有效途径之一。下面以玉米秸粉、稻壳和甘蔗渣发酵为例，介绍基质发酵的工艺流程。

1. 玉米秸粉发酵

它主要是以粉碎的玉米秸粉为发酵原料，以尿素、烘干鸡粪为外加氮源，以高温放线菌、中温放线菌为菌源，经过高温发酵杀菌、中温发酵和自然后熟发酵 3 个阶段完成发酵全过程。其工艺流程是：向玉米秸粉中定量加入预先混有尿素、烘干鸡粪和高温放线菌的水，将发酵物料总碳氮比控制在(35～45)∶1，其中的碳主要是以玉米秸秆中碳的含量来计算，玉米秸秆中碳的重量百分含量为 43%；氮主要是以尿素和烘干鸡粪中氮的含量来计算，尿素中氮的重量百分含量为 46%，烘干鸡粪中氮的重量百分含量为 2.3%；总含水量的重量百分比控制在 60%～70%。高温放线菌添加量为玉米秸粉干重的 0.1～0.5%。物料搅拌混合后进行高温杀菌发酵，此期至少 65℃维持 12～24 h，pH 控制为 7～8。在经过高温杀菌的发酵物中加入中温放线菌，添加量为初始发酵物料中玉米秸粉干重的 0.1%～0.5%，温度保持 45～50℃，维持 8～10 d。最后将中温发酵的物料在室温下自然发酵 15～30 d，并对发酵成品烘干即成无土栽培用的基质。

2. 甘蔗渣堆沤处理

甘蔗渣来源于甘蔗制糖业的副产品。新鲜蔗渣的 C/N 可高达 170 左右，不能直接作为基质使用，必须经过堆沤处理后才能够使用。堆沤时可采用两种方法：一是将蔗渣淋水至最大持水量的 70%～80%(手握蔗渣至刚有少量水从手指缝渗出为宜)，然后将其堆放并用塑料薄膜覆盖即可；二是称取相当于需要堆沤处理蔗渣干重的 0.5%～1.0%的尿素等速效氮肥，溶解后均匀地洒入蔗渣中，再加水至蔗渣最大持水量的70%～80%，然后堆放覆膜即可。加入尿素等速效氮肥可以加速蔗渣的分解速度，加快其C/N比值的降低。在堆沤过程中应在翻堆后再重新覆盖塑料薄膜，使其堆沤分解均匀。堆沤时间以3～6个月为宜。经过堆沤和增施氮肥处理，蔗渣可以变成与草炭基质种植效果相当的良好基质，这为南方发展基质栽培提供了一个条件。

五、基质更换与再利用

基质使用一段时间(1～3年)后，各种病菌、作物根系分泌物和烂根大量积累，物理性状变差，特别是有机残体为主体材料的基质，由于微生物的分解作用使得这些有机残体的纤维断裂，导致基质通气性下降，保水性过强，从而影响作物生长，因而需要更换基质。

基质培也提倡轮作，如前茬种植番茄，下茬最好不要连续栽植茄果类蔬菜，可改种瓜类蔬菜。基质消毒不能保证彻底杀灭病菌和虫卵，轮作或更换基质相对更保险。

更换下来的旧基质经过洗盐、灭菌、离子重新导入、氧化等多个环节再生处理后可以重新用于无土栽培，也可施到农田中作为改良土壤之用。难以分解的基质如岩棉、陶粒等可以填埋处理，防止造成环境二次污染。

【拓展学习】

一、栽培基质的发展趋势

固体基质培是无土栽培的一种主要形式，因其具有性能稳定、设备简单、投资少、技术容易掌握等优点，而成为我国目前推广应用最多的一种无土栽培形式。发展基质无土栽培的关键在于如何开发一种理化性能稳定、原材料来源广泛、价格低廉、对环境无污染和便于规模化商品生产的基质。未来，栽培基质的发展趋势是：①开发性状稳定的经济环保型人工合成基质；②使用方便的有机基质；③开发如海绵育苗块、椰绒栽培块、岩棉种植垫等人工模制基质；④基质能够重复使用。

二、利用工农业废弃物生产栽培基质

利用工农业有机废弃物研制合成环保型无土栽培有机基质，不仅解决了有机废弃物的处理问题，还为无土栽培提供了优质有机基质。进入21世纪，除岩棉、蛭石、珍珠岩外，各种有机废弃物，如椰子壳纤维和造纸厂下脚料等已成为主要的无土栽培基质材料。利用废弃物生产多样化、无害化无土栽培基质，实现资源的可循环利用是无土栽培选用基质的方向。以下介绍椰糠新型环保基质。

椰子外壳纤维粉末，也称为椰糠，是从椰子外壳纤维加工过程中脱落下的一种可以天然降解、纯天然的有机质媒介，是无土栽培很好的有机介质之一。具有诸多优点：①pH值5.0～6.8，C/N为80∶1。良好的保水性。椰糠的孔隙率(v/v)94%～96%，持水能力8～9 d，可以充分保持水分和养分。②良好的透气性。椰糠保温保湿、通风透气，防止植物的根系腐蚀，促进植物根系生长，避免造成泥浆化；③丰富的养分。椰糠富含植物生产所必需的微量元素。④有缓慢的自然分解率，有利于延长基质的使用期。⑤环保。椰糠全部材料来自纯天然，不含病原体，能减少病虫害的发生；作为有机质，不添加化学添加剂，不易腐败，可长久使用，换盆亦不必更新材料，符合环保要求。⑥容易贮运。椰糠经过压缩制成的各种产品，质量轻，贮存空间小，易于运输，大大降低贮运成本。

椰糠具有优良的园艺基质性能，不仅符合现代无土栽培技术发展的要求，而且具有较高的经济、环保与社会效益。目前在世界范围内已广泛应用于改良土壤、工厂化育苗、无土栽培花卉、农作物等。价格稳定的椰糠开始突破草炭"一统天下"局面，得到越来越多的蔬菜花卉种植者的青睐。

由于椰糠含有较多的盐分，所以在基质栽培时，需提前将椰糠置于露天的地方，经过日晒和雨淋后，可降低椰糠的盐度和电导率。

【学习总结】

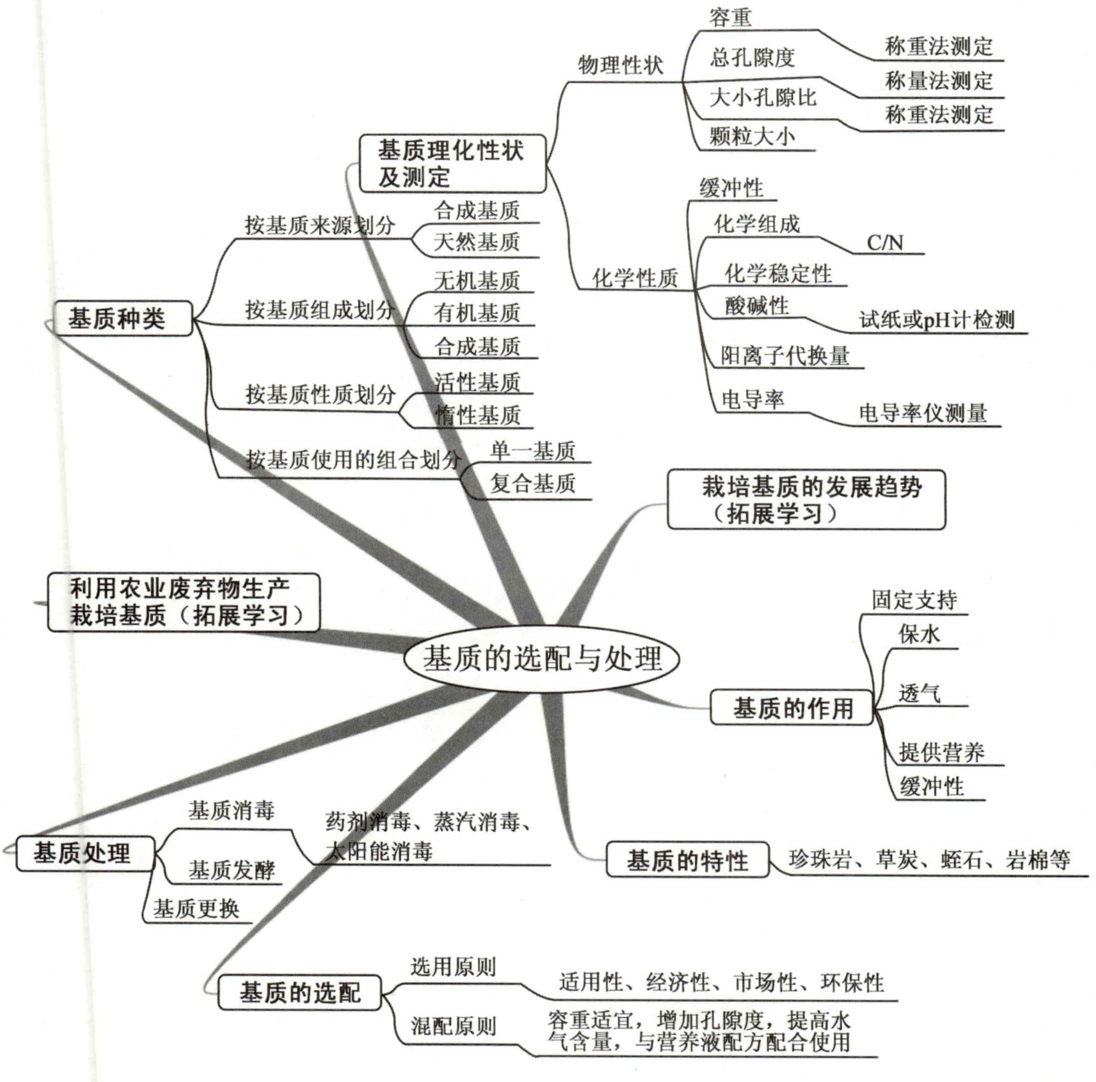

【能力测试】

1. 比较基质的大小孔隙比、容重、颗粒的大小对基质透气性、保水性的影响。

2. 为什么生产上常用复合基质栽培作物?

3. 某种基质在循环供液的水培系统中只起到固定植株的作用,如果基质消毒不彻底可能会带来什么后果?

4. 怎样理解基质的阳离子代换量大小、化学稳定性强弱对营养液的影响?

5. 比较蒸汽消毒、药剂消毒和太阳能消毒的优缺点。

6. 你认为判断基质好坏的依据是什么?

7. 直接使用发酵不彻底农业有机废弃物的后果是什么?

项目4

无土育苗技术应用

所谓无土育苗是指不用土壤，而用基质和营养液或单纯用营养液进行育苗的方法。根据是否利用基质材料，无土育苗分为基质育苗和营养液育苗；根据育苗的规模与技术水平，以及设施设备的先进程度和管理的科学化水平，分为普通无土育苗和工厂化育苗。普通无土育苗一般规模小，育苗条件差，人工操作与粗放式管理，育苗效率低，种苗品质和整齐度往往参差不齐，良莠并存，但设施、设备投资少，育苗成本较低；工厂化育苗是按照一定的工艺流程和标准化技术进行秧苗的规模化、机械化生产，具有育苗规模大，育苗条件好，育苗效率高，管理技术先进，省工省力以及节约能源、种子和场地，便于远距离运输和机械化栽植，秧苗质量和规格化程度高等特点，但育苗成本较高，要求具有先进的育苗设施设备、现代化的测控技术和自动化、标准化、集约化的管理方式。未来研制开发适合我国国情的育苗设施和智能化设备；研究不同蔬菜花卉的适宜苗龄，使育苗技术从育苗基质、穴盘规格、养分水分等的管理标准化；研究开发出低成本的育苗基质、营养液配方是无土育苗的技术发展方向。

无土育苗是蔬菜花卉无土栽培不可或缺的技术环节，也是确保园艺作物无土栽培质量和效率的关键技术之一。准确掌握蔬菜花卉无土育苗技术，熟练进行育苗操作，是做好蔬菜花卉无土育苗和后续无土栽培工作的客观需要。

学习目标

☆ 终极目标：掌握蔬菜花卉无土育苗技术。

☆ 促成目标：

1. 理解无土育苗的含义、实质、类型、优点与常见问题；
2. 掌握普通无土育苗和工厂化穴盘育苗操作流程与管理方法；
3. 会使用自动播种机，会计算播种期、播种量和苗床面积，会建造育苗床；
4. 掌握莴苣普通无土育苗和番茄、矮牵牛工厂化育苗技术；
5. 培养职业态度、责任心和团队协作精神。

任务 4-1 莴苣普通无土育苗

任务描述

☆ 具体任务:①建造简易育苗床;②种子处理;③苗期管理;④培育壮苗。
☆ 具体方法:床式育苗。
☆ 操作要求:按照计划培育出优质壮苗,达到出圃标准。

任务分析

科学育苗是保证莴苣无土育苗质量和效率的客观要求。育苗计划应在综合考虑育苗量、栽培茬口、育苗环境和育苗周期等相关因素之后制定;应准确计算出用种量和苗床的面积与数量;选择适宜的种子处理方法和育苗基质,做到撒播均匀、营养液准确配制、营养液管理和环境管控及时、有效。此外,要求育苗人员具有高度责任心,准确掌握育苗操作流程,熟练操作;团队成员相互协作,共同完成实践任务。

【任务实施】

一、制定生产计划

莴苣与番茄、黄瓜并列为温室无土栽培三大蔬菜种类,又名结球莴苣、叶莴苣(生菜),为菊科莴苣属中的变种,我国南北方均有栽培。根据食用部分可分为叶用莴苣和茎用莴苣两种。叶用莴苣分为散叶莴苣和结球莴苣两种。散叶莴苣的叶片松散、直立,有皱叶莴苣和长叶莴苣两个变种。其中,皱叶莴苣的叶片皱缩,如美国大速生、红叶莴苣等;长叶莴苣的叶片呈倒卵圆形,叶片稍皱缩如牛利生菜和直立生菜等。结球莴苣叶全缘,叶面平滑或皱缩,外叶开展,心叶抱合成叶球,呈圆球形或扁球形如广州青生菜、奥林、达亚等。茎用莴苣又称"莴笋"食用部分为肥大的肉质茎,如南京白皮香、杭州尖叶、挂丝红等。在品种选择上,尽可能选择早熟、耐热、抗病、抽薹晚的品种,如大湖 118、爽脆、意大利莴苣、迷你型莴苣、四季用秀水等叶用莴苣品种和尖叶先锋等茎用莴苣品种。

莴苣性喜冷凉,一般在春、秋、冬三季育苗。冬季可在日光温室育苗床上分批次育苗。表 4-1-1 是北方地区温室叶用莴苣(美国大速生)秋冬茬床式育苗生产安排。

表 4-1-1 北方地区叶用莴苣育苗安排

育苗场地	品种	育苗量	育苗方式	育苗茬口	育苗周期	播种时间	移栽
普通温室	大速生	10 万株	基质育苗	秋冬茬	20～30 d	10 月初	10 月末至 11 月初

二、育苗床建造

栽培床分为育苗床和栽培床两种类型，具有固定根群和支撑植株的作用，同时保证营养液和水分的供应，并为作物根系的生长创造优越的根际环境。育苗床可用木板、竹片、水泥瓦、石棉瓦、石板、聚苯乙烯泡沫塑料等加工而成，也可用红砖砌成临时或永久式的育苗床。后者因砖的规格(24 cm×12 cm×5 cm)比较统一，价格低廉又坚固耐用，为国内园艺企业常规育苗时首选。以下介绍简易育苗床建造方法。

1. 计算材料用量

红砖用量按以下步骤计算：确定育苗量→计算播种量→确定播种面积→计算育苗床数量→根据育苗床规格及过道宽计算所需红砖数量。根据育苗床数量、育苗床基质装填量和基质配比，计算各种基质用量。塑料薄膜选用 0.1 mm 厚聚乙烯或聚氯乙烯塑料，幅宽应在 1.5 m 以上。

温馨提示

☆ 播种量(g/667 m^2)=[每 667 m^2 定植或欲销售的秧苗数+安全系数(一般为 20%～30%)]×种子千粒重÷发芽率

☆ 播种床面积(m^2)=[播种量(g)×每克种子粒数×(3～4)]/10 000

注：3～4 为每粒种子平均占 3～4 cm^2 面积，如辣椒、早甘蓝、花椰菜、莴苣等取 3，番茄取 3.5，茄子取 4。

☆ 分苗床面积(m^2)=[分苗总株数×每株营养面积(cm^2)]/10 000

2. 施工

画出育苗床平面布局图和简易施工图，按照图 4-1-1 施工程序建造育苗床。

技术提示

1. 育苗床一般建成地下或半地下式的砖结构种植槽或设计成活动式育苗床。
2. 育苗床内铺塑料薄膜时，槽底尽量铺平，两侧外折压在上层砖下，避免打褶。
3. 育苗床的槽底两侧略高中间低，槽底中央位置的塑料薄膜打出若干小孔，以利排水。

3. 质量检查

从以下几方面检查育苗床的建造质量：一是育苗床建造规格是否符合要求；二是床底所铺

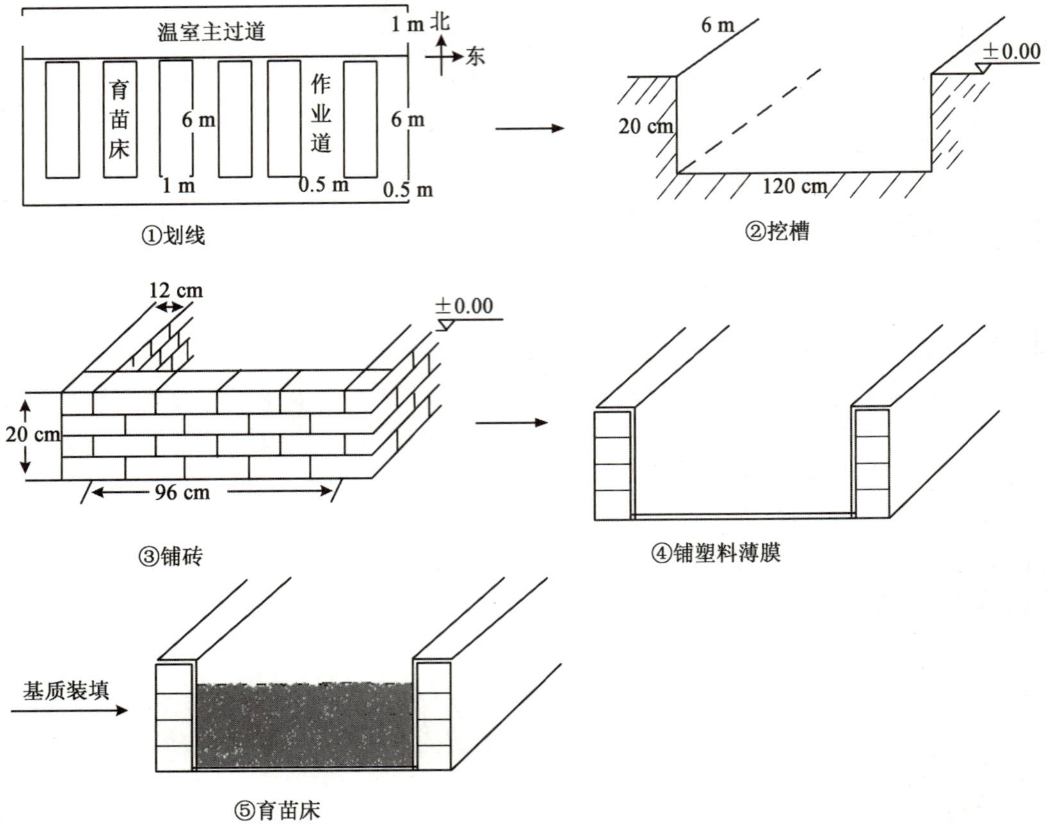

图 4-1-1 育苗床施工程序

塑料薄膜是否平整，除规定打孔处之外无破损之处；三是注水检查，育苗床底的水流是否均匀流淌；四是基质混拌均匀度和消毒是否彻底，装填后床面是否平整。

三、育苗

1. 空间消毒

播种前 2～3 d，用 1%～2%的次氯酸钠溶液或 1%甲醛溶液喷雾消毒，或用硫磺粉 4 g/m^3 和锯末 8 g/m^3 混放在容器内，点燃熏蒸 1 d。

2. 育苗操作

按照莴苣床式育苗操作流程(图 4-1-2)与技术环节(表 4-1-2)要求育苗。

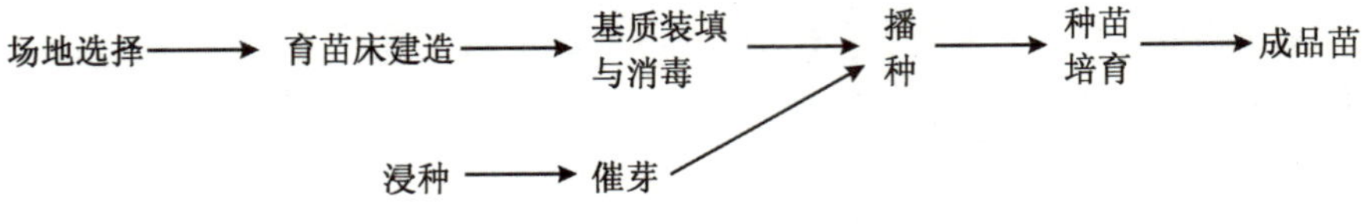

图 4-1-2 莴苣床式育苗操作流程

表 4-1-2　莴苣无土育苗操作环节

操作顺序	技术环节	实践内容
1	计算	计算种子、基质的用量和育苗床数。如育苗 10 万株，需 23 袋大速生种子（每袋重 5 g，发芽率 85%，千粒重 0.8 g）；草炭 4.8 m^3、河沙 2.4 m^3。
2	浸种催芽	1. 温汤浸种 20 mim，常温浸种 3 h； 2. 浸种后搓洗、去掉干瘪种子和多余的水分； 3. 湿纱布包裹，20℃条件下催芽。用水量一般为种子的 5 倍。每天清水漂洗 2 次。
3	基质混配与消毒	1. 基质配方：草炭与河沙之比为 2∶1； 2. 混配与消毒见任务 3-2。
4	播种	播种前基质喷施 0.5～1B 山崎莴苣营养液，用量 5 L/m^2 基质；种子与干河沙 1∶5 混拌后撒播；上覆 0.3～0.5 cm 厚基质，播后喷水覆膜。
5	间苗	两次间苗。第 1 次操作是在齐苗后，淘汰弱苗和子叶不全、生长势弱的幼苗。

3. 苗期管理

苗期管理主要包括营养液管理、环境控制、间苗操作、病虫害防治等，最后达到育苗标准。日常管理时要认真、及时填写日常管理登记表。

(1)环境控制　莴苣播种后基质温度维持在 15～18℃，经 5～6 d 苗就可出齐。若播种后覆膜，出苗后应及时撤掉薄膜，否则中午温度高时容易造成灼伤。莴苣性喜光照和冷凉气候，忌高温，出苗后白天气温控制在 18～20℃，超过 22℃应立即打开风口降温，低于 20℃关闭风口升温；夜间温度控制在 8～10℃；在充足的光照下生长旺盛，日照时间一般控制在 8 h 以内。当日温高于 24℃、夜温 19℃、长日照条件下，莴苣容易抽薹开花，影响产量和品质。苗期生长若遇低温，可搭小拱棚覆盖保温。注意低温干燥的情况下容易形成僵化苗；夜间苗床温度不能过高，以免引起植株徒长。

莴苣苗出齐后，当育苗基质发白时，浇一次透水。冬春茬育苗时，外界气温较低，只在晴天中午浇水；阴天时尽量不浇水，避免棚内湿度大、温度过低而引起病害的发生。浇水与喷施营养液交替进行。

(2)植株管理　当莴苣苗长至 2 叶 1 心时，应及时间苗，使单株营养面积达 5 cm^2。间苗后适当浇稳苗水。当幼苗长至 3～5 叶 1 心时便可定植或出售。当苗床出现龟裂时，应及时用湿润的细土填缝，防止子叶“带帽”出土，以利胚轴部位形成侧根。

(3)营养液管理　苗期追施营养液与浇水相结合。当莴苣种苗长至 2 叶 1 心后，每周随水追施 1/3 B 的山崎莴苣配方的营养液。也可选用日本园试配方，在 2 叶期前只浇清水，其后每隔 2 d 喷施 1 次 0.5～1B 的园试配方营养液。喷施或浇灌营养液时，注意防止育苗床积液。一般要求每浇 1～2 次营养液后再浇 1 次清水，避免基质内盐分累积浓度过高而抑制幼苗生长。

(4)病虫害防治　出苗后每隔 7～10 d 交替喷施 75%的百菌清 800 倍液、5%安克 500 倍液，可防治霜霉病等真菌性病害；喷施 10%吡虫啉 1 000 倍液防治蚜虫等虫害。

4. 壮苗标准

莴苣冬春茬育苗的苗龄为 30～40 d(其他季节 30 d 左右)，具 3～5 叶，叶片大而宽，茎黑绿色、较粗，叶片大而宽，株高 10～15 cm，植株无病虫害和机械损伤。

5. 炼苗

定植或销售前 3～7 d 适当炼苗。通常采取降温、控水、通风等措施，使幼苗根系发达，抗性增强。

【知识链接】

一、无土育苗的特点

1. 优点

(1)降低劳动强度，节水省肥，减轻土传病虫害。无土育苗按需供应营养和水分，省去了大量的床土和底肥，既隔绝了苗期土传病虫害的发生，又降低了劳动强度。

(2)便于运输、销售。无土育苗所用的基质一般容重轻，体积小，保水保肥性好，便于秧苗长距离运输和进入流通领域。

(3)提高空间利用率。无土育苗所用的设施设备规范化、标准化，可进行多层立体培育，大大提高了空间利用率，增加了单位面积育苗数量，节省了土地面积。

(4)幼苗素质高，苗齐、苗全、苗壮。由于设施形式、环境及技术条件的改善，无土育苗所培育的秧苗素质优于常规土壤育苗，表现为幼苗整齐一致，生长速度快，育苗周期缩短，病虫害减少，壮苗指数提高。由于幼苗素质好，抗逆性强，根系发达、健壮，定植之后缓苗期短或无缓苗期，为后期生长奠定了良好的基础。

(5)便于集约化、科学化、规范化管理和实现育苗工厂化、机械化与专业化。

2. 缺点

(1)无土育苗较有土育苗要求更好的育苗设备和技术条件，成本相对较高。

(2)无土育苗的根毛发生数量少，基质的缓冲能力差，病害一旦发生容易蔓延。

二、无土育苗的方式

1. 营养钵育苗

营养钵育苗应用广泛，钵的种类也多样化(图 4-1-3)。外形有圆形和方形，组成有单钵和联体钵；从塑料材质上划分，有聚乙烯钵和聚氯乙烯钵。目前主要用聚乙烯制成的单个软质圆形钵，上口直径和钵高分别为 8～14 cm，下口直径为 6～12 cm，底部有一个或多个渗水孔，利于排水。育苗时根据作物种类、苗期长短和秧苗大小选用不同规格的营养钵。蔬菜育苗多使用上口直径 8～10 cm 的，花卉和林木育苗可选用较大口径的，填装基质后播种或移苗。一次成苗的作物可直接播种(图 4-1-4)；需要分苗的作物则先在育苗床上播种，待幼苗长至一定大小后再分苗至钵中。单一基质或混合基质均可。营养液从上部浇灌或从底部渗灌。硬质塑料联体钵一般由 50～100 个钵联成一套，每钵的上口直径 2.5～4.5 cm，高 5～8 cm，供分苗或育成苗用。

2. 泡沫小方块育苗

适用于深液流水培或营养液膜水培。用一种育苗专用的聚氨酯泡沫小方块平铺于育苗盘中，育苗块大小约 4 cm 见方，高 3 cm 左右，每一小块中央切出一个“×”形缝隙，将已催芽的种

图 4-1-3 营养钵

图 4-1-4 营养钵育苗

子逐个嵌入缝隙中，并在育苗盘中加入营养液，让种子出苗、生长，待成苗后一块块分离，定植到种植槽中(图 4-1-5)。

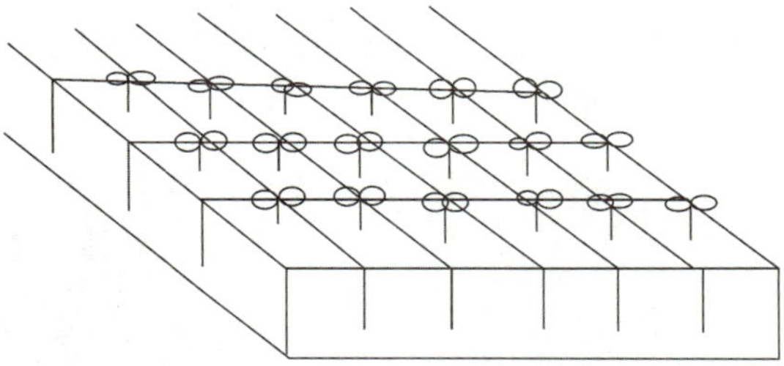

图 4-1-5 聚氨酯泡沫块育苗

3. 岩棉块育苗

岩棉块育苗广泛应用于多种无土栽培类型。根据作物种类和苗龄的要求使用 3 cm×3 cm×3 cm、4 cm×4 cm×4 cm、5 cm×5 cm×5 cm、7.5 cm×7.5 cm×7.5 cm、10 cm×10 cm×5 cm 等育苗专用岩棉块。岩棉块除上下两个面外，四周用乳白色不透光的塑料薄膜包裹，以防止水分蒸发、四周积盐及滋生藻类。育苗时在岩棉块表面上割一小缝，嵌入已催芽的种子后密集置于盛装营养液的箱或槽中。开始时先用低浓度的营养液浇湿，保持岩棉块湿润；出苗后在箱或槽的底部维持 0.5 cm 以下的液层，靠底部毛管作用供水、供肥。另外一种供液办法是将育苗块底部的营养液层用一条 2 mm 厚的亲水无纺布代替，无纺布垫在育苗块底部 1 cm 左右的一边，并通过滴灌向无纺布供液(图 4-1-6A)，利用无纺布的毛管作用将营养液传送到岩棉块中。如果是育果菜等大苗时，可采用“钵中钵”(图 4-1-6B)的育苗方式。方法是在大育苗块的中央开有一个小方洞，小方洞的大小刚好与嵌入的小岩棉块相吻合，在育苗后期将小岩棉块移入大育苗块中，然后排在一起，并随着幼苗的长大逐渐拉开育苗块距离，避免幼苗之间互相荫蔽。移入大育苗块后，营养液层可维持 1 cm 深度。此法较浇

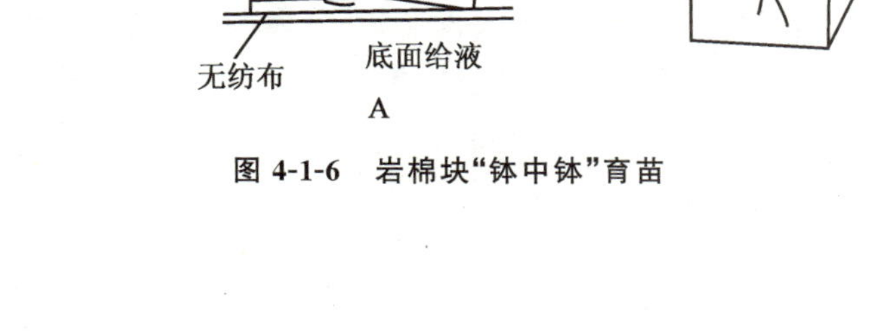

图 4-1-6 岩棉块“钵中钵”育苗

液法和浸液法的育苗效果好。

4.稻壳熏炭育苗

将育苗床(装有砾石、沙或熏炭等基质)上播种的幼苗,在第一真叶期移植到熏炭钵中(一般钵径为 9 cm,内装稻壳熏炭),然后将熏炭钵排列在不漏水且具有浅水层的育苗床上,通过底部浸液方式育苗。

5.蔬菜营养块育苗

蔬菜营养块是以优质泥炭为主要原料,添加适量营养元素、保水剂、固化成型剂、微生物等,采用压缩回弹技术将基质、营养、控病、调酸、容器五种功能集成为一体,精制而成的专用育苗营养基质块,以科学集成性、绿色环保性和简便高效性引领我国种苗业新发展。使用前只需吸水膨胀,育苗块即可膨胀回弹至疏松多孔状态,再向孔穴内播入种子或分入小苗即可完成育苗操作。方法简单方便,省工省力,广泛应用于蔬菜、花卉、瓜果、烟草、棉花、林木等多种经济作物的种苗生产,尤其适用于缺少优良土质的城近郊区和风沙、盐碱、干旱地区。泥炭育苗块育苗程序见图 4-1-7。

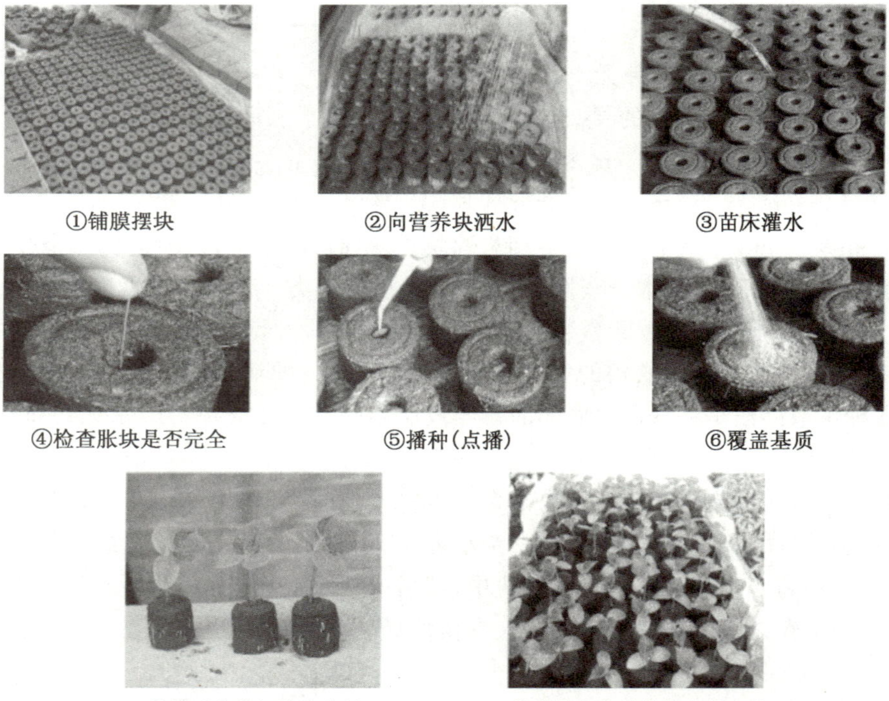

①铺膜摆块　②向营养块洒水　③苗床灌水

④检查胀块是否完全　⑤播种(点播)　⑥覆盖基质

⑦种子萌发与秧苗生长　⑧育苗床内营养块育苗全貌

图 4-1-7　泥炭营养块育苗操作流程

6.穴盘育苗

穴盘是按照一定的规格制成的带有很多小型钵状穴的育苗盘。一般由聚乙烯薄板吸塑或聚苯乙烯、聚氨酯泡沫塑料模塑而成。根据穴盘形状,分为方锥穴盘、圆锥穴盘、可分离式穴盘等;根据材质的不同,分为纸格穴盘、聚乙烯穴盘、聚苯乙烯穴盘、聚氨酯泡沫穴盘等;根据孔穴的数目和孔径大小,穴盘分为 50、72、105、128、200、288、392、512、648 孔等不同规格,其中以 72、105、128、288 孔的穴盘比较常用。

普通无土育苗和工厂化育苗均可采用穴盘育苗方式(图 4-1-8)。依据育苗的用途和作物种类,可选择不同规格的穴盘,一次成苗或培育小苗供移栽用。工厂化播种育苗的穴盘规格一般是按自动精播生产线的规格要求制作,国际上使用的穴盘外形大小多为 27.8 cm×54.9 cm,孔穴深度因大小而异,3～10 cm 不等。穴盘育苗时,先在孔穴中装满基质,然后播种,每穴 1～2 粒种子,成苗时 1 穴 1 株。

图 4-1-8　番茄穴盘育苗

除上述无土育苗方式外,还有育苗盘(箱)育苗和育苗筒育苗等。生产上可根据具体情况灵活选择育苗方式。

三、普通无土育苗

普通无土育苗除了育苗方式、育苗设施、营养液供应与管理、幼苗根际环境相对比较特殊外,其他与传统的土壤育苗大致不同。常见的普通无土育苗方式有容器育苗、岩棉块育苗和床式育苗,其操作流程分别见图 4-1-9、图 4-1-10 和图 4-1-2。

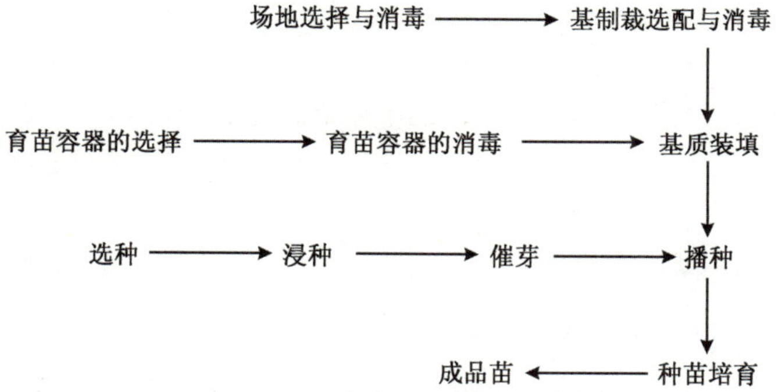

图 4-1-9　容器育苗操作流程

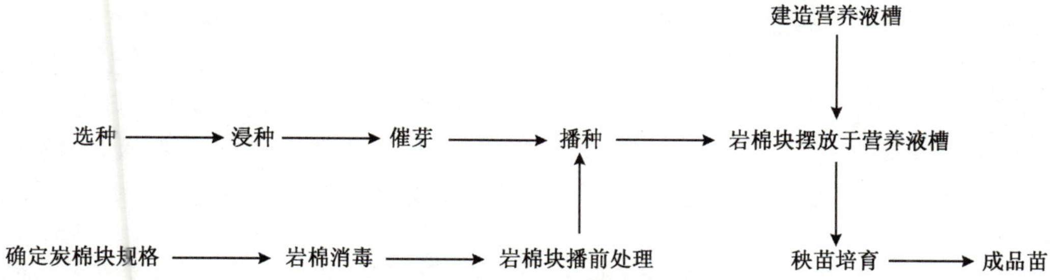

图 4-1-10　炭棉块育苗操作流程

1. 种子精选

在保证种子来源可靠的前提下,筛选出粒大饱满、无病虫害、结构完整的种子用于育苗。

人工挑选或机械选种。

2. 种子处理

(1)浸种　蔬菜花卉浸种有常温浸种、温汤浸种和热水烫种三种类型。

①常温浸种　用水温度与室温相同(20～30℃)，操作简单，十分安全，无杀菌作用，其目的是使种子短期内充分吸水，利于种子发芽。不同作物适宜的浸种时间不一样，一般用25～30℃温水浸种4～12 h即可，种皮厚者浸种时间长，种皮薄者略短。美人蕉、西瓜等种子的种皮坚硬，在浸种前用机械手段磨破种皮或敲开胚端的种壳，也可以用硫酸浸泡，使种皮变软后立即用清水冲净硫酸。如果种皮上黏质多，可用0.2%～0.5%的碱液搓洗。浸种要用非金属容器，防止有毒物质危害种子。浸种也可结合药剂消毒同步进行。浸种的水量以水层浸过种子层2～3 cm为宜，种子层不超过15 cm，以利种子呼吸作用，防止胚芽窒息死亡。蔷薇科花卉的种子则必须在低温和湿润的环境下层积处理后才能打破休眠。表4-1-3是部分蔬菜种子浸种催芽适宜的温度和时间。

表4-1-3　部分蔬菜种子浸种催芽适宜的温度和时间

蔬菜种类	浸种水温/℃	浸种时间/h	催芽适温/℃	备注
黄瓜	20～30	4～5	20～25	
南瓜	20～30	6	20～25	
番茄	20～30	8～9	20～25	
辣椒	30	8～24	22～27	
茄子	30～35	24～48	25～30	
芹菜	15～20	8～48	20～22	
莴笋	15～20	3～4	—	浸后播种
空心菜	15～20	3～4	—	浸后播种
韭菜	15～20	10～24	—	浸后播种
洋葱	15～20	10～24	—	浸后播种
莴苣	15～20	3～4	—	浸后播种
菠菜	15～20	10～24	—	浸后播种

②温汤浸种　温汤浸种所用的水温为病菌的致死温度为55℃，用水量是种子的5～6倍。浸种时，种子要不断搅拌，并且随时补充温水，水温保持55℃，持续10 min后，使水温逐渐降低，再进行一般浸种。耐寒、半耐寒蔬菜水温下降至20～25℃，喜温及耐热蔬菜水温下降至25～28℃，浸种时间较常温浸种缩短1～2 h。对于茄子、丝瓜、冬瓜等种皮坚硬且厚的种子或种子本身就是果实，吸水比较困难，可在浸种前进行机械处理。大粒的瓜类种子可将胚端的壳打破，也可用砖、石等擦破果皮；有的种子如茄子覆盖的黏质多，有碍透气，影响吸收和发芽，可用0.2%～0.5%的碱液先清洗一下，然后在浸泡过程中不断搓洗和换水，直到种皮洁净无黏感。

③热水烫种　一般用于难于吸水的种子(如茄子、冬瓜等)和不易长期浸泡的种子(如豆类等)的浸种处理。水温达到70～80℃，甚至更高。对于种皮较薄、喜冷凉类的蔬菜如白菜、莴苣等，宜取低限。水量不宜超过种子量的5倍，种子应充分干燥，烫种要迅速。热水烫种的时间较温汤浸种缩短一半以上。

(2)种子消毒　许多作物的病菌潜伏在种子内部或附着在种子的表面，通过种子消毒，可以杀灭种子表面的病菌，减少苗期病害。种子消毒的方法除了热水烫种、温汤浸种之外，还有干热处理、药剂浸种等。如黄瓜种子70℃干热处理3 d，对黑星病和角斑病消毒效果好；1%甲醛溶液浸泡15～20 min后湿布覆盖闷12 h，可防治茄果类早疫病；用10%～20%的磷酸三钠或2%的氢氧化钠溶液浸种15 min，可钝化番茄花叶病毒；用0.3%～1% H_2O_2、0.2%硫脲、0.2% KNO_3 和0.5%～1%赤霉素等分别处理黄瓜、茼蒿、马铃薯等种子有助于打破种子休眠；用25%或稍低于浓度的聚乙二醇(PEG)处理甜椒等难以出土或出土不整齐的蔬菜种子，可使在低温条件下提前出土，提高出土率，且苗期生长健壮。用微量元素溶液浸种，也利于出芽和提高出土率。一般种子消毒后进行浸种处理。

(3)催芽　种子催芽能够促使种子发芽迅速整齐。常用的催芽方法主要有以下几种：①恒温箱或催芽箱催芽。将裹有种子的纱布袋置于催芽盘内，然后放入温箱或催芽箱中催芽。这是目前比较理想的催芽方法，其温度、光照、变温处理都可自动控制。②常规催芽。将种子装入洗净的粗布或纱布里，放在底部垫有潮湿秸秆的木箱或瓦盆里，上面覆盖洗净的麻袋片，置于温室火道或火墙附近催芽。注意种子在袋内不宜装得太满，最好装6～7成满，使种子在袋内有松动余地。对于一些不易出芽的种子，也可采用掺沙催芽，使之干湿温度均匀，出芽整齐。催芽过程中每隔4～5 h将种子翻动一次，使种子受热一致，并有利于通气和发芽整齐。③锯末催芽。对一些难以发芽的种子，如茄子、辣椒等，用锯末催芽效果较好。在木箱内装10～12 cm厚、经过蒸煮消毒的新鲜锯末，喷水，待水渗下后，用粗纱布袋装半袋种子，平摊在锯末上，种子厚度以1.5～2 cm为宜，然后在上面盖3 cm厚、经过蒸煮的湿锯末，将木箱放在火道、火墙附近或火炕上，保持适宜温度。催芽过程中不需要经常翻动种子，发芽快且整齐，在适温下4～5 d即可发芽。

3.育苗基质的选用

适宜的育苗基质是培育壮苗的基础。无土育苗基质要求具有疏松透气，保水保肥，化学性质稳定，不带病菌和虫卵、杂草种子，且对秧苗无毒害。为了降低育苗成本，保证育苗效果，选择育苗基质时应充分利用当地资源，就地取材，并且以2～3种有机、无机基质混合为宜，实现优势互补，提高育苗效果。目前国内外普遍采用的基质配比大致是草炭50%～60%，蛭石30%～40%，珍珠岩10%。为了使所育的苗健壮，除了浇灌营养液的方法之外，常常在育苗基质内混入适量的无机化肥、沼渣、沼液、消毒鸡粪等，并在生长后期适当追肥，平时只浇清水即可。基质混配与消毒见任务3-2。表4-1-4列出国内外几种常用的育苗基质配方。

4.播种

不同的无土育苗方式采取不同的播种方法(点播、条播和撒播等)。一般在无风、晴朗的天气状况下上午播种。播前做好育苗床(冬春季节育苗时采用电热温床，夏季采用低畦育苗)，对育苗器具用0.1%～1.0%的高锰酸钾进行消毒，用清水喷透基质。播种后覆盖1～2 cm厚的基质，微喷水后覆膜、增温、保湿，出苗期间保持湿润。瓜类、豆类作物按8～10 cm株行距播种(一般每穴播2粒)；茄果类、叶菜类作物先行撒播，苗距1～2 cm，待苗1～3片真叶后分苗。

科学确定播种期是保证计划育苗的客观要求。一般根据育苗所需天数和定植期，并结合栽培茬口和栽培季节来推算。育苗天数的计算公式如下：

育苗天数＝苗龄天数＋炼苗天数(7～10 d)＋机动天数(3～5 d)

表 4-1-4　国内外常用的育苗基质配方

配方代号	基质种类与添加的肥料											
	细沙[1]/m^3	粉碎草炭/m^3	蛭石/m^3	白云石[2]/kg	珍珠岩/m^3	硝酸钾/kg	硝酸铵/kg	硫酸钾/kg	过磷酸钙[3]/kg	复合肥/kg	钙石灰石/kg	消毒干鸡粪/kg
A	0.5	0.5		4.5		0.145		0.145	1.5		1.5	
B		0.5	0.5	3.0					1.2	3.0[4]		
C		0.75	0.13		0.12				1.0	1.5[5]	3.0	10.0
D		0.5	0.5				0.7		0.7		3.5	

注：A. 加州大学混合基质；B. 康乃尔混合基质；C. 中国农业科学院育苗与盆栽基质；D. 草炭矿物质混合基质。
[1]细沙粒径为 0.05～0.5 mm；[2]白云石也可以用石灰石代替；[3]过磷酸钙中含有 20%五氧化二磷；[4]复合肥的氮、磷、钾含量为 5—10—5；[5]复合肥的氮、磷、钾含量为 5—15—15。

5. 秧苗培育

达到育苗标准后应及时定植。定植前 1 周应减少供液量，适时炼苗。定植后的秧苗培育主要是营养液管理和育苗环境的调控。通过营养液管理，实现科学供应营养；通过环境调控，创造最佳的育苗环境，从而促进秧苗健壮生长。

(1)营养液的管理　无土育苗的营养液管理主要是选择好营养液和供液方式，科学控制供液时间、供液量和营养液浓度。

①营养液的选择　育苗用的营养液配方根据作物种类确定。生产上常用 1/3～1/2 B 的日本园试配方和山崎配方，也可使用育苗专用配方。试验表明，叶菜类育苗可采用元素配方：N 140～200 mg/kg、P 70～120 mg/kg、K 140～180 mg/kg。茄果类育苗前期可采用配方：N 140～200 mg/kg、P 90～100 mg/kg、K 200～270 mg/kg；后期采用配方：N 150～200 mg/kg、P 50～70 mg/kg、K 160～200 mg/kg。此外，也可用氮磷钾复合肥（N—P_2O_5—K_2O 含量 15—15—15）配成溶液后喷灌秧苗。子叶期的浓度为 0.1%，一片真叶后提高到 0.2%～0.3%。

无土育苗对营养液的总体要求是养分齐全、均衡，使用安全，配制方便。因此，在实际配制过程中应合理选择肥料种类，尽量降低成本，并控制营养液的 pH 值在 5.5～6.8。营养液中铵态氮浓度过高，容易对秧苗产生危害，抑制秧苗生长，严重时导致幼根腐烂，幼苗萎蔫死亡。因此，在氮源的选择上应以硝态氮为主，铵态氮占总氮的比例最高不宜超过 30%。

②营养液浓度　不同作物的秧苗对营养液浓度的要求不同，同一作物在不同生育时期也不一样。一般幼龄苗的营养液浓度应稍低（相当于标准浓度的 1/2 或 1/3），随着秧苗生长，营养液浓度应逐渐提高。采用氮磷钾复合肥（N—P_2O_5—K_2O 含量 15—15—15）配成溶液后喷灌秧苗，一般子叶期的浓度为 0.1%，1 片真叶后提高到 0.2%～0.3%。

③供液量与供液时间　浇灌供液时必须注意防止育苗容器内积液过多，每次供液后在苗床的底部保留约 0.5～1 cm 深的液层。前人的研究结果显示，在育苗的全过程中，每株番茄、

茄子、黄瓜、甜瓜幼苗分别吸收标准浓度的营养液 800 mL、1 000 mL、500 mL、400 mL。小规模育苗时可以参考这个标准，分次浇施营养液，每次苗床的施用量控制在 10 L/m^2 左右。幼苗出土后，在异养生长向自养生长的过渡阶段，应适当提前供液。一般在幼苗出土进入绿化室后即开始浇灌或喷施营养液，每天 1 次或两天 1 次。一般夏季供液量大、供液次数偏多，冬季正好与之相反。不论季节和供液次数，应做到苗床保持湿润状态。

④供液方式　营养液供给与供水相结合。采用浇 1～2 次营养液后浇 1 次清水的办法，可以避免基质内盐分积累浓度过高而抑制幼苗生长。穴盘育苗或苗床育苗等育苗方式可采取上部供液方式。夏天高温季节，每天喷水 2～3 次，每隔 1 d 喷肥 1 次；冬季气温低，2～3 d 喷 1 次，喷水和喷肥交替进行。对于岩棉块和泡沫小方块育苗，可采取底部供液方式。把水或营养液蓄在育苗床内，苗床一般用塑料板或泡沫板围成槽状，长 10～20 m，宽 1.2～1.5 m，深 10 cm 左右，床底平且不漏水，底部铺一层厚 0.2～0.5 mm 黑色塑料膜作衬垫，保持薄层营养液的厚度在 2 cm 左右。也有的将床底做成许多深 2 mm 的小格子，育苗块排列其上，底部供液，多余的营养液则从一定间隔设置的小孔中排出。为了降低育苗成本，最好采用循环供液方式，通过营养液循环流动来供液和增氧，但要注意及时调整营养液的浓度和 pH 值。

(2)病虫害防治与环境调控　苗期应加强病虫害防治，并创造适宜的育苗环境。为提高抗病性，黄瓜等部分作物的幼苗长至一定大小时要适时嫁接。相关内容分别见任务 10-2、任务 5-2 和任务 4-1。

四、蔬菜无土育苗的质量要求

培育优质壮苗是无土育苗的核心，优质壮苗定植后缓苗速度快，抗逆性、适应性强，通常早产丰产。

1. 直观指标

所谓直观指标是指肉眼所见的幼苗总体状况，如有无病虫害、子叶及真叶的形状色泽及根系状况等。几种蔬菜幼苗的直观指标见表 4-1-5。

表 4-1-5　几种蔬菜幼苗的直观指标

蔬菜种类	子叶	真叶	茎	根系	花蕾
黄瓜	完整、肥厚、全绿	平展、浓绿	粗壮	色白、发达	—
番茄	完整、绿色	深绿、绒毛多	粗壮、绒毛多	侧根发达、白色	第一花序现蕾
辣椒	完整、全绿	舒展、有光泽、深绿	粗壮、节间短	发达、白色	第一花序现蕾
茄子	完整、全绿	肥厚、舒展、深绿带紫色、绒毛多	粗壮、节间短、绒毛多	发达、白色	第一花蕾出现

2. 生长量指标

生长量指标包括叶片数、苗高、茎粗、节间长度、根系数量等指标。不同蔬菜的判定标准见表 4-1-6。

表 4-1-6　几种蔬菜幼苗的生长量指标

蔬菜	真叶数/片	株高/cm	茎粗/cm	根系数量/条
黄瓜	4～5	8～12	0.5 以上	40
番茄	7～9	15～20	0.5～0.8	40 以上
辣椒	10～12	15～20	0.4～0.5	30 以上
茄子	7～8	15 左右	0.6～1	40 以上

任务 4-2　番茄工厂化育苗

任务描述

☆ 具体任务:①种子处理;②苗期管理;③撰写育苗总结报告。

☆ 具体方法:工厂化育苗。

☆ 质量要求:按照计划培育出优质壮苗,达到出圃标准。

任务分析

番茄工厂化育苗包括穴盘消毒、基质配制、播种、苗期管理、移苗倒盘和炼苗等技术环节,操作规范度高,技术要求严格,管理精致化,培育的秧苗健壮、整齐。要求育苗人员熟悉工厂化育苗操作流程与技术要求,会使用育苗设备,做到科学管理、熟练操作,具有高度责任心和敬业精神。工厂化育苗的工作量相对集中,要求保证时间、数量和质量,需要科学计划、多人合作才能顺利完成育苗任务。因此,要求育苗人员具有较强的团队协作精神和计划能力。

【任务实施】

一、制订生产计划

表 4-2-1 是北方地区番茄不同栽培茬口的育苗时间安排(种子、基质用量等省略)。番茄工厂化育苗操作流程见图 4-2-1。

表 4-2-1 北方地区番茄工厂化育苗时间安排

育苗地点	栽培茬口	育苗周期/d	播种时间	定植时间
连栋温室	秋冬茬	30～35	8 月初	9 月初
	冬春茬	40～45	12 月	1 月末
	越冬一大茬	30～35	10 月	11 月

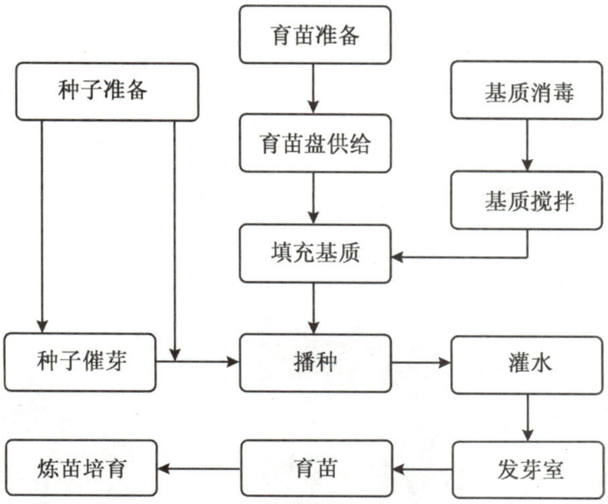

图 4-2-1 番茄工厂化育苗操作

二、育苗前准备

1. 选定育苗设施设备

选定育苗的连栋温室，能够控温、加湿、补光和强制通风，其内有育苗床架和喷灌车；操作间配备基质消毒机、基质搅拌机、自动精播生产线装置等育苗设备。育苗前，清理育苗温室，并用 1%高锰酸钾溶液喷施消毒，并配合硫磺密闭熏蒸。

2. 穴盘、基质准备与处理

按照育苗计划量和育苗基质配方(草炭：珍珠岩：蛭石＝7：1：2)推算，例如，播种 20 万粒种子，需准备 72 穴盘 2 778 个、珍珠岩 1.4 m^3、草炭 9.8 m^3、蛭石 2.8 m^3。

穴盘使用前应清洗消毒。将育苗穴盘置于清水池中浸泡(图 4-2-2)，全面涮洗后自然晾干。使用前用 4%高锰酸钾溶液消毒 30 min，然后清水冲洗。要求穴盘各处无杂质残留，消毒彻底。

图 4-2-2 刷洗穴盘(摄自大连长青)

采用全自动机械播种时，番茄育苗基质分为播种用基质和覆盖用基质两类。播种用基质按照番茄育苗基质的配方(草炭：珍珠岩：蛭石＝7：1：2)，将草炭、珍珠岩、蛭石按比例分批倒入基质搅拌机内搅拌 15 min。要求基质搅拌均匀。覆盖用基质可与播种用基质相同或选用 3～7 mm 大小的蛭石。将混配好的基质按每立方米添加 50 g 多菌灵进行消毒，混合均匀。

3. 种子、肥料与药剂准备

播前检测种子的发芽率。选择发芽率大于 85 %、籽粒饱满、发芽整齐一致的番茄种子作为育苗种子。番茄种子的大小一般控制在 0.1～0.3 cm 的范围内。肥料与药剂有山琦营养液、盖斯全素水溶肥(18-18-18 大量元素＋6 种微量元素)、硝酸钙肥；75％百菌清、农用硫酸链霉素、50％多菌灵、抑太保、灭蝇胺等。此外，还需准备育苗工具等。

三、育苗

1. 机械播种

采用全自动播种机(精量播种生产线)播种。将播种基质、覆盖基质和番茄种子分别装入播种基质槽、覆盖基质箱和种子盒中，准备 72 穴盘，做好人员分工。接通电源，设备自动完成装盘、压孔、播种、覆土、浇水的全过程(图 4-2-3)。

①摆放穴盘

②穴盘传送

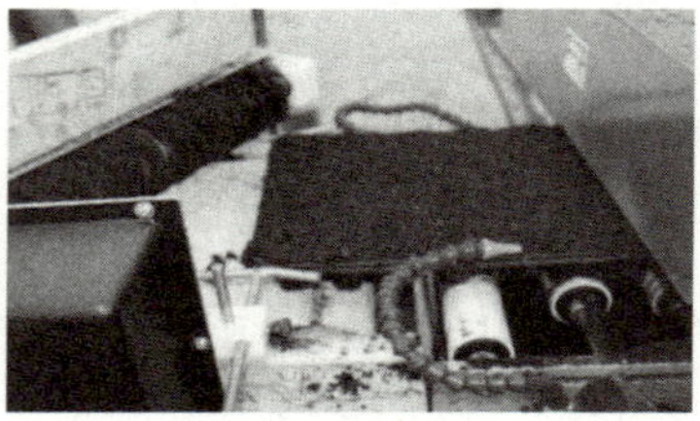
③装填基质

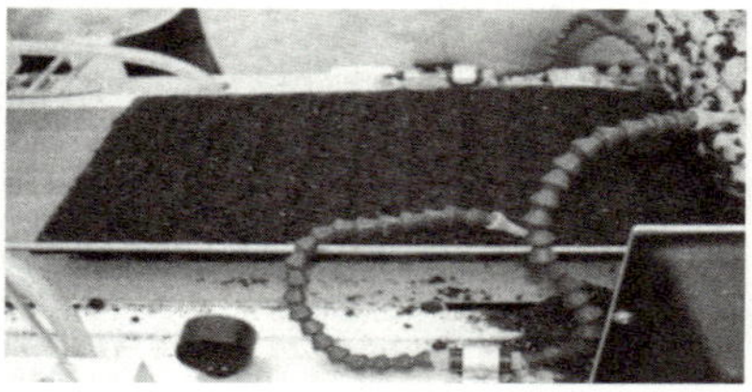
④压孔

⑤播种

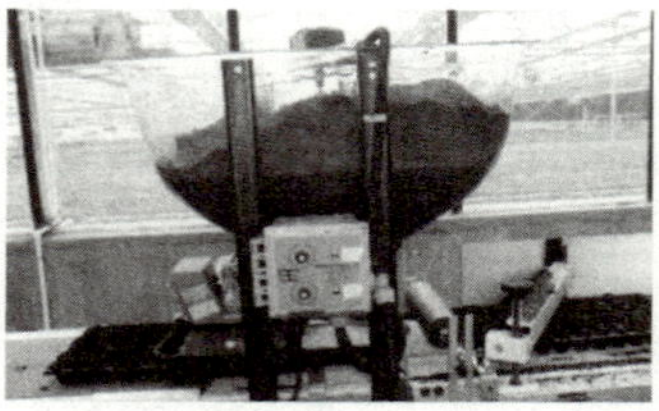
⑥覆盖

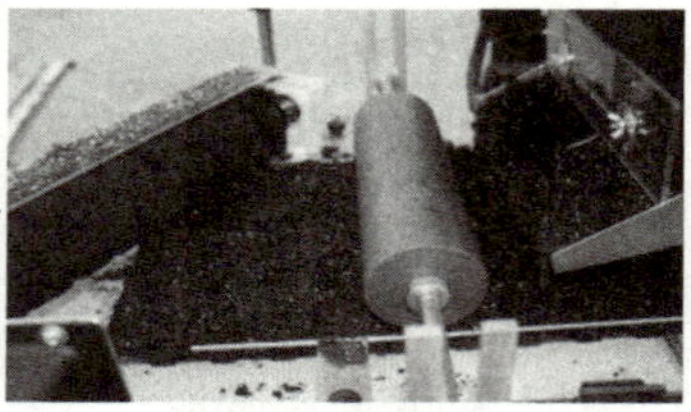
⑦刮平

⑧浇水

图 4-2-3　番茄自动播种流程

2. 催芽

将播种后的穴盘运进催芽室催芽。设定催芽温度 25～28℃、湿度 100％。待 70％以上种子萌芽时移至温室苗床上。

3.育苗管理

(1)肥水管理　根据基质肥力状况适时补充基质养分,宜采用水肥一体化管理,采用喷淋式浇水,每次浇匀浇透。浇水量和浇水次数视育苗期间的天气和秧苗生长情况而定,在穴盘表面的育苗基质缺水时及时补充水分,并随着苗龄增长适当增加施肥浓度。使用肥料要符合NY/T 496《肥料合理使用准则》的规定。

①出苗阶段　冬春低温期应在上午9～10时浇灌与室温相近的水;夏秋高温期应在早上气温较低时浇水。阴雨天、日照不足和湿度高时不宜浇水。苗期的基质pH值在5.5～7为宜。从播种到胚根出现期间,使用促进生根、提高免疫力的哈赤木霉菌600倍溶液,喷施基质。种苗出土到子叶展平期间,用清水喷淋一次,保证基质下2 cm左右湿润,利于出苗。切忌大水喷淋。

②中小苗阶段　子叶展平后,侧根开始伸长,进入需肥时期,喷施1/2 B山琦营养液,EC值2 ms/cm,或者采取盖斯全素水溶肥与硝酸钙肥、氨基酸类肥料交替使用。化肥使用浓度为70～140 mg/L,有机肥料使用浓度为800～1 000倍。5～9月份2～3 d施肥一次,1～4月份和10～12月份3～4 d一次。施肥原则是见干见湿。

③成苗阶段　四叶一心是种苗出圃的标准。在4～9月份,育苗从播种到出圃的时间为22～25 d,从三叶一心到四叶一心的时间为3～5 d,中间应以控水控肥为主,若干旱则补水达基质2～3 cm深的水分即可。10～12月份,番茄种苗从播种到出圃需要40～45 d,从三叶一心到四叶一心需要7～10 d,因此在前3～5 d,应给充足肥水;后3～5 d,以控肥控水为主。肥料主要以元鸿牌钙镁型肥料为主,减低氮肥用量,提高种苗的抗逆性和适应性,肥料浓度为100～200 mg/L。也可以喷施1B山琦营养液。2～3 d喷施1次。

(2)环境控制

①温度管理　番茄苗期温度管理指标见表4-2-2。夏秋季温度上升快,当温度达28℃时,覆盖外遮阳网、开启水帘风机等降温措施,环境温度应尽量控制在32℃以内。在肥水适宜时,温度过高,容易造成幼苗的徒长,而在肥水供应不足时,容易造成幼苗的萎蔫。冬春季节,在阳光充足、温度较高时要尽量打开天窗与外界气体进行交换。寒潮频繁时要做好保温防冻措施,低温时要密封大棚保温,及时覆盖棚膜,以减少热量的散失。温度低于5℃时,幼苗植株会呈紫色,长时间的低温会造成幼苗不可逆的伤害。用加温设备提高温度,最低温度应保持在夜温12℃以上,并一定要有日夜温差。

表4-2-2　番茄苗期温度管理指标

时期	白天适宜温度/℃	夜间适宜温度/℃	最低夜温/℃
出苗期	28～30	20～25	20
小苗期	25～30	15～20	15
中苗期	25～28	13～15	13
成苗期	15～25	12～15	12

②光照管理　夏秋季节光照强度以30 000 lx左右为宜,光照太强时可覆盖外遮阳网,防止叶片灼伤、失水;冬春季自然光通常不充足,要保证棚内透光,当连续2 d没有阳光直射、光

照强度低于 8 000 lx 时，可考虑开启补光灯，保证番茄苗的生长需求。太阳光偶尔较强时应及时开启环流风机使空气流动。

③湿度管理　番茄苗期空间湿度保持在 45%～65%。夏秋季节气温上升，空气湿度迅速下降，叶片易失水萎蔫，可安装微喷设施等加湿降温，也可采用棚内全面浇水等措施提高空间湿度。阳光充足时要保持空气流动，棚内风力小或无风时可启动水帘风机或环流风机。冬春季节尽量采取通风、开启环流风机等措施降低湿度。基质湿度在出苗期和小苗、中苗、成苗各阶段的管理目标分别是 65%～75%、65%～75%、60%～65%、55%～60%。

(3)补苗　一般来说，蔬菜育苗一次出苗率都达不到 100%，每个穴盘中都会有缺苗或小苗、弱苗，可以在幼苗子叶完全展平时进行移苗，补齐所缺的幼苗或换掉小苗、弱苗，以保证幼苗生长的一致性。移苗过程中如发现有“带帽”出土的幼苗，应用手摘掉。由于受光照、喷水量多少等因素的影响，穴盘之间的幼苗生长速度可能会不一样，可把幼苗生长快的生长慢的穴盘互相倒换，以保证幼苗的整齐度。

(4)病虫害防治 番茄苗期病害主要有灰霉病、立枯病、枯萎病，分别喷施 75%百菌清 800 倍、农用硫酸链霉素 5 000 倍、50%多菌灵 500 倍防治。虫害主要有菜青虫和潜叶蝇，分别用抑太保 2 500 倍、灭蝇胺 6 000 倍喷施防治。

4. 壮苗标准

番茄工厂化育苗的出圃标准是秧苗整齐一致，无病虫害，苗龄正常，生理苗龄在 3～5 叶一心，株高在 12～16 cm，基茎粗度在 0.3 cm 以上，子叶完好，真叶叶色浓绿，叶片厚，根系发达，完全包被育苗基质，形成根坨。

5. 炼苗

为了提高番茄幼苗的抗逆性，一般在移栽前 7 d 开始炼苗。只有当番茄出现轻度萎蔫时，才浇少量肥水，出苗前切忌大肥水。当室外温度超过 25℃时，即可打开通风口通风。

四、出圃包装

经过 30～45 d 的育苗，番茄苗达到壮苗标准，即可装箱发货。包装箱采用透气性好的纸箱，成本相对较低。

【知识链接】

一、蔬菜工厂化育苗的含义与特点

蔬菜工厂化育苗，是蔬菜育苗技术发展到目前的高级形式。所谓工厂化育苗，就是像工厂生产产品一样，在完全或基本上人工控制的适宜环境条件下，按照一定的工艺流程和标准化技术来进行秧苗规模化生产的育苗方式。它具有育苗规模大、育苗设施现代化、育苗设备智能化、生产技术标准化、生产工艺流程化、生产管理科学化和节约能源、种子和场地、省工省力、工作效率高、管理技术先进、秧苗质量和规格化程度高、便于远距离运输和机械化栽植等特点，但育苗成本较高，要求具有完善的育苗技术体系、先进的育苗设施设备、现代化的测控技术和现代化企业的管理体制等，从而使蔬菜秧苗工厂化生产在有计划、有组织、科学而有序的管理体制下达到快速、优质和专业化、商品化生产目的。

发达国家的无土育苗已发展到较高水平，实现了多种蔬菜和花卉的工厂化、商品化、专业化生产。其中，美国的工厂化穴盘苗量已占商品苗总量的70%以上；我国台湾的蔬菜穴盘育苗也走向快速发展阶段；随着我国工厂化农业的快速发展，工厂化育苗技术日益成熟，在加快推进现代农业的大背景下，工厂化育苗将具有广阔的应用前景。

二、工厂化育苗设施与设备

1. 育苗设施

(1)基质处理车间　该车间主要承担蔬菜工厂化育苗所需基质的混拌与消毒等工作任务。由于蔬菜工厂化育苗一般采取基质培育苗方式，批量生产，基质用量较大，而且大多使用复合基质，需要基质混拌、消毒等相关机械，所以基质处理车间(图4-2-4)不但要存放一定量的育苗基质，而且能够容纳相关机械设备，并留有作业空间。一般设置在育苗工厂中间，与装盘播种车间无缝连接。面积占育苗工厂的1/30～1/20。

(2)装盘与播种车间　该车间(图4-2-5)主要承担基质的混配、消毒和播种等相关任务。基质混拌、装盘、播种、覆土和洒水等操作由全自动播种机完成，这就要求作业场所宽敞和通风良好。一般设置在育苗工厂中间，与基质处理车间无缝连接。其面积大小同基质处理车间。

图4-2-4　基质处理车间

图4-2-5　装盘与播种车间

蔬菜工厂化穴盘育苗一般采用丸粒化种子播种或包衣种子干播，播种覆盖基质后喷透水，然后将播种后的穴盘置于催芽室内催芽。

(3)催芽室　该车间主要承担蔬菜工厂化穴盘育苗播种后的催芽任务。要求能够调控温湿度，创造种子发芽的适宜条件。催芽室一般设置在育苗工厂内，与绿化幼苗培育设施无缝连接。面积占全部育苗工厂的1/40～1/30。

(4)绿化室　该设施是幼苗见光绿化、锻炼和培育成苗的场所。蔬菜种子萌芽出土后就要立即移到绿化设施内使其见光绿化；而试管育苗和穴盘育成的嫁接苗都要经过一段驯化过程，而后过渡到正常的育苗管理。无论处于哪个阶段，对绿化设施内的光照和温、湿度条件要求特别高，因此，蔬菜工厂化育苗多在性能良好、环境条件可控的连栋温室(图4-2-6)或塑料大棚内进行。绿化室面积一般在120 m^2 以上。

(5)分苗室　有些蔬菜育苗并非一次成苗，后期需要分苗后培育成苗。这就需要设立分苗

图 4-2-6　绿化室

室。分苗室的条件要求与绿化室相同。其面积视条件和管理方便而定。一般 120 m^2 的绿化室需分苗面积 666.7～1 333.4 m^2。

(6)组培室　组培室是试管苗快速繁殖的必备设施，无菌条件要求较高。一般分为洗涤、培养基配制、灭菌、接种、培养和观察等分室。其中，培养室的面积应与生产规模要适应，与其他分室(除绿化幼苗培育设施外)的面积之比一般为 3∶2，培养室的有效面积(即培养架所占面积)一般占培养室总面积的 2/3。组培室应明确采光、控温方式，与气候条件相适应，一般采取人工光照和恒温控制。

2. 关键设备

(1)基质消毒机　为防止育苗基质中带有致病微生物或线虫等，基质最好消毒后再用。国外育苗基质的专业生产公司都是将基质消毒后装袋出售；国内很少有基质专业生产厂家，生产上使用的基质一般是企业自行配制。基质消毒机实际上就是一台小型蒸汽锅炉，根据锅炉的产汽压力机的产汽量，筑制一定体积的基质消毒池，池内连通带有出汽孔洞的蒸汽管，设计好方便操作的基质进、出料口，使其密封，留有一小孔插入耐高温温度计，以观察基质内温度。

(2)基质搅拌机　购买或自配的育苗基质在被送往送料机、装盘机之前，一般要用搅拌机重新搅拌。一是避免原基质中各成分不均匀；二是防止基质在贮运过程中结块，影响装盘的质量。如果基质过于干燥，应加水润湿调节。

(3)自动精播生产线装置　蔬菜穴盘育苗自动精播生产线装置是工厂化育苗的一组核心设备，它是由育苗穴盘摆放机、送料及基质装盘机、压穴及精播机、“覆土机”等四大部分组成，自动完成装盘、压孔、播种、覆土、浇水等整个播种过程 (图 4-2-7)。

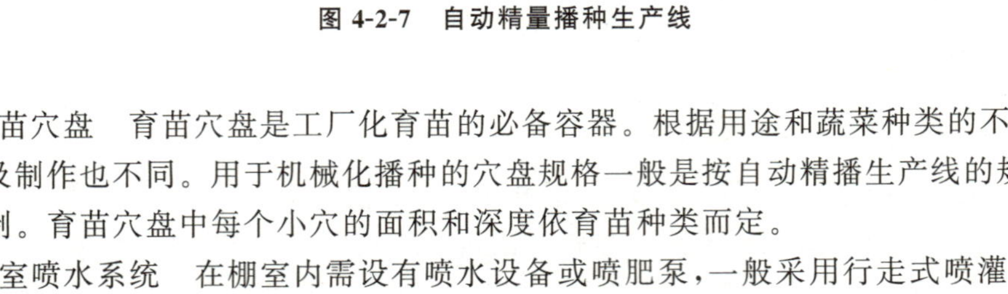

图 4-2-7　自动精量播种生产线

(4)育苗穴盘　育苗穴盘是工厂化育苗的必备容器。根据用途和蔬菜种类的不同，育苗穴盘的规格及制作也不同。用于机械化播种的穴盘规格一般是按自动精播生产线的规格与型号的要求定制。育苗穴盘中每个小穴的面积和深度依育苗种类而定。

(5)温室喷水系统　在棚室内需设有喷水设备或喷肥泵，一般采用行走式喷灌车，既能喷水，也能喷肥。人工喷施肥水时，应注意喷水、喷肥的均匀度。一般育苗盘周边孔穴喷水不均，影响幼苗的整齐度。采取行走式喷灌车或人工喷水时，一般在幼苗较小时，喷入每穴基质中的水量比较均匀，而当幼苗长到一定程度后，并且叶片比较大时，往往会导致空间水分分散不均。

三、蔬菜工厂化育苗的关键技术

蔬菜工厂化育苗操作流程参照图 4-2-1。主要包括以下关键技术环节：

1. 品种的选择

蔬菜工厂化育苗每穴播 1 粒，应选择种子萌发率高于 85%、籽粒饱满、发芽整齐一致的种子，特别是番茄等果菜类育苗，还应选用抗病、高产等优良品种。

2. 播前准备

播种前主要是准备基质。工厂化育苗所用的基质应具有性质稳定、孔隙度较大、对秧苗无毒等特点，同时还要考虑基质的来源和价格。蔬菜育苗常用的基质有珍珠岩、蛭石和草炭等，单独使用或混配成复合基质，与等量腐熟的有机肥混合后使用，效果良好。

育苗基质的配方根据季节变化而变化。4～9 月份育苗基质配方可选择草炭：珍珠岩：蛭石＝7：1：2 的复合基质，有利于保水；1～3 月、10～12 月份的基质配制草炭：珍珠岩：蛭石应为 7：2：1，有利于通风透气，便于排湿。有条件的话，育苗基质可以添加 0.5%～1%的甜叶菊粉末，有利于提高种苗的抗性。

各种蔬菜对基质的 pH 值要求各有差异，如黄瓜要求 pH 5.5～6.9，西瓜 pH 6～7，番茄 pH 6～7。因此，在使用前要用 pH 试纸检测基质的酸碱度，并根据蔬菜种类加以调整。为保证秧苗健壮生长，预防苗期病害发生，基质最好进行消毒。

3. 播种催芽

可以选择全自动播种机或流水线人工播种。先是基质消毒装盘，压实取平，每穴点播 1 粒，播后覆盖蛭石，厚度为 1 cm，然后将播种后的苗盘喷透水，叠放状态下置于催芽室，用地膜盖好催芽。催芽温度为 25～28℃，相对湿度保持 80%～90%。通过采取适当的变温管理，以利出苗健壮。育苗盘表面一旦干燥，可及时喷水 1～2 次。当出苗率达 50%～60%时，喷 1 次水，有助于种皮脱落。喷水最好用 25℃左右的温水。

4. 绿化

当育苗盘中出苗率达 60%左右时，即可将育苗盘由催芽室移入绿化室，进行秧苗绿化。不同种类的蔬菜秧苗所需绿化的时间及控制的昼、夜温度不同。如番茄要求昼温保持 25℃、夜温保持 15～18℃；黄瓜需昼温 26～28℃、夜温 18℃。子叶展平时停止绿化，遇阴雨天可适当降低温度 3～5℃。

绿化阶段应增加光照强度，延长光照时间，使秧苗光合强度增加。育苗盘移入绿化室的前 1～2 d 中午，天晴时秧苗需覆盖遮阴。为保持一定的温、湿度，除温室加温外，育苗盘上可搭盖塑料薄膜保护。一般上午 9 时揭膜，下午 4 时盖膜。晴天下午盖膜前需喷 1 次水。

5. 分苗

瓜类蔬菜只进行 1 次分苗，在秧苗第 1 次真叶显露时，可直接将育苗盘中的瓜苗移入营养钵、装培养土的纸筒或分苗畦中。分苗后的管理与早春育苗中第 1 片真叶显露后的管理相同。番茄、茄子、辣(甜)椒育苗，一般要进行 2 次分苗。当秧苗第 1 片真叶显露时，进行第 1 次分苗，移栽其他育苗盘中，苗距 3 cm。第 1 次分苗后至第 2 次分苗前，配置营养液，浇灌 1～2 次，补充营养。秧苗 2～3 片真叶期进行第 2 次分苗，将秧苗移栽到营养钵、装培养土的纸筒及分苗畦内。分苗后的管理与早春阳畦育苗分苗后的管理大致相同。

6.秧苗管理

秧苗管理主要是营养液和育苗环境的调控,具体可参照任务 4-1 相关内容。需要注意的是,幼苗生长期间温度不能太高或太低,否则容易形成徒长苗或僵化苗;光强应控制在光饱和点左右,利于蔬菜幼苗光合作用和干物质积累;在基质湿度过大、基质温度较低和光照较弱的情况下,容易发生病害,或直接导致沤根。

7.适时炼苗

工厂化育苗过程中,根据苗情促控结合,使秧苗健壮生长。茄果类蔬菜育苗于第 2 次分苗缓苗以后(有的苗床上减少播种量和适当间苗,在 2～3 叶期只进行 1 次分苗);瓜类蔬菜于 3 叶期后,应根据天气状况和分苗设施的防寒保温性能,注意做好保温和适时通风,并按苗龄大小控制相应的温度。如果秧苗偏小,温度可稍高些,反之则温度应稍低些,确保秧苗长成适龄壮苗。

四、蔬菜工厂化育苗的常见问题

蔬菜工厂化育苗的常见问题见表 4-2-3。

表 4-2-3　蔬菜工厂化育苗的常见问题

常见问题	产生原因	预防措施
种子催不出芽或出芽率低	①种子无活力:种子超过存放年限或因虫蛀和变质而失去生活能力。②催芽方法不当:烫种温度过高或浸种时间过长。③种子的成熟度不一致:新种子未经后熟阶段。④温度不均匀。⑤感染病菌。⑥药剂处理不当:药剂消毒浓度超过规定范围或浸泡时间过长。⑦基质温度、湿度不适:基质温度过低,水分过多,覆土过厚,造成种子腐烂,或基质过干、温度过高,种子发芽受到影响。	①选用发芽率高的种子。②种子严格消毒。③调节温湿度。温度过低时适当加温,基质过干时用喷施温水。④种子长时间不出土时,扒开土检查,如因种子质量问题,及时补种。
出苗不齐	①种子质量差或催芽处理失误。②虫害、鼠害。③苗床处理不均匀。	①选用发芽势强的种子。②新旧种子分开播种。③播种均匀,密度合适。④床土要求肥沃、疏松、透气,并且无鼠害。
带帽出土	①覆土过薄,种子出土时摩擦力不足,使种皮不能够顺利脱掉。②苗床过干。	①浇足底水。②覆土厚度适当。③外界湿度不高时,播后覆膜。④一旦出现戴帽出土现象,先喷水打湿种皮,后人工摘除。
畸形苗	①基质质量差、不适合。②浇水方法不当。若播后至出苗前浇水的水流量过大,会冲走覆土,使种子暴露在空气中,而且容易引起土壤板结,造成种子出苗不良。	①混配好的基质松软,无大块杂质。②出苗前尽量不浇水,如基质过干,可用喷壶洒水,水量要小,做到科学浇水。
沤根	①基质湿度过大,通气性差,根系缺氧窒息。②气温低,昼夜温差大。	①科学配制基质,提高基质的透气性能。②温度过低时,要采取加温措施,并严格控制浇水。③及时通风排湿,降低基质的湿度。

续表 4-2-3

常见问题	产生原因	预防措施
烧根	施肥过量，土壤溶液浓度过高造成。	①基质中添加底肥，充分混匀；②施肥浓度要适宜。
高脚苗	①播种量过大。②出苗前后基质温度过高、湿度过大。	①均匀撒播种子。②及早间苗。
僵化苗	温度低、光照弱及湿度不适。	保持适宜的温度和湿度。

【拓展学习】

黄瓜嫁接育苗

(一)嫁接目的

黄瓜嫁接育苗的目的是提高黄瓜抗逆性，增加产量。传统做法是将黄瓜幼苗嫁接到黑籽南瓜砧木上，但在黄瓜产区连年种植，嫁接后死苗现象比较加重。山东等黄瓜产区以日本培育的白籽南瓜——优清台木作为砧木，与黄瓜亲和力极强，成活率高，嫁接后苗株长势旺，耐寒抗热，产量提高显著，并且较黑籽南瓜更加抗病，瓜条持续黑又亮，商品外观和风味好。

(二)嫁接方法

黄瓜嫁接育苗方法有靠接法和插接法(图 4-2-8)，一般以插接为主，其操作流程见图 4-2-9。具体操作方法步骤如下：①培育幼苗。南瓜与黄瓜种子经浸种、催芽后错时播种。当南瓜子叶展开、芽心刚好露出时再播种黄瓜种子，时间约为南瓜播种后的一周左右。当南瓜砧木的第一片真叶展开，同时黄瓜接穗的子叶也展开时即可嫁接。②砧木处理。先用拇指和食指捏住南瓜砧木的胚轴，用消毒过的刀片去掉生长点及两个腋芽，然后用消毒过的竹签在苗茎的顶面紧贴子叶基部的内侧，与茎成 30°～45°角的方向，向另一片子叶的下方斜插，插入深度为 5 mm 左右，以穿破砧木表皮为宜，暂不拔出竹签。③接穗处理。将黄瓜苗从子叶下 1 cm 处切成约 30°角的斜面(子叶着生一侧)。第一刀稍平而不截断，翻过苗茎，再从背面斜削一刀，切口长 0.5～0.7 mm，将接穗削成楔形。④嫁接。立即拔出砧木上的竹签，将接穗插入南瓜

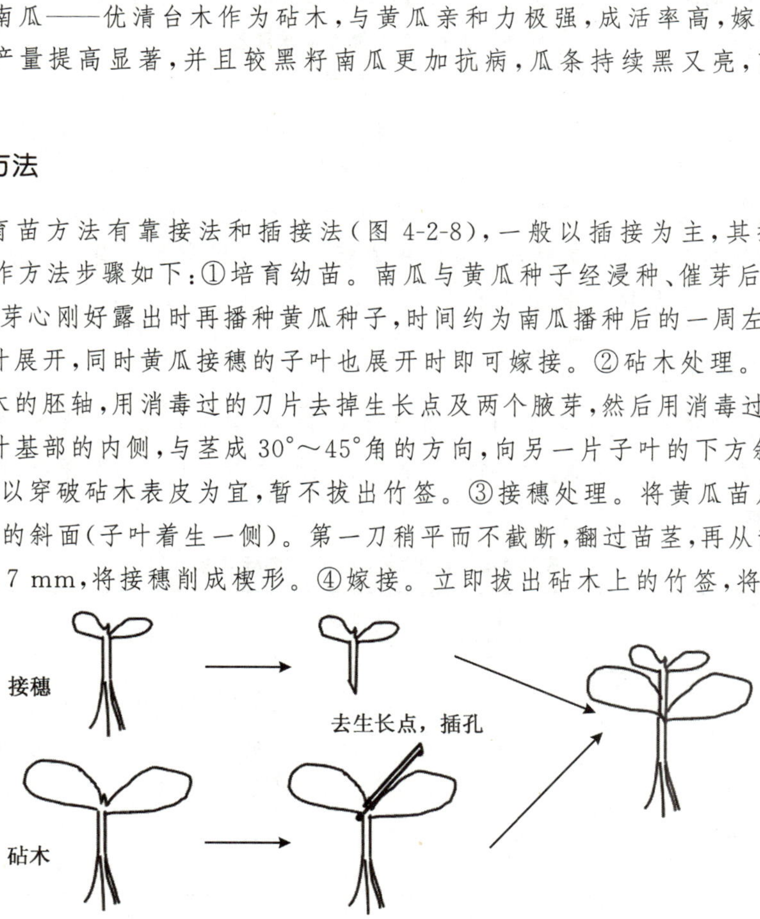

图 4-2-8 黄瓜插接示意图

砧木的斜插接孔中，使砧木与接穗的两个切口吻合，黄瓜子叶与南瓜子叶呈十字形，用嫁接夹夹上或用塑料带缠好。

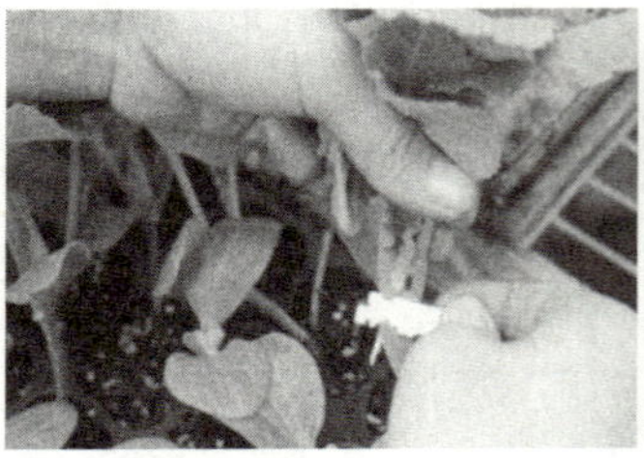
①剔除砧木真叶和子叶

②消毒的竹签刺穿子叶根部

③竹签保持刺穿状态

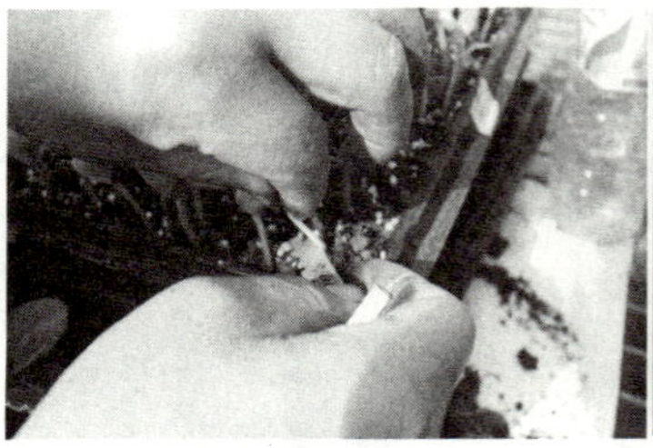
④切取黄瓜接穗

⑤子叶下1 cm处斜切成楔形

⑥拔除嫁接工具，插入黄瓜接穗

图 4-2-9　黄瓜插接实操流程

黄瓜嫁接育苗需注意以下几点：①选择与黄瓜品种亲和的砧木。一般黄瓜早春栽培选择黑籽南瓜，夏秋栽培选择新土佐南瓜。②选用苗茎粗细相协调的黄瓜苗和南瓜苗进行配对嫁接，黄瓜苗茎一般不超过南瓜苗茎粗的 3/4，不小于 1/2 为宜。③嫁接苗移栽后浇水时，要防止刀口处进水；嫁接工具要用酒精或高锰酸钾进行消毒；因嫁接黄瓜有缓苗过程，为了不影响早熟，可比不嫁接的提早播种 10 d 左右。

(三)嫁接后管理

嫁接后将嫁接苗移到塑料拱棚内，立即喷水，按照表 4-2-4 的要求管理。在苗床开始通风后，及时去掉因嫁接时砧木生长点和腋芽没有彻底去除干净而萌生的新芽，以保证嫁接苗的成活率和正常生长。

表 4-2-4　黄瓜嫁接后管理指标要求

嫁接后时间/d	日温/℃	夜温/℃	地温/℃	空气湿度	光照	通风
1～3	25～28	18	22	95%以上	中午温度过高、光照过强时遮阴降温	—
4～7	25～28	18	20	85%～90%	早晚各见光 1 h 左右	适度通风
8～10	28～30	14	16 以上	80%～85%	全天见光	加大通风，若发现秧苗萎蔫，应及时遮阴喷水

任务 4-3 矮牵牛工厂化育苗

任务描述

☆ 具体任务:①制订生产计划;②培育优质矮牵牛穴盘苗;③撰写育苗报告。
☆ 具体方法:①播种育苗;②人工点播或机播。
☆ 质量要求:按期培育出优质壮苗,达到出圃标准。

任务分析

根据生产需要,适时培育出优质花卉种苗是花卉生产重要的技术环节。工厂化穴盘育苗代表现代花卉专业化育苗方向,其设施设备投资大,技术体系完备和严格,规模化生产水平高,实施分阶段精致管理,最后育出的种苗质量高。要求管理人员具有高度责任心,熟悉穴盘的选择、基质混配、常用的矮化剂、种苗包装等技术方法,以及工厂化育苗相关设施设备的使用方法;熟练掌握工厂化育苗操作流程和苗期各阶段管理的技术要求,才能保证高效、高质量完成优质种苗的生产任务。

【任务实施】

一、制订生产计划

辽宁地区"五一"节日期间街道、广场绿化、美化用矮牵牛花,需在 1 月份播种育苗,3 月初达到穴盘育苗标准,然后移至营养钵养护,直至出圃。表 4-3-1 是矮牵牛工厂化穴盘育苗的时间安排。

表 4-3-1 辽宁地区矮牵牛工厂化穴盘育苗的生产安排

育苗地点	育苗品种	育苗季节	育苗周期	播种时间	炼苗时间	出圃时间
连栋温室	梦幻系列	冬季	60 d	1月1日	2月23日	3月2日

二、操作流程与技术要领

矮牵牛工厂化播种育苗采用机械自动播种方式,播种方法见任务 4-2。如果一次育苗量不大，也可以人工播种育苗。以下介绍人工播种操作流程与技术要点。

1. 操作流程

操作流程见图 4-3-1。

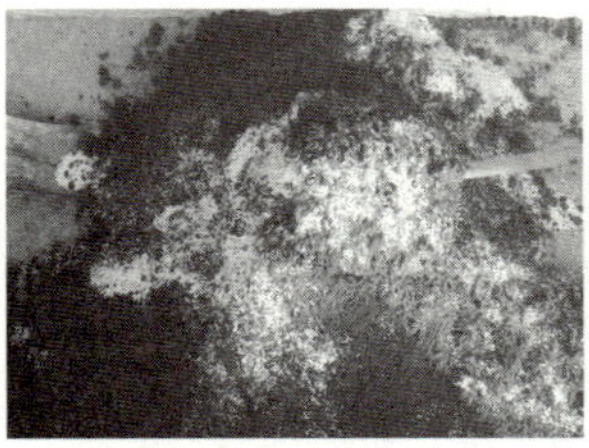

①基质混配

②装盘

③摆盘

④浇水

⑤播种

⑥覆盖

图 4-3-1　矮牵牛工厂化育苗操作流程

2. 技术要点

(1)基质混配　矮牵牛育苗基质按草炭：珍珠岩＝3：1 的比例混配，搅拌均匀。要求基质 pH 5.5～5.8，EC<0.75 ms/cm。

(2)基质装盘　将预湿好的基质装入穴盘。穴面用刮板从穴盘的一端刮向另一端，使每个孔穴都装满基质，装盘后各个格室清晰可见。

(3)人工播种　将装完基质的穴盘置于育苗床架上，浇透水。浇水时要求喷洒轻而匀，以穴盘底部有水流出为度，不能冲出穴盘格室内的基质。矮牵牛的种子非常小，穴盘育苗最好采用丸粒化种子。种子播于穴孔的中央，每穴 1 粒。

(4)覆盖　穴盘播种后不需覆盖基质，只需在育苗床架上覆盖一层地膜。

三、苗期管理

1. 胚根萌发阶段

温度：22～24℃。湿度：100%。基质持水量：100%。光强：500～1 000 lx。时间：5～7 d。

2. 子叶出土阶段

温度：20～22℃。湿度：40%～60%。光照：15 000～20 000 lx。基质 pH 值：5.5～6.0。基质 EC 值：1.0～1.2 ms/cm。浇水：控水，见干见湿，以叶片不萎蔫为度。施肥：薄肥勤施。氮肥浓度 50～75 mg/L，N、P、K 配比为 14：0：14，20：10：20 的两种肥料交替使用，每周喷施 2 次。施肥后用清水冲洗叶面上的肥料，防止中午阳光强烈、温度过高造成肥害。时间：7～10 d。

3. 真叶生长发育阶段(图 4-3-2)

温度:18～20℃。湿度:40%～60%。光照:15 000～20 000 lx。基质 pH 值:5.5～6.0。基质 EC 值:1.5 ms/cm。浇水:控水,两次浇水之间基质干透。施肥:使用 N、P、K 配比为 14∶0∶14 和 13∶2∶13(按比例添加 6Ca、3Mg)肥料,氮肥 150 mg/L,每周 2 次喷施。移苗:挖出双株苗,大小苗分开,补栽到未发芽的穴孔中。控制徒长:喷施 3 000 mg/L B_9 或 5 mg/L 多效唑。时间:21～28 d。

图 4-3-2 真叶生长发育

4. 炼苗阶段

温度:15～17℃。湿度:30%～40%。光照:20 000～30 000 lx。浇水:两次浇水之间基质干透。时间:7 d。

5. 病虫害防治

矮牵牛苗期的虫害主要有蚜虫、蓟马、白粉虱、潜叶蝇,可选用一遍净或二氯苯醚菊酯乳油防治蚜虫、蓟马;选用阿克泰或锐劲特防治白粉虱;选用潜克或阿维菌素防治潜叶蝇(见任务 10-2)。矮牵牛苗期的主要病害有根腐病,它是由腐霉菌引起,根部变为棕褐色,脓烂,可用甲霜灵或甲基托布津等杀菌剂防治。

四、出圃与包装

矮牵牛穴盘苗的出圃标准:节间短;具有 6～8 片真叶,叶大而厚,暗绿色,无黄叶或黄斑;根系发达,紧紧缠绕基质,不散坨;植株无病虫害;苗龄 40～60 d。矮牵牛出圃穴盘苗见图 4-3-3、图 4-3-4。

图 4-3-3 成品苗

图 4-3-4 矮牵牛出圃苗

穴盘苗包装时,采用特制的种苗箱,并配上垫板。操作流程见图 4-3-5。种苗箱的长宽略大于穴盘,高度一般在 45 cm 左右。垫板主要是为了让包装箱内放置多层穴盘,起到支撑作用。根据种苗的高度可以订作不同规格的垫板,以减少运输成本。冬季种苗包装与运输过程中必须注意保温,防止产生冻害。

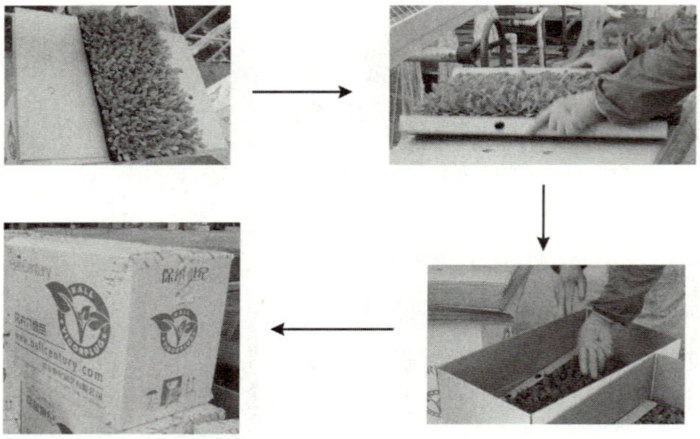

图 4-3-5　穴盘苗包装

技术提示

1. 冬春季选用黑色穴盘，夏季选用银灰色穴盘；建议穴盘消毒最好使用季铵盐类消毒剂。
2. 基质装盘前预湿度要达到 50%～60%，各穴孔的基质填充程度要均匀一致。
3. 矮牵牛种子需在有光条件下才能发芽；当穴盘中 60%种子两片子叶展开时，应及时揭去地膜，防止幼苗徒长。
4. 苗期各阶段注意施肥浓度，避免烧苗。

【知识链接】

一、花卉工厂化穴盘育苗操作流程

花卉工厂化穴盘育苗操作流程见图 4-3-6。

二、花卉工厂化穴盘育苗技术要求

1. 穴盘的选择

穴盘育苗是花卉工厂化育苗的主要方式。为了保证适时苗龄、苗齐且苗壮，应根据作物的品种和苗龄等因素来选择适宜的穴盘，一般花卉类常用 288 穴、200 穴和 128 穴的穴盘育苗。旧穴盘在使用前经清洗、消毒后才能使用。

2. 基质的选择与混配

决定穴盘苗生产成败的最重要因子是基质的质量。穴盘育苗主要采用轻型基质，如草炭、蛭石、珍珠岩等。三种物质的适当配比，可以达到最佳的育苗效果。花卉育苗一般的基质配比为草炭∶蛭石∶珍珠岩＝3∶1∶1。生产实践上根据不同地区的特点，可以适当调整配比。如南方高湿多雨地区可适当增加珍珠岩的比例，西北干燥地区可以适当增加蛭石的比例，以达到

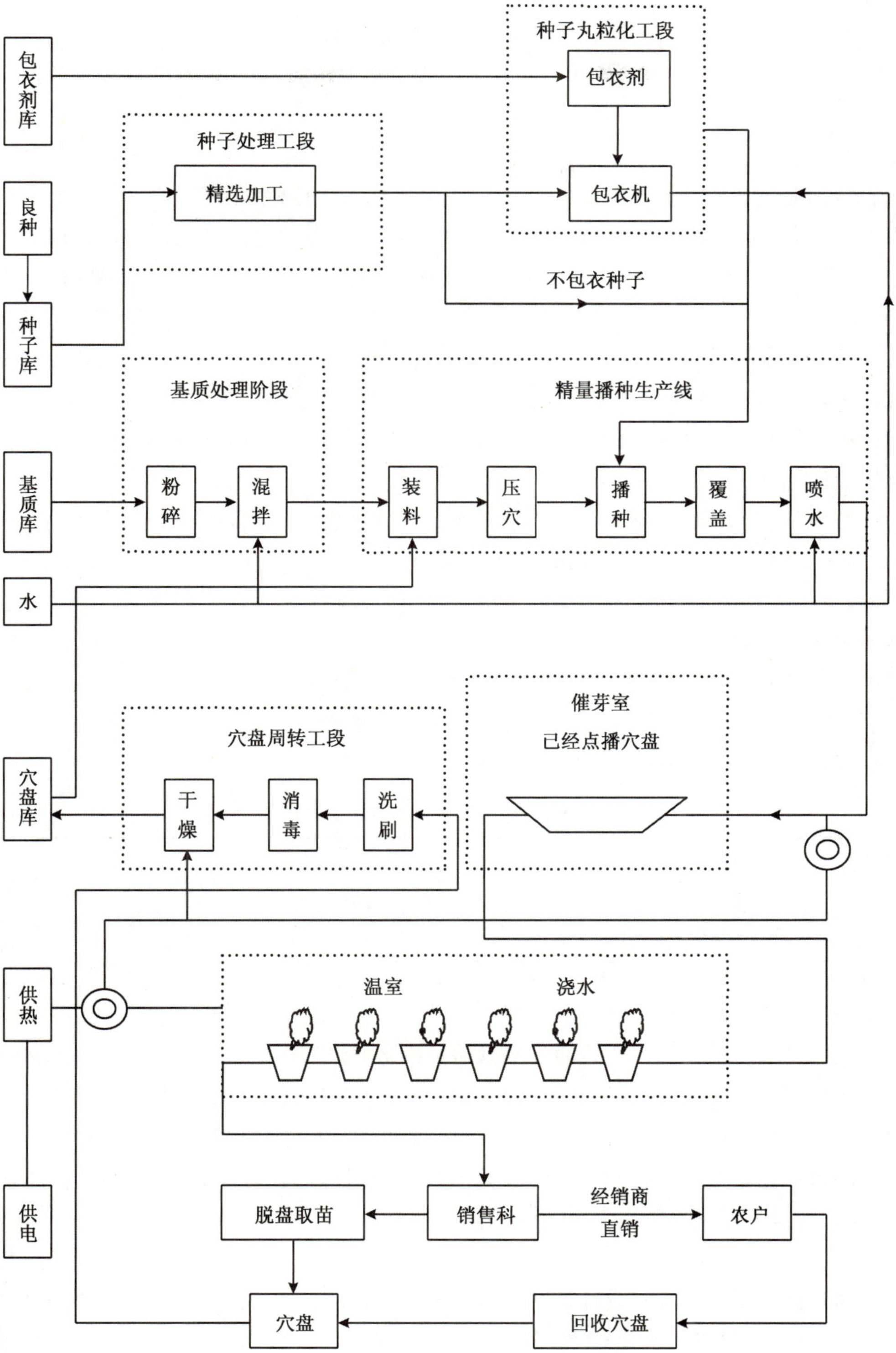

图 4-3-6　工厂化穴盘育苗操作流程

因地制宜的效果。外购草炭，以进口草炭为首选。

基质混配要均匀。装盘前应检查基质中的水分是否合适。基质太干不容易填实；太湿则降低了基质的通透性，增加了基质的使用量。一般手紧握基质，有水滴在指缝间而不滴下为基质水分适宜的判断依据。

3. 水质要求

水质是影响穴盘苗质量的重要因素之一。表示水质的主要指标有 pH 值、碱度和 EC 值。生产用水 pH 值的范围应在 5.0～6.5 之间，因为绝大多数营养元素和农药在此范围下是有效的，超出这个范围的有效性便会大大降低。水的碱度则代表其缓冲能力，若碱度过低，则基质 pH 值会随化肥的酸碱度而大范围浮动，从而可能导致某些微量元素缺乏或中毒，反之则容易导致某些微量元素缺乏，如铁、硼等。由于穴盘中基质的填充量微小，变化较快，最好对基质进行常规检测，以便了解水质的碱度变化。一般对于钙镁含量很低的软水，碱度很低，需要使用含有钙镁的碱性肥，这样可以增加其缓冲能力。如果碱度较高，则不需要使用这类肥料，同时要注意用酸性化肥调节。

一般灌溉用清水 EC 值应低于 1.0 ms/cm，才适合生产。灌溉水的可溶性盐含量过高或无机肥料过量使用都可导致基质的盐分富集，EC 值升高，所产生的渗透效应会降低萌发率，损伤根和根毛，以及灼伤叶片，影响幼苗对水分的吸收。穴盘中的基质不要太干，否则会使根系周围的盐浓度增大 3～4 倍。Na^+ 和 Cl^- 是灌溉水中含量最高的非养分元素，若过量（>60 mg/L），对穴盘育苗会造成危害，建议在穴盘生产时进行水质纯化处理，钠吸收速率（NSR）应<2.0，且[Na^+]<40 mg/L。此外，灌溉水中某些元素的含量即使很低，也同样对植物产生生理毒害现象，如 B 和 F。不同的水质评价可参照表 4-3-2。

表 4-3-2　穴盘育苗的水质评价标准

指标	很好	好	尚可	差	极差
EC/(ms/cm)	<0.25	0.25～0.75	0.75～2	2～3	>3
pH	5.5～6.5	6.5～8.4	>8.4	>8.4	>8.4

4. 播种

工厂化穴盘育苗的播种主要是通过精量播种机来完成，可以实现工厂化生产的标准化，并能提高工作效率。操作方法见任务 4-2。使用精量播种机时一定要根据种子的大小来确定播种的深度。大粒种子（如瓜类、美人蕉）一般播种深度为 1 cm 左右，而小粒种子（如四季海棠、矮牵牛、大岩桐）播种时只需打 0.2～0.3 cm 的浅孔，将种子播下但不需覆盖基质。人工播种相对费工，播种质量低于机播。

5. 催芽

催芽是在催芽室中进行。设计催芽室时应考虑到种苗品种的多样性。各类品种对环境的要求是不一样的，最好单间不要过大，面积在 20 m^2 左右。催芽室内必须具备照光和控温设备，以便根据不同花卉种类与品种发芽对光照和温度等环境条件的要求提供最适合的发芽条件。根据种子发芽对光照的要求不同，一般将花卉分为需光性、嫌光性和不敏感性 3 类品种。如矮牵牛为需光性品种，催芽时需要照光，要求光强 500～1 000 lx，并保证 22～24℃的最适温度条件。花卉种子催芽时，应密切注意观察，当种子的胚根在基质中呈钩状时，即将其从催芽室移至育苗温室内。

三、苗期管理

1. 环境控制

创造种苗适宜的生长环境，是保证花卉工厂化育苗质量的必要条件。包括根际环境和气候环境的控制。根际环境控制主要是对基质中 pH 值、EC 值和水分进行控制；环境控制主要是对各花卉品种所需的光照和温度的控制。矮牵牛各阶段对环境的要求在任务实施中已介绍。

2. 肥水管理

肥水管理在种苗生长的不同阶段有着不同的要求。

子叶阶段：当出苗达到 80%左右时，应对整个苗床控水，当基质表面发白、用手挤压基质不出水时才浇透水。

真叶阶段：当出现第一片真叶时，施用 40 mg/L 的氮肥，随着真叶数量的增多，施肥浓度也随之增加，但施用氮肥的浓度不超过 150 mg/L，并结合施用高钙肥，促使种苗根系的生长。在水分管理上要求基质表面发白，但用手挤压能看见自由水。

炼苗阶段：主要是通过控水来促使根系的生长，让根系布满穴盘，便于移栽时提苗。并且通过减少水肥供给和低温或高温锻炼，使小苗能够适应外界的种植环境。育苗期的肥水管理可参考表 4-3-3。

表 4-3-3 穴盘育苗不同阶段基质的酸碱度和离子含量要求(一般性标准)

指标	pH	EC/(ms/cm)	N/(mg/L)	P/(mg/L)	K^{+}/(mg/L)	Ca^{2+}/(mg/L)	Mg^{2+}/(mg/L)
萌芽期	5.8～6.5	0.5～0.75	40～75	10～15	35～50	50～75	25～35
成苗期	6.2～6.5	0.75～1.5	60～100	10～15	50～80	80～120	40～60

3. 病虫害防治

穴盘育苗时间较短，病害危害较轻，防治猝倒病是整个苗期病害防治的关键。主要采取以下措施：①基质消毒要彻底；②定期对温室杀菌，及时清除滞留到地面的水，防止塑料水管的喷头端贴到地面；③加强温室内空气流通；④幼苗出土后半个月内严格控制浇水，并用 800～1 000 倍可杀得喷施，每半月 1 次；⑤发病后向幼苗基部喷洒 70%甲基托布津可湿性粉剂 1 000 倍液或 25%百菌灵 800 至 1 000 倍液。

根据不同季节虫情预报，选用适当的杀虫剂进行防治。如温室白粉虱是温室内四季均可发生的害虫，它为刺吸式口器，在防治时选用内吸型药剂效果为好，或在温室放置黄色的粘虫板以诱杀，具体见任务 10-2。

四、穴盘苗的矮化技术

穴盘苗的矮化主要是通过较强光照、昼夜温差、水分的干湿交替和植物激素来控制的。目前常用的激素有多效唑、烯效唑、比久、矮壮素。施用激素前，应了解植物吸收各种激素的部位来确定不同的施药方式。如多效唑、烯效唑可以被植物的根茎叶吸收，施用时可以喷洒，也可以灌根；比久只能被植物叶片吸收，只能喷施。激素在冷凉的气候环境下使用效果最好，一般要求在傍晚和早晨进行。激素浓度至关重要，同一种激素在不同植物上的使用浓度都是不一样的，从生产的安全性考虑，必须先试验再使用。

五、优质穴盘苗的特征

优质穴盘苗应具有以下特征：①茎叶无黄斑、褐斑或黑色斑点，无病虫害；②地上部分和根系比例协调；③植株健壮，高度适中，节间短，基分枝；④植物颜色正常，具品种固有色泽，子叶健壮；⑤有充分伸展的叶片及适量的叶片数，外观上能遮挡穴盘；⑥有健康、发达的根系，幼根白色，根毛明显，根系恰好包住基质，基质潮湿时才容易拉出；⑦长势整齐，同品种、同批次的穴盘苗的高度差低于 10%；⑧顶芽正常，除四季海棠和非洲凤仙外，一般种苗不带花苞；⑨种植或出售前茎叶偏硬。

六、穴盘育苗的常见问题

在温室相对密闭、高温、高湿、寡照的环境中，生产穴盘苗常会出现根系与茎叶生长不协调、生长超前（过快）和滞后等问题。解决措施见表 4-3-4。

表 4-3-4　穴盘育苗的常见问题

常见问题	解决措施
地上部分生长过旺	①在 10～26℃温度范围内，降低日平均温度，或控制日出前 2 h 的昼温低于夜温；②子叶出土后控制水分；③改用含硝态氮和钙多的肥料，但要注意调整好基质 pH 值；④增加光照，适时补光；⑤使用植物生长调节剂。
根系生长过旺	①在 10～26℃温度范围内，适当增加日平均温度，或控制昼温高于夜温；②适当增加浇水次数和苗床周围的湿度；③多用铵态氮肥和含磷高的肥料；④适当遮阴或降低红光/远红光比例；⑤谨慎使用赤霉素等生长促进型激素。
生长滞后	①将日平均温度提高 2～3℃；②控制昼温高于夜温；③浇水时做到不干不浇，浇则浇透；④提高光照强度；⑤多次使用更高铵态氮肥，氮的浓度在 150～250 mg/L 之间，但应调整好基质的 EC 和 pH 值，避免影响根系正常生长和养分的吸收。
生长超前	①将日平均温度降低 2～3℃或更多；②日出前 2 h 内通风，使昼温低于夜温；③每次浇水前尽可能让基质干燥；④控制氮肥的使用量；⑤增加光照；⑥穴盘苗短期冷藏；⑦慎用生长延缓型生长调节剂。
滞留的穴盘苗移栽生长异常	①用赤霉素处理；②增加根部排水空间。
穴盘苗的“逆边际效应”	①加强日常肥水管理，做到耐心、细致；②合理配比介质，如掺入适当的珍珠岩、蛭石等；③科学、合理利用空间。

【拓展学习】

植物非试管快繁技术

所谓植物非试管快繁技术就是运用计算机控制技术与生物技术有机结合的一种全新的育苗技术。通过计算机对环境的精确模拟，为离体植物材料的发育创造最佳的温、光、气、热及营养激素环境，促进植物的全能性得到表达，以实现被繁育对象快速成苗与成苗数量几何倍增的目的，这就是植物非试管快繁技术的核心。该技术既有别于传统的扦插嫁接，又有别于现代的组织培养技术，是对传统与现代各种育苗技术的集成与发展，既有传统育苗的易操作性，又有现代育苗的高效性，克服了传统育苗的季节限制与现代育苗的操作繁琐及高成本的弊端，是一种全新的育苗技术。具有增殖速度快，育苗效率高；快繁苗适应能力强，移栽成活率高；投资省，设施简单；实用性强，易学易操作；智能化程度高；遗传基因稳定，适用范围广等特点。

在非试管快繁基地设施系统布局中图 4-3-7，其中计算机控制系统主要由弥雾控制系统、加温系统、营养补充系统、人工光照系统构成，通过分控器可实现多环境集中控制。系统通过智能叶片实时反馈的各项环境因子参数，结合专家系统进行数据处理运算，系统将全智能的进行调控，给植物离体材料生长提供适宜的温、光、气、热、养分等环境。标准化的苗床规格为 1 450 cm×120 cm×(25～30) cm 的水泥池(图 4-3-8)，其内部设施构成见图 4-3-9。

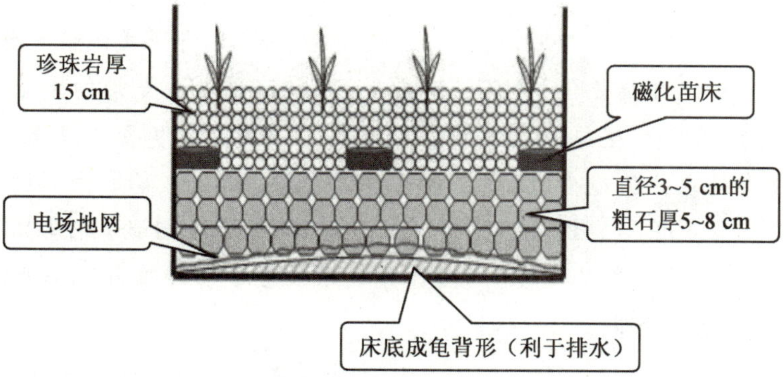

图 4-3-7 快繁苗床横切面示意图

非试管快繁标准化操作包括插穗采集与修整、插穗处理、扦插、扦插后管理和炼苗与移栽 5 个环节。一般在生长季节采集插穗。在上午 8～10 时，从母本园剪取无病虫害、发育充实、芽体饱满、幼龄母树上的营养枝。对于桃、苹果等茎节明显的枝条，从芽的对面紧靠节的部位开始以 45°角呈马耳形斜切，上切口于芽的稍上部位平切，切制成长 0.3～1 cm、带一叶一芽、一叶两芽或两叶两芽的插穗。一般情况下长度超过 8～10 cm 的大叶，可剪去三分之一或一半，有些羽状复叶的植物留基部 1～2 张小叶。休眠期落叶的木本果树可取 2～3 节的枝段作为快繁材料，切口制作与带叶离体材料制作相同。需要注意的是：一是采集前 1 d，给母株浇水以提高组织含水量；二是插穗材料运输途中注意保湿，防止因堆积造成发热和枝叶损伤；三是

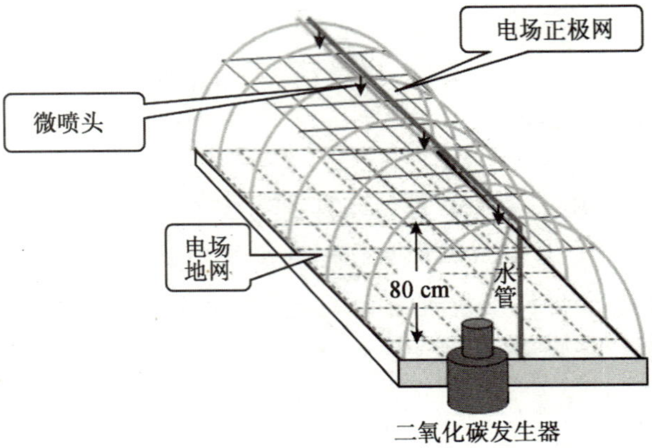

图 4-3-8　快繁苗床配套设施

修剪时不能操作芽体；四是修剪后的茎段、茎尖微小插穗大小要适宜；五是修剪工具需消毒后才能使用，修剪时要稳、准、快，保证切口光滑，以利于切口愈合。

插穗修整后，根据插穗材料的不同，可采取以下处理方法，促进生根：①清除阻碍生根的物质。将离体材料的基部放入处理液中浸泡；②插穗浸泡或叶面喷施植物激素；③用刀尖在插穗基部刻划纵伤口或环剥等处理；④在枝条生长期用黑布或纸条包扎基部，使其黄化。扦插时将修剪好的插穗直接或经处理后插在苗床上。要求动作轻柔，轻剖基质，插穗轻轻插入基质，浅埋平填，均匀整齐，叶向一致，互不遮掩。要求分段扦插，及时喷雾，以防插穗失水。扦插后苗床的环境管理，依赖计算机自动控制系统完成。但需根据种苗的发育进程来调整程序。切口细胞分化，形成隔离层为活化期，要求最充足的水分条件，把程序设为活化期；愈伤组织形成至根原基突出皮层或形成乳突状时，为第二阶段，叫作愈伤期，此时切口具备吸收少量水分的能力，将程序调至第二阶段，降低弥雾量及蒸腾系数；一次根形成与二次根初发定为生根期，吸收水分能力加强，但不能完全自给，继续降低水分，把程序设为第三阶段，根系形成发育的重要阶段，计算机系统会自动梯度降低湿度，使小苗慢慢适应过渡到自然环境，直至移栽。

一般易生根品种的离体材料，扦插后 10～15 d 便获得再生完整植株（图 4-3-9），并且成活率高达 90%以上。每 30～60 d 繁殖一代，可按几何级数高效快繁。繁殖系数达到 2～15，比许多植物在试管内快繁系数还高。

图 4-3-9　杜鹃扦插苗

在智能环境中，炼苗是个自然过渡的过程，根系不断形成二次根、三次根。当三次根开启发育时，幼苗已具有发达的根系与较强的适应能力，能够适应低湿与少水的自然环境，可进行移栽定植工作。

【学习总结】

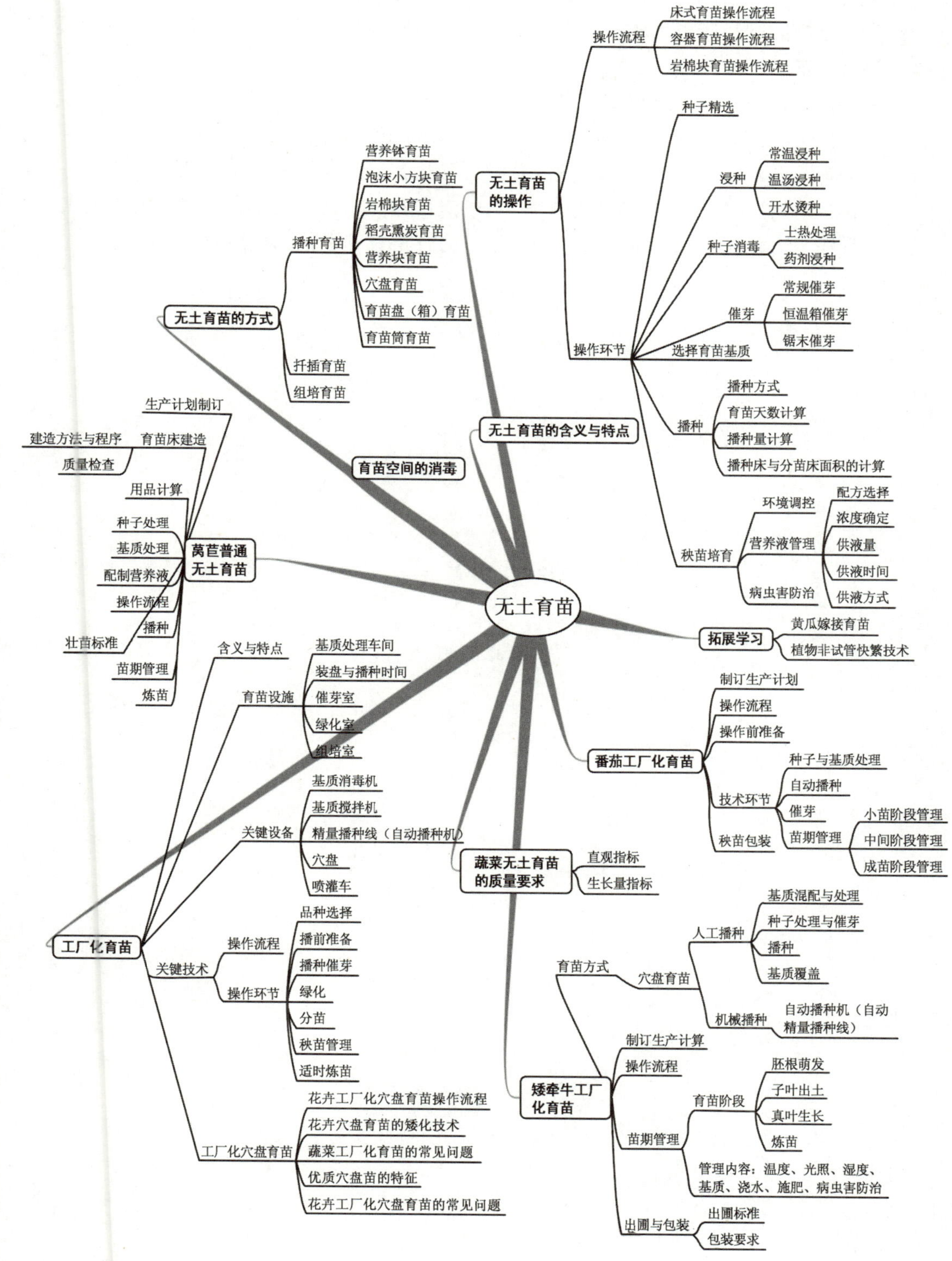
无土育苗
无土育苗的操作
操作流程
床式育苗操作流程
容器育苗操作流程
岩棉块育苗操作流程
操作环节
种子精选
浸种
常温浸种
温汤浸种
开水烫种
种子消毒
干热处理
药剂浸种
催芽
常规催芽
恒温箱催芽
锯末催芽
选择育苗基质
播种
播种方式
育苗天数计算
播种量计算
播种床与分苗床面积的计算
秧苗培育
环境调控
营养液管理
病虫害防治
配方选择
浓度确定
供液量
供液时间
供液方式
无土育苗的方式
播种育苗
营养钵育苗
泡沫小方块育苗
岩棉块育苗
稻壳熏炭育苗
营养块育苗
穴盘育苗
育苗盘（箱）育苗
育苗筒育苗
扦插育苗
组培育苗
无土育苗的含义与特点
育苗空间的消毒
莴苣普通无土育苗
生产计划制订
育苗床建造
建造方法与程序
质量检查
用品计算
种子处理
基质处理
配制营养液
操作流程
播种
壮苗标准
苗期管理
炼苗
拓展学习
黄瓜嫁接育苗
植物非试管快繁技术
番茄工厂化育苗
制订生产计划
操作流程
操作前准备
技术环节
种子与基质处理
自动播种
催芽
苗期管理
小苗阶段管理
中间阶段管理
成苗阶段管理
秧苗包装
蔬菜无土育苗的质量要求
直观指标
生长量指标
工厂化育苗
含义与特点
育苗设施
基质处理车间
装盘与播种时间
催芽室
绿化室
组培室
关键设备
基质消毒机
基质搅拌机
精量播种线（自动播种机）
穴盘
喷灌车
关键技术
操作流程
操作环节
品种选择
播前准备
播种催芽
绿化
分苗
秧苗管理
适时炼苗
工厂化穴盘育苗
花卉工厂化穴盘育苗操作流程
花卉穴盘育苗的矮化技术
蔬菜工厂化育苗的常见问题
优质穴盘苗的特征
花卉工厂化穴盘育苗的常见问题
矮牵牛工厂化育苗
育苗方式
穴盘育苗
人工播种
基质混配与处理
种子处理与催芽
播种
基质覆盖
机械播种
自动播种机（自动精量播种线）
制订生产计划
操作流程
苗期管理
育苗阶段
胚根萌发
子叶出土
真叶生长
炼苗
管理内容：温度、光照、湿度、基质、浇水、施肥、病虫害防治
出圃与包装
出圃标准
包装要求

【能力测试】

1. 比较床式育苗、容器育苗和岩棉块育苗方式有何异同?

2. 公司生产的番茄苗出现较多的高脚苗,而且出苗不齐。你作为技术主管,请分析原因,并提出解决方案。

3. 在全自动播种机使用过程中,你作为实际操作者应注意哪些细节?

4. 作为公司项目负责人,请你制定矮牵牛工厂化育苗简明操作手册。

5. 结合番茄、矮牵牛工厂化育苗实践,总结工厂化育苗的条件要求与注意事项。

6. 结合自学,请比较无土育苗与有土育苗、组织培养和非试管快繁育苗之间的不同点。

7. 在番茄工厂化育苗过程中,如遇连阴天,作为育苗管理者该如何应对?

项目5

水培和雾培技术应用

水培是在水培设施条件下，植物根系直接与营养液接触，从营养液中吸收水分和养分的一种无土栽培类型，在蔬菜生产上得到了广泛应用，具有生长效率高、品质好、清洁、成本低等特点，符合环保和节约资源的需求和潮流，代表了未来植物栽培技术发展的一种趋势和方向。水培根据营养液液层及设施结构特点分为深液流技术（DFT）、营养液膜技术（NFT）、浮板水培技术（FHT）、浮板毛管技术（FCH）和动态浮根技术（DRF）等。气雾培是将植物根系悬挂于雾化空间，通过加压雾化或超声波雾化的方法，将营养液呈弥雾状喷射到植物根系，提供植物所需水分、氧气及营养的一种无土栽培形式。它是所有无土栽培技术中最有效地解决了根系水气矛盾，同时也容易自动化控制和进行立体栽培，有效提高了温室空间的利用率。蔬菜栽培采用这种雾化供给营养液的模式，为植物生长的根系创造最佳的水肥气条件，较常规栽培相比，生长速度提高3～5倍，产量和品质也有较大幅度提高。目前在观光农业生产上应用较多，也应用于一些植物组培的驯化移栽阶段。

水培和雾培技术包括营养液配制、设施建造与栽培管理三大技术环节。精确配制营养液，科学建造栽培设施，并实施科学有效的栽培管理，是确保作物水培、雾培的产量和品质，以及观赏效果的技术要求与保障。营养液配制已在任务2－1中详细介绍，本项目以设施建造和栽培管理为重点，通过项目任务的学习实践，掌握水培和雾培技术。

学 习 目 标

☆ 终极目标：掌握水培和雾培技术。

☆ 促成目标：

1. 准确识别常见水培和雾培设施类型及其系统构成；
2. 掌握常见水培和雾培设施的建造方法与技术要求；
3. 掌握DFT、NFT、槽式雾培等水培、雾培的技术特征与管理要点；
4. 掌握番茄DFT、莴苣NFT、油麦菜DRF水培和马铃薯槽式雾培技术；
5. 培养职业素质、团队精神、执行力与管理能力。

任务 5-1 番茄 DFT 水培

深液流技术(DFT)是水培的一种常见栽培形式,在国内外蔬菜生产上应用非常广泛。番茄不仅营养丰富,而且具有多种保健功能,特别是樱桃番茄,一直以来都深受广大人民、宾馆和饭店的欢迎,市场需求量较大。采用 DFT 水培技术栽培番茄,技术成熟,技术体系完备,早熟效应明显,增产潜力巨大,而且还能改善番茄的品质,具有广阔的市场应用前景。

任务描述

☆ 具体任务:①DFT 水培设施建造;②番茄 DFT 水培生产计划的实施;③番茄无土育苗与栽培管理;④完成任务总结报告。

☆ 实施形式:分组分区负责操作与管理。

☆ 管理要求:生产计划安排合理,符合生产工艺要求与操作程序,设施建造质量高,营养液配制准确、适用,栽培管理到位,管理效果好。

任务分析

本任务在生产基地完成,包括设施建造、无土育苗、栽培管理 3 项子任务。设施建造质量是 DFT 水培的前提和保障,应严格按照规划布局和规格要求建造,确保槽、池不渗漏和管件匹配、密封性能好,做好防水和按序安装管件是该技术环节的关键;岩棉块育苗方法相对简单,只要严格操作和有效调控环境,一般能育出壮苗;栽培管理重点是营养液配制准确、管理科学和环境调控到位。要求操作与管理人员掌握 DFT 水培设施的建造方法与要求,根据生育期适时调整营养液剂量水平和环境控制指标,确保番茄 DFT 水培的产量和品质。

【任务实施】

一、制订生产计划

我国番茄栽培多为一年一茬或一年两茬。南方地区多为一年两茬,长江、黄河流域及其以北地区多为一年只一茬,也有种植两茬的,有的地区一年种植一大茬越冬栽培。番茄 DFT 水培茬口安排见表 5-1-1。

表 5-1-1 番茄 DFT 水培茬口安排

生长阶段	一年二茬		一年一茬
	冬春茬	秋冬茬	一大茬
育苗	11～12 月份	7 月份	8 月份
定植	1～2 月份	8 月份	9 月份
采收	4～7 月份	10 月份至翌年 1 月份	11 月份至翌年 7 月份

在品种选择上，越冬栽培时宜选用耐低温、耐弱光品种为宜，同时还应选用抗烟草花叶病毒、叶霉病、青枯病等的品种。秋番茄栽培应选用生长势不过旺、抗病性强、果实着色均匀的品种。目前国内尚缺少温室专用品种。早熟品种可选择早丰、早魁、早粉等和樱桃番茄早熟品种有京丹、圣女、季红等；中晚熟品种可选择毛粉 802，中蔬 4 号，中杂 4 号、7 号，台湾大红，天津大红等。无论何种茬口，为了充分利用棚室的空间，有利于栽培管理，尽量选择无限生长型的番茄品种。表 5-1-2 是番茄秋冬茬 DFT 水培生产安排。

表 5-1-2 番茄 DFT 水培生产安排

项目	生产要求	项目	生产要求
茬口安排	秋冬茬	育苗方式	岩棉块育苗
栽培品种	早丰	栽培形式	DFT 水培
栽培面积	667 m^2	营养液配方	日本山崎番茄配方

二、设施建造

1. 做好栽培区域规划

根据果菜生产规模与生产计划安排，确定栽培面积，在此基础上确定种植槽数量、贮液池规格和供液回流管道的走向，最后完成果菜 DFT 水培系统建造的总体规划，并画出简易规划施工图。

2. 贮液池的建造(图 5-1-1)

(1)计算贮液池的容积　根据施工示意图确定贮液池的建造位置后，计算贮液池的容积。番茄等果菜 DFT 水培时，按每株占有 15～20 L 的营养液量推算出全温室(大棚)的总需液量，再按总营养液量的 1/2 存于贮液池来计算出贮液池的最低容积限量。其容量以足够供应整个种植面积循环供液所需为度。

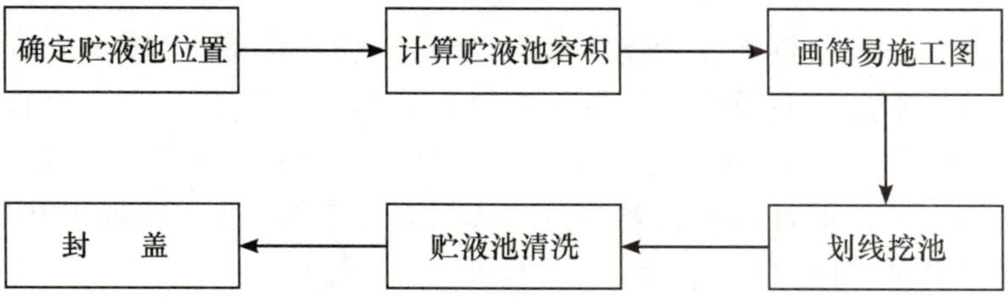

图 5-1-1 贮液池建造流程图

(2)画简易施工图　按照贮液池的设计要求，在纸上画出简易施工图，以便施工时参照和核对。

(3)划线挖池　以地下式贮液池的建造为例。先整平地面，河沙过筛。然后按照简易施工图划线、挖土。在池底铺上一层 3～5 cm 的河沙或碎石砾打实，将用细钢筋做成的钢筋网(横纵钢筋间距 20 cm)置于河沙或碎石层上，用高标号耐酸抗腐蚀的混凝土(最好加入防水粉)灌注，厚度 5～10 cm。池底有一定坡降，在坡降最低处挖出一个 50 cm 见方凹下去的小水槽，槽深以能没入潜水泵为准。四周池壁用砖和水泥砂浆砌成边框，高出地面 10～20 cm，每隔 30 cm 加一圈细钢筋。最后池底及四周用高标号耐腐蚀水泥砂浆封面，并用油毡沥青做防水处理，防渗防蚀(图 5-1-2a)。最后将水泥预制板并排摆放于贮液池上方或用市售的黄花松木板刨光后用大力胶粘合成贮液池盖，木板表面涂刷亮油。无论哪种贮液池盖，都要求应隔光、防潮、耐腐、不变形，并在相应的位置钻出或预留出注水管、供液主管和泄压管通过的圆孔。

根据 DFT 回流系统的要求，在池壁要预埋注水管和营养液回流管，位置都要高于营养液面。其中，注水管安装水位浮子，实现注水的自动控制(图 5-1-2b)。

a. 水泵槽及回流管预埋位置

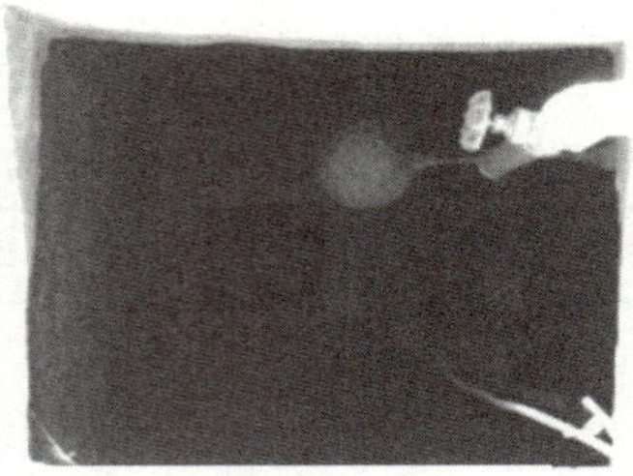

b. 注水管及注水控制浮子

图 5-1-2　地下贮液池

(4)贮液池清洗　新建成的水泥结构贮液池，会有碱性物质渗出，要用稀硝酸或磷酸浸渍中和，除去碱性后才能使用。先用清水浸泡 2～3 d，然后再用稀硝酸或磷酸浸泡。初期酸液调至 pH 2 左右，随着 pH 值的再度升高，应继续加酸进去，直到 pH 值稳定在 6～7，再用清水冲洗 2～3 次即可。

3. 种植槽的建造

根据 DFT 水培设施建造施工图，确定种植槽的规格、样式。一般建成半地下永久式的砖水泥结构种植槽。种植槽规格设定为 10 m×100 cm×15 cm，槽间距 100 cm，坡降 1∶75。建造方法如下：先整平压实地面，按照简易施工图测量、划线、挖土。槽底铺一层 3～5 cm 厚的河沙或石粉，并压实，其上平铺 5 cm 厚的混凝土，在地基较为松软的地方，可在槽底混凝土层中每隔 20 cm 加入 1 条细钢筋。用砖和水泥砂浆砌成槽壁，槽底和槽壁用高标号耐酸抗腐蚀的水泥砂浆抹面，最后再加上一层水泥膏抹光表面，以达防渗、防蚀的效果(图 5-1-3)。

位置偏低的槽底一端垂直预埋一段回流管，管口与槽底面持平(图 5-1-4)，加塞或用一段带橡胶塞的液面控制管塞住回流管口。液面控制管的上段再套上一段活动的橡胶管，用于调节槽内液层的高度(图 5-1-5)。在液面控制管外再套上一个宽松的围堰圆筒(用塑料制成，筒内径比液面控制管大 1 倍即可)，筒高要超过液面控制管管口，筒脚有锯齿状缺刻(图 5-1-6)。回流管的下段埋于地下，外接到总回流管。

图 5-1-3 DFT 种植槽(引自刘士哲,2000)

图 5-1-4 槽内预埋回流管

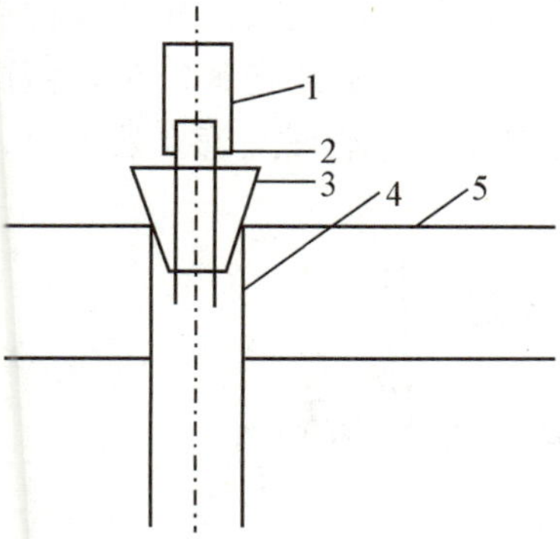

图 5-1-5 液层控制装置

1. 可升降的套于控制管外的橡胶管 2. 硬塑管 3. 橡皮塞 4. 回流管 5. 种植槽底

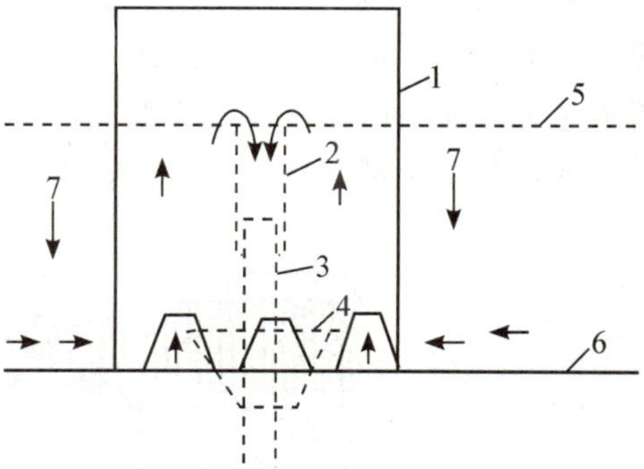

图 5-1-6 液位控制管外的围堰圆筒

1. 带缺刻的硬塑料管 2. 液位调节管 3. PVC 硬塑管 4. 橡胶塞 5. 液面 6. 槽底 7. 营养液及其液向(箭头所示)

槽内衬塑料薄膜,槽壁内侧的塑料薄膜外折,并压在上层砖下。沿槽中央的延长向每隔 70 cm 左右摆放 1 个截锥体水泥墩(图 5-1-3),用于支撑贯通全槽的槽内供液管(PE,ϕ25 mm)和槽上覆盖的定植板(制作方法见后面介绍)。水泥墩的截锥底面直径为 10 cm,顶面直径为 5 cm,墩的高度加上供液管的直径应等于种植槽内壁的高度。墩顶面要有一小凹坑,使供液管放置其上不会滑落下来。槽内供液管沿槽中央置于水泥支撑墩的中央凹槽内,其上每隔 45 cm 开一对孔径为 2 mm 的喷液小孔,位置在管的水平直径线以下的两侧,小孔至管圆心线与水平直径之间的夹角为 45°,使营养液均匀喷射(图 5-1-7)。槽上覆盖打好定植孔的定植板,种植槽就建好了。

定植板的制作方法是将市售的加密苯板裁剪成多块定植板,宽度大于净槽宽 10 cm。然后按照株行距 40 cm×40 cm 的要求,在定植板上钻出若干个定植孔,孔径 5～6 cm。定植杯可用盛装果汁饮料的小塑料饮料瓶来代替,杯高 7.5～8 cm,杯口直径与定植口相同,杯口外沿有一宽 5 mm 的边(杯沿要略硬些),用以卡在定植孔上。用铁钳夹住铁钉在酒精灯上烧红,在杯的下半部及底面烫出一个个小孔,或者直接用剪子剪成长方形窄孔,孔径 3～5 cm(图 5-1-8)。

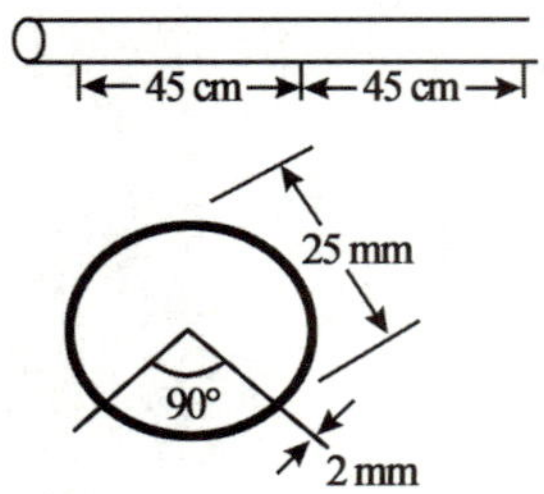

图 5-1-7　槽内供液管上的喷液口

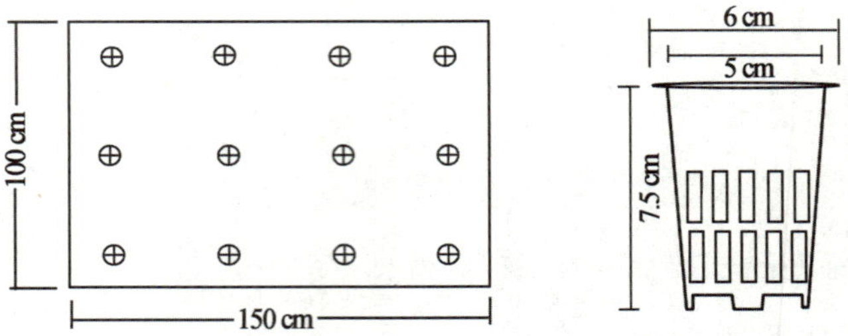

图 5-1-8　DFT 定植板与定植杯

4. 循环供液系统安装

(1)安装首部　首部一般由一段供液主管、泄压支管、阀门、压力表、过滤器等构件构成。按照图 5-1-9 所示自左至右的顺序安装首部各部件。参照过滤器水流指示箭头，将首部一端的管道通过弯头与贮液池内的水泵相连。潜水泵与定时器相边。泄压支管自然放置，前端通过贮液池的封盖上的圆孔，朝下伸入贮液池内。

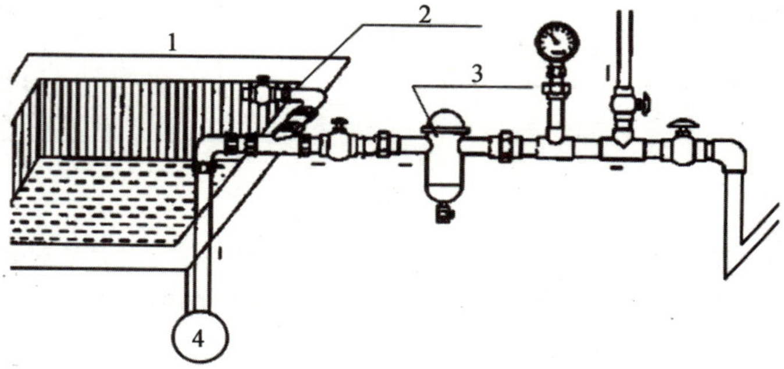

图 5-1-9 供液系统首部安装图

1. 贮液池　2. 泄压管　3. 过滤器　4. 水泵

(2)供液与回流管道安装　按照施工图挖沟深 20 cm，然后铺设供液回流管道，最后掩埋管道。自首部开始按主管(PVC，ϕ50 mm)、支管(PVC，ϕ50 mm)和槽内供液管(PE，ϕ25 mm)的先后顺序逐级安装供液管道。PVC 管件用塑料胶粘牢，供液支管与槽内供液管间用 PE 外锁式变径直通相连。潜水泵与供液主管相连，直接放入贮液池内的凹槽内即可。种植槽回流管(PVC，ϕ50 mm)、回流支管(PVC，ϕ50 mm)、回流主管(PVC，ϕ110 mm)连接与供液管道相同，不同的回流主管道的管径和坡降都要大，以保证多余的营养液尽快回流。

5. 质量检查

贮液池内注入自来水，启动水泵，向种植槽内试供自来水。检测标准如下：①贮液池的容积、种植槽的规格和坡降大小符合设计要求；②水泵、管道及管件选用符合设计安装要求；③DFT 设施系统运行正常，无跑、冒、滴、漏现象；④控制系统安装合理，控制有效；⑤种植槽内营养液层高度可随时调整，能够保证清洗种植槽时槽内营养液全部回流到贮液池。

技术提示

1. 贮液池加盖和池壁高出地面，目的是防止泥土、杂物等误入池内，避免营养液受光而滋生藻类。藻类不仅会污染营养液和堵塞管道，也会传播疾病。
2. 水泵置于贮液池凹槽内，便于贮液池的清洗和经济使用营养液。
3. 胶粘 PVC 管时，先用软布将胶粘部位擦拭干净后再用毛刷均匀涂抹。

三、育苗

番茄采用育苗盘育苗、营养钵育苗或岩棉块育苗方式。种子处理与穴盘育苗、营养钵育苗见任务 4-2。岩棉块育苗操作流程见图 4-1-10。具体方法是：先在岩棉块上面划出十字形的缝，然后将发芽的种子播入岩棉块，岩棉块置于育苗床。营养液选用日本山崎番茄 1/2～1 B 的营养液。根据苗情和天气情况，一般播种后第 7 d 开始浇灌 1/2 B 营养液，液层深度 2～3 cm。随着苗床营养液的减少，应及时补充营养液。只有当发现叶、根出现异常现象时，才需要更换营养液。当番茄苗龄达两叶一心时(10～15 d)，将营养液浓度提高至 1 B。高温季节幼苗初现徒长时，可视幼苗大小及时喷洒 10～20 mg/L 的多效唑，以控制幼苗徒长。环境调控见任务 4-2 和任务 10-1。番茄苗期常见病害有猝倒病、立枯病、茎基腐病和根腐病等；常见害虫有菜青虫、白粉虱、蚜虫等。防治方法见任务 4-2 和任务 10-2。一般夏季苗龄 45 d 左右、冬季和早春的苗龄 60 d 左右。壮苗标准是苗高 20～23 cm，具有 6～7 片叶，叶色油绿，无病虫害。

四、定植

(一)定植前的准备

1. 定植杯的清洗与消毒

在换茬阶段，将定植杯连同残留在杯中的残根一起从定植板中取出，倒出杯中的残根，用清水冲洗定植杯，尽量将细碎的根系和其他杂质冲走，然后把定植杯分别集中放在容器中进行消毒。消毒时可用含有 0.3%～0.5%有效氯的次氯酸钠或 800 倍的多菌灵溶液浸泡 1 d，或用 2%高锰酸钾溶液浸泡 30 min，倒掉消毒液，用清水冲洗干净即可。新定植杯需消毒后再使用。

2. 定植板的清洗与消毒

用刷子在水中将贴在板上的残根枯叶及藻类冲刷掉，然后将定植板浸泡于含 0.3%～0.5%有效氯的次氯酸钠或次氯酸钙溶液中，使湿透后捞起，一块块叠起，再用塑料薄膜盖住，保持湿润 30 min 以上，然后用清水冲洗待用。新定植板可直接使用。

3. 种植槽、贮液池及循环管道的消毒

用含 0.3%～0.5%有效氯的次氯酸钠或次氯酸钙溶液喷洒槽、池内外所有部位使湿透(每平方米面积约用 250 mL)，再用定植板和池盖板盖住保持湿润 30 min 以上，然后用清水洗去消毒液待用。供液回流管道内部消毒是启动水泵，使含 0.3%～0.5%有效氯的次氯酸钠或次氯酸钙溶液在管道内循环流动 30 min。循环时不必在槽内留液层，让溶液喷出后即全部回流，以节省用液量。

4.配制工作液

向贮液池内注水，参照日本山崎番茄配方，配制 1 B 的番茄初始工作液。后期将根据生育期的不同，将营养液配制成 1.5 B、1.8 B 的营养液。

(二)定植

番茄 DFT 水培通常采用双行定植，株行距要求(30～40) cm×(40～50) cm。定植时将幼苗连同岩棉块一起从育苗盘或育苗杯中取出，放入定植杯中，并用少量小石砾固定，然后将定植杯直接嵌入到定植板上，也可在种植槽寄养数天之后再定植(图 5-1-10)。

图 5-1-10　番茄 DFT 水培

需要注意的是：苗龄与定植后的长势有密切关系。一般愈是小苗定植，定植后长势愈强，产量愈高。但易发生畸形果，品质下降，容易生长过盛而易于发病。凡在夏季高温季节育苗，秋季延迟栽培的秋番茄或越长期栽培的番茄，宜以幼苗龄定植为好，可维持其必要的生长势，增加产量；在适温适期下定植的春番茄，则以大苗定植为好。

技 术 提 示

1. 番茄 DFT 水培定植时，育苗床与种植槽中的营养液的温差最好不要超过5℃，否则容易伤根。
2. 定植时岩棉苗块大小应与定植杯相符；根系在定植杯内尽量处于伸展状态。

五、定植后的管理

(一)环境调控

番茄 DFT 水培的环境调控要求见表 5-1-3。需要注意的是结果期防止温度过高或过低，否则会导致畸形果的产生；光照强、温度高的天气需遮阳降温。

表 5-1-3　番茄 DFT 水培的环境调控

温度	湿度	通风	光照	栽培环境
缓苗前 30℃左右，<35℃；缓苗后 25～30℃；结果期昼温 22～28℃、夜温 18～22℃。	50%～60%	缓苗前一般不通风换气，以利于缓苗；缓苗后定期通风。	日照长短要求不严格，避免强光直射。	具备生产条件，保持洁净卫生。

(二)营养液管理

采用日本山崎番茄营养液配方。根据番茄生育期的不同，配制不同剂量水平的营养液。从定植到开花前，营养液中加入 30 mg/L 硝酸铵以补充氮素；进入结果盛期，可将营养液中的 P、K 含量各增加 100 mg/L，从而提高番茄产量，改善品质。注意调节营养生长与生殖生长的平衡。

番茄生长适宜的营养液 pH 范围 5.5～6.5。许多番茄的营养液配方由于使用较大量的生理碱性盐类作为营养，因此在栽培过程中 pH 往往呈升高趋势。当 pH<7.5 时，番茄能正常生长，但如果 pH>8，就会破坏营养成分的平衡而引起 Fe、Mn、B、P 等的沉淀，造成缺素症，必须及时调整。如果营养液 pH 的上升到番茄最适宜的 pH 范围之外，可用稀硫酸或稀硝酸来中和。

DFT 水培番茄时，营养液循环次数和循环时间的长短依每株番茄的供液量、营养液的溶解氧浓度、生长发育阶段和气温的不同而异。一般掌握营养液中溶解氧浓度在不低于 4 mg/L 为原则下，调节循环次数和时间。通常随着植株的长大，增加循环供液次数和供液量。例如，番茄生长前期至第一花序开花前，晴天耗水量为 500～600 mL/株，而果实迅速膨大期，日耗水量可达 2 L/株，因此，应加大供液频率。具体管理要求见表 5-1-4。

表 5-1-4 番茄 DFT 水培营养液管理

营养液浓度		供液次数	营养液 pH	营养液深度	补充或更换营养液
定植缓苗后 第 1 穗果坐住后 第 2、3 穗果坐住后	1 B，EC 值 1.2 ms/cm； 1.5 B，EC 值 1.8 ms/cm； 1.8 B，EC 值 2.0～3.0 ms/cm。	初期供液 1～2 次/d；后期改为 2～3 次/d，每次供液 0.5～1 h。	5.5～6.5	定植初期，营养液浸没定植杯底 1～2 cm，后随着根系生长，液面逐渐下降至一定水平。	当贮液池中营养液下降 1/3 时

(三)植株调整

采用单干整枝吊蔓方法，即在温室下弦杆上按种植行位拉一道 10 号铁丝，用聚丙烯尼龙绳一端系在番茄植株的基部，另一端系于铁丝上。番茄发侧枝能力强，长出的侧枝应及时抹掉，以免消耗营养，随着植株的生长，要及时把植株绕在吊绳上，一般 1 周绕一次。生长过程中要疏花疏果，每一穗果留 3～5 个，多余的和不正常的花果及时疏掉，以集中营养供给，保证正品率。及时去掉下部老叶、病叶、黄叶，一般成熟果穗下面的叶片都可去掉。植株长到靠近铁丝时，即可落蔓。

(四)病虫害防治

番茄水培常见的病虫害有花叶病、叶霉病和蚜虫、红蜘蛛等病虫危害。具体见任务 10-2 相关内容。

六、采收

一般定植后 2～4 个月，当番茄果实 90%转色时即可采收。

【知识链接】

一、水培设施系统简介

1. 水培设施类型

水培是植物大部分根系浸润在营养液中的一类无土栽培方法，又称水耕栽培或营养液栽培。根据营养液液层的深浅可将水培分为深液流技术(DFT)、营养液膜技术(NFT)、浮板毛管技术(FCH)、浮板水培技术(FHT)和动态浮根技术(DRF),5种水培类型的特点与区别见表1-2-2。

2.水培设施的基本功能

水培设施主要由种植槽、贮液池、营养液循环供液系统3部分组成。根据生产的需要和资金情况及自动化程度要求的不同,可以适当配置一些辅助设施和设备,如间歇供液定时器,电导率自控装置、pH自控装置、营养液温度调节装置和安全报警器等。

水培设施必须具备的基本功能:①种植槽能盛装营养液而不致渗漏;②固定板能锚定植株,根颈部不会浸没在营养液中,同时能让部分根系伸入营养液中生长;③根系能吸收到足够的氧气;④根系和营养液处于黑暗之中,以利于根系生长,并防止营养液滋生藻类。

二、DFT水培

(一)栽培设施

深液流水培的营养液液层较深,植株通过定植板或定植网框悬挂在营养液的液面上方,而根系从定植板或定制网框伸入到营养液中生长。其水培设施一般由种植槽、定植板(或定植网框)、贮液池、营养液循环流动系统等四大部分组成。由于建造材料不同和设计上的差异,已有多种类型问世。例如日本就有两大类型,一种是全用塑料制造,由专业工厂生产成套设备投放市场供用户购买使用,用户不能自制,代表类型为日本的M式和协和式;另一种是水泥构件制成,用户可以自制,代表类型为日本神园式(图5-1-11)。通过生产实践中试用,认为神园式比较适合中国国情。以下介绍改进型神园式深液流水培设施(图5-1-12)。

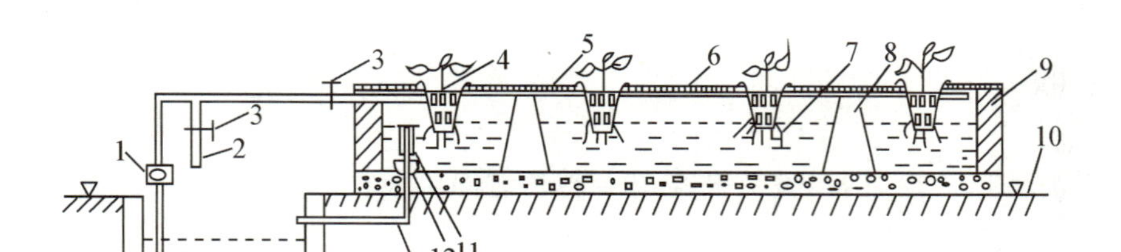

图5-1-11　神园式水培种植槽示意图(引自刘士哲,2000)

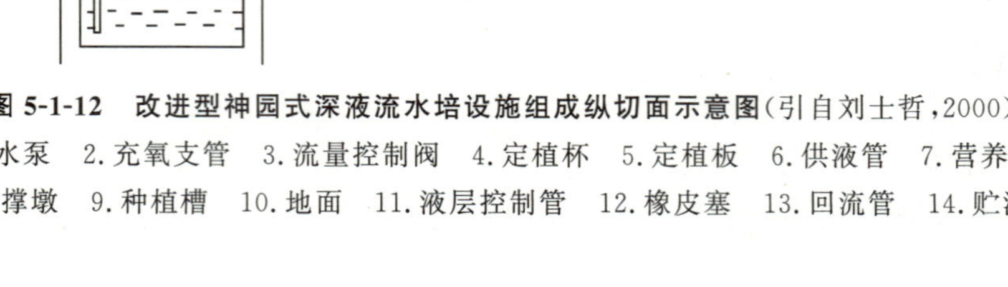

图5-1-12　改进型神园式深液流水培设施组成纵切面示意图(引自刘士哲,2000)

1.水泵　2.充氧支管　3.流量控制阀　4.定植杯　5.定植板　6.供液管　7.营养液　8.支撑墩　9.种植槽　10.地面　11.液层控制管　12.橡皮塞　13.回流管　14.贮液池

1. 种植槽

种植槽的平面布局需要根据栽培面积、现有棚室的规格和种植槽的规格要求来综合确定。原来神园式种植槽由水泥预制板加塑料薄膜构成，为半固定的设施，华南改进型则为水泥砖混结构的固定设施（图 5-1-13）。种植槽一般宽度为 80～100 cm，槽深 15～20 cm，槽长 10～20 m，坡降 1∶(75～100)。槽内垫与不垫塑料薄膜均可，但能否成功的关键在于选用耐酸抗腐蚀的水泥材料。这种槽的优点是可自行建造，管理方便，耐用性强，造价低；其缺点是不能拆卸搬迁；槽体比较沉重，必须建在坚实的地基上，否则会因地基下陷造成断裂渗漏。

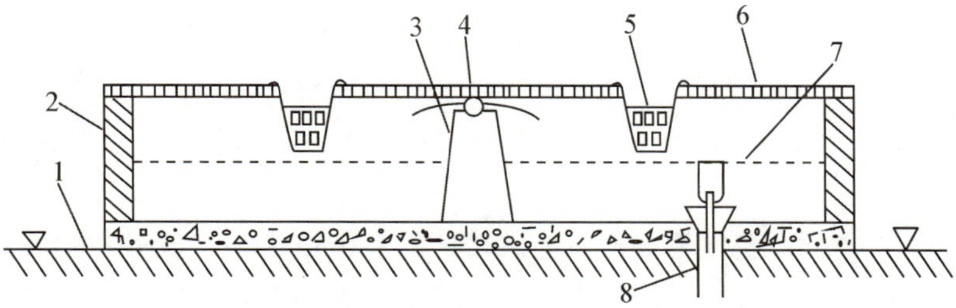

图 5-1-13　深液流种植槽横切面示意图（引自刘士哲，2000）

1. 地面　2. 种植槽　3. 支撑墩　4. 供液管　5. 定植杯　6. 定植板　7. 液面　8. 回流及液层控制装置

2. 定植板和定植杯

定植板用硬泡沫聚苯乙烯板块制成，厚 2～3 cm，板面可预先打开若干个定植孔，孔径为 5～6 cm，栽种果菜和叶菜都可通用，只是根据栽种果菜株行距来确定生产需要的定植孔。孔内嵌入定植杯（图 5-1-13）。定植板的宽度与种植槽外沿宽度一致，使定植板的两边能架在种植槽的槽壁上，这样可使定植板连同嵌入板孔中的定植杯悬挂起来。定植板的长度一般为 150 cm，视工作方便而伸缩，定植板一块接一块地将整条种植槽盖住，使光线透不进槽内。

悬杯定植方式，植株的重量由定植板和槽壁所承担。当槽内液面低于槽壁顶部时，定植板底与液面之间形成一段空间，为空气中的氧向营养液中扩散创造了条件。当槽宽 80～100 cm、定植板的厚度维持 2.0～2.5 cm 不变时，需在槽的宽度中央架设水泥支撑墩或其他支撑物以支持定植板的重量，使定植板不会因植株长大增重而向下弯成弧形。水泥支撑墩上架设一条全槽贯通的槽内供液管，一方面是做到均匀供液，另一方面起到支持定植板重量的作用。架在水泥墩上的槽内供液管紧贴于定植板底，以承受定植板的重力而保持其水平状态。在槽壁顶面保证水平状态下，定植板的板底连同定植杯的杯底与液面之间各点是等距的，以使每个植株的根系接触到液面的机会均等，从而避免造成生长不均。

3. 贮液池

贮液池是贮存和供应营养液的设施，是作为增大营养液的缓冲能力、为根系创造一个较稳定的生存环境而设置的。其主要功能是：①增大每株占有营养液量而又不致使种植槽的深度建得太深。②使营养液的浓度、pH 值、溶存氧、温度等较长期地保持稳定。③便于调节营养液的状况，例如调节液温等。如无贮液池而直接在种植槽内增减温度，势必要在种植槽内安装复杂的管道，既增加了费用也造成了管理不便。又如调节 pH 值，如无贮液池，势必将酸碱母液直接加入槽内，容易造成局部过浓的危险。

根据营养液的供液方式不同，设计贮液池。采取循环式供液方式时，在供液系统的最低点，建地下或半地下贮液池。一般 1 栋温室建 1 个贮液池，大多建于温室中央位置。我国南方将贮液池设在棚室外，也可多栋大棚共用1个贮液池。贮液池的形状多为长方形底部倾斜式，比较实用。营养液回流管和供液首部的泄压管的位置要高于营养液面，利用落差给营养液加氧。贮液池内设水位标记，便于监控池内营养液量的变化。有条件的可在贮液池内安装螺纹管，冬季通入锅炉热水给营养液加温，夏季通入地下水降温。也可布设电热管给营养液加温，用控温器控制营养液的液温。贮液池的容积，根据栽培形式、栽培作物的种类和面积来确定，其容量以足够供应整个种植面积循环供液之需为度。一般每667 m^2栽培面积需要20～25 m^3的贮液池即可。当然增加贮液量会有利于营养液的稳定，但建设投资也增加。

4.循环供液系统

循环供液系统包括供液管道、回流管道、种植槽内液位调节装置、水泵、过滤器及定时器等。

(1)供液管道　供液管道自首部延伸至栽培区的各个苗床。一般分为供液主管、支管和槽内供液管，每支管各自有阀门控制。其中位于贮液池上方的泄压支管，将一部分营养液喷回池中作增氧用；若要清洗整个种植系统时，此管可作彻底排水之用。栽培区的供液支管与各种植槽内的槽内供液管相连。每个种植槽内的供液管为一条贯通全槽的长塑料管，其上每隔一定距离开有喷液小孔，使营养液均匀分到全槽。供液支管在通入槽前设有控制阀门，以便调节流量。

(2)回流管道及种植槽内液位调节装置　回流管道的设计见任务实施相关内容。每个槽的回流管道与总回流管道的直径，应根据进液量来确定，以足以及时排掉需回流的液量，避免槽内进液量大于回液量而泛滥为度。液位控制管的管口高度决定槽内存留营养液的液面高度。在液面控制管的上段再套上一段活动的胶管，是为了调整槽内液面高度。液面控制管外再套上一个宽松的围堰圆筒，其目的是迫使营养液从围堰脚下缺刻通过才转上回流管口，从而使供液管喷射出来的富氧营养液驱赶槽底原有的、比较缺氧的营养液回流，同时可阻止根系进入回流管口。若将整个带胶塞的液面控制管拔去，则槽内的营养液便可彻底排净。

(3)水泵、过滤器和定时器　在无土栽培中，由供液水泵提供动力，一般可选用潜水泵、自吸泵。因为营养液是微酸的盐溶液，所以水泵最好选用抗腐蚀性强的型号，塑料泵为首选。水泵的功率大小根据所需水头压力、出水口的多少以及连接管道的多少而定，或以温室面积来推定。一般在1 000～2 000 m^2的温室中，可选用1台出水口ϕ25～50 mm、功率1.5 kW的自吸泵；400 m^2的棚室可选用1台功率550W的水泵即可。水泵功率太大，会使贮液池中的营养液很快抽干，如营养液回流不及时会从栽培槽外溢；如果功率太小，则供液时间会长。长期进行无土栽培时，要经常检查水泵是否堵塞，以及被腐蚀程度，必要时应及时更换，否则会影响水泵的功效。

过滤器主要有筛网过滤器和叠片式过滤器两种类型。相对而言，叠片式过滤器较筛网过滤器过滤效果好，使用寿命长。外购时应根据供液首部与之相连的管径大小来选用相应规格大小的过滤器，一般选用规格在1～1.5英寸。

水泵配以定时控制器，可以按需控制水泵的工作时间。大面积栽培时，可将温室内种植槽编组，通过供液控制阀分组轮流供液，以保证供液时从小孔中射出的小液流有足够的压力，提高增氧效果。

(二)栽培管理要点

1. 栽培作物的选定

初进行 DFT 水培生产时,应选用一些较适应水培的作物种类来种植,如番茄、节瓜、直叶莴苣、蕹菜、鸭儿芹、菊花等,水培容易成功。在没有控温的大棚内种植,要选用完全适应当季生长的作物来种植,切忌不顾条件地去搞反季节种植,不要误解无土栽培技术有反季节的功能。

2. 秧苗准备与定植

(1)育苗　以穴盘育苗为主。一般要求育苗穴盘的穴孔应比定植杯口径略小。

(2)移苗入定植杯　准备好稳苗用的非石灰质的小石砾,一般粒径以大于定植杯下部小孔为宜。在定植杯底部先垫入 1～2 cm 的小石砾,以防幼苗的根颈直压到杯底,然后带基质坨移入定植杯(不必除去结在根上的基质),再在幼苗根团上覆盖一层小石砾稳住幼苗。稳苗材料必须用小石砾,因其没有毛管作用,可防营养液上升而结成盐霜之弊(盐霜可致茎基部坏死)。不能用毛管作用很强的材料(很细碎的泥炭、植物残体等)来稳苗,因这类材料易结成盐霜。

(3)过渡槽内集中寄养　如果移栽的幼苗较小,需很久才能长大,从提高温室及水培设施的利用率考虑,可将已移入定植杯内的幼苗密集置于过渡槽内,直接置于槽底,作过渡性寄养。槽底放入营养液深度 1～2 cm,能浸住杯脚,幼苗即可吸到水分和养分,迅速长大并有一部分根伸出杯外。待幼苗长到有足够大的株形时,才正式移植到种植槽的定植板上,很快就长满空间(封行)。这种集中寄养的方法,对生长期较短的叶菜类是很有用的,对生长期很长的果菜类用处不大。

3. 营养液的管理

(1)营养液配方的选择　一般选择一个通用的营养液配方,在根据栽培对象的特性、当地的水质、气候条件,以及不同的生育时期来试用并作适当的调整,在证明其确实可行之后才大面积应用。也可以直接选用专用配方,经过试验微调后再扩大使用范围。

(2)种植槽内液面的调整　种植槽内液面的调节是 DFT 水培技术中十分重要的技术环节,管理不当会伤害到根系,应特别注意。定植初期,当根系未伸出杯外或只有几条伸出时,要求液面能浸住杯底 1～2 cm,以使每一株幼苗有同等机会及时吸到水分和养分。这是保证植株生长均匀,不致出现大小苗现象的关键措施。但也不能将液面调得太高以致贴住定植板底,妨碍氧向液中扩散,同时也会浸住植株的根颈使其窒息死亡。当植株的大量根系深入营养液后,液面随之调低,空间得以扩大,露于湿润空气中的根段就较长,其上会重新发生许多根毛,这对解决根系呼吸需氧是相当有用的。这些含有许多根毛的根系不能再被营养液淹浸太久,否则就会坏死而伤及整个根系,所以液面不能无规则地任意升降。原则上液面降低以后,若上部的根段已产生大量根毛时,液面就稳定在这个水平。此外,还要注意存留于槽底的液量应满足植株 2～3 d 吸水的需要,不能降得很浅维持不了植株 1 d 的吸水量。生产上还应注意水泵出了故障或电源中断不能供液的问题。具体的营养液配制与管理见项目 2。

(三)DFT 水培技术特征

1. 优点

(1)液层深　根系伸展到较深的液层中,单株占液量较多。由于液量多而深,营养液的浓度(包括总盐分、各养分)、溶存氧、酸碱度、温度以及水分等都不易发生急剧变动,为根系提供了一个较稳定的生长环境。这是深液流水培的突出优点。

(2)悬挂栽培　植株悬挂于定植板,有半水培半气培的性质,较易解决根系的水气矛盾。由于悬挂栽培,植株和根系的绝大部分重量不是压在种植槽的底部,而是许多根系漂浮于液中,不会形成厚实的根垫阻塞根系底部的营养液的流通,同时避免了因形成厚实的根垫以致根垫内部严重缺氧而坏死。

(3)营养液循环流动　营养液循环流动能增加营养液中的溶存氧;消除根表有害代谢产物(最明显的是生理酸碱性)的局部累积;消除根表与根外营养液的养分浓度差,使养分能及时送到根表,更充分地满足植物的需要;促使因沉淀而失效的营养物重新溶解,以阻止缺素症的发生。所以即使是栽培沼泽性植物或能形成氧气输导组织的植物,也有必要使营养液循环流动。

(4)适宜栽培的作物种类多　除块根、块茎类作物之外,几乎所有的果菜类和叶菜类都可栽培。

(5)养分利用率高　养分利用率可达90%～95%以上,不会或很少污染周围环境。

2.缺点

(1)投资较大,成本高,特别是永久式的深液流水培设施比拼装式的更高。

(2)技术要求较高。深液流水培技术较基质栽培要求高,但比营养液膜技术要求低。

(3)病害易蔓延。由于深液流水培是在一个相对封闭的环境下进行,营养液循环使用,一旦发生根系病害,容易造成相互传染,甚至导致栽培失败。

【拓展学习】

浮板水培技术

浮板水培技术简称FHT,是指植物定植在浮板上,浮板在营养液池中自然漂浮的一种DFT水培模式。营养液池(栽培池)中营养液深度一般在10～100 cm。根据池中营养液的深浅,可分为深水漂浮栽培系统(图5-1-14)和浅池漂浮栽培系统。深水漂浮栽培系统液层较深,根际环境相对稳定;而浅池漂浮栽培系统与传统DFT水培的主要区别是定植板、定植杯、植物根系均漂浮在种植槽内的营养液中,而且定植板会随着液位的变化而上下浮动。

深水漂浮栽培的秧苗多由岩棉块育苗方式育成。定植时只需将岩棉块带苗块直接定植到泡沫板上(图5-1-15);苗株借助定植板的浮力飘浮在营养液的表面。待作物稍大时则将苗从定植板中取出,另行种植到具有较大株行距定植孔的定植板上。在整个生长期内随着植株的长大,依次移栽到株行距偏大的定植板上,最终栽培池的一端移栽到另一端时即可采收。

深水漂浮栽培具有缓冲性好、根系环境相对稳定、操作移动方便、土地利用率高、省水省肥、可实现自动化控制和周年生产等优点,大幅度提高了单位面积的产量。但这一栽培方式仅适合于种植小株型的作物,投资大,生产成本高,消毒和无菌操作要求严格,只有产品以较高的价位出售,才能保证好的收益。因此,深水漂浮栽培温室多建于大城市周边地区,以供应都市居民新鲜高档蔬菜为目的。

图 5-1-14　FHT 水培

图 5-1-15　空心菜扦插与定植

任务 5-2　莴苣 NFT 水培

营养液膜技术，简称 NFT，与 DFT 并称为水培的两种常见栽培形式，是一种将植物种植在浅层流动营养液中的水培类型，主要用于叶菜类蔬菜的无土栽培。莴苣营养丰富，并可全株入药，利五脏，通经脉，清胃热等，对坏血病有特效。由于莴苣株型小，最适宜水培形式栽植。采用 NFT 技术生产莴苣，生长迅速，粗纤维含量低，口感好，西餐做色拉，中餐作拼盘，市场需求量大。目前，莴苣与番茄、甜椒、黄瓜并列为温室无土栽培四类蔬菜。

任务描述

☆ 具体任务：①叶菜 NFT 水培设施建造；②莴苣 NFT 水培生产计划的实施；③莴苣无土育苗与栽培管理；④完成任务总结报告。

☆ 实施形式：分组分区负责操作与管理。

☆ 管理要求：同任务 5-1。

任务分析

莴苣 NFT 水培包括设施建造、无土育苗及栽培管理等相关技术环节。其中，设施建造和间歇供液是叶菜 NFT 水培的关键，培育壮苗则是基础和必要条件，而栽培管理的科学性和调控的及时有效是技术保障。要求管理人员掌握 NFT 技术特点和管理要点，熟悉莴苣 NFT 水培生产流程，以高度责任心和积极的协作精神，严格执行生产计划，提高管理能力，才能顺利完成生产任务。

【任务实施】

一、制订生产计划

目前广泛用于营养液栽培的品种多属半结球种类型，如 Sanguriin、Etaniteii、Guriiniifu、Sanredo、Sukaarekto、Terumii 莴苣、四季用秀水等，表现为易管理、生长快、产量高、品质好、四季均可栽培和适应市场需要等特点。在智能连栋温室内，可四季生产，但一般可选择的栽培茬口见表 5-2-1。不同地区可结合气候、纬度和地域特点，编制莴苣 NFT 生产计划表(表 5-2-2)。

表 5-2-1　莴苣育苗季节与茬口安排

茬口安排	播种育苗季节	采收季节
冬春茬	2～3 月	4～5 月
春夏茬	4 月	5～6 月
夏秋茬	6～7 月	9～10 月
秋冬茬	10 月	11 月至翌年 1 月

表 5-2-2　莴苣 NFT 生产计划要点

茬口安排		品种选择	
育苗时间		育苗方式	
设施设备		设施消毒方法	
定植时间		营养液配方	
营养液剂量水平		供液方法	
采收时间		产品包装	

二、叶菜 NFT 设施建造

1. 贮液池和种植槽的建造

以莴苣小株型作物每株占有 1 L 营养液为依据，计算贮液池的总容积。贮液池建造参照任务 5-1，也可以直接利用原有的贮液池。以下重点介绍种植槽的建造方法。

(1)制作并摆设床架　用市售的角铁焊制床架，高度 80～100 cm，宽度为 100～120 cm，长 2 m。然后按照 1∶75 左右的坡降平整地面，以 10 个床架为 1 组，前后相连，整齐摆放于地面(图 5-2-1)，相邻床架用螺栓固定在一起。

(2)建造种植槽　选取长 280 cm、宽 1 m、厚 0.75 cm 的大波水泥石棉瓦，从床架的最低端开始平铺在床架上，相邻石棉瓦叠放，叠口重叠石棉瓦本身长度的 15 cm 左右，最后叠加成 20 m 长的种植槽底，其上铺上一层无纺布，坡降 1∶75。石棉瓦的谷深 5 cm，峰距 16 cm，波谷 6 行。在石棉瓦上加盖若干块加密的苯板(厚度 2 cm)作为定植板，并排摆放于石棉瓦上，总长和宽度与石棉瓦的槽底相匹配。在与波谷相对应的定植板上，按照 15～20 cm 的间距，用电钻开出小孔，作为定植孔，孔径在 2.5～3 cm。种植槽的建造样式参见图 5-2-1。

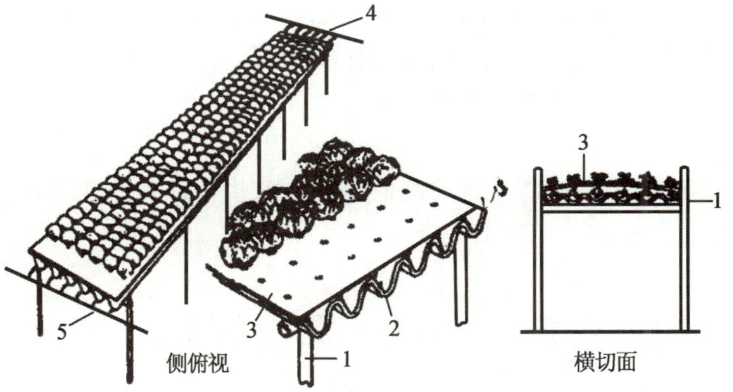

图 5-2-1 小株型作物用 NFT 种植槽

1.支架 2.塑料波纹瓦 3.定植板盖 4.供液管 5.回流管

2.循环供液系统的安装

NFT 的供液系统主要由水泵、首部、定时器、供液主管、供液支管、毛管、进液管等组成(图 5-2-2)。由支管分出的许多毛管输到每个种植槽的高端,每槽的毛管设流量调节阀,然后在毛管上接出进液管引入种植槽中。种植槽的每个波谷都设 2～3 条 ϕ2～3 mm 的进液管,保证每个波谷都有液流,流量保证每谷 2 L/min。400 W 的水泵与定时器相连。回流系统由集液槽、

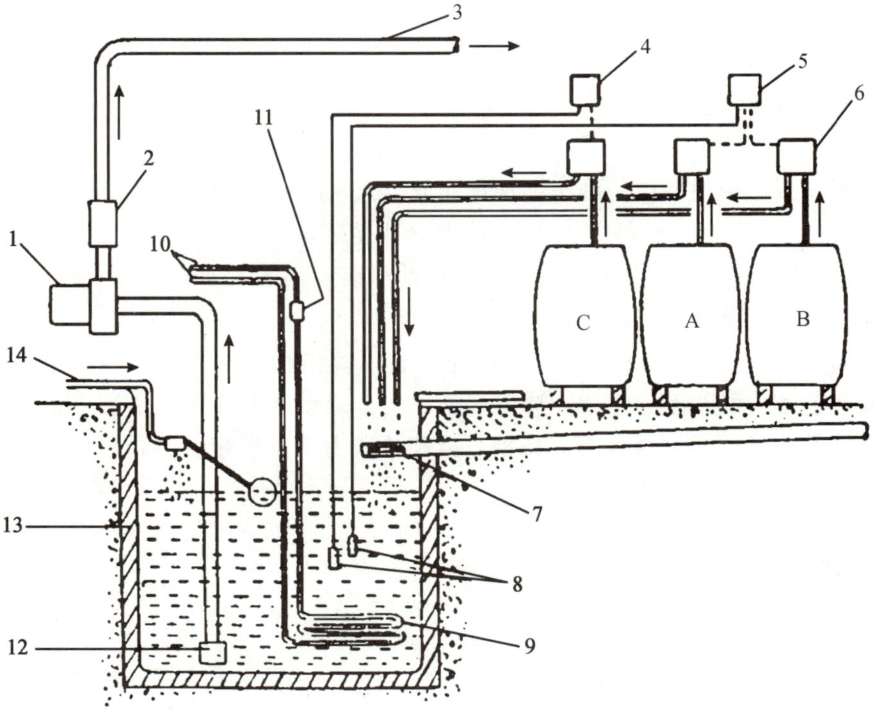

图 5-2-2 NFT 营养液自动控制装置示意图

A,B.浓缩营养液贮罐 C.浓酸(碱)贮罐

1.水泵 2.定时器 3.供液管 4.pH 控制仪 5.EC 控制仪 6.注入泵 7.营养液回流管 8.EC 及 pH 感应器 9.加温或冷却管 10.暖气(冷水)来回管 11.暖气(冷水)控制阀 12.水泵滤网 13.贮液池 14.水源及浮球

回流支管、回流主管。集液槽置于种植槽的低位处，与进液管垂直，可由U型管材改造而成，将每根进液管回流的营养液收集并集中回送到回流支管，再经由回流支管、主管，最后回流至贮液池。贮液池壁上的总回液口高于营养液的液面。

3. 质量检查

贮液池内注水，启动水泵试水，检查贮液池、种植槽、供液回流管道系统是否有渗漏现象。若有渗漏发生，应及时补修。

技术提示

1. 为了使相邻波纹瓦之间重叠但不渗漏，可在波纹瓦的连接处用水泥砂浆或沥青稍加粘合。
2. 每条波谷内铺设多条进液管的目的是其中有1～2条堵塞时，还有1～2条畅通，以保证不会缺水。
3. 波纹瓦加盖定植板的目的是防止营养液见光而滋生绿藻，以及防止植株幼苗的根茎直接浸入营养液中而腐烂死亡。
4. 集液回流的主管要有足够大的口径，以免滞溢。
5. 有条件的可在贮液池内的回液处安装流水型的紫外线杀菌装置，以杀灭藻类和病原微生物。

三、育苗与定植

采用岩棉块或海绵块育苗。种子处理见任务4-1。在平底育苗盘上摆放岩棉或海绵条块，用刀切成3 cm×3 cm×3 cm的若干小块，在每个小苗块的上面切成一个十字小缝，将发芽的种子播入其中，然后向平底育苗盘注入清水。待种子萌发出1片真叶时，再注入0.5～1 B的山崎莴苣营养液。育苗环境控制见任务4-1。

定植时，将密集育成具2～3叶的幼苗，连同整个育苗块一并移入定植板上的定植孔中。定植后要使育苗条块触及槽底而幼叶伸出板面之上。启动水泵供液。需要注意的是，在定植之前，应对NFT水培设施清洗消毒。特别是换茬阶段需将定植板及种植槽底残留的枯根、残叶彻底清除，并参照任务5-1彻底消毒。

四、栽培管理

1. 营养液管理

采用改进型营养液配方（四水硝酸钙236 mg/L、硝酸钾454 mg/L、磷酸二氢钾68 mg/L、七水硫酸镁123 mg/L，不加微量元素，pH值为6.8）或山崎莴苣营养液。定植初期的营养液浓度0.5 B，旺盛生长期提高到1 B，以后根据长势增加至1.5 B。种植槽铺有无纺布的条件下，间歇供液。夏季每小时内供液15 min，停供45 min；冬季每2 h内供液15 min，停供105 min。加强保温措施，冬季液温不低于15℃；夏季液温不高于25℃。

2. 温度管理

莴苣喜冷凉，不耐高温、高湿。设施内温度控制为白天 15～20℃，夜间 10～12℃，尽量加大昼夜温差，当温度高于 25℃，应采取通风降温或采取遮阴措施。秋季栽培时，若连续高温，容易抽薹开花，影响产量。

3. 植株调整

NFT 栽培莴苣，在其定植后营养生长期，需要提苗 1～2 次，即定植缓苗后，待水生根形成、植株长到 8～9 片叶时，进行第 1 次提苗，以后再提苗 1 次，最后使其根颈部位与定植杯沿口平齐，以利莴苣生长和采收。此外，若采收不及时，应及时将其摘除植株基部容易出现的黄叶、老叶，以利于通风透光，避免病虫害的滋生。

4. 病虫害防治

莴苣经常遭受蚜虫和白粉虱的危害，可在栽培床间张挂黄板，诱杀害虫。莴苣病害主要有霜霉病、灰霉病和菌核病，以防为主。在满足莴苣生长的适宜温度下应尽量加大通风；在湿度偏大的情况下，应及时通风散湿，可预防病害的发生。霜霉病和菌核病防治分别参照任务 4-1、任务 10-2。灰霉病可喷施 50%多菌灵可湿性粉剂 800～1 000 倍液或 70%甲基托布津可湿性粉剂 600～800 倍液、50%速克灵可湿性粉剂 2 000 倍液，每 7～10 d 喷药 1 次，共 2～3 次。

5. 填写日常管理登记表（表 5-2-3）

表 5-2-3 莴苣 NFT 水培日常管理登记表

管理棚号： 莴苣品种： 管理人：

日期	天气情况	营养液 EC	营养液 pH	供液时间	生长情况	采收量/kg	异常情况处理措施	备注

五、采收

散叶莴苣在茎叶老化前均可采收。散叶莴苣一般在植株具有 15～17 片真叶、心叶稍向侧偏卷、重 200 g 左右时采收。可选择一次性整株采收或连续掰叶采收。

【知识链接】

一、NFT 水培设施

NFT 水培设施主要由种植槽、贮液池、循环供液系统 3 部分组成（图 5-2-3）。此外，还可以根据生产实际和资金的可能性，选择配置一些其他辅助设施，如浓缩营养液贮备罐及自动供液装置、营养液加温、冷却装置等。

1. 种植槽

NFT 的种植槽按种植作物种类的不同可分小株型栽培槽(图 5-2-1)和大株型栽培箱(图 5-2-4)。

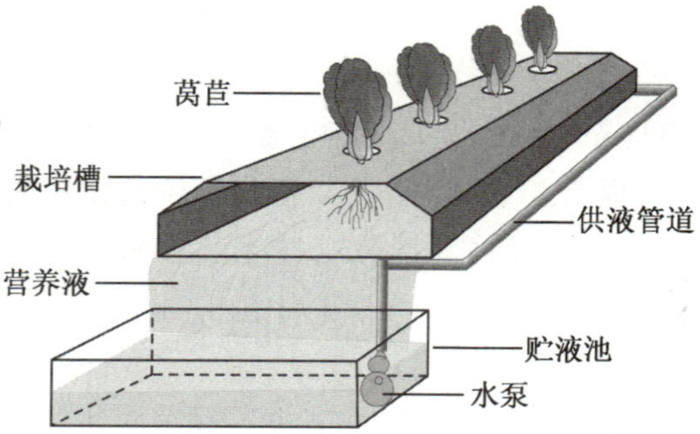

图 5-2-3　NFT 种植系统

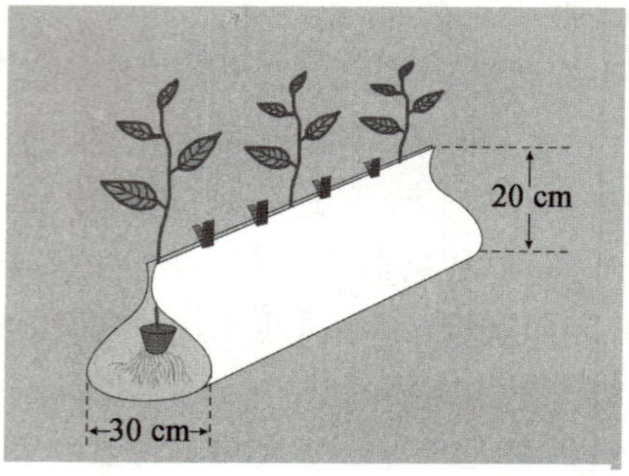

图 5-2-4　大株型作物 NFT 种植槽

(1)大株型种植槽　这种槽是用 0.1～0.2 mm 厚的面白底黑的聚乙烯薄膜临时围合起来的等腰三角形槽,槽长 20～25 m,槽底宽 25～30 cm,槽高 20 cm。取一幅宽 75～80 cm,长 21～26 m 的上述薄膜,铺在预先平整压实的且有一定坡降的(1∶75 左右)地面上,长边与坡降方向平行。定植时将带有苗钵的幼苗置于膜宽幅的中央排成一行,然后将膜的两边拉起,使膜幅中央有 20～30 cm 的宽度紧贴地面,拉起的两边合拢起来用夹子夹住,成为一条高 20 cm 的等腰三角形槽。植株的茎叶从槽顶的夹缝中伸出槽外,根部置于不透光的槽内底部。

营养液要从高端流向低端,故槽底下的地面不能有坑洼,以免槽内积水。用硬板(木材或塑料)垫槽,可调整坡降,坡降不要太小或太大,以营养液能在槽内流动畅顺为度。营养液在槽内浅层流动,液层深度不宜超过 1～2 cm。在槽底宽 20～30 cm、槽长不超过 25 m 的槽内,每分钟注入 2～4L 营养液是适宜的。

为改善作物的吸水和通气状况,可在槽内底部铺垫一层无纺布,它可以吸水并使水分扩散,而根系又不能穿过它,然后将苗定植于无纺布上。

温馨提示

NFT 种植槽底铺无纺布的作用

1. 无纺布可使营养液扩散到整个槽底部,保证植株吸到水分,避免浅层营养液直接在塑料薄膜上乱流,而造成部分根系得不到营养。

2. 无纺布置于根系与塑料薄膜之间,可有效解决根垫底下缺氧而坏死问题。

3. 当停电断流时,无纺布可缓解作物缺水而迅速出现萎蔫的危险。

(2)小株型种植槽　这种槽是用玻璃钢或水泥制成的波纹瓦作槽底。波纹瓦的谷深 2.5～5.0 cm,峰距视株型的大小而伸缩,宽度为 100～120 cm,可种 6～8 行,按此即计算出峰距的大小。全槽长 20 m 左右,坡降 1∶75。波纹瓦接连时,叠口要有足够深度而吻合,以防营养液漏掉。一般槽都架设在木架或金属架上,高度以方便操作为度。波纹瓦上面加盖定植板,使其不见光。板盖用硬泡沫塑料板制作,上面钻有定植孔,孔距按种植的株行距来定,板盖的长宽与波纹瓦槽底相匹配，厚度 2 cm 左右。具体建造方法见任务实施相关内容。

2. 贮液池

贮液池的建造材料与建造方法见任务 5-1。

3. 循环供液系统

主要由水泵、管道及流量调节阀等组成。管道应采用 PVC 或 PE 塑料管道，以防止腐蚀。管道安装时要严格密封，最好采用牙接而不用套接。同时尽量将管道埋于地面以下，一方面方便工作，另一方面避免日光照射而加速老化。管道分供液管和回流管，各组管道相连成供液回流系统。具体连接方法见任务实施相关内容。

4. 其他辅助设施

NFT 因营养液用量少，致使营养液变化比较快，必须经常进行调节。为减轻劳动强度并使调节及时，可选用一些自动化控制的辅助设施进行自动调节。即使不用这些辅助设施，用人工调节也同样能进行正常的生产，不过比较麻烦罢了。辅助设施包括定时器、电导率(EC)自动控制、pH 自控装置、营养液温度调节装置和安全报警器等(图 5-2-2)。

(1)定时器　间歇供液是 NFT 水培特有的管理措施。通过在水泵上安装一个定时器从而实现间歇供液的准确控制。但设定间歇的时间要符合作物生长实际。

(2)电导率(EC)自控装置　由电导率(EC)传感器和控制仪表及浓缩营养液罐(分 A、B 两个)加注入泵组成。当 EC 传感器感应到营养液的浓度降低到设定的限度时，就会由控制仪表指令注入泵将浓缩营养液注入贮液池中，使营养液的浓度恢复到原先的浓度。反之，如营养液的浓度过高，则会指令水源阀门开启，加水冲稀营养液使达到规定的浓度。

(3)pH 自控装置　由 pH 传感器和控制仪表及带注入泵的浓酸(碱)贮存罐组成，其工作原理与 EC 自控装置相似。浓酸(碱)贮存罐内存有硝酸或磷酸和氢氧化钠或氢氧化钾等浓碱药剂。

(4)营养液的加温和冷却装置　液温太高或太低都会抑制作物的生长。通过调节液温以改善作物的生长条件，比对大棚或温室进行全面加温或降温要经济得多。营养液温度控制装置主要由加温装置或降温装置及温度自控仪两部分组成。加温或降温方法见任务 2-2。

(5)安全装置　NFT 的特点决定了种植槽内的液层很薄，一旦停电或水泵故障而不能及时循环供液，很容易因缺水而使作物萎蔫。有吸水无纺布做槽底衬垫的番茄，在夏季条件下，停液 2 h 即会萎蔫。没有无纺布衬垫的种植槽种植叶菜，停液 30 min 以上即会干枯死亡。所以 NFT 系统必须配置备用电机和水泵。还要在循环系统中装有报警装置，发生水泵失灵时及时发出警报以便及时补救。

电导率、pH、温度等自动调节装置的质量要灵敏而稳定，每天要经常监视其是否失灵，以保证不出错乱而危害作物。

二、NFT 水培管理要点

(一)种植槽处理

对于新槽主要检查各部件是否合乎要求，特别是槽底是否平顺，塑料薄膜有无破损渗漏。换茬后重新使用的槽，在使用前注意检查有无渗漏，并要彻底清洗和消毒。

(二)育苗与定植

1.大株型种植槽的育苗与定植

因 NFT 的营养液层很浅,定植时作物的根系都置于槽底,故定植的苗都需要带有固体基质或有多孔的塑料钵以锚定植株。育苗时要用固体基质块(一般用岩棉块)或用多孔塑料钵育苗。定植时不要将固体基质块或塑料钵脱去,连苗带钵(块)一起置于槽底。

大株型种植槽的三角形槽体封闭较高,故所育成的苗应有足够的高度才能定植,以便置于槽内时苗的茎叶能伸出三角形槽顶的缝以上。

2.小株型种植槽的育苗与定植

小株型育苗以岩棉块或海绵块育苗方式为主。岩棉块或海绵块的规格以将来能放入定植孔,且不倒卧于槽底即可。也可用无纺布卷成或岩棉切成方条块育苗。

(三)营养液的配制与管理

1.营养液配方

由于 NFT 系统营养液的浓度和组成变化较快,因此要选择一些稳定性较好的营养液配方。

2.供液方法

NFT 的供液方法是比较讲究的。因为它的特点是液层要很浅,不超过 1.0～2.0 cm。这样浅的液层,其中含有的养分和氧很容易被消耗到很低的程度。当营养液从槽头一端输入,流经一段相当长的路程(以限 25 m 计算)以后,许多植株吸收了其养分和氧,这样从槽头的一株起,依次吸到槽尾的一株时,营养液中的氧和养分已所剩不多,造成槽头与槽尾的植株生长差异很大。当供液量低于一定限度时就会造成对产量的影响。说明 NFT 的供液量与多因素有关。

NFT 在槽长超过 30 m 以上,而植株又较密的情况下,要采用间歇供液法以解决根系需氧的问题。这样,NFT 的供液方法就派生为两种,即连续供液法和间歇供液法。

(1)连续供液法　NFT 的根系吸收氧气的情况可分为两个阶段,即从定植后到根垫开始形成,根系浸渍于营养液中,主要从营养液中吸收溶存氧,这是第一阶段。随着根量的增加,根垫形成后有一部分根露在空气中,这样就从营养液和空气两方面吸收氧,这是第二阶段。第二阶段的出现快慢,与供液量多少有关。供液量多,根垫要达到较厚的程度才能露于空气中,从而进入第二阶段较迟;供液量少,则很快就进入第二阶段。第二阶段是根系获得较充分氧源的阶段,应促其及早出现。

连续供液的供液量,可在 2～4 L/min 的范围内,随作物的长势而变化。原则上白天、黑夜均需供液。如夜间停止供液,则抑制了作物对养分和水分的吸收(减少吸收 15%～30%),可导致作物减产。

(2)间歇供液法　间歇供液是解决 NFT 系统中因槽过长,株过多而导致根系缺氧的有效方法。此外,在正常的槽长与正常的株数情况下,间歇供液与连续供液相比,产量和果实重量也是间歇供液的高。间歇供液在供液停止时,根垫中大孔隙里的营养液随之流出,通入空气,使根垫里直至根底部都吸到空气中的氧,这样就增加了整个根系的吸氧量。

间歇供液开始的时期,以根垫形成初期为宜。根垫未形成(即根系较少,没有积压成一个厚层)时,间歇供液没有什么效果。

间歇供液的程度,如在槽底垫有无纺布的条件下种植番茄,夏季每 1 h 供液 15 min,停供 45 min;冬季每 2 h 供液 15 min,停供 105 min,如此反复日夜供液。这些参数要结合作物具体长势与气候情况而调整。停止供液的时间不能太短,如小于 35 min,则达不到补充氧气的作用;但也不能停得太长,太长会使作物缺水而萎蔫。

3. 液温的管理

由于 NFT 的种植槽(特别是塑料薄膜构成的三角形沟槽)隔热性能差,再加上用液量少,因此液温的稳定性也差,容易出现同一条槽内头部和尾部的液温有明显差别。尤其是冬春季节槽的进液口与出液口之间的温差可达 6℃,使本来已经调整到适合作物要求的液温,到了槽的末端就变成明显低于作物要求的水平。因此,NFT 水培要特别注意液温的管理。各种作物对液温的要求有差异,以夏季不超过 28～30℃,冬季不低于 12～15℃为宜。

三、NFT 的技术特征

(一)优点

(1)设施投资少,施工容易、方便。NFT 的种植槽是用轻质的塑料薄膜制成或用波纹瓦拼接而成,设施结构轻便、简单,安装容易,便于拆卸,投资成本低。

(2)液层浅且流动。营养液液层较浅,作物根系部分浸在浅层营养液中,部分暴露于种植槽内的湿气中,并且浅层的营养液循环流动,可以较好地解决根系呼吸对氧的需求。

(3)容易实现生产过程的自动化管理。

(二)缺点

(1)NFT 的设施虽然投资少,施工容易,但由于其耐用性差,后续的投资和维修工作频繁。

(2)NFT 液层浅和间歇供液,较好地解决了根系需氧问题,但根际环境稳定性差,对管理人员的技术水平和设备的性能要求较高。

(3)要使管理工作既精细又不繁重,势必要采用自动控制装置,从而需增加设备和投资,推广面受到限制。

(4)NFT 为封闭的循环系统,一旦发生根系病害,较容易在整个系统中传播、蔓延。因此,在使用前对设施的清洗和消毒的要求较高。

【拓展学习】

一、浮板毛管水培技术

浮板毛管水培(FCH),是在营养液中放置漂浮板,上覆无纺布,部分根系分布在无纺布上,借助无纺布的毛细管力吸收营养和直接从空气中吸收氧气的一种水培方式(图 5-2-5)。该系统具有成本低、投资少、管理方便、节能、实用等特点,适宜我国南北方各种气候条件和生态类型应用。

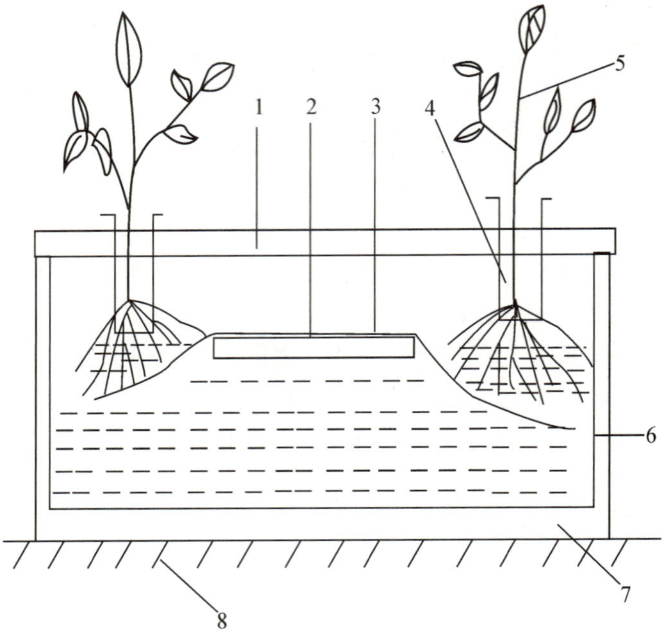

图 5-2-5 FCH 种植槽横断面示意图

1. 植槽　2. 水泵　3. 贮液池　4. 定植杯　5. 植株　6. 营养液　7. 定型塑料种植槽　8. 地面

浮板毛管水培设施包括种植槽、地下贮液池、循环管道和控制系统四部分。除种植槽以外,其他 3 部分设施基本与 NFT 相同。种植槽由定型聚苯乙烯板做成长 1 m 凹形槽,然后连接成长 15～20 m 的长槽,其宽 40～50 cm,高 10 cm,槽内铺 0.3～0.8 cm 厚的聚乙烯薄膜,营养液深度为 3～6 cm,液面漂浮 1.25 cm 厚、宽 10～20 cm 的聚苯乙烯泡沫板,板上覆盖一层亲水性无纺布(作为湿毡,规格为 50 g/m^2),两侧延伸入营养液内,通过毛细管作用,使浮板始终保持湿润。秧苗栽入定植杯内,然后悬挂在定植板的定植孔中,正好把槽内的浮板夹在中间,根系从定植杯的孔中伸出后,一部分根系爬伸生长到浮板上,产生根毛吸收氧气,一部分根伸到营养液内吸收水分和营养。定植板用 2.5 cm 厚、40～50 cm 宽的聚苯乙烯泡沫板,覆盖于种植槽上,定植板上开两排定植孔,孔径与育苗杯外径一致,孔间距为 40 cm×20 cm。种植槽坡降 1∶100,上端安装进水管,下端安装排液装置,进水管处同时安装空气混入器,增加营养液的溶氧量。排液管道与贮液池相通,种植槽内营养液的深度通过垫板或液层控制装置来调节。

在栽培管理上,可选用洁净无污染的软水,如雨水、河水、湖水或水库水配制营养液。如选用地下水,水的 EC 最好低于 0.3～0.5 ms/cm。定植前期,槽内营养液的深度保持 6 cm,定植杯的下半部进入营养液内,营养液不必循环;定植 10 d 后,当植株进入旺盛生长期,开始间歇供液,供液 10～20 min 后停止 1～2 h,并且随着根系的生长和根量的增加,液位逐渐下降到 3 cm,使定植板与浮板之间保持有 2～3 cm 的空间,部分根系生长在湿润的浮板上,以吸收空气中的氧气。

果菜类蔬菜在苗期,EC 控制在 1.4～1.6 ms /cm,结果期可升至 2.0～2.4 ms/cm。叶菜苗期的 EC 值控制在 1.0～1.2 ms /cm,生长中后期可升至 1.4～1.5 ms/cm。果菜进入开花结果期,应定期补充磷、钾肥,促进开花结果,提高产量和品质,防止植株衰弱。通常瓜果类蔬菜在结果期每隔 15 d 补充 1 次磷酸二氢钾，用量为 100 g/ m^3。生产上为了管理方便，一般整个生长期均采用同一营养液配方。

二、动态浮根水培技术

动态浮根水培系统(DRF)是我国台湾省开发应用的一种深水培技术，作物根系置于栽培床的营养液中，可随营养液的液位变化而上下左右波动，具有液层较深，缓冲性强，容易维持液温；多种人工增氧措施结合使用，营养液溶氧量较高；栽培槽内有突起沟槽，根系形成倒"V"字型，容易诱引气生根系，根系比较发达；喷灌进液，每小时只需要供液 5～15 min，节能环保等特点，不惧夏季高温引起水温上升及溶氧下降所导致水培蔬菜根部活力下降、提早老化和产量降低的逆境，适合热带亚热带地区叶菜周年生产，有效解决了热带、亚热带地区夏季因高温、多湿、台风、暴雨等原因造成夏季蔬菜供需不平衡的困境。

传统的 DRF 设施系统主要由栽培槽、贮液池(罐)、水泵、供液回流管道、空气混入器、排液器和定时器等设施设备组成(图 5-2-6)。栽培槽一般采用定制聚苯乙烯板制成的双凹型槽(180 cm×92 cm×8 cm，中央有 2 cm 宽的凸起)组合而成(图 5-2-7)，坡降 1%～2%。其上覆盖 90 cm×90 cm×3 cm 的定植板，定植板上等距离开出若干 ϕ2.5 cm 定植孔。地下贮液池可按 666.7 m^2 水培面积需要 5.5 t 营养液来设计建造，小面积的 DRF 水培可选用 200 L 的深色贮液罐或旧浴池代替贮液池。池或桶的上面要加盖，隔热，保持池内黑暗。循环供液系统安装与 DFT 基本相同，不同的是槽内供液管(ϕ25 mm)与槽宽平行，其上每隔一定距离开有多个喷液小孔，使营养液均匀喷射到槽内(图 5-2-8)，并在系统中加装了空气混入器(图 5-2-9)和液位调节器(图 5-2-10)。空气混入器安装在栽培槽的入水口处，其内有 2 组十字形重叠的塑胶闸门，会产生八条水流冲出，可将外界的空气由两小孔吸入混入营养液中，约可增加 30%之空

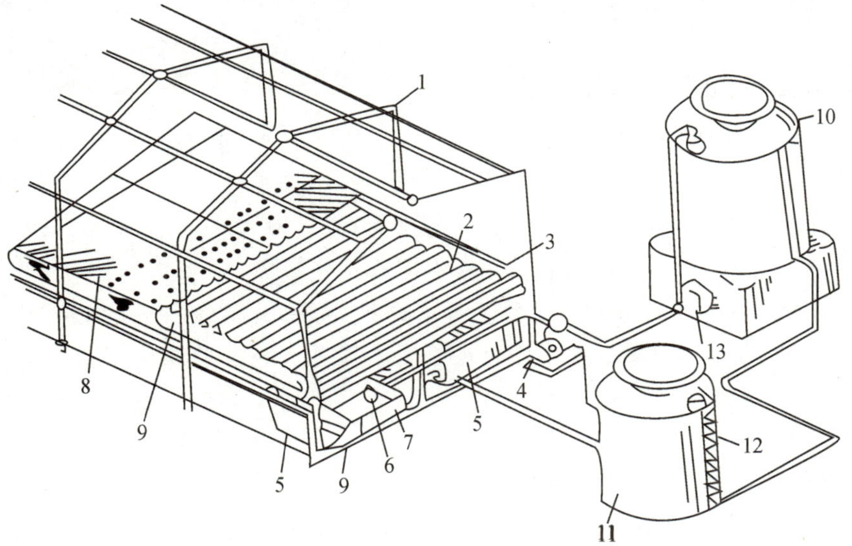

图 5-2-6 动态浮根系统

1. 管结构温室 2. 栽培床 3. 空气混入器 4. 水泵 5. 水池 6. 营养液液面调节器 7. 营养液交换箱 8. 板条 9. 营养液出口堵头 10. 高位营养液罐 11. 低位营养液罐 12. 浮动开关 13. 电源自动控制器

气混入，以增加营养液的溶氧量，使营养液中的溶氧量维持在 3～6 mg/L。排液器和液位调节器固定在栽培槽末端，是一个圆形双层塑胶闸门，外环固定高度为 8 cm，基部圆周有 3 个拱形孔洞以流水，内环如空心螺丝钉一般可旋高旋低，可调节水位的高低限为 0～8 cm。

图 5-2-7 DRF 水培系统的气根式栽培

图 5-2-8 槽内供液管

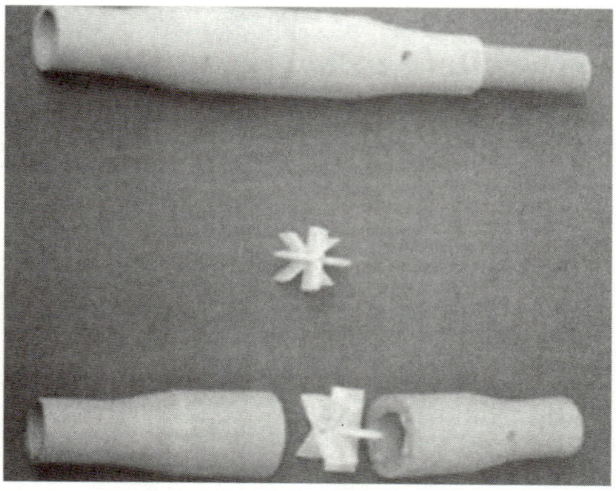

图 5-2-9 空气混入器

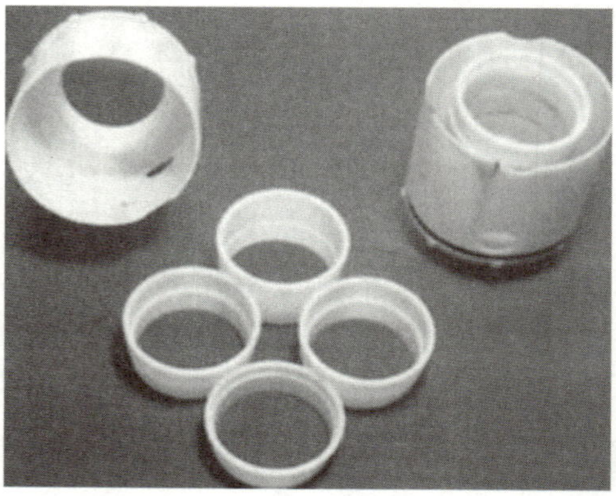

图 5-2-10 液位调节器

DRF 水培系统适宜栽培叶菜，一般采用海绵块(基本规格为 3 cm×3 cm×3 cm)育苗。海绵块育苗(图 5-2-11)时，叶菜类种子一般不需浸种催芽，直接点播于小海绵块中央的十字切割处。播后海绵块置于育苗盘内，置于阴凉通风处放置，底部供液。定植时只需将小海绵块间轻轻剥开就可剥离，再分块移植到定植孔中即可。移植时注意苗的根部不要夹于海绵与泡沫板间，以致根吸不到水而枯死。若根多而疏散，可将根沾水，使根系聚集后再移植。

在栽培管理上的重点是液位的控制。定植后启动水泵循环供液。供液时间通常是上午 10 时至下午 16 时每小时 1 次，每次循环 15 min，其余时段每 2～3 h 循环 1 次，每次 15 min。刚移栽第 1 周，营养液的液位波动范围控制在 8～6 cm，待 1 周后根系发达时，将液位调整在 8～4 cm 波动。每周至少检测 1 次营养液的 pH 值和 EC 值，若测定值不在营养液初始 EC 值、pH 值 10%变化的上下限时，需及时调整。

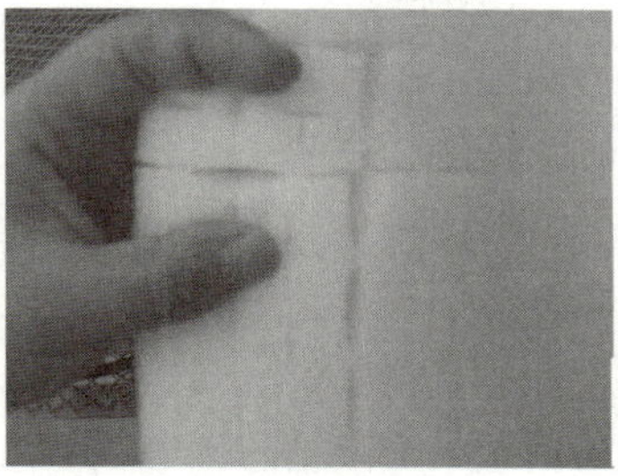

①海绵块

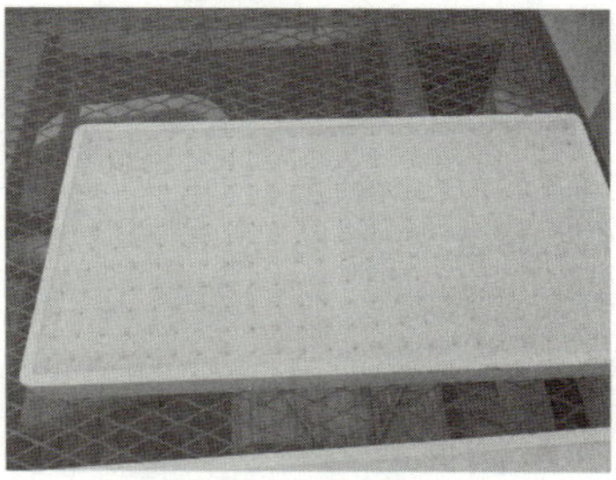

②盛装海绵块的育苗盘

③播种

④见光绿化

图 5-2-11　油麦菜海绵块播种育苗

任务 5-3　马铃薯槽式雾培

马铃薯是全球重要的粮菜兼用作物，以块茎繁殖为主要繁殖方式，但由于长期进行无性繁殖和土壤栽培，普遍存在种性退化的问题，造成减产和品质下降。采用雾培技术生产微型薯，人为控制生产要素，产量高，质量好，生产周期短，同时节约脱毒苗，是未来马铃薯微型薯工厂化生产的发展方向。

任务描述

☆ 具体任务：①建造槽式雾培设施；②完成马铃薯脱毒苗驯化移栽；③生产出优质微型薯；④完成工作总结报告。

☆ 实施形式：分组分区参与规划和生产管理。

☆ 实施程序：同任务 5-1。

任务分析

本任务包括设施建造、组培苗驯化移栽、植株与营养液管理、环境调控等四部分内容。栽培设施是气雾栽培生产的基础，确保设施建造质量；组培苗炼苗、假植与定植管理是幼苗成活和正常生长的关键，应把好组培苗质量关；植株与营养液管理是微型薯产量与质量的保证，应做到植株调整及时，营养液管理到位；营养液检测、根际暗环境维持和温度调控是栽培的重点，应加强过程管控。此外，要求生产者以高度责任心、务实敬业的工作态度参与操作和管理，才能高质量完成实践任务。

【任务实施】

一、制订生产计划

马铃薯雾培生产计划除包括表5-3-1列出的项目安排之外，还包括生产材料准备、人员安排、栽培场地选择和安全生产预案制定等。

表5-3-1 马铃薯微型薯气雾培生产安排

项目内容	生产要求	项目内容	生产要求
茬口安排	冬春茬	营养液配方	马铃薯专用配方
栽培品种	荷兰十五	组培苗繁育时间	12月下旬
栽培面积	667 m^2	定植时间	2月下旬
育苗方式	组培育苗	采收时间	5月中下旬
栽培形式	槽式气雾栽培		

二、设施建造

1. 贮液池建造

在温室中间位置，用砖和水泥砌成200 cm×200 cm×150 cm的地下贮液池，池底四周向中心稍倾斜，底部中心设20 cm×20 cm×20 cm水槽，贮液池池口规格为80 cm×80 cm，高出地面15 cm。贮液池内顶部悬挂安装紫外线灯(波长253.75 nm)。贮液池底与四周做好防水，防止营养液外渗。

图5-3-1 气雾栽培床

2. 栽培床建造

栽培床(图5-3-1)包括栽培床槽体、定植板和营养液回流管等。

(1)栽培床槽体　用三角铁焊接成长600 cm、宽150 cm、深30 cm的槽体框架；槽体支架由角铁焊制而成，高度 50 cm;槽体底部与四周焊接 2 mm 厚不锈钢板。槽体底部设营养液回流管,与回流主管道相连;其上表面用挤塑板封盖,作为定植板。

(2)栽培槽体的清洗与消毒 见任务 5-1。

3. 供液系统组装

由潜水泵、供液管路、迷雾装置、回流管路和控制装置组成。潜水泵置于贮液池底部的凹槽内,吸水口安装过滤装置,出水口与供液主管相连,其电源线与定时器相连。供液主管(ϕ50 mm UPVC)一端与潜水泵相连,另一端安装压力表,并与栽培床的供液支管相连;供液支管(ϕ30 mm UPVC)安装过滤器,一端连接供液主管,另一端与栽培床槽体内的供液毛管(ϕ16 mm UPVC)相连。供液毛管呈闭合环状,其上每隔 30 cm 打孔,直接安装弥雾喷头,并固定在槽底。回流主管一端与槽体回流支管相连,另一端通向贮液池。循环管道组装后,在贮液池内配制含 0.3%~0.5%有效氯的次氯酸钠溶液,启动水泵,抽取次氯酸钠溶液循环 30 min,对管道及栽培槽体内部空间进行消毒。

4. 定植板打孔

用厚 2 cm、宽 100 cm 挤塑板做定植板,按 25 cm×20 cm 的间距打孔,孔径 2 cm,打好孔的定植板置于栽培床上。

5. 防虫网搭建

在日光温室外设置防虫网,防止有害昆虫随人员出入和人为放风进入室内,以减少传播病毒的来源。防虫网不能留有缝隙,出入口设置双层,严防昆虫侵入。

6. 检查与调试

贮液池内注入清水,记下水位线,通过观察水位线变化,判断是否渗漏;打开管道阀门,启动水泵,抽取一定量的清水,检查水路是否畅通和正常回流,栽培床槽体是否积水,以及管件胶粘的严密度,并观察迷雾喷头是否均匀喷雾。

技 术 提 示

1. 栽培床内部保持暗环境,固定好栽培床槽体支架的底脚,彼此之间处于同一水平面。
2. 回流管道口在贮液池壁的预埋位置,应高于营养液的液面,并且回流的营养液不能淋湿贮液池内顶部悬挂安装的紫外线灯。
3. 喷头固定在栽培架上,防止加液压力增大造成喷头移位;弥雾喷头喷雾不能留有死角,喷雾要均匀。
4. 自吸泵进水口过滤网要经常检查,以防堵塞。
5. 贮液池应建有消毒设备,定期对营养液消毒。

三、气雾栽培

(一)选苗

1 月上旬,选择 5~7 cm 高的健壮马铃薯组培瓶苗。

(二)炼苗与假植

(1)炼苗　定植前7～10 d,将马铃薯瓶苗转移到温室内阴凉弱光处,开口炼苗1～2 d,适温为白天20～25℃,夜间10～15℃。炼苗第1 d在地面洒水,用来增加室内空气湿度,防止叶片失水萎蔫。

(2)假植　炼苗后出瓶,洗净组培苗基部残留的培养基,然后将组培苗栽植在蛭石苗床上5～7 d,培育壮苗。株行距5 cm×5 cm,温度15～25℃,空气相对湿度70%～80%,光照13～15 h/d。

(三)定植与缓苗

(1)设施消毒　地面、定植板、栽培槽、贮液池、供液毛管等用0.5%的$KMnO_4$(或100倍的40%福尔马林)彻底消毒。

(2)定植　从假植床中取苗,清水漂洗净根部基质,用海绵块固定在定植孔,每孔植入1株苗。定植3 d内遮阳,防止脱毒苗过度脱水死亡,3 d后去除遮阳网。

(3)缓苗　定植后喷清水缓苗2 d,再用1/3～1/2 B的低浓度营养液(表5-3-2)喷雾缓苗1周,至新根发出1 cm左右,转入营养液正常喷雾。

表5-3-2　雾培脱毒微型薯营养液配方　mg/L

大量元素	K_2SO_4	KH_2PO_4	KNO_3	NH_4NO_3	$Ca(H_2PO_4)_2 \cdot H_2O$	$MgSO_4 \cdot 7H_2O$
	1 740	544	606	560	756	492
微量元素	$MnSO_4 \cdot 4H_2O$	$ZnSO_4 \cdot 7H_2O$	H_3BO_3	$CuSO_4 \cdot 5H_2O$	$Na_2MoO_4 \cdot 2H_2O$	$CoCl_2 \cdot 6H_2O$
	22.3	8.6	6.2	0.025	0.25	0.025

四、定植后管理

1.营养液管理

(1)营养液pH和EC值检测　营养液选用雾培脱毒微型薯专用营养液配方(表5-3-2)。pH值和EC分别控制在5.5～6、1.5～2 ms/cm范围内,每3～5 d检测1次。如果pH值超过控制值的范围,用稀酸或稀碱调整;EC值可用添加营养液和清水来调整。营养液使用20 d后需要全部更换1次。

(2)间歇喷雾　间歇喷雾方式供液,由定时器控制。定植后根据马铃薯组培苗生育进程(以定植时间大致衡量),调整每天的供液时间(表5-3-3)。

(3)营养液消毒　开启紫外线灯消毒,1周3次,每次间隔1 d,每次大约4 h。

2.植株调整

定植后,当马铃薯组培苗具6片叶左右时下移秧苗。下移时把下部的叶片(大约2片)摘除,外面外露3～4片叶即可。当苗高达50 cm时,用支架固定组培苗,防止其倒伏。后期生长过程中要及时摘除下部枯黄老叶,避免病菌的传播及病害的发生。

表 5-3-3 马铃薯气雾培间歇供液的设定

定植时间	营养液（EC 1.5～2 ms/cm）	一天不同时间段营养液的供给方式			
		8:00～10:00	10:00～14:00	14:00～18:00	18:00 至次日 08:00
1～2 d	清水	喷 15 s 停 10 min	喷 15 s 停 5 min	喷 15 s 停 10 min	喷 15 s 停 15 min
3～7 d	低浓度				
7～60 d	标准浓度	喷 20 s 停 10 min	喷 20 停 5 min	喷 20 s 停 10 min	喷 20 s 停 20 min
60 d 以后	标准浓度	喷 20 s， 停 20 min	喷 20 s 停 10 min	喷 20 s 停 20 min	喷 20 s 停 30 min

3. 环境调控

(1)温湿度管理　营养生长阶段要求温度保持 20～23℃；生殖生长阶段白天温度保持 23～24℃，夜间温度为 10～14℃。结薯期(图 5-3-2)湿度保持 70%～80%；温度不能过高，如温度高于 25℃，则结薯小，且变形。营养液的温度控制在 15～20℃。温度低于 15℃，开启加热装置；温度高于 20℃，营养液池要隔热，防止热传导。

图 5-3-2　马铃薯微型薯气雾栽培结薯状态

(2)光照管理　光照时间不少于 13 h。如果低于 13 h，需要借助日光灯补光。光照不能太强，否则容易伤苗。如果光照太强，可用遮阳网遮光。

(3)根际环境　栽培槽内始终保持黑暗状态，创造根际暗环境，促进马铃薯匍匐茎生长和顶端膨大结薯。

四、采收与存贮

采收前 1 d，延长喷液间隔时间 50%左右，以降低马铃薯种薯水分含量，提高贮存质量。采摘时，用 0.5%来苏水洗净器具和双手，摘取 5 g 以上大薯，冲洗掉表面残留的营养液，以免种薯受到盐渍腐烂而影响质量。将微型薯置于阴凉处晾干后，装入透气种子袋，送至储藏库，在相对湿度 90%、4℃条件下贮存。

技 术 提 示

1. 生产中经常观察喷头工作状态，发现异物堵塞后应及时疏通。
2. 组培苗的基部尽可能伸入槽内，以防微型薯形成在盖板上，导致减产和品质降低。
3. 栽培槽始终保持绝对黑暗状态；结薯期控制温度在规定范围内。

【知识链接】

一、雾培的含义与类型

雾培，又称气雾栽培，其含义见任务 1-2。气雾栽培的植物根系悬空于空中，氧气得以最大化供给，肥水通过雾化的方式提供，矿质元素及水分的吸收能得以充足的保证，根在富氧环境下能发挥出最大的能量转换率，离子交换吸收的速度快，植物才能发挥出最大的生长潜能，较好地解决了根系的水气矛盾，也易于自动化控制和立体栽培。根据植物根系是否部分浸没在营养液层中，可将气雾栽培细分为气雾栽培和半气雾栽培两种类型。两种类型的含义与特点参照任务 1-2 相关内容。

二、雾培设施

气雾栽培设施由栽培床、供液系统、控制系统组成。

1. 栽培床

气雾栽培的栽培床分为槽式、柱形、梯形或塔形（A 字形，双面立体栽培）栽培床。

(1)槽式气雾栽培床　这种栽培床类似于传统的栽培槽，槽底用混凝土制成深约 12 cm 的沟槽，用于承接营养液；在沟槽的上部用镀锌钢管制成框架，其上放置带有定植孔的定植板。这种槽式雾培床（图 5-3-1）主要用于叶菜类作物及花卉生产。

(2)梯形或塔形气雾栽培床　这种栽培床（图 5-3-3）由塔形支架、雾化系统、挤塑板和定植板组成。支架由镀锌管（或 PVC 塑料管套接）组成，两侧安装挤塑板，板下装喷雾装置，挤塑板上打定植孔，植物定植在这些孔上，根系悬在栽培架内部，周围空间封闭，使根系生长在充满营养液的气雾环境里。

a. 支架与床内供液管

b. 内部结构

c. 生产状态

图 5-3-3　塔形气雾栽培床

(3)立柱式气雾栽培床 主要由栽培柱、喷雾装置、营养液循环系统和自动控制系统组成(图 5-3-4)。栽培柱的柱体高 1.8～2.0 m，ϕ25～35 cm，柱间距 80～100 cm，用白色不透明硬质塑料或大口径 PVC 管制成。作物种植在垂直的柱式容器的四周，根系生长在容器内部，柱顶部有喷雾装置，将雾状营养液喷到根系上，多余的营养液经柱底部的排液管回收循环使用。

栽培柱

立柱式雾培植物生长状态

图 5-3-4 立柱式气雾栽培效果

(4)水管气雾栽培床 此种栽培床是特化的栽培管道。在栽培管道内每隔一定距离安装供液的弥雾喷头，将雾化的营养液直接供给定植杯底部的根系。因为是将雾化装置安装于管道内，也称为管内水气培系统。

2. 供液系统

供液系统主要包括贮液槽(池)、水泵、管道、过滤器、喷头等部分组成，有些气雾栽培不用喷头，而用超声气雾机来雾化营养液。

(1)贮液槽(池) 贮液槽(池)用水泥、砖砌成，小型雾培设施系统也可用贮液桶代替贮液槽(池)。贮液槽(池)的体积应保证供液时间内循环的营养液未流至槽内时池中营养液不被抽干。

(2)水泵 水泵作为营养液雾化的动力源，其功率大小应根据种植面积、管道铺设、选用的喷头及其所要求的工作压力来综合考虑而确定。生产上多选用耐腐蚀的水泵，一般 667 m^2 的大棚要求水泵功率在 1 000～1 500 W。

(3)管道 由供液管、营养液收集回流管组成。供液管由主管及各级的支管或毛管连接而成。各级管道可选用 PVC 或 PE 塑料管，其粗细应根据选用的喷头的工作压力大小而定。

(4)过滤器与喷头 水或配制营养液的原料中含有一些杂质，可能会堵塞喷头，要选择过滤效果良好的过滤器。叠片过滤器好于筛网过滤器。喷头选用以营养液能够喷洒到所有的根系，并且雾滴较为细小为原则。

(5)超声气雾机 超声气雾机是利用超声波发生装置产生的超声波，将营养液雾化为细小雾滴的雾流而布满根系生长的空间之内(如种植槽内)。通过超声波雾化营养液，有助于杀灭营养液中可能存在的病原菌，对作物生长有利。安装时，注意营养液池或罐的出水口应设在高于超声气雾机的入水口的位置，通过管件将贮液池(桶)与超声气雾机的入水口相连，使营养液在重力的作用下流入超声气雾机内。由于超声气雾机中内置鼓风设备的功率有限，因此，种植床不能过长，一般不超过 8 m。

3. 控制系统

用于气雾栽培的计算机控制系统能够对营养液、空间环境和根域环境自动控制。一般由传感器、数据处理器和执行部件 3 部分组成，三者之间的控制逻辑是由传感器采集空间环境、营养液和根域环境的各种参数，如营养液的 EC 值、pH 值、温度和根域环境的温度与湿度，然后计算机按植物生长模式运算判断后发出执行指令，再自动开启相关的执行部件进行调控。例如，营养液的 EC 值过低，就自动添加母液，过高就注入清水，通过开启相关电磁阀来实现启闭。

三、气雾栽培管理

(一)定植

定植方法相对简单，如果栽培床的定植板水平放置时，用定植杯固定植株；如倾斜放置或栽培床为柱式、管道式，则用海绵块裹住幼苗的茎基部，直接将幼苗固定在定植孔，但不要塞得过紧，以防影响作物生长。

(二)营养液管理

1. 营养液浓度

以喷雾的形式供液，附着在根系表面的营养液总量较少。为使植株在停止供液时也能吸收到足够的养分，就要适当提高营养液浓度，通常应比其他水培高 20%～30%。

2. 营养液的供液方式

一般采取间歇式供液方式。供液与间歇时间的长短，根据植株大小及环境条件而定。植株较大、阳光充沛、空气湿度较小时，供液时间较长，而间歇时间可适当缩短；白天的供液时间较夜晚长，间歇时间较短。

3. 营养液 pH 值和 EC 值检测

参照任务 2-2。

4. 营养液消毒与更换

气雾栽培过程中营养液反复循环利用，植物生长分泌产生的代谢物质，很容易使营养液滋生细菌，严重阻碍植物生长，甚至引起植物死亡。可采用紫外线杀菌或臭氧杀菌等物理方式定期消毒。同时，营养液使用一段时间后，营养液中会积累过多有碍于作物生长的物质，营养不平衡，致使根系生长受阻，甚至导致植株死亡，应适时更换。

四、气雾培技术特征

(一)优点

(1)有效解决了根系的水气矛盾。通过营养液雾化处理，根环境的温度、水分、空气及营养四大影响植物根系吸收及生长的主要因素得到优化，几乎不会出现由于根系缺氧而生长不良的现象，为根域创造最佳的环境条件，雾培植物才能够快速生长。

(2)养分及水分的利用率高,养分供应快速而有效。

(3)提高了空间利用率。雾培的温室空间利用率较传统的平面式栽培提高2～3倍,单位面积的种植数量和产量得到大幅提高。

(4)有利于实现栽培管理的自动化。

(二)缺点

(1)生产设备投资较大,设备的可靠性要求高,易出现喷头堵塞、喷雾不均匀、雾滴过大等问题。

(2)在种植过程中营养液的浓度和组成易产生大幅度的变化,因此管理技术要求较高。

(3)在短时间停电的情况下,喷雾装置就不能运转,很容易造成对植物的伤害。

(4)根系生长在一个封闭的环境中,如控制不当,根系病害易于传播、蔓延。

【拓展学习】

塔式气雾培设施建造

塔式气雾栽培模式是气雾培技术运用中最为常见与运用面积最广的一种实用方式,它具有建造简单方便的优点和环境清洁、通风透光良好的优势,特别适合于叶菜和矮秧植物的栽培(图5-3-3c)。塔形雾培床一般沿温室的跨度方向排布栽培床。每个栽培床(图5-3-3a、b)由营养液蓄积槽、三角支架、定植板组成。营养液蓄积槽一般深20～25 cm、宽100 cm,长度依据温室的跨度而定。

1.建造营养液蓄积槽

先整平地面,然后按照营养液蓄积槽的规格尺寸,用空心砖一字形横置平放,就围成了深25 cm、宽40 cm的床边,槽底部挖成浅"V"形,沿槽长方向具有0.5%～1%的坡降,其上分上下分别铺一层土工布和一层塑料薄膜,与土壤、水泥槽底隔离和有利于回流营养液。在槽的最低端的膜上开口,设计成回流口,然后把回流管一端垫上橡皮圈后,用扎带或铁丝绑扎在开口薄膜上,这样就形成了回流系统。营养液蓄积槽间的过道宽40～60 cm。

2.搭建三角支架

在营养液蓄积槽上方,用镀锌钢管(DN20)焊接或用PVC塑料管套接组装成三角支架。三角支架的底部宽100 cm、高150 cm。在三角支架的两侧的顶部和底脚各焊接一排角铁,用于嵌入和固定定植板用。

3.布设营养液弥雾管道

三角架搭建完毕,在进液管上每隔40 cm的距离打孔,安装较细的供液毛管,毛管长度一般为40～50 cm。毛管的另一端摁塞喷头,然后架设整条供液管道固定于塔形的顶端,将安装喷头的毛管均匀地引塞入离板顶端约30～40 cm处的定植孔中,并且塞紧固定调整好喷头方向,就形成了塔内对喷的营养液雾化系统。也可以选择如图5-3-3b的样式分层安装槽内供液支管及喷头。

4.扣定植板

通常选用规格为宽度 90 cm,长度为 180 cm,厚度 1～2 cm 的挤塑板,在定植板上按照一定的株行距整齐均匀地打好定植孔,然后把定植板,呈三角扣置的方式嵌入到三角架上,并用扎带绑扎固定在三角支架上。这样塔式雾培栽培床就建好了。

【学习总结】

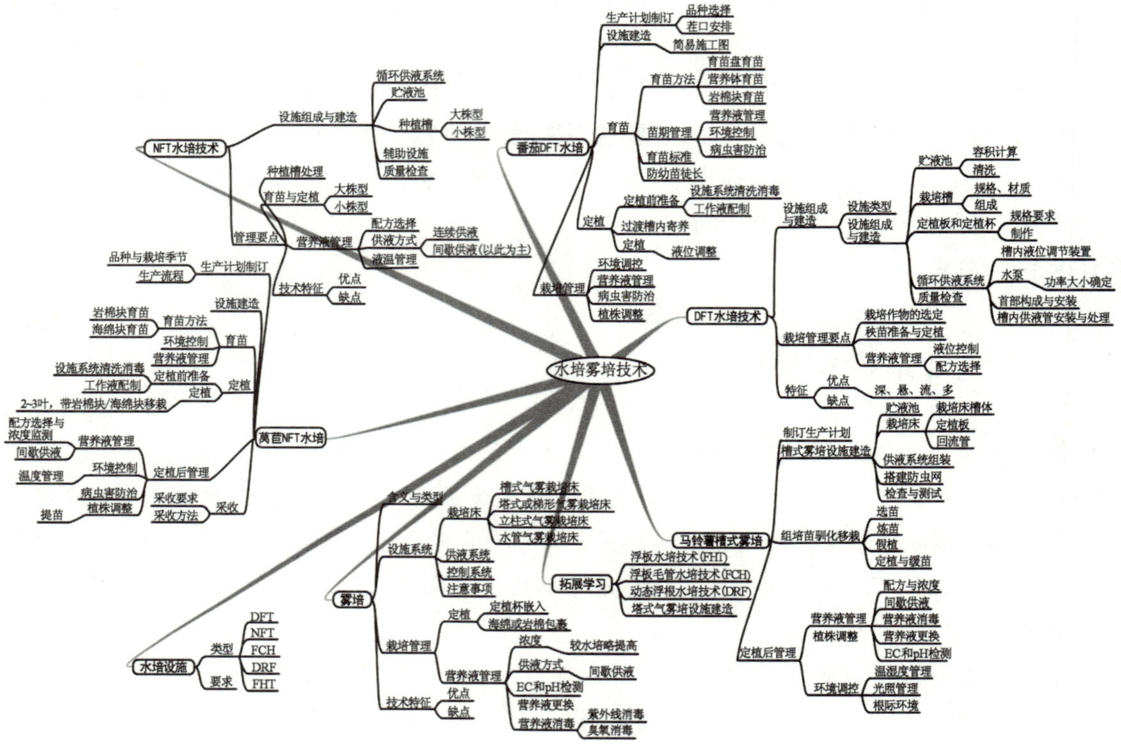

【能力测试】

1.小王负责 DFT 水培设施建造监理,请问他应从哪几方面监督工程质量?
2.NFT 水培采用间歇供液的目的是什么?
3.比较 DFT、NFT、DRF、FHT 和 FCH 五种水培技术的设施系统和技术特征。
4.如何清除栽培槽和定植板上滋生的青苔?
5.某公司采用 A 型雾培床生产马铃薯微型薯,近期发现叶片萎蔫,请分析可能的原因。

项目6

基质培技术应用

基质栽培与土壤栽培相比，生长快，产量高，品质好。与水培相比，设施简单，运转成本低，缓冲性强，技术易于掌握，因而广泛用于果菜、切花、盆花和苗木、草坪的生产，显示出独特优势与发展潜力。不同作物生长发育对根际环境的要求不同，不同基质的理化性质也有明显差异，各有优缺点，所以选择适宜的栽培基质非常重要，而根据作物种类、生育期加强营养液管理和环境调控则是基质栽培的关键环节。

学习目标

☆ 终极目标：掌握常见蔬菜花卉基质栽培技术。

☆ 促成目标：

1. 了解基质培及有机生态型无土栽培的含义、特点与设施类型；
2. 掌握槽培、袋培、岩棉培等基质培设施的建造方法；
3. 能够根据蔬菜花卉的生态习性和当地资源状况，选择适宜的基质栽培形式；
4. 掌握甜瓜、彩椒、红掌、蝴蝶兰基质培和西瓜有机生态型无土栽培管理技术；
5. 具备职业态度、团队意识、责任心和科学的思维方法。

任务6-1 甜瓜槽培

任务描述

☆ 具体任务：①槽培设施建造；②拟定生产计划；③培育甜瓜壮苗；④参与栽培管理；⑤完成实践总结报告。

☆ 实施形式：分组分区操作与管理。

☆ 实施程序：同任务5-1。

任 务 分 析

本任务是在总结海南地区甜瓜主产区栽培经验的基础上设计的生产性实训项目。该任务主要包括设施建造、育苗杯(盘)育苗和栽培管理等3大生产阶段,要求生产管理人员熟悉甜瓜栽培特性,掌握甜瓜基质栽培方法与技术要求,制定科学合理的实施方案,团队成员密切协作,认真观察、科学分析、及时有效解决生产问题,做到计划科学、品种适宜、基质混配均匀、培育壮苗、适时定植,以及营养液、栽培环境与植株管理科学、到位。各个技术环节科学有效实施,就能比较顺利完成甜瓜生产任务。

【任务实施】

一、制订生产计划

甜瓜无土栽培应以生产优质高档精品甜瓜为主。在品种选择上以优质、抗性强为重要遴选指标。网纹甜瓜可选用翠蜜、西域1号、海蜜二号、阿路丝、金凤皇、绿宝石等;非网纹甜瓜品种可选择西博洛托、蜜世界、状元、古拉巴、金雪莲、玉姑等优质品种。我国南方地区除考虑品质外,要特别注意品种的抗病性问题。热带地区常选用的甜瓜光皮品种有蜜世界、金蜜、伊丽莎白3号、金辉1号;网纹品种有昭君一号(L9904)、金蜜六号、金凤凰、金海蜜、长香玉、3800等。

甜瓜无土栽培一般采取基质槽培形式。南方地区可选择蔗渣、椰糠等来源比较丰富、成本低的有机基质;北方地区可以选择泥炭、农作物秸秆等。有机基质在使用前应经过堆沤腐熟处理,再与河沙按体积比5∶1或者4∶1混合后均匀装入栽培槽,作为栽培基质,也可按有机基质与无机基质6∶4的比例混配后使用。基质使用年限为3~5年,每年可向栽培槽内添加10%~20%的新基质,以补充自然损耗。

海南地区甜瓜生产茬口有秋冬茬口和冬春茬口,生产计划要点可参考表6-1-1。栽培设施建造及甜瓜生产参照生产计划进行。

表6-1-1 甜瓜基质槽培生产计划安排(海南地区)

项目内容	生产要求	项目内容	生产要求
茬口安排	秋冬茬/冬春茬	营养液配方	日本园试配方
栽培品种	网纹甜瓜金蜜六号	播种时间	9月中旬至11月上旬/12月上旬至翌年2月上旬
栽培面积	667 m^2	定植时间	播后10~15 d/播后15~25 d
育苗方式	育苗杯(盘)基质育苗	采收时间	12月上旬至翌年2月上旬/3月下旬至5月中旬
栽培形式	复合基质槽培或沙培		

二、设施建造

1. 栽培槽建造

栽培槽可建造成永久性的水泥槽、半永久性的砖槽或移动式的泡沫板槽等。建造材料可选择红砖、水泥、混凝土、泡沫板、硬质塑料板、竹竿或木板条等。各地可就地取材建造不同材质和不同类型的栽培槽(图 6-1-1)。槽内净宽一般为 48 cm、深 20 cm,槽长视灌溉条件、设施结构及过道等因素而定。南北延长的栽培槽要求南低北高,坡降大于 1∶250。过道宽 60 cm 左右。为了有利于排水,在槽的底部铺设粗炉渣等基质或一根多孔的排水管,有利于排水,增加通气性;为防止渗漏并使基质与土壤隔离,在槽底的中部开一条宽 20 cm、深 10 cm 的"U"形槽,槽底及侧壁铺 1～2 层 0.1～0.5 mm 厚的聚乙烯薄膜。

图 6-1-1　栽培槽

用红砖建造栽培槽时,先在整平的地面布线,确定栽培槽的位置和规格大小,然后挖槽、砌砖、覆膜、装填基质。一般每 667 m^2 需准备栽培基质 20～25 m^3。基质选用椰糠、粗河沙按 4∶1 比例混合,每立方米基质中加入消毒鸡粪 10 kg、饼肥 3 kg、专用肥(由中国农科院蔬菜花卉研究所研制)2 kg,混拌均匀后填槽,厚度以 15 cm 左右为宜。最初或换茬种植前,必须对基质进行消毒,其消毒方法可选择槽上覆膜,进行高温太阳能消毒,或结合基质混配用 40%甲醛的 100 倍液进行药剂消毒。基质混配与消毒见图 6-1-2。

a.基质混拌　b.基质装填　c.施有机肥　d.基质消毒

图 6-1-2　基质混配与消毒

2. 贮液池建造

棚室内建造贮液(水)池或直接设置贮液(水)罐。贮液池为地下式,通过水泵向植株供液或供水;贮液罐为地上式,距地面约 1 m,靠重力作用向植株供液或供水。贮液池建造参照任务 5-1,因为是开放式供液(水),所以贮液池容积可适当减小。

3. 滴灌系统的安装

滴灌系统的安装与DFT供液系统安装基本相同。不同的是在栽培槽基质表面铺滴灌带，开放供液。甜瓜槽培浇水（营养液）一般采用膜下滴灌方式。在40～50 cm宽的槽铺设1～2条ϕ2.0 cm或ϕ2.5 cm的滴灌带（图6-1-3），85～95 cm宽的槽铺设2条滴灌带。滴灌带上覆塑料薄膜，既可防止水分喷射到槽外，又可使基质保湿、保温。注意滴灌系统必须安装100～120目筛网过滤器，以防水或营养液中的杂质堵塞滴头。

图6-1-3　铺设滴灌系统

三、无土育苗

甜瓜对育苗要求较高，应采用不同形式的护根育苗，如穴盘育苗、营养钵育苗、岩棉块育苗等。穴盘育苗一般采用72孔的穴盘，有条件可采用嫁接育苗，以提高抗性、防治病害。以下介绍育苗盘（杯）育苗方法。

1. 基质混配与消毒

基质配方为椰糠：沙：有机肥＝4：1：1，每立方米基质添加三元复合肥2 kg、50%多菌灵100 g。基质混拌均匀后装填育苗盘（杯）。

2. 种子处理

温汤浸种后药剂浸种。先用40%甲醛150倍液浸种1 h，用清水洗净后，再用72.2%普力克水剂300倍和100万U硫酸链霉素500倍液浸种2 h。经上述处理后的种子可直播或催芽后播种。催芽前要搓除种皮上的黏液，用白纱布包好，放入催芽皿，在28～30℃的条件下催芽。有条件的话可以用光照培养箱催芽。每隔6～8 h检查一下种子的发芽情况，保持催芽皿里的纱布湿润。25～30 h后，当胚芽长出3～5 mm时，准备播种。

3. 播种

播种前向盛装基质的育苗盘（杯）浇透水，待水渗下后，育苗盘（杯）上覆塑料薄膜1～2 d后再播种。播种时种子宜平放（图6-1-4），播深1.5～2.0 cm，覆土均匀，以保证出苗整齐（图6-1-5）。

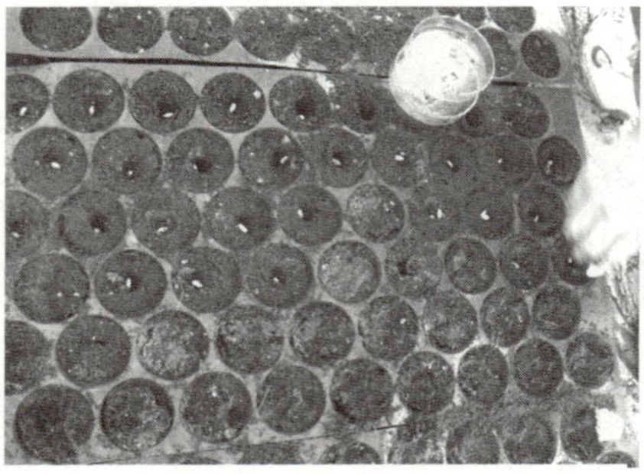

图6-1-4　甜瓜穴盘播种

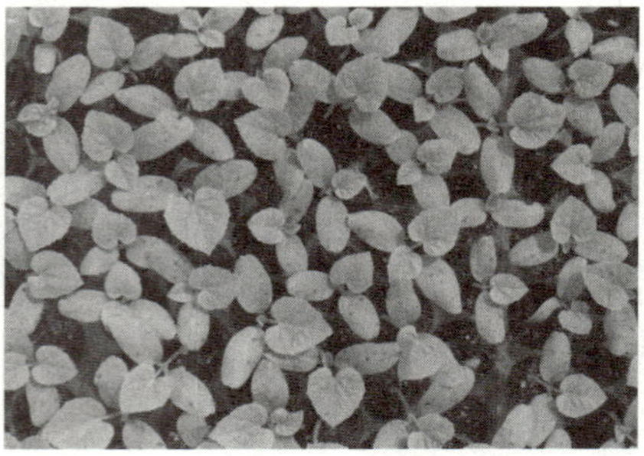

图6-1-5　甜瓜出苗

4. 苗期管理

海南秋冬茬甜瓜育苗，以适当遮光、防暴雨、降温、保持一定湿度和防止徒长为管理重点。

播种后搭建育苗棚或网棚，种子出土后至移植前的 2～3 d，每天 11～15 时用 50%遮阳网覆盖，早晚各浇 1 次水，使基质保持湿润，同时降低地温。注意不能浇水过多，以防瓜苗徒长。由于生长快、苗龄短，一般只在子叶充分展开后浇施 1/4～1/3 B 的日本园试营养液或者 0.3%三元复合肥水 1 次即可。冬春茬育苗，以防寒为管理重点。播种后覆膜，出苗后若遇强冷空气的影响，早晚还宜用塑料薄膜小拱棚覆盖保温。冬春季育苗时，由于温度较低，生长慢，苗龄稍长，一般要浇施 2 次 1/4～1/3 B 的园试配方营养液或者 0.3%三元复合肥水。海南秋季育苗的苗龄为 10～15 d；冬春季节育苗的苗龄为 15～25 d。

甜瓜苗期主要病害有猝倒病、立枯病、疫病、细菌性角斑病等，可用 97%恶霉灵可湿性粉剂 3 000 倍液和 100 万 U 硫酸链霉素 5 000 倍液进行灌根处理，预防病害发生。

四、定植

当甜瓜幼苗长出 2～3 片真叶时适宜定植。如果提前移栽小苗，可选择在子叶平展、开始破心时定植。定植前应对新基质或槽内旧基质进行消毒和补充。定植时要注意保护根系完整和不受伤害。对于没有加温条件的园艺设施以晴天上午定植为好。如果育苗地与定植场所相距较远，种苗运送时要注意保温防晒和防止冷害、冻害，一般用报纸遮盖即可。

甜瓜栽培普遍采用双行定植。定植密度依品种、栽培地区、栽培季节和整枝形式而有所不同，一般控制在 1 200～1 800 株/667 m^2。小果型品种、早春栽培、西北部地区及单蔓整枝的栽培密度可高些；大果型品种、秋延后栽培、南方地区及双蔓整枝的栽培密度可适当低些。按株距 45～55 cm 打好种植穴，将瓜苗放入定植穴，四周稍按压实后及时浇定根水。

五、栽培管理

1. 养分管理

生长前期一般不施肥，如发现缺肥现象，可滴灌营养液。营养液选用日本山崎甜瓜营养液配方或者日本园试配方。一般开花前用 1/2 B 水平的营养液，始花期前后用标准营养液滴灌，果实发育前期用使用 2/3 B 的营养液，中后期逐渐减低，由 2/3 B 再降到 1/2 B。注意高温期间营养液浓度要适当降低，以免造成肥害。苗期一般每 1～2 d 供液 1 次，成龄期每天供液 1～2 次。每次供液量 0.5～2 L，其浇液原则是植株不缺素，不发生萎蔫，基质水分不饱和。此外，晴天可适当降低营养液浓度，阴雨天和低温季节可适当提高营养液浓度，EC 值一般以 1.2～1.4 ms/cm 为宜。

2. 水分管理

水分管理根据植株生长情况和气候变化进行调节。一般情况下，每株每天耗水量以苗期约 500 mL、伸蔓期约 1 000 mL、始花期 1 500～2 000 mL、果实膨大期 2 000～3 000 mL、成熟期 1 000～2 000 mL 进行计算。每天灌水次数一般是：苗期 1 次、伸蔓期至始花期 1～2 次、果实膨大期 2～3 次、成熟期 1～2 次。雨天或阴天不灌或小灌，高温、烈日及大风天气适当多灌。在网纹形成期，宜控制水分供应，否则网纹形成不均匀，易造成果皮开裂。果实成熟期，供水过多会使果实含糖量下降，品质变差，因此在采收前 10 d 左右应控制供水。

3. 环境调控

在甜瓜生长期，环境调控以“增温、降湿、通风、透光”为总体原则。定植后1周内应维持较高环境温度，昼/夜温度为30℃/(18～20)℃。为防止高温对植株伤害，可适当增加环境湿度。开花坐果期，昼/夜温度保持(25～28)℃/(15～18)℃，温度过高时要适当通风。果实膨大期昼/夜温度为(28～32)℃/(15～18)℃。开花后至果实采收，应降低棚内湿度，有利于防止病害发生。在保温的前提下，应加强通风换气，以降低环境湿度，环境湿度控制在60%～70%为宜。有条件应增施CO_2气肥，浓度为$1\,000\times10^{-6}$左右。

在甜瓜整个生长期，应保持较高的光照强度，特别是在坐果期、果实膨大期及果实成熟期，较强光照有利于提高植株光合作用，促进坐果和果实膨大，增加果实含糖量，提高果实品质。

4. 植株调整

植株调整对于甜瓜栽培非常重要，包括吊架、引蔓、整枝、摘心(叶)等。每株留蔓数、每蔓留瓜数、坐果节位对甜瓜品质和产量及成熟期都有显著影响。

(1)吊架与引蔓　甜瓜的果实较大较重，对于大棚栽培宜进行吊架处理。吊架支撑线一般用12～14号铁丝沿棚向拉紧，每条留下来的蔓要准备一根细尼龙绳做引线。尼龙绳的上端系到横线上，下端系活扣，拴在植株茎基部，并注意根据植株生长情况及时进行调整。

(2)整枝　甜瓜整枝方式主要根据品种特性和栽培管理水平而定，一般有一蔓一果、两蔓两果和两蔓一果等三种整枝方式(图6-1-6)：①一蔓一果整枝，是每株瓜只留1条主蔓，并在适当节位留3条子蔓准备坐果，坐果后只选留1个果，其他侧蔓全部摘掉。②两蔓两果整枝，是在瓜苗长出4～5片真叶后及时摘心，然后在长出的多条侧蔓中选留2条生长比较整齐的子蔓让其生长，并在每条子蔓的适当节位上留2～3条孙蔓坐果，坐果后2条蔓各留1个果，或1条蔓留2个果，另1条蔓不留果，其他侧枝则全部摘除。这种方式只适用于管理水平比较高的中小果型品种，不适用大果型品种及在低温期坐果。③两蔓一果整枝，一般是在主蔓长出4～

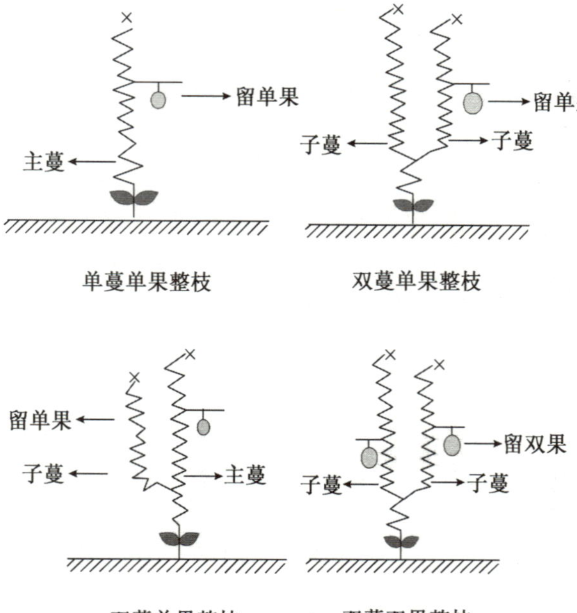

图 6-1-6　甜瓜植株整枝方式

5片真叶后摘心，然后留2条子蔓，或主蔓留下，只在基部再留1条子蔓，然后在每条蔓的适当节位留2～3条子蔓或孙蔓坐果，坐果后每株只留1个果，其他侧蔓全部摘除。此种整枝方式主要是针对容易裂果、网纹瓜不易覆网整齐的品种及低温期坐果时采用。“金蜜6号”甜瓜适合一蔓一果或二蔓一果型整枝。

(3)摘叶与摘心　摘叶一般是在定瓜后进行，主要摘除瓜蔓下部的老叶、病叶，有利于通风透光和病害传染。摘心有利于控制植株长势，防止徒长，也有利于坐瓜和促进果实成熟。摘心分为结果枝摘心和主蔓摘心，结果枝摘心是在雌花开放的当天或开花前1～2 d内进行，一般是在坐果节后再留一叶后摘心；主蔓摘心是在25～30节进行。

5.授粉

甜瓜坐果性差，需人工辅助授粉或生长调节剂处理。人工授粉宜在雌花开放的当天上午8～12时及时授粉，一般一朵雄花只为一朵雌花授粉。也可利用熊蜂授粉，一般将熊蜂提前1周放入温室驯养。

如果坐瓜期间气候条件不良、人工授粉方法不再适用时，必须进行生长调节剂处理。常用的生长调节剂是强力坐瓜灵(又名吡效隆2号)。每10 g药粉或10 mL水剂在15～20℃时对水1 500 mL，20～25℃时对水2 000 mL，25～30℃时对水2 500 mL。于雌花开放当天或前1 d用当天配制的药液浸蘸瓜胎1次或用小喷雾器均匀喷瓜胎1次即可。注意此药不能重复使用，浓度不宜过高，用药必须均匀，否则极易造成畸形果。

6.留瓜与吊瓜

授粉一周后，当幼瓜有鸡蛋大小时应及时定瓜。选留节位适中、瓜型周正，无病虫害的幼瓜。留果原则一般为一蔓一瓜，对于小果型品种，为提高产量可一蔓两瓜，其余瓜要及时去除，以防消耗营养。金蜜6号单蔓单果整枝的坐果节位一般为12～15节；双蔓单果整枝的主蔓坐果节位为12～15节、侧蔓坐果则节位以8～12节为宜。

当瓜长至250 g时应及时吊瓜。中小果型品种用尼龙绳直接拴于果柄近果实部将瓜吊起，吊绳另一头拴在顺行铁丝上。中大果型品种宜在瓜上套一个塑料网袋，再在顺行吊架铁丝上已拴好的吊绳系在网袋上将瓜吊起(图6-1-7)。吊瓜高度应尽可能一致，并注意防止撞伤幼瓜及损伤瓜柄。

图6-1-7　甜瓜留瓜与吊瓜

7.病虫害防治

栽培期病害主要有蔓枯病、霜霉病、白粉病。蔓枯病是一种传染性、毁灭性病害，多在茎蔓基部近地面处发病，主要是因环境湿度过高，特别是近地表处湿度过高引起，应以预防为主，进行综合防治。一是采取提高茎蔓基部距地面高度、栽培环境和基质彻底消毒、基质不连茬育苗、嫁接换根等物理和栽培措施。二是发病前用40%达科宁悬浮剂、70%代森锰锌可湿性粉剂喷雾预防，发病后刮除病部，再用50%甲基托布津或50%多菌灵加水调成糊状涂抹病部，均有较好预防效果。霜霉病可用72%可露可湿性粉剂1 000倍、69%安可锰锌可湿性粉剂1 000倍喷雾防治；白粉病可用62.25%仙生可湿性粉剂800～1 000倍、42%悬浮剂粉必清160～200倍液喷雾。

甜瓜虫害主要有瓜绢螟、蚜虫、红蜘蛛、蓟马和白粉虱等。其中，瓜绢螟秋季栽培危害较重，应在幼龄时防治效果好，可用Bt生物农药及灭杀毙等药剂防治。其他害虫防治见任务10-2。

六、采收与包装

甜瓜果实成熟后，应及时采收。长途运输或贮藏的果实一般在八成熟时采收。采收期的判断可依据品种特性、果色、网纹形状和果柄状态的变化来判断。一般当果皮颜色变浅，依品种不同转为黄色、淡黄色、黄绿色或乳白色；网纹甜瓜网纹充分形成；结瓜侧蔓的瓜前叶片变黄、干枯，则表示已经成熟，需要采收。有些成熟期转色不明显的品种如翠蜜，可计算授粉后时间决定是否采收。一般早熟品种授粉后 35～40 d、中熟品种 40～45 d、晚熟品种 50 d 左右果实成熟，可在授粉时挂上授粉日期标志牌，分批采收。

采收宜在早晨冷凉时间进行。将果柄连同侧蔓剪成“T”字形带蔓采收，以提高保鲜期。采摘下的商品瓜要轻拿轻放，避免碰撞和伤及瓜身，并且要及时用泡沫塑料网套套住并装箱出售。网纹甜瓜不耐贮藏，在 8～10℃可贮藏 10～15 d。

七、拉秧与消毒

果实采收后，要及时拉秧。先将根系拔出基质或栽培槽，待植株晒干后集中运出销毁，以防病虫害传播。拉秧后将基质翻晒消毒，同时利用夏季高温或药剂熏蒸方式对棚室消毒，为下茬栽培做准备。

技术提示

1. 播种前向盛装基质的育苗盘（杯）浇水，一要浇透，二要待水渗下后，在育苗盘（杯）上覆膜 1～2d，待育苗盘（杯）内水分渗匀、湿度适宜时再播种，这样可以保证较高的出苗率。
2. 授粉时注意不要撞伤雌花柱头。
3. 不要在高温、烈日天气的午后灌水，否则极易造成根部缺氧而使植株萎缩或死亡。
4. 甜瓜网纹形成期，要控制好肥水，防止纵网裂口过大而导致后期裂果，影响果实商品性。主要通过在叶面喷药时添加叶面肥来补充钙、钾、硼和有机硅；当横网形成时加大肥水量，后期增施含钙、钾的叶面肥等措施，有效提高糖度，防止裂果。

【知识链接】

基质栽培是利用非土壤的固体基质栽培作物的一种无土栽培形式。目前我国大部分地区以基质栽培为主。基质栽培需要大量基质材料，使用前需对基质进行处理，栽培后需对基质进行消毒、添加和更换等工作，相对费工。

一、基质栽培的类型

基质栽培有不同的分类方法。根据基质材料，可分为无机基质栽培和有机基质栽培。无机基质栽培主要有沙培、砾培、岩棉培、蛭石培等，有机基质栽培主要有泥炭培、椰糠培、锯末培、稻壳培等。无机基质理化性状稳定，是当前基质栽培的主要材料，而有机基质在使用上有一定的要求，主要是工农业有机废弃物，使用前应堆制发酵。有机基质栽培在我国各地已广泛采用。

基质栽培有多种设施栽培形式，一般按照栽培空间状况可分为平面栽培和立体栽培设施。平面栽培又分槽培、袋培、箱培（盆栽）、钵培等，一般的蔬菜、花卉都可以进行平面栽培，尤其适于植株高大的蔬菜，如番茄、黄瓜等；立体栽培是充分利用设施空间进行栽培，主要用于小株型园艺作物，又可分为袋式栽培、柱式栽培、桶式栽培等等。

二、复合基质栽培管理要点

生产实践中更多采用的是复合基质栽培。复合基质一般以有机基质为主，生产上常用草炭、珍珠岩、沙、蛭石等按一定比例混合而成。复合基质栽培符合我国的国情，是目前我国应用最广的一种基质栽培方式。其优点是基质缓冲性相对较好，投资少，技术简单，容易掌握，适于栽培大多数作物；缺点是基质中容易聚集有害微生物，使用前必须彻底消毒；基质容易积累盐分，必须及时浇水洗盐。复合基质栽培可通过袋培、槽培、箱（盆）培和立体栽培形式进行作物生产。以下是复合基质栽培的栽培管理要点：

（1）根据蔬菜种类确定栽植密度。一般以栽培大株型植物为主，这样空间利用率高。

（2）多采用穴盘育苗方式。基质可为草炭和蛭石混配的复合基质，也可用岩棉小块育苗。

（3）选择营养液配方时，要根据所选用的基质种类及其所含的养分状况适当调整。例如，当基质中含有一定比例的草炭时，营养液中微量元素可以不加或少加。同时，可用铵态氮或酰胺态氮代替硝态氮配制营养液，这样可大幅度降低成本。

（4）混合后的基质不宜久放，应立即装填使用。因为基质久放后一些有效营养成分会流失，基质的 pH 值和 EC 值也会有变化。基质在使用前或重复利用时要消毒，装填入栽培设施后浇水，基质会沉降，这时要再补充一些基质。

（5）复合基质可加入一定量的肥料，一般用固态长效肥。尤其是在基质经多茬栽培后，基质本身所含养分消耗殆尽，更应预先混入肥料。例如，草炭 0.4 m^3，炉渣 0.6 m^3，硝酸钾 1.0 kg，蛭石复合肥 1.0 kg，消毒鸡粪 10.0 kg。即便如此，也应采用适宜的配方，并加强营养液管理，这样才能取得高产、优质的栽培效果，基质的使用寿命也能延长。

（6）复合基质在使用前必须测定其盐分含量，以确定该基质是否会产生盐害。可用电导率仪测定基质的 EC 值来检测盐分含量。

（7）供液系统使用前或在换茬阶段要消毒。消毒方法参照水培循环系统的消毒方法。

（8）供液均匀、及时。每天应供液 1～2 次，高温季节和作物生长旺盛期每天可供液 2 次以上。经常检查供液系统的运行状况，防止管道堵塞。注意预防基质积盐，如果基质的 EC 值超过 3.0 ms/cm，就要停止供液，而改供清水，用水洗盐。

【拓展学习】

岩棉培

岩棉培是目前世界上无土栽培中面积较广的一种栽培形式。岩棉培的优点在于:①能很好地解决水分、养分和氧气的供应;②具有多种缓冲作用;③栽培装置简易,安装和使用方便;④岩棉本身不传播病、虫、草害。根据营养液利用方式的不同,岩棉培可分为开放式岩棉培和循环式岩棉培两种类型。开放式岩棉培是指营养液通过滴灌系统滴入岩棉种植垫内,不循环利用,多余的部分从垫底流出,其主要优点是设施结构简单,安装容易,造价便宜,管理方便,不存在因营养液循环流动而导致病害蔓延的危险。在土传病害多发地区,开放式岩棉培是很有成效的一种栽培方式。主要缺点是营养液消耗较多,多余的营养液不回收处理会对外界环境造成一定程度的污染。循环式岩棉培是营养液被滴灌到岩棉中后,多余的营养液通过管道流回贮液池,供循环使用,但设计复杂,成本高,容易传播根际病害。以下主要介绍开放式岩棉培管理技术。

(一)设施建造

1.种植畦建造

将棚室内地面平整后,按规格筑成龟背形的土畦,并将其压实。一般畦宽 150 cm、畦高约 10 cm、畦长约 30 m、过道宽 50～60 cm。在畦的中部沿畦的延长向开出一条浅沟,作为排液沟,坡降 1%。然后在畦面、排水沟、过道上铺一层 0.2 mm 厚的乳白色塑料薄膜,膜要贴紧畦面和排水沟,使铺膜后仍显出畦和沟的形状。

2.岩棉种植垫制作与摆放

将岩棉种植垫(简称岩棉垫)制作成扁长方形,规格为 100 cm×20 cm×7.5 cm。在畦上距排水沟中心约 30 cm 的斜面位置,沿畦的延长向先摆放两排与岩棉垫宽度一致的泡沫板,在泡沫板上表面及排液沟上铺一层黑色或黑白双色聚乙烯塑料薄膜,然后再将岩棉垫分两排纵向摆放于泡沫板上,首尾相连,两排岩棉垫的一侧向排液沟倾斜,以利排水。塑料膜边缘上卷包住岩棉垫上表面的 1/2 左右。具体见图 6-1-8 和图 6-1-9。

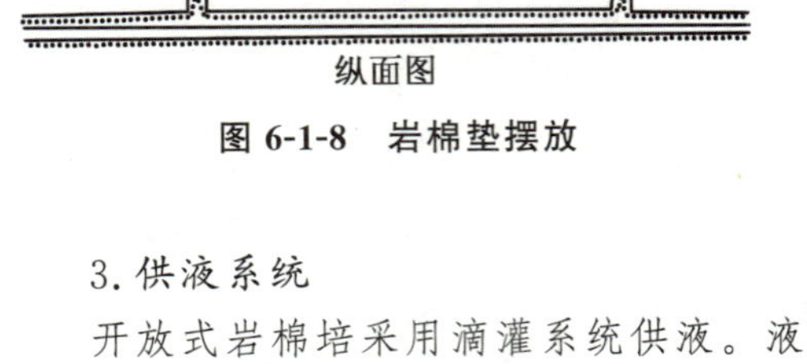

图 6-1-8　岩棉垫摆放

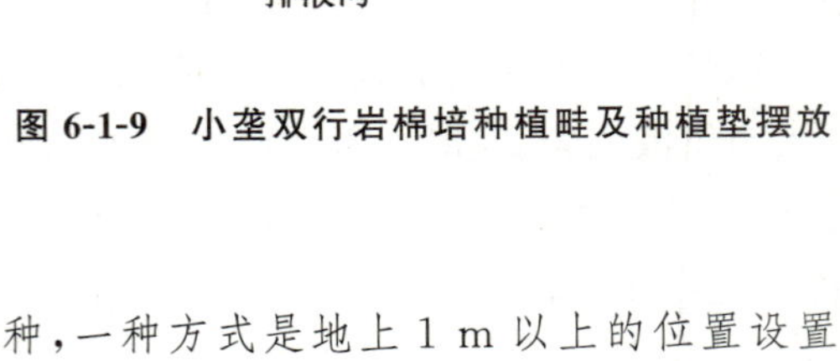

图 6-1-9　小垄双行岩棉培种植畦及种植垫摆放

3.供液系统

开放式岩棉培采用滴灌系统供液。液源有两种,一种方式是地上 1 m 以上的位置设置大容量的贮液箱(桶)或建造地下贮液池,营养液在重力或通过水泵提供动力,营养液由各级供液管道流到各个滴头管进行供液(图 6-1-10);通过定时器和电磁阀的配合,可实现对营养液供应的自动控制。也可以使用供液控制盘,通过感应探头感应岩棉块中营养液含量的变化,当营养液含量低于设定值时,启动电磁阀供液。第二种方式是只设浓缩液贮存罐(分别盛装 A、B 两种浓缩液),而不设大容量贮液池(图 6-1-11)。供液管道依据管径的大小分为主管、支管(有的还有二级支管)和水阻管。确定管径大小的原则是与所需的供液量是相适应,保证供液充足而均匀,其决定因素有水泵功率、滴头大小等。供液支管或二级支管(ϕ16 mm)平铺在排液沟内,参照岩棉垫的间距大小,在支管上开孔,嵌入水阻管,通向种植垫。在供液主管上安装 100 目以上的筛网式过滤器,防止堵塞滴头。

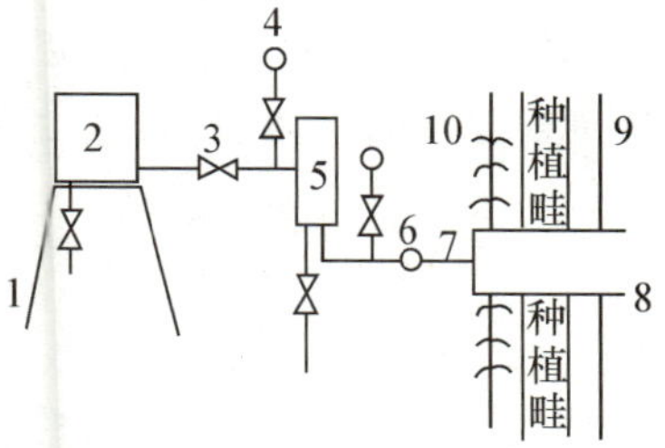

图 6-1-10 开放式岩棉培重力滴灌系统

1. 铁支架 2. 高位营养液罐 3. 阀门 4. 压力表 5. 过滤器 6. 水表 7. 干管 8. 支管 9. 毛管 10. 滴头管

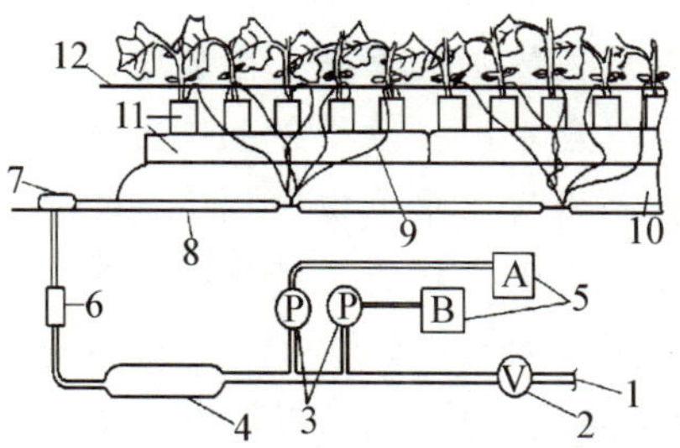

图 6-1-11 开放式岩棉培不设贮液池滴灌系统

1. 水源 2. 电磁阀 3. 浓缩液定量注入泵 4. 营养液混合器 5. 浓缩液罐 6. 过滤器 7. 流量控制阀 8. 供液管 9. 滴头管 10. 畦 11. 岩棉育苗块和岩棉垫 12. 支持铁丝

4. 排液系统

在每块岩棉垫侧面约离底面 1/3 处切开 2～3 个 5～7 cm 长的口,多余的营养液将从切口流到排液沟,后集中排到设在种植畦一端的总排液沟,最后排出到室外的集液坑或专用的收集容器。

5. 加温系统

考虑周年生产的需要,可在栽培区铺设加热管道。一种是将管径较细的加热管嵌入泡沫板内,直接给种植垫加热(图 6-1-8);另一种是将较粗的加热管道平铺在过道的两侧靠近种植畦位置,兼作操作车轨道用(图 6-1-9)。热源可外接锅炉或地源热泵。

(二)育苗与定植

岩棉块育苗。岩棉块规格一般为 7.5 cm×7.5 cm×7.5 cm,较蔬菜水培育苗用的岩棉块大得多,用乳白色塑料薄膜包裹,播种时只将上面的包膜打开,播种及苗期管理参照 DRF 水培育苗。定植时,先将岩棉垫上面的包膜切开一个与育苗块底面积相吻合的定植孔,再引来滴灌系统的滴头管于其上,滴入营养液让整个岩棉种植垫吸够营养液,再在岩棉种植垫两端底部靠畦沟的一边戳出几个小孔,使多余的营养液流出。然后将带苗的岩棉育苗块置于岩棉垫的定植孔位置,将滴头管的滴头放在育苗块之上,使营养液滴到育苗块后再流到岩棉垫中去(图 6-1-9)。待根伸入种植垫后,再将滴头移到种植垫上,使营养液直接滴到种植垫,至此定植结束,以后按需供液。

(三)营养液的管理

1. 供液浓度的确定

使用山崎配方的营养液,浓度为 1 B。如使用其他营养液配方,其浓度调整可以参照日本山崎营养液的浓度来调整。如番茄园试配方的营养液浓度比山崎配方高1倍左右，应用时只需1/2 B即可。但是，在实际生产中由于受气候和植物生长进程的影响，植物对水肥的吸收不一定同步。如在高温低湿、植株较大时，植物吸水多，吸肥少，此时供液浓度应较低；反之，当低温高湿、植株较小时，植物吸肥多，吸水少，此时供液浓度应高些。所以，应根据实际情况来控制供液浓度。一般认为，供液浓度不低于0.6～1.0 ms/cm，最高不超过2.5 ms/cm，对多数作物来说是安全的。

2. 供液量的确定

生产上一般将岩棉的适宜含水量确定为60%，上层40%、中间60%、下层为80%，这样就可以解决基质内的水气矛盾。在管理过程中要处理好岩棉持水量与通气能力的关系。因为植物在受到干旱危害时一般不会表现出明显的迹象，但一旦出现受害症状再采取措施，往往为时已晚，因此，要密切注意植物根际环境的变化。

供液量可用张力计法测定基质的持水量或根据经验估计植株的耗水量来确定。张力计法是在一个温室或大棚中选取5～7个点，在每个点的岩棉垫的上、中、下3层中各安装3支张力计，当植株蒸腾失水后，基质中的水分减少，张力计发生变化。假设每株番茄占有6.7 L岩棉基质的持水量为其体积的60%时为安全持水量，则每株番茄占有的液量应为4.2 L。岩棉基质的持水量经常保持这个水平，就视为水分供应正常。一旦张力计显示岩棉种植垫内的水分含量降低了10%以上时(即基质含水量为50%以下)，就要开始供液。要恢复到60%含水量，则每株番茄还需要供水0.67 L，如果选用的滴头流量为4 L/h，则需灌溉10 min。根据经验估计植株的耗水量是指以前人数据(如番茄的旺盛生长期每株每天耗水量为1～2 L，黄瓜为1 L，甜瓜为0.5 L，草莓0.04 L)或自己测定的耗水量数据为基础，适当增大供水量的管理方法。这样的供水量可能会超过作物实际的需水量，但经实践证明其主要的问题只是排出的营养液较多，增加了生产成本而已，对植物生长无不良影响，而管理起来十分简便。

岩棉培因种植时间长，往往造成岩棉垫内盐分的聚积，危害作物的生长。因此，每周应检测几次岩棉垫里营养液的EC值。EC值控制在2.5～3.0 ms/cm，当超过3.5 ms/cm时，应该停止供液，而滴入较多清水，洗去过多的盐分。当EC值降至接近清水时，再重新滴灌供液。为了避免清水洗盐过程中植株出现“饥饿”现象，最好用稀营养液洗盐，浓度为1/4～1/2 B。

3. 供液次数与供液时间

为了使岩棉较长时间处于理想的含水状态，供液时间要短，供液次数要多。以Grodan岩棉为例，每天通常需要供液20次左右，供液次数主要取决于植物生长所处的环境，如果天气炎热、阳光充足或环境的空气干燥，植物需水多，要多供液。如果多云、阴天或空气湿度大，植物蒸腾速率低，供液次数可降至每天5次，有时甚至每天1次。

每次的供液时间决定于排出液的数量。每次排出的多余营养液应为供液总量的20%左右，这样就可以保持岩棉种植垫适宜的EC值，在管理过程中还要根据植物蒸腾的具体情况加以调整。

4. pH值与EC值调整

经常取样检测pH值与EC值，通常每天早晨取样1次，检测后及时调整营养液。一个有经验的管理者应该对每天植物所消耗的营养液的量、岩棉种植垫的pH值和EC值的变化程度能够做出预测，并能根据预测有准备地管理营养液。

温馨提示

岩棉种植垫的再利用

国外试验证明岩棉垫可使用1.5～2年,超过此使用年限,岩棉垫变紧实并已解体,通气性下降,植物产量会下降,这就要淘汰岩棉垫。通常对岩棉垫消毒处理后才能再利用,如果轮作,也可不经消毒直接再利用。采用药剂消毒效果较差,因为药剂不易渗入岩棉垫中,而采用蒸汽消毒效果好,但成本较高。由于消毒费用太高,近年已研制一种低密度的、廉价的、一次性使用的岩棉供科研生产使用。

任务6-2 红掌槽培

任务描述

☆ 具体任务:①拟定生产计划;②培育壮苗;③参与栽培管理;④完成实践总结报告。

☆ 实施形式:分组分区操作与管理。

☆ 管理要求:同任务5-1。

任务分析

红掌槽培以切花生产为主,技术标准高,生产管理严格。生产上以营养液管理为核心,以环境综合调控及病虫害防治为保证,以高产优质为管理目标,构建红掌无土栽培技术体系。要求管理人员熟练掌握技术标准,统筹调控各项技术指标,抓住主要矛盾,兼顾次要矛盾,建立科学管理体系与操作流程,具有科学的思维方法和较强执行力、责任心。

【任务实施】

一、制订生产计划

红掌按生产用途分为盆花和切花品种。国内红掌品种主要引自荷兰种苗公司,如安祖公司的切花品种有Tropical、Fire、Cancan、Rose、Midori等。红掌最新品种有阿提斯(红极品)、爱的清泉、宝贝糖、非洲国王等品种。生产上根据市场需求、栽培地区及生产条件选择切花品种。

红掌栽培对设施环境要求严格,要求具备温度调控、遮光及增湿设施,如水帘、风机、降温增湿器、自动遮阳网、空调等，以保证其生长所需的条件。一般选择智能化的玻璃温室。红掌切花一般采用槽式栽培。在适宜的环境条件下，红掌可四季栽培，以 3～5 月为最佳，利于根系生长，植株生长量大；9～10 月为其次，随着温度降低，植株生长量小，不利于越冬生长。红掌生产计划可参照表 6-2-1。

计划要具备顶层设计(系统框架)和具体实施(内容)特点，做到生产有进度，管理有目标。生产计划可细分为周计划、月计划、年计划等。

表 6-2-1　红掌槽培生产安排

栽培阶段	工作内容
定植前准备	按种植规划确定种植面积；建造槽培设施，做好栽培系统及基质消毒；预订红掌幼苗等。
定植	时间以春季(3～5 月)为佳，其次选择秋季(9～10 月)，按定植标准操作。
幼苗生长期	红掌需要 8～20 个月开花，按技术标准管理；加强营养生长，达到采收标准。
成株生育期	切花生育期可达 5～7 年，按技术标准管理，保证切花质量。
衰老更新期	切花种植 7～8 年后，植株生长势衰弱，进行更新栽培。

二、设施建造

1. 布线

根据栽培区域规划，先在玻璃温室内标出栽培槽及贮液池的相对位置，然后施工。

2. 贮液池和栽培槽建造

整平地面，然后建造贮液池和栽培槽。贮液池一般位于温室内的一侧，建造方法要求同任务 5-1。栽培槽用红砖临时砌成，宽 1.0～1.2 m，高 0.25～0.30 m，长 45 m 以内，具有一定坡降。建造方法参照任务 6-1。也可以按照槽的规格要求，沿槽宽、槽长方向每隔一定距离竖立短木条，高度略高于槽深，将 8 号铁线绷紧，固定在短木条上，用 0.5 mm 厚塑料膜围合成种植槽，四周的塑料上沿外卷包围 8 号线，并用小木夹固定在 8 号线上。在栽培槽的底部铺设砾石 5 cm 厚，作为排水层，其上再铺 20～25 cm 厚的珍珠岩，作为栽培层(图 6-2-1)。

图 6-2-1　红掌栽培槽

3. 供液系统安装

在栽培槽的中央铺设一条槽内供液管(ϕ25 mm，PE)，其上每隔 1.5～2 m 的间距打眼，安装低位喷头。槽内供液管与槽外供液支管相连。槽外供液管道系统安装同任务 5-1。

4. 质量检查

贮液池及管道渗漏检查参见任务 5-1。低位喷头的间距合理，则雾化效果好；用塑料膜围成的种植槽，四周塑料膜要绷紧，多余的营养液能够顺利流向槽的低端。

三、定植

1. 基质与管道系统消毒

定植前，将 1 500～2 000 倍恶霉灵溶液与 1 000～2 000 倍毒死蜱溶液混配后均匀喷施槽内基质，用塑料封盖 3～5 d，对基质彻底消毒。基质混拌均匀后，最好边装填基质边喷药剂。供液管道系统消毒参照任务 5-1。

2. 定植

外购种苗定植前，将槽内基质浇透水。最好将原苗坨散开，尽量少伤根，避免因两种基质的理化性质不同而影响根系的发育。组培瓶苗需要驯化成活后再定植。红掌种苗一般采取裸根双株四行定植(图 6-2-2)，要求穴距 25～30 cm，行距 30 cm，定植深度以基质与根颈部位相平为宜，栽植过深则生长慢，易烂根；栽植过浅则易倒伏。定植后保证根系舒展，压实基质，然后浇透水，并喷一次杀菌杀虫剂，如农用链霉素和阿维菌素等。扣小拱棚，适当遮荫，以促进缓苗。

图 6-2-2 红掌槽培定植

四、定植后管理

(一)营养液调配与供应

营养液配方及管理是红掌栽培成功的核心技术。红掌营养液的基础配方见表 6-2-2。大面积生产时，一般先配成 A、B 母液和微量元素母液，根据需要再混配成红掌营养液。一般用醋酸调节 pH 5.5～6.5，EC 值控制在 1.0～1.5 ms/cm。根据红掌植株的生长状况、营养诊断结果和生产需要，在基础配方的基础上，适时、合理调整营养元素的用量，以满足红掌生长发育的需要。一是根据生产需求，进行配方调整。品种和生育期不同，选配的营养液配方也不尽相同，红掌营养生长期和成株期应选用不同浓度与成分含量的营养液配方。二是在保持营养液配方不变的情况下，在不同的生产阶段与栽培时间段另行补施适量的元素化合物。在 EC 值允许的范围内科学调整营养液浓度，利于植株生长，不易造成盐分积累而影响营养液的浓度管理。

表 6-2-2 红掌营养液的基础配方

元素配方				化合物配方			
大量元素		微量元素					
元素	配方含量/(mmol/L)	元素	配方含量/(μmol/L)	盐类化合物	配方含量/(mg/L)	盐类化合物	配方含量/(mg/L)
NO_3^-	6.5	Fe	15	$Ca(NO_3)_2 \cdot 4H_2O$	354.23	Na_2Fe-EDTA	5.85
NH_4^+	1.0	Mn	3.0	NH_4NO_3	80.04	$MnSO_4 \cdot 4H_2O$	0.67
P	1.0	Zn	3.0	KNO_3	252.75	$ZnSO_4 \cdot 7H_2O$	0.86
K	4.5	B	10	KH_2PO_4	136.1	H_3BO_3	0.62
Ca	1.5	Cu	0.5	$MgSO_4 \cdot 7H_2O$	246.5	$CuSO_4 \cdot 5H_2O$	0.125
Mg	1.0	Mo	0.5	K_2SO_4	43.57	$Na_2MoO_4 \cdot 2H_2O$	0.12
S	1.5						

（二）日常管理

定植初期，环境保持温度16～28℃、空气湿度75%～85%，基质湿度60%～70%，光强7 500～10 000 lx，缓苗前不施肥。一般在定植7～10 d后新根开始生成，植株具有了生长势，表示缓苗期已结束，由此过渡到日常管理。红掌的日常管理包括环境调控、水肥、病虫害、植株管理等，根据红掌生育期的不同，采取综合调控措施，具体可参照日常管理规范实施（表6-2-3）。

表6-2-3　红掌日常管理规范

项目	管理内容及标准	
环境调控	温度	白天温度20～28℃，夜间16～20℃；基质温度不低于13℃。
	湿度	RH 70%～80%，夏季加湿。
	光照	切花15 000～25 000 lx。
水肥管理	原则	在保持基质RH 50%～70%相对稳定的状态下，采取水肥交替、均衡、稳定、持续性供应。
	营养液调配	苗期：阶段性提高硝态氮、钙含量，EC值0.8～1.0 ms/cm； 产花期：阶段性提高钾、硼、磷含量，EC值1.0～1.2 ms/cm。
植株管理	打叶	苗期打掉底叶，切花成株期保留2～3片成熟叶片，阶段性打掉下部叶片。
	摘花蕾	苗期及时打掉花蕾。
病虫害管理	建立卫生制度，按要求操作。	
	环境定期消毒，植株定期药剂预防，每15～20 d消毒1次。	

1. 环境调控

温度：冬季加强保温，合理加温，不能低于13℃；夏季注意降温，启动降温设施。

湿度：红掌适宜高湿环境，夏季启动加湿设施，保证湿度不低于70%。

光照：中日照、喜阴植物，不要强光直射，注意夏季遮阳。

栽培环境：保持整洁卫生，定期进行环境消毒。

2. 水肥管理

生产管理按管理原则操作，实行水肥交替进行。

营养液管理参照红掌营养液及调配技术进行。苗期氮素含量可调到8 mmol/L、钙素含量2 mmol/L，其余不变；冬季可适度提高硼、钾、磷素含量，满足生育需求。

3. 植株与基质管理

（1）苗期打掉小花蕾及下部小叶。

（2）成株期阶段性打掉下部叶片，保留2片成熟叶片。

（3）及时去除杂草及基质表面滋生的绿藻。

（4）基质定期洗盐，每月1次；换茬时及时补充、更换基质。

（5）植株产花3～4年后，在床两侧拉线，防止植株外倒（图6-2-3）。

（6）切花种植7～8年后，植株生长势衰弱，进行更新栽培。具体方法是保留原株顶部15 cm茎段短截，并重新种植（图6-2-4至图6-2-6）。

图 6-2-3 拉线固定

图 6-2-4 衰老株生长状

图 6-2-5 衰老株短截状

图 6-2-6 原株重新栽植

4. 病虫害防治

红掌切花栽培的病虫害防治，坚持以预防为主，综合防治原则。建立预防体系，定期进行环境消毒，严格控制人员、车辆出入，有效预防病虫害的发生。具体病虫害的防治见任务 10-2 和知识链接内容。

五、采收与贮运

当佛焰苞充分展开、花穗有 1/3～1/2 变色时，即可采收。用刀沿茎基部斜切下花枝，将基部套入盛水或保鲜液的塑料花套中(图 6-2-7)，佛焰苞用塑料膜包裹，包装上市。贮运温度不得低于 13℃。

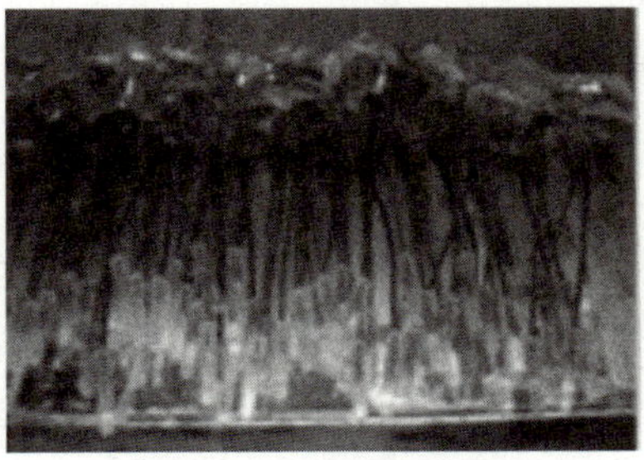

图 6-2-7 红掌切花保鲜

【知识链接】

红掌以其株型优美、色泽艳丽、花期长、适合室内株摆或瓶插等优点，观赏价值高，是名贵的盆栽及切花花卉之一，深受消费者喜欢。无土栽培红掌，能够提高其产量与品质，获取更大的经济效益，具有广阔的发展前景。

一、繁殖方法

红掌的繁殖以分株和组织培养为主，也可以扦插繁殖。分株法是将母株旁生长的侧芽基部用水苔或泥炭包住并保湿，生根后待长出 3～4 片叶时剪离母株。分株可全年进行，以 4～

5月份和9～10月份为宜。分株苗大小不齐，且容易发生退化。组织培养是红掌种苗的主要繁殖手段。扦插法是掰或剪取带茎插条，生根处理后扦插于基质中，此法可用于更新复壮。

二、栽培基质

红掌栽培时要求基质具有良好的保水、排水和透气性能。生产使用的栽培基质有花泥块、椰子壳、粗泥炭、珍珠岩、粗木屑和碳渣等。种植者可根据各地条件和栽培方式，因地制宜地选择适宜的栽培基质。栽植前，基质必须彻底消毒，以消灭病虫害，保持红掌正常生长。消毒处理方法见任务实施相关内容。

图 6-2-8 红掌花泥槽培

床（槽）式栽培主要生产切花，一般采用珍珠岩、花泥等惰性基质，首选珍珠岩，粒径以 2 mm 左右为宜，管理方便，栽培易成功；花泥（图 6-2-8）块径以 3～4 cm 为宜，保水保肥能力强，通透性好，不积水，不含有毒物质，并且能够固定植株。使用前必须用生石灰调 pH 在 5.5～6.5。

三、栽培管理

红掌无土栽培技术要求较高，必须具备科学化的管理理念，才能培养出高质量的红掌。总管理原则：营造适宜的环境条件，科学供应肥水，满足红掌各生长阶段的需要。

1. 水肥管理

红掌对水质的要求较高，要求 pH5.5～6.5，EC≤0.1 ms/cm 但不超过 0.3 ms/cm；Cl^-＜3 mmol/L。营养液要根据品种、苗期和季节做出相应调整。苗期 N 肥适当提高，促营养生长；花期增加 K 肥用量，提高花质。冬季可相应提高微量元素的用量，如硼等。营养液的 EC 值一般控制在 0.5～1.5 ms/cm 之间，但因苗龄、品种而异。小苗 EC 值控制在 0.5～0.75 ms/cm，中苗 EC 值 0.8～1.0 ms/cm，成品苗 EC 值 0.9～1.2 ms/cm，切花不高于 1.2 ms/cm。营养液的 pH 值保持 5.5～6.5。

红掌栽培的水肥管理原则是：在保持基质湿度 50%～70% 相对稳定的状态下，采取水肥交替、均衡、稳定、持续性供应。水肥管理根据不同生育期做出相应调整，生长旺盛期增加水肥量；生长缓慢期，如冬季应减少水肥量。一般情况下，缓苗后即可施肥。营养液的供液量因植株大小、长势、EC 值大小做出相应的调整。供液时以槽内基质下方略有少量液体流出为宜，过多会造成营养液的流失，过少植株易出现营养缺乏现象。一般切花 2～3 d /次。要定期进行基质洗盐，尤其是切花栽培。洗盐方法是将营养液停用一段时间，多次浇水即可。注意每次施肥完毕，必须用少量清水喷淋冲洗，以免残留的肥液伤害叶片和花朵，形成残花。每隔 15 d 左右可选择喷施一次叶面肥，以植物叶面宝 668、磷酸二氢钾为主，但避免高温高光强时施用叶面肥。一年四季特别是夏季应多进行叶面喷水。

2. 环境调控

红掌栽培时要求高温高湿环境，在白天温度 20～28℃，夜间不低于 20℃，湿度 70%～80%的条件下可以实现终年开花。红掌可耐 35℃的高温，高于 35℃将产生日灼，夏季注意降温；低于 13℃则生长受影响，7～10℃的持续低温将使植株受冷（寒）害，植株叶片发黄，冬季注意保温。基质温度不低于 13℃，否则会引起根系对营养元素的吸收障碍。如冬季易出现缺钾、钙、硼、锌等症状，影响红掌产量和质量。

保持适宜的光照强度，切花 15 000～25 000 lx。光照过强，植株生长受抑制，叶片变黄，严重时导致叶片及花佛焰苞变色或灼伤；光照过弱则会出现花朵变小、花茎变软等问题。避开强光直射，尤其是夏季高温季节，应遮光 70%～80%，留花的更应遮阴，以利于花色光彩艳丽，而春秋遮光 30%～40%，冬季可不遮光，但最好不见直射光。

3. 植株调整

主要包括适时剪叶除花、侧枝处理、老株处理等。红掌进入成年期后是按照"叶—花—叶—花"的顺序进行生长循环的，每个叶腋均有花芽形成。同时，每个花芽生长所需的养分也主要来自其形成部位的叶片，因此，每一片叶的优劣对切花质量都有决定性的影响。红掌是多年生常绿植物，叶片寿命较长。如果剪花后继续保留所有叶片，将因叶片过密而造成相互遮盖，使新叶因光照不足而生长不良，从而降低切花的质量，甚至导致花芽死亡。因此，必须定期剪叶。切花栽培时，适时剪除下部的小叶和老叶，产花期每株只留 2～3 片成熟叶片，随时打掉下部老叶、不合格的小花、老花，避免营养的损失；剪叶时绝对不能剪除尚未切去叶腋花枝的成叶，否则该支花朵将因营养不良而失去商品价值。切花栽培时要及早除去侧枝，以免影响主枝的生长。

切花红掌生长 6～8 年后，进入衰老期。茎秆过长，养分供应不足，成花质量下降，容易倒伏，所以有必要适当更新处理。具体做法是：切下植株上部约 15 cm 的根状茎，扦插定植，加强管理，2 个月可生根，然后过渡到正常管理，可继续生长开花。荷兰一般采取沿一个方向压倒苗木，使茎与基质接触，重新发根后植株将继续向上生长。

四、病虫害防治

红掌无土栽培期间的病害主要有枯萎病、叶斑病等细菌性病害；虫害主要有蓟马。病虫害防治方法参任务 10-2。红掌生理性病害主要有缺素症、冷害等。冷害是在低温条件 7～10℃条件下植株易受冷害（图 6-2-9），表现为叶片发黄，叶面有褐色叶斑，茎秆有褐色不规则环形斑纹。佛焰苞出现玻璃花或变蓝，主要原因是基质 pH 过低或基质温度低于 13℃，造成根系吸收钾量不足，以致植株出现缺钾症状（图 6-2-10）；盲花或畸形花是由于根际温度过低导致植株缺硼（图 6-2-11）；耳部折叠、苞片粘着、夹鞘、锯齿状茎等现象，主要是由于低温、低湿条件造成，一般冬季症状比较明显。

图 6-2-9 红掌冷害

图 6-2-10　苞叶变蓝——缺钾

图 6-2-11　畸形花苞——缺硼

温馨提示

1. 红掌花芽发育与日照长度无关。

2. 红掌性喜散射光。光强低于 5 000 lx 时，会降低切花的品质和产量；超过 20 000 lx 则会灼伤叶片。

3. 红掌对农药特别敏感，使用农药前必须小面积试验方可大面积喷施。

【拓展学习】

红掌盆栽技术要点

1. 定植

定植前，先根据参考红掌品种特性，采取单株或双株定植。盆器选择 15～17 cm 和 20～22 cm 规格的塑料盆；基质选用草炭、珍珠岩按 2∶1 比例混配的复合基质，预先混拌均匀并彻底消毒。定植时，在盆器的底部排水孔附近，填装 ϕ3～4 cm 大小的花泥，其上装填复合基质，然后将种苗放入盆中，深度以原苗坨上表面与基质相平或略深 0.5 cm 为宜；裸根苗定植到根颈部位，轻轻墩实盆中基质，保证基质厚度与盆水线相平或略高 0.5 cm 即可。定植后将盆器置于床架上摆放整齐，然后布设滴灌系统，浇透水。

2. 定植后管理

红掌盆栽（图 6-2-12）要求中苗阶段营养液的 EC 值控制在 0.8～1.0 ms/cm，成品苗 EC 值控制在 0.9～1.2 ms/cm，最高可达 1.5 ms/cm；盆花品种对 Ca^{2+} 需求较高，注意钙肥的供应，一般 5～7 d 供液 1 次。随着红掌生育期的推进，营养液在基础配方的基础上适当调整。盆花一般不做剪叶、除花处理，可根据要求适当打掉初始小花。

图 6-2-12　盆栽红掌

对于盆花品种而言，要求分枝多。所以初期增强光照或用激素处理，促发侧芽生长，待侧芽长多后，再正常管理。盆花刚定植时要密放，随着植株生长逐步拉开间距。对 17 cm 盆径而言，约

38 盆/m^2，栽培 4～5 个月后，扩大间隔约 19 盆/m^2，再栽培 2～3 个月后，最后扩大间隔达 9.5 盆/m^2，不同品种盆距不同，生产者要因苗而异。

任务6-3 彩椒袋培

基质袋培具有设施结构简单、建造成本较低、根际环境稳定、基质缓冲性强、技术简便和有效防止土传病害蔓延等特点，节水节肥节药，且不受土壤条件的限制，可以充分利用河滩、盐碱、山坡等劣质土地或非耕地进行生产。彩椒是甜椒中的一种，是颇受欢迎的点缀、搭配型食材和高档蔬菜。彩椒袋培，生长旺盛，产量高，品质与风味优良。

任务描述

☆ 具体任务：①袋培设施建造；②拟定生产计划；③培育彩椒壮苗；④参与栽培管理；⑤完成实践总结报告。

☆ 实施形式：分组分区操作与管理。

☆ 实施程序：同任务 5-1。

任务分析

彩椒基质袋培包括设施建造、无土育苗和栽培管理三大生产与技术环节。其中，袋培设施是确保生产任务实施的硬件条件，必须保证滴灌系统能够正常使用；培育壮苗和科学管理是高效生产的基础和关键。要求管理者熟悉袋培生产工艺流程，掌握种子处理、无土育苗、苗期管理及栽培环境调控等技术环节要求，科学制定生产计划，规范技术操作，以高度责任心精心管理，发现并及时处置生产问题。

【任务实施】

一、制订生产计划

彩椒无土栽培宜选用丰产、抗寒、优质的品种，如荷兰的马拉托红色甜椒、卡匹奴黄色甜椒、拉姆紫色甜椒，以及水晶系列红、黄、橙、紫、白、绿色品种等。茬口选择可参考表 6-3-1。本任务以表 6-3-2 彩椒冬春茬基质袋培生产计划要点为依据，介绍彩椒基质袋培技术。

表 6-3-1 彩椒基质栽培品种与茬口选择

茬口类型	一年两茬		一年一茬
	秋冬茬	冬春茬	越冬长季节
育苗	7 月底至 8 月初	11 月至翌年 1 月	9 月
定植	8 月底至 9 月初	翌年 2～3 月	10 月
采收	11 月至翌年 1～2 月份	翌年 5 月初至 6～7 月份	12 月开始采收至翌年 6 月份

表 6-3-2 彩椒基质袋培秋茬生产计划要点

项目类别	生产要求	项目类别	生产要求
生产季节	冬春茬	栽培形式	基质袋培
栽培品种	水晶系列彩椒	营养液配方	山崎甜椒配方
育苗方式	营养钵育苗	育苗、定植与采收	见表 6-3-1

二、设施建造

1. 建造贮液池

参照任务 5-1。

2. 制作栽培袋

将棚室内地面整平，其上铺一层 2～3 cm 厚的细河沙。然后按 1.2～1.3 m 的间距布线，作为摆放栽培袋的中心线。将乳白色聚乙烯薄膜裁成 20～30 m 长、1.0～1.2 m 宽的长条形，沿着摆放栽培袋的中心线平铺在沙床上，1/2 袋宽处正好与中心线对齐。然后基质装袋。先在塑料薄膜上平放一层 1～2 cm 厚、过筛的细炉渣作为排水层，上铺市售的编织袋，其上装填草炭：蛭石：珍珠岩＝2：0.5：1 的栽培基质，纵向堆高 30～40 cm 厚。栽培基质预先用 0.1%的高锰酸钾溶液消毒。将滴灌管沿袋的长向平铺在 1/2 袋宽处基质的正上方，然后将薄膜从两侧向中央内卷，最终将基质包压成梯形或龟背形。每隔 1 m 用玻璃丝绳捆扎，最后用铁丝在栽培袋外排水层的两侧处，每隔 0.5 m 的距离扎 3～5 个孔，至此栽培袋制作完成(图 6-3-1)。

3. 安装滴灌系统

水泵(功率 1.5 kW、流量 6～8 m^3/h、扬程 30 m)连接上一段 ϕ50 mm PE 管和弯头后，置于贮液池的凹槽内。安装首部(见任务 5-1)，用支架固定好，一段通过弯头与水泵相连，另一端通过变径直通、弯头与 ϕ25 mm 供液主管相连。供液主管铺设到栽培区，通过变径三通、阀门，分出几个 ϕ20 mm PE 供液支管，供液支管置于各栽培袋的一端，与栽培袋长向垂直。用开口器在与各栽培袋正对的支管侧面打孔，将各袋内 ϕ16 mm PE 滴灌管与支管相连(图 6-3-2)。供液支管与滴灌管尾端用专用堵头塞(或拧)紧。

4. 质量检测

贮液池注满水，检查是否渗漏；启动水泵，检查供液管道是否漏水，滴灌管是否通畅。

图 6-3-1　栽培袋制作

图 6-3-2　袋内滴灌管与供液支管连接

技　术　提　示

1.贮液池的四周墙体用铁丝网加固，以防胀裂；平时注意维护保养。
2.栽培袋平行摆放于沙床上，袋与沙床间再铺一层聚乙烯塑料薄膜，目的是隔断土传病虫害。
3.在 PE 供液支管上扩孔前，应使支管充分拉直；扩孔时，应预先固定好支管；扩出的各孔分别位于支管一侧的同一水平线与对应栽培袋中心延长线的交汇处。

三、育苗

1.育苗操作与管理

彩椒可采用床式育苗或营养钵育苗方式，包括基质处理、种子处理、播种和苗期管理 4 个技术环节。下面以营养钵育苗为例，介绍彩椒育苗方法。先将育苗基质按照草炭：珍珠岩：蛭石＝2：1：0.5 的配方混拌均匀，堆高 10～15 cm，喷水并用 2 000 倍 80％多菌灵溶液喷透基质，再用干净的塑料薄膜覆盖，密闭 1～2 h，然后将塑料薄膜掀开，基质晾晒后装钵，并于播前将基质浇透水或用 0.5 B 的山崎甜椒营养液浇透基质。

彩椒包衣种子直接播种。非包衣种子温汤浸种后在 30℃清水中浸种 18～24 h，也可将种子在清水中预浸 5～6 h，再用 10％磷酸三钠或 2％双氧水浸泡 15～20 min，即可杀灭大多数病菌，又有钝化病毒的作用。用 1 000 mg/L 升汞浸种 5 min 或 1 000 mg/L 农用链霉素浸种 30 min 对青枯病和疮痂病的防治效果较好。药剂浸种后用清水冲洗干净，再在常温水中浸 12～18 h。浸种后在 25～30℃的条件下催芽 4～7 d，待种子露白后播种。播种时用细竹签在塑料钵内基质的正中央打孔，深度 1～2 cm。每钵点播 1～2 粒种子。播后覆盖 0.5～1 cm 厚基质、轻轻压实。

为促进出苗，出苗前昼温保持 28～30℃，夜温 18～20℃，基质温度 20℃左右；出苗后昼温可降至 20～25℃，夜温 10～15℃，并适当降低苗床湿度。注意棚室经常通风。营养液选用山崎甜椒营养液，于 2 叶 1 心期后每 7 d 浇液 1 次，每次以喷透基质为度。营养液前期浓度为 1/3 B，后期提高到 1/2～1 B。在 2 叶 1 心期时，需外补铁盐，以促进苗生长，同时喷施绿叶天使叶面肥，促进彩椒提早花芽分化。为了预防苗期病害的发生，每隔 7～10 d 喷 1 次 800 倍的百菌清或甲基托布津，一般不会发生病害。如果发生猝倒病，可用 25%甲霜灵 800 倍液；立枯病用 50%福美双可湿性粉剂 500 倍液，每 3～5 d 喷 1 次，连喷 2～3 次；枯萎病可用乙磷铝 350 倍液灌根。

2. 育苗标准

苗龄 25 d 左右，株高 13～17 cm，3～6 片真叶，叶色深绿，叶片肥厚，茎粗 0.3～0.5 cm，根系发达，无病虫害，无徒长、老化和病弱苗。

四、栽培管理

1. 定植

当达到育苗标准后即可定植。株距为 35～40 cm，每平方米栽苗 3～4 株(图 6-3-3)。定植前 2 h 左右，用 1 000 倍多菌灵液浇透基质。大小苗分开、带基质定植，要求苗坨低于基质表面 1 cm。定植后及时浇营养液，每次浇液量不要太大，以促进根系发育。

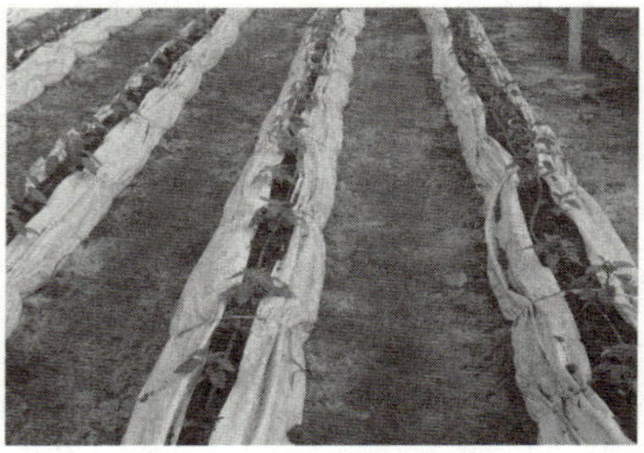

图 6-3-3 彩椒定植

2. 栽培管理

(1)环境调控　缓苗前一般不进行通风换气，温度保持在 25～30℃，不可高于 35℃。缓苗后昼夜温度均较缓苗前低 2～3℃，以促进根部扩展。开花结果期白天保持 23～28℃，夜间 18～23℃，温度过高或过低都会导致畸形果的产生。基质湿度以 70%～80%为宜。空气湿度保持在 50%～60%为宜，不可过高，否则容易染病。

甜椒怕强光，喜散射光，对日照长短要求不严格，其光饱和点为 30 000 lx，光补偿点为 1 500 lx。中午阳光充足且温度高时，需遮光降温。

(2)营养液管理　以山崎甜椒配方为依据，根据本地水质特点适当调整。注意调节营养生长与生殖生长的平衡。生长初期喷施 1.2 B 营养液，门椒开花期增至 1.5 B，对椒坐果期后喷施 2.0 B 营养液，并在营养液中适当添加 30 mg/L 的 KH_2PO_4。每天供液 1～2 次。如果营养生长过旺，可适当降低硝酸钾的用量，通过加进硫酸钾以补充减少的钾量，调整用量时不超过 100 mg/L。在收获中后期，可用营养液正常浓度的铁盐和微量元素进行叶面喷施，以补充铁或其他微量元素的量，每 15 d 喷 1 次。

(3)植株调整　彩椒分枝能力较强，开花前进行双干整枝，即留 2 条健壮枝，其他长出的侧芽、侧枝及时抹掉，以免消耗营养。随着植株的生长，要及时把植株绕在吊绳上，一般 1 周 1 次。吊绳一端系于空中拉直的顺行铁丝上，另一段系在茎的基部。彩椒生长期间及时疏花疏果，摘除主茎上的第一朵花，第一次坐果留 4～6 个后，多余的和不正常的花果及时疏掉，以集中营养供给，保证正品率。如果主枝坐果太少，可侧枝上留一个果和 3～4 片叶。如果个别主枝结果后变得细弱，失去结果能力，应及时去除该主枝及其上的果实。去掉主枝上弱小的不结果枝及各大主枝间的小枝和弱枝；及时摘除第一杈下部的黄叶和各部位的老叶、病叶。进入结果期，及时摘除成熟的果实。为了防止前期低温造成落花落果，可在开花前 1 周使用 20～50 mg/L 的 NAA 或 30～50 mg/L 防落素喷花 1 次。

(4)病虫害防治　彩椒主要病害有病毒病、枯萎病和青枯病、软腐病、溃疡病、疮痂病、细菌性叶斑病等细菌性病害，以及叶霉病、早疫病、煤霉病等叶斑病类病害。主要虫害有白粉虱、蚜虫、红蜘蛛和美洲斑潜蝇等。防治病毒病，可用10% Na_3PO_4 洗手和浸泡工具，防止人为传播；少量发生时，拔除毒株或打顶、打侧枝去除毒源，并喷病毒 A 500 倍或植病灵 800 倍、高锰酸钾 1 000 倍进行防治；用药杀灭蚜虫、白粉虱，防止传病。防治叶斑病类病害，可通过控制温湿度，改善行间通透性；喷施甲基托布津 1 000 倍液、加瑞农 800 倍液进行防治。防治枯萎病可用多菌灵、甲基托布津、敌克松 500～1 000 倍液喷或淋根，每株 200～250 mL，每隔 7 d 灌 1 次，连续 2～3 次；也可用敌克松原粉 10 g 加面粉 200 g，调成糊状涂抹患部。防治细菌性病害，应及时隔离病株两侧的 3～4 株苗，拔掉病株，穴灌 40%甲醛 100 倍液或撒石灰粉；同时提高基质酸度，抑制病菌生长；剪刀等工具用 20%漂白粉消毒；发病初期灌可杀得 500 倍液＋农用链霉素 4 000 倍液、加瑞农 800 倍、青枯净 400 倍液防治，每隔 7～10 d 灌 1 次，每次 200～250 mL，连续 3～4 次。虫害防治见任务 10-2。

五、采收

一般当果实已充分膨大、表面具有较好光泽、有 95%左右转色时采收，但紫色甜椒应在果肉转厚、还未转色时采收，因为紫色甜椒成熟会由紫转青再转红。在正常栽培条件下，一般紫椒和白椒开花授粉后 25～30 d 即可采收，而成熟果色品种黄、橙、红和巧克力色甜椒自坐果至采收一般需要 50～60 d。一般清晨采摘果实。采摘时注意将果柄全部采下，不能残留果柄，以免伤口不易愈合而染病。采收后甜椒果实应避免阳光直晒，贮藏温度在 15～16℃，尽量减少果实在采收和运输过程的伤害。基质消毒后准备下茬栽植。

【知识链接】

一、袋培设施

袋培设施一般由贮液池、栽培袋、滴灌供液系统三部分构成。贮液池在任务 6-1 中已作介绍，这里主要介绍滴灌系统和袋培类型。

1. 袋培种类

根据栽培袋的形状的不同，一般分为筒式栽培袋(图 6-3-4)、枕头式栽培袋(图 6-3-5)和长筒形栽培袋(图 6-3-6)三种类型。有些地方在浅种植沟中铺上聚乙烯塑料薄膜，填入适当基质做成沟状栽培床，也有空中吊袋式基质培(图 6-3-7)。栽培袋通常用尼龙布或抗紫外线的聚乙烯塑料薄膜制成，一般至少可使用 2 年。有条件的话也可直接采购里黑外白双色栽培袋。在光照较少的地区，栽培袋表面以黑色为好，以利于冬季吸收热量，保持袋内基质温度。筒式栽培袋的制作方法是将 ϕ30～35 cm 的筒膜剪成 35 cm 长，用塑料薄膜封口机或电熨斗将筒膜一端封严即可，每袋装基质 10～15 L，直立放置即成为一个筒式袋。枕头式栽培袋的制作方法是将筒膜剪成 70～100 cm 长，用塑料薄膜封口机或电熨斗封严筒膜的一端，每袋装基质 20～30 L，再封严另一端即成枕头式栽培袋，依次摆放到温室中。枕头式栽培袋定植前，先在袋上开两个 ϕ10 cm 的定植孔，两孔中心距为 40 cm。长筒形栽培袋的制作方法是将塑料薄膜裁成 100～120 cm 宽的长条形后平铺于温室的地面上，沿中心线装填 30～40 cm 宽、15～20 cm 高的梯形基质堆，再将塑料薄膜沿长向的两端兜起，每隔 1 m 用塑料夹夹住或用耐老化的玻璃丝绳拢住即成。为了隔绝土传病虫害和防止地面杂草乱生，一般在制作或摆放栽培袋前，先在地面平铺一层塑料薄膜或无纺布，也有先在地面铺上一层细河沙再铺膜或无纺布。香肠状吊袋是采用 ϕ15 cm、厚 0.15 mm 的聚乙烯筒膜，长度一般为 2 m，底端扎紧，从上端装入基质，成为香肠状，上端结扎后悬挂在温室桁架上。袋子的周围开一些 2.5～5 cm 的小孔，用以栽植植物。通过袋顶部的滴灌系统供应营养液。

图 6-3-4 筒式栽培袋

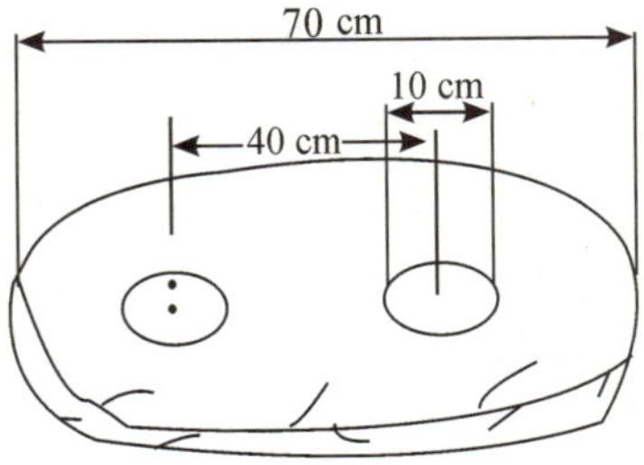

图 6-3-5 枕头式栽培袋

图 6-3-6 长筒形栽培袋

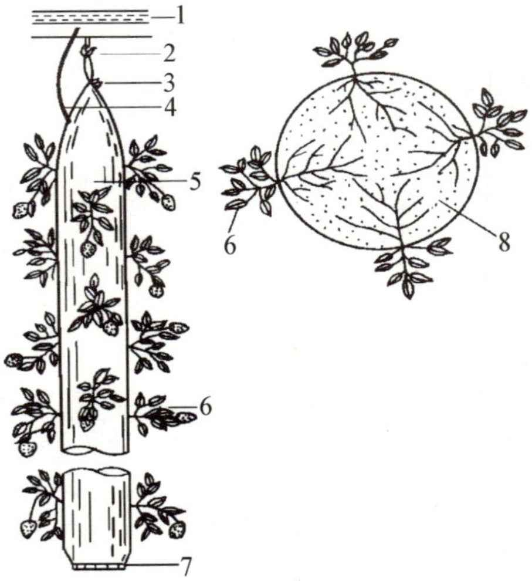

图 6-3-7 吊式立体栽培示意图

1. 供液管 2. 挂钩 3. 扎紧的袋口 4. 滴灌管 5. 种植袋 6. 作物 7. 排液口 8. 基质

无论是哪种栽培袋，都应在袋的底部或两侧开 2～3 个 ϕ0.5～1.0 cm 的小孔，以便多余的营养液能从孔中渗透出来，防止沤根。

2. 滴灌系统

基质袋培采取开放式供液。滴灌系统由水泵→首部→供液主管→供液支管→滴灌管（带）3 部分组成。水泵一般可选用潜水泵、自吸泵。因为营养液呈微酸性，所以水泵应选用抗腐蚀性强的类型，最好是塑料泵。其功率大小根据所需水头压力、出水口的多少以及连接管道的多少而定，或以温室面积来推定。水泵选用的依据见任务5-1。长期进行无土栽培时，要经常检查水泵是否堵塞或者被腐蚀程度，必要时应及时更换，否则会影响水泵的功效。无土栽培所用的常见过滤器有筛网过滤器和叠片式过滤器两种类型，叠片式过滤器较筛网过滤器过滤效果好，使用寿命长，但价格较贵。根据供液首部管道口径的大小，选用不同规格的过滤器，规格通常在1″～1.5″之间。水泵配以定时控制器，按需控制水泵的工作时间。大面积栽培时可将栽培袋分为多组，并通过电磁阀自动控制，实现分组轮流供液。

二、袋培管理要点

1. 袋培形式的确定

最好采用定型规范化的、黑白双面或乳白色聚乙烯塑料薄膜栽培袋，每袋装入20 L左右基质，种植2～4株果菜类蔬菜。若采用长条状袋培或沟状袋培，其栽培床不能过长。

2. 袋培基质的选择

袋培基质的选择十分重要，既要就地取材，降低成本，更应注意使用效果。基质要有好的保水性能和排水性能，本身不能含有自由水。其孔隙中应充满空气，过细的材料通气性不好，不能用作无土栽培基质。基质中不能含有任何有害物质，还应有一定的强度。其化学稳定性要好，pH接近中性或经调整后能保持稳定。一般以比例适当的复合基质为首选，要求混配均匀，使用前消毒并调整好pH值。

3. 选用适宜的营养液配方

袋培的实质仍是基质培。由于滴灌供液，营养液供应必然受到基质的影响。不少基质本身都含有丰富的大量元素和微量元素，因此基质袋培的营养液配方要根据所选用的基质及其所含养分状况加以调整。当基质中含有一定比例的草炭时，营养液中的微量元素可以不加或少加。营养液配方可以使用铵态氮或酰铵态氮（尿素），以降低生产成本。据研究指出，基质在装袋之前混合一些肥料，即每立方米基质中加入硝酸钾1 000 g、硫酸锰14.2 g、过磷酸钙600 g、硫酸锌14.2 g、白云石粉3 000 g、钼酸钠2.4 g、硫酸铜14.2 g、螯合铁23.4 g、硼砂9.4 g、硫酸亚铁42.5 g，可不浇或少浇营养液，栽培效果也很好。

4. 及时、均匀供应营养液

袋培时，一般每天应至少供液1次。高温季节和作物生长盛期，每天可供液2～3次。要经常检查滴头，防止堵塞而造成供液不匀。

5. 预防基质盐分积累

栽培袋下部要留切口，以排除废液，防止盐基的积累。多茬次栽植后，应对袋培基质进行一次彻底的清水洗盐处理。

6. 做好pH调整

经常调整营养液和基质的pH值，并注意观察和防治缺素症。

【拓展学习】

番茄基质箱培技术

茄果类蔬菜除基质袋培外，也可以采用基质箱培模式。箱培是用塑料箱或聚苯乙烯泡沫塑料箱作为栽培容器的一种复合基质栽培方式，整体效果美观，搬运方便。当单株蔬菜发病时，可将栽培容器连同植物一起换掉。制作方法是先将地面整平（坡降0.5%～1%），上铺一块聚乙烯塑料，在其上摆放塑料箱，两个塑料箱平行放置作为一组，行距设1～1.2 m。在塑料箱间沿地面坡度做排液沟，排液沟较低的一端与位于温室一端的排液槽相连，将多余的营养液排流到室外。栽培茄果类、瓜类等大株蔬菜时，应选用高度20 cm以上的塑料箱。使用前在塑料箱的底部或侧壁上距离底部2～3 cm处钻2～3个孔，以防箱中积水沤根。采用开放式滴灌供液方式。在两个塑料箱相邻处的上方铺设1条供液支管，每个塑料箱内设2条内径 2 mm的水阻管。水阻管两端削尖，一端插入栽培行间的供液支管，一端穿过塑料箱上沿固定住，伸向塑料箱中的基质表面，出水口与基质表面保持1～2 cm的距离，以免在潜水泵停机营养液回流时将基质吸入水阻管而导致堵塞。箱内供液支管与滴灌系统的主管相连。栽培管理同前述彩椒袋培。

任务6-4　蝴蝶兰钵栽

任务描述

☆ 具体任务：①拟定生产计划；②瓶苗驯化移栽；③换钵；④栽培养护；⑤完成实践总结报告。

☆ 实施形式：分组参与基地项目生产管理。

☆ 管理要求：同任务5-1。

任务分析

本任务在生产基地完成。包括瓶苗驯化、上钵与换盆、催花、水肥管理、环境调控等技术环节和从小苗—中苗—大苗—开花株等生产阶段，生产周期较长，环境条件要求高，栽培管理难度较大。要求生产管理人员掌握蝴蝶兰栽培养护知识与技能，具有较高的从业素质，服从安排，规范操作，科学管理，在“做中学”中参与完成实践任务。

【任务实施】

一、制订生产计划

蝴蝶兰对环境条件要求比较高，应具备控温、调光、加湿、通风条件，首选智能连栋温室，其次是环境条件能够有效控制的日光温室。蝴蝶兰属于单茎类附生兰花，花色多样，种类繁多，常见的类型有标准大花类、珍奇类、斑点花类、多花系和朵丽蝴蝶兰等。市场上也有按按色系分为纯色系、杂色系和按常规花型大小分为大花型、迷你型等说法。不同地区应根据市场需求和地区审美倾向，选择蝴蝶兰品种组织生产。从 2012 年全国蝴蝶兰市场销售来看，北方地区主要以 159、大辣椒、内山姑娘等新品种为主，而南方地区以常规品种 V31、火鸟和 0436 等为主。结合蝴蝶兰生产流程(图 6-4-1)做好北方蝴蝶兰生产安排(表 6-4-1)。

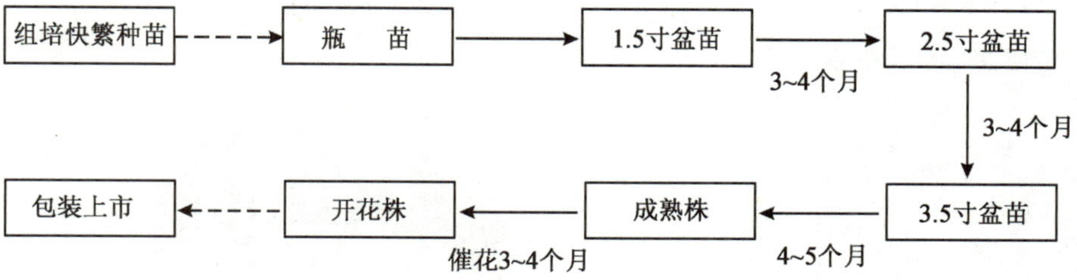

图 6-4-1　蝴蝶兰生产流程

表 6-4-1　北方地区蝴蝶兰生产安排

生产阶段	瓶苗驯化	小苗养护	中苗养护	大苗养护	催花	开花株管理
养护时间	8 月中旬至 9 月中旬	9 月中旬至 12 月中旬	12 月中旬至翌年 4 月中旬	4 月中旬至 8 月上旬	8 月中旬至 12 月中旬	12 月中旬至翌年 3 月中旬
说明	种苗过渡培养；保证成活率	小苗到中苗、中苗到大苗各换钵 1 次			严格控制温度、光照条件，适时催花	及时固定花梗

二、操作流程与技术要领

(一)瓶苗驯化移栽

1. 操作程序

操作程序见图 6-4-2。

2. 技术要领

(1)瓶苗阴凉弱光处驯化；

(2)水苔水浸 10 h 以上(夏季适当缩短时间)，中间换 1 次水；

(3)水苔甩干到适宜湿度，以用力手捏出水但不连成水线为度；

(4)塑料钵用 0.1%高锰酸钾消毒 10 min 以上；

(5)组培苗出瓶时用消毒过的镊子轻夹苗根部，勿损幼根及心叶，洗净根部残留培养基，用 0.05%高锰酸钾消毒 5 min 左右。

(6)分级移栽，露出苗心和幼叶，叶片按育苗盘对角线平行摆放，幼根在水苔中呈放射状，水苔含水量适宜、松紧适度。

图 6-4-2　蝴蝶兰瓶苗驯化移栽

3. 质量检查

组培苗位于钵中央，水苔低于盆沿约 1.0 cm，用手捏压软盆以结实有弹性感为宜。

(二)换钵

1. 操作程序

操作程序见图 6-4-3。

2. 技术要领

(1)达到换钵要求。小苗两叶间距达到(11±1) cm(叶角 15°)、根系已经伸长到盆底但还未盘至一圈，且软盆上部没有气生根露出时换钵；中苗两叶距达到(20±2) cm(叶角 45°)、根

旋转捻钵

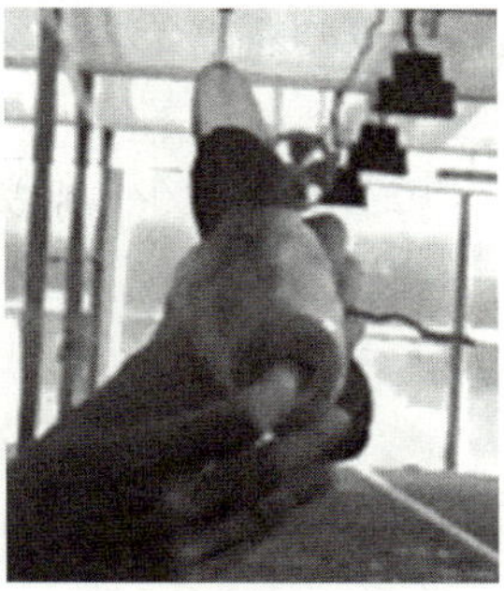
脱钵 1

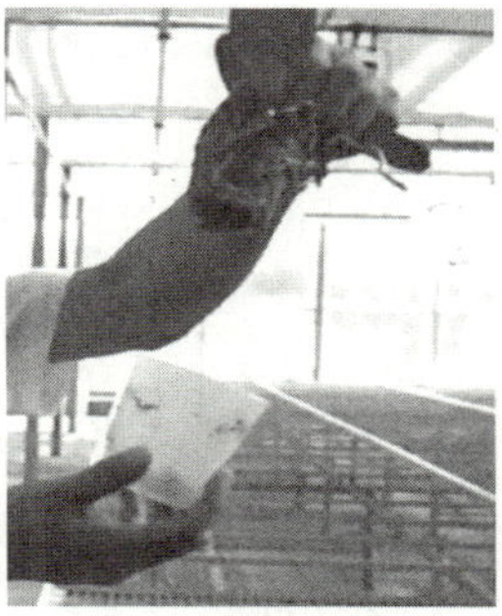
脱钵 2

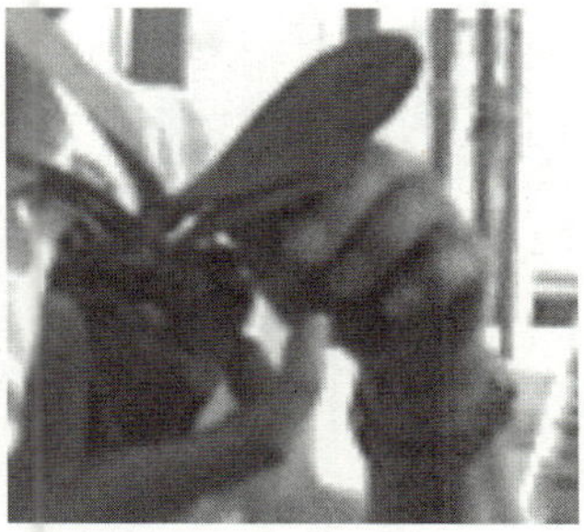
去枯根

拢根 1

拢根 2

包被新水薹

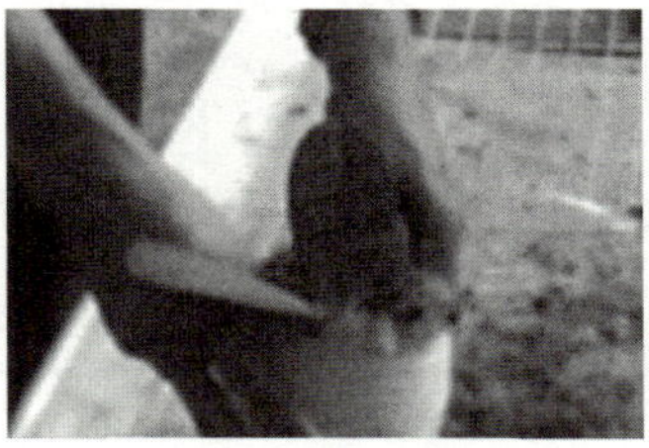
装钵

整理

图 6-4-3 蝴蝶兰换钵

系较充实时换钵。两次换钵操作相同，但第二次换钵要求水苔更坚实些。

(2)脱钵前先使钵与水苔分开，然后一手握住苗株基部，另一只手的手指伸入排水孔，双手配合完成脱钵。

(3)轻拢裸露长根，使其向下紧贴水苔坨。

(4)包被新水苔时，要求十指张开，夹取新水苔(小苗换钵时量少，中苗换钵时量多)，左右包被旧水苔苗坨，并顺势达到旧水苔四周均匀包被，中上部包被多，下部偏少。

(5)对角按压四周新水苔,栽入塑料钵至塑料钵定位线处,切勿按压旧水苔中心部。

3. 质量检查

苗株位于钵中央,叶片露出水苔外,气生根折断少;水苔松紧适度,表面平整,中央略高于四周,距盆沿 1.5～2.0 cm 为宜。

(三)固定花梗

1. 操作程序

操作程序见图 6-4-4。

①插铁丝

②矫正花梗方向

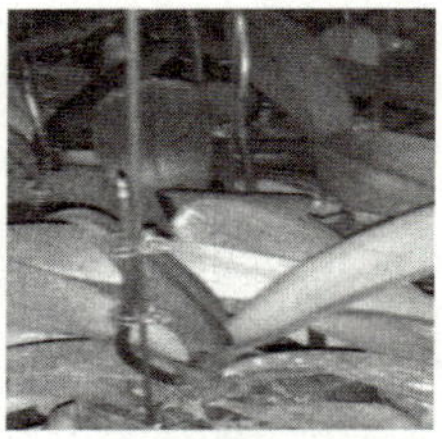

③小铁夹固定花梗

图 6-4-4 固定花梗

2. 技术要领

(1)花梗长 15 cm 时用铁丝固定。随着花梗的伸长生长,向上增加固定点。

(2)根据花梗着生位置、开张角度,决定铁丝插入苗株附近的位置。

(3)用手顺势矫正花梗向上,再用小铁夹将花梗固定在铁丝上,切勿弄断花梗。

3. 质量检查

铁丝插入位置合理,未伤及叶片及根;花梗垂直向上,无折断和破损之处。

三、栽培管理

蝴蝶兰栽培期间营养液浓度及环境控制参照表 6-4-2 执行。

表 6-4-2 蝴蝶兰栽培管理指标要求

环境条件	小苗	中苗	大苗	催花	开花株
光强/lx	6 000～8 000	10 000～15 000	15 000～20 000	18 000～20 000	18 000～20 000
温度/℃	22～30	22～30	22～30	18～20	日 24,夜 20
基质持水量/%	60～80	50～70	50～70	50～70	50～70
空间湿度/%	70～80	70～80	70～80	70～80	60～70
EC 容许值/(ms/cm)	0.6～0.8	0.8～1.0	1.0～1.2	1.0～1.2	1.0～1.2

(一)小苗管理(图 6-4-5)

温度、湿度和基质持水量:参见表 6-4-2。

光照：瓶苗移栽后1～2周，光强6 000 lx，1周后逐渐增加光强，控制在8 000 lx以内。

浇水：移栽后1～2周不浇水，7～9 d后基质变干时浇1次透水，以后见干见湿。

施肥：缓苗后施花多多复合肥（30∶10∶20），每7～10 d施1次肥，EC值0.6～0.8 ms/cm。

（二）中苗管理（图6-4-6）

温度、湿度和基质持水量：参见表6-4-2。

光照：参表6-4-2，光强时遮阳。

浇水：换钵约2周后有2条根长至钵缘时浇透水；冬季少浇水，2～3周浇透水1次；春、夏、秋3～7 d浇1次透水；水肥交替。

通风：经常。

施肥：两种花多多复合肥（20∶20∶20和30∶10∶20）交替施用，EC值0.8～1.0 ms/cm，每7～10 d施肥一次。冬季不施肥。

摆床：按新叶东西走向放置苗株，定期对叶片进行反转。

图6-4-5 蝴蝶兰小苗期

图6-4-6 蝴蝶兰中苗期

（三）大苗管理

温度、湿度和基质持水量：参见表6-4-2。

光照：参见表6-4-2，光强时遮阳。

浇水：换钵约2周根系损伤愈合后浇透水。其他同中苗管理。

通风：经常。

施肥：复合肥（20∶20∶20），EC 1.0～1.2 ms/cm，每7～10 d施肥一次。后期追施0.2%磷酸二氢钾或有机液肥。

（四）催花及开花期管理（图6-4-7、图6-4-8）

温度、光照、湿度和基质持水量：参见表6-4-2。

光照：同大苗管理。

浇水：水滴（雾）勿溅花上，其他同大苗管理。

通风：经常。

插铁丝：花梗长约15 cm时用专用铁条固定。

施肥：催花肥（9∶45∶15），EC 1.0～1.2 ms/cm，每7～10 d施肥1次。

图 6-4-7　蝴蝶兰抽生花梗

图 6-4-8　蝴蝶兰开花状态

（五）病虫害防治

加强棚室清洁卫生，每隔 15 d 喷洒 1 次雷多米尔、万灵等混合农药；及时更换粘虫板，发现并及时防治灰霉病、炭疽病、根腐病、褐斑病和软腐病等常见病害和蓟马、红蜘蛛等害虫。病虫害防治方法见知识链接相关内容。

四、包装运输

如果短距离运输，将开花株分类直接码放到植架中，用塑胶袋套好，保温的同时防止花梗之间摩擦损伤。在装车前用优鲜 1-MCP 集中处理，阻断蝴蝶兰内源乙烯的产生。如果长距离运输，通常将成品株连钵放入包装箱，用胶带将花钵固定在纸箱上，防止来回晃动，并覆上无纺布间隔开中间重叠交错的花序，以保护花瓣，将半片优鲜 1-MCP 沾水后直接放入纸箱，而后封箱。采用保温车运输。车内温度控制在 18～28℃，最长运输时间不超过 5 d。冬季为防止低温造成的冻害，车厢内提前预热后再装车，运输途中严格控制车厢内的温度，防止高温造成的损伤。

技　术　提　示

1. 瓶苗达到移栽规格要求。
2. 定期对温室空间消毒杀虫，保持环境清洁卫生。
3. 种苗移栽和换钵时水苔不能按压太实或上紧下松过度，栽后不能立即浇透水。
4. 催花期光强过低会造成徒长，影响花芽分化；温度低于 15℃，容易掉蕾掉苞。
5. 日常管理注意防止浇水过频、温度过低、施肥过量和小株种大盆。冬季光照时间短，可于早晚各补光 0.5～1 h。
6. 新购入的苗株换钵前两天用 1000 倍液甲壳素叶面喷洒一次，利于缓苗。

【知识链接】

蝴蝶兰为兰科蝶兰属多年生附生草本植物，其花形奇特，色彩艳丽，花期持久，素有“兰中皇后”美誉，具有极高的观赏和经济价值，在国内外花卉市场上深受欢迎。蝴蝶兰以水苔作为基质，栽植在塑料钵内，能够很好解决蝴蝶兰栽培的水气矛盾，是国内外首选的栽培形式。

一、繁殖方法

商品化规模繁殖蝴蝶兰主要以植物组培快繁为主。瓶苗质量直接关系到驯化移栽成活率的高低。蝴蝶兰瓶苗要求具2～3片叶、2～3条根、叶间距4 cm左右，品种纯正、长势好、根系粗壮和无污染。瓶苗驯化时，应放置在阴凉弱光通风处2周左右，组培苗先不开瓶驯化1周，后开瓶驯化3～7 d，促进蝴蝶兰瓶苗适应棚室内变化的环境。蝴蝶兰移栽方法与其他组培苗操作程序基本相同，但要注意出瓶时不要损伤气生根的根尖；移栽前阴干1 h以上，使气生根变软，避免移栽时轻易折断。此外，最好在阴干前浸泡消毒(可用0.05%高锰酸钾液5 min)，并且在500倍甲壳素、1 000倍放线菌液中浸泡后移栽，能够有效预防病害和利于快速缓苗。

二、栽培设施与容器的选择

蝴蝶兰性喜温暖、凉爽、空气流通性好的生长环境，对环境条件要求严格，首选现代化连栋温室及其活动床架等辅助设施。为了降低生产成本，也可以在加宽跨度至10～15 m、安装湿帘风机系统、配置固定床架的日光温室中生产蝴蝶兰。生产上根据蝴蝶兰的苗龄及植株大小采用不同规格的塑料软钵，要求塑料软钵透明且有一定硬度。在栽培前可用漂白粉500～1 000倍液或0.05%高锰酸钾浸泡消毒。

三、栽培基质的选择

蝴蝶兰喜欢疏松透气、保水性和透气性好的基质，水苔是首选。水苔的质量对植株生长影响很大，一般选用粗、长、白且饱满富有弹性的水苔为佳，智利水苔质量最好，国内南方水苔好于北方。水苔使用前要充分浸泡，使其充分吸水膨胀，必要时可结合浸泡药液(根菌清＋阿维菌素1 500倍液)杀菌。水苔浸泡时间至少4 h，一般浸泡10 h左右，其目的是使不利蝴蝶兰生长的有害物质溶出，同时降低pH值，满足蝴蝶兰生长对根际环境pH 5.5～6.5、EC 0.5～1.5 ms/cm的要求。但水苔浸泡时间也不能太久，特别是夏季，以免发臭有异味。水苔浸泡后甩干至适合的湿度(含水量60%左右)。一般10 kg装水苔大约能够栽植穴盘苗6 000～8 000株或1.5寸盆苗4 000～5 000株。

四、栽培管理

1. 环境调控

(1)水分与湿度管理　蝴蝶兰叶片较厚且有蜡质，保水能力较强，同时忌根部积水。所以，瓶苗上钵缓苗后，保持基质持水量在60%～80%，中苗期、大苗期和成花期保持基质湿度在50%～70%。浇水的原则是见干见湿。根据季节和水苔的干湿情况，决定浇水的时间间隔，不宜频繁浇水。当基质彻底变干时需浇一次透水。一般夏秋每3～5 d浇1次，空间特别干燥时，浇水间隔可适当缩短；冬春一般每6～10 d浇1次。水苔缺水最好不要超过3 d，否则不利蝴蝶兰生长。蝴蝶兰栽培用水以自然纯净、温凉、微酸(pH5.5 左右)为宜,如用自来水则用塑料桶存放几天后再浇为宜。有条件的话,最好对生产用水软化处理。

蝴蝶兰要求空间湿度 60%~80%。温室内空气干燥时,可启动湿帘风机系统或加湿系统加湿,满足蝴蝶兰生长对空间湿度的要求。空中加湿或人工喷雾时可直接喷向叶面,但需注意开花期不可将水雾直接喷到花朵上,并且开花后要适当降低空气湿度,以防花苞染病。

(2)光照管理　冬春季节光照弱时,可以全光照;夏秋季节光照较强时,应避光遮阴,以避免灼伤叶面。根据生长阶段的不同,光照控制采取分段管理。瓶苗驯化和移栽初期,光强控制在 6 000 lx,2 周左右缓苗后光强逐步提高至 7 000~8 000 lx;从小苗、中苗到大苗期、催花期和开花期,光强逐渐增强。某些白色品种要求光强达到 15 000~20 000 lx。催花期虽然降低温度,但要求光强较高,否则会造成蝴蝶兰苗株徒长,影响花芽分化。夏季注意遮阴,即使高温期也要保证棚室内的早晚、阴雨天有散射光。

(3)温度管理　蝴蝶兰最适生长温度为 25~28℃,最低不低于 10℃,最高不超过 30℃,昼夜温差较大时生长较好。开花后保证温度不低于 15℃,以防花蕾脱落。除了用冷热风机调节温度外,夏天主要利用湿帘风机系统加湿降温。普通日光温室可采用在温室顶棚安装风扇、用水喷洒顶棚或在一侧形成水帘等人工方法辅助调温。

此外,蝴蝶兰栽培期间,要求棚室加强通风,保证室内有足够新鲜的空气。否则因氧气不足蝴蝶兰生长慢,加之室内空气湿度大而容易染病。蝴蝶兰栽培管理指标见表 6-4-2。

2. 养分管理

在兰花基质栽培期间,要经常喷施花多多专用复合肥和有机液肥。施肥原则是针对不同生育期调整施肥量和施肥比例。瓶苗移栽至缓苗结束,不施肥。小苗阶段施用花多多复合肥(30∶10∶20),开始施肥时浓度应较低,以后逐渐升高,以基质全湿为度;中苗期则加强水肥管理,实行水肥交替的浇水施肥原则,两种复合肥(20∶20∶20 和 30∶10∶20)交替施用,不施肥期间按期浇水。入冬前多用钾肥,冬季不宜施肥,少浇水;大苗期喷施复合肥(20∶20∶20),后期可追施 0.2%磷酸二氢钾;成花期喷施催花肥(9∶45∶15),以促使花大、色艳。从小苗到大苗,一般每 7~10 d 喷施 1 次。为促进蝴蝶兰生长健壮,专用复合肥可与稀释的有机液肥混合每二周喷施 1 次,当花苞开始分化后叶面喷洒时停止加入有机液肥。夏季每二周可将甲壳素混合叶面肥 2 000 倍稀释后喷洒叶面 1 次。

蝴蝶兰生长发育除了施用专用复合肥外,还可按汉普营养液配方配制营养液,按照不同苗期调整营养液的剂量水平和 EC 值,人工浇灌或循环滴灌供液。营养液配方如下:硝酸钾 700 mg/L,硼酸 0.6 mg/L,硝酸钙 700 mg/L,硫酸锰 0.6 mg/L,过磷酸钙 800 mg/L,硫酸铜 0.6 mg/L,硫酸镁 280 mg/L,钼酸铵 0.6 mg/L,硫酸亚铁 120 mg/L,硫酸铵 220 mg/L。

蝴蝶兰对盐类敏感,小苗阶段肥料浓度较低,以后可逐步提高,具体施用浓度根据水质进行调整。各生长阶段的肥液 EC 值控制指标见表 6-4-2。

3. 换钵与催花处理

蝴蝶兰从瓶苗驯化移栽至开花上市的栽培周期内,需要换钵 2~3 次,换钵要求见任务实施相关内容。在大苗末期,根据上市时间应提前 150~180 d 开始催花。在 18~20℃的低温条件下,3~6 周(时间长短因品种而异)便完成花芽分化;花芽发育阶段大约 2 个月,即进入开花期。如果催花温度更低(15~18℃),会增加花梗数量,但必须增加光照强度,否则会造成花苞数量减少。当花梗长约 15 cm 时应及时用专用铁丝固定,防止乱长和折断。

4.病虫害防治

蝴蝶兰的主要病害有灰霉病、炭疽病、根腐病、褐斑病和软腐病等,主要虫害有红蜘蛛、介壳虫和潜叶蛾。生产上要求坚持“预防为主、防治结合”的原则,每隔 15 d 喷洒 1 次雷多米尔、万灵等药剂加以预防,一旦发病及时施药防治。

(1)灰霉病　主要危害花和花蕾。花瓣上有不规则病斑,并着生灰黑色霉体。应在花期降低湿度,发病时喷扑菌灵、扑海菌、异菌脲等药剂防治。

(2)炭疽病　主要危害叶片,一年四季都可发病。最初出现褐色斑点,逐渐扩大呈半圆形或椭圆形,有凹陷轮纹状斑痕,中间浅褐色或白色,边缘深黑褐色,后期病斑中点干枯穿孔,产生黑色粒子,潮湿环境中会产生橙黄色或粉红色黏稠物。可喷炭疽福美,炭疽立克、甲托等药剂防治。

(3)根腐病　主要危害根、茎部位,造成根、茎腐烂,严重时整株死亡,尤其在苗期或基质水分过大时易发生。可喷根琥敌、绿亨等药剂防治。

(4)软腐病　是蝴蝶兰较易发生的细菌性病害,危害叶片、茎部。最先在叶片上出现水渍状斑点,迅速扩散到正常叶片,逐渐变成褐色或黑褐色,湿度大时有菌浓流出,有恶臭味,叶片软化、下垂,严重时全株死亡,高温高湿或用氮过多时易发此病。可用农用链霉素、可杀得2000、速补等药剂防治。

(5)褐斑病　发生在夏秋高温多湿天气,主要发生在叶片上。发病初期叶片出现圆形小斑点,以后逐渐扩大成大斑,病斑黑褐色,严重时叶片变黑枯萎。发病初期用 10%宝丽安(多抗霉素)80 倍液每半月喷洒 1 次;日常栽培时注意通风、透光。

(6)虫害　用 40%三氯杀螨醇乳剂 2 000 倍液、40%氧化乐果 1 000～1 500 倍液和乐斯本 1 000 倍液可有效防治红蜘蛛、介壳虫和潜叶蛾。

【拓展学习】

蝴蝶兰选购与家庭养护

选购蝴蝶兰一看叶片,二看花数,三看花形。质量好的蝴蝶兰叶片色泽油亮,有厚度,叶片多,排列整齐;花苞数量多(花苞 8～11 个为 A 级;花苞 6～8 个为 B 级;花苞 6 个以下为 C 级);花瓣紧凑、完整、厚实;花朵排列整齐有序,花的朝向一致,姿态优雅。

蝴蝶兰喜散射光、喜高温、高湿、通风半阴环境,忌水涝气闷。家庭养护时,花盆置于光线充足、空气流通的客厅、卧室、书房等地,不要置于阳光直射的地方。一般室内温度保持在 14～32℃即可;每 7～10 d 浇水 1 次,注意蝴蝶兰开花期花朵不可淋到水;平时注意打开门窗通风换气。将市售的蝴蝶兰营养液按规定倍数稀释,每周浇 1 次,用量根据植株大小和生长快慢而定,植株小、生长慢的蝴蝶兰用量酌减;冬天或休眠期 0.5～1 个月浇 1 次。花朵凋谢后可自花梗基部切除,或将第三节以上部分切除。每年春末夏初必须换盆。

任务 6-5　西瓜有机生态型无土栽培

任务描述

☆ 具体任务：①设施建造；②拟定生产计划；③培育西瓜壮苗；④参与栽培管理；⑤完成实践总结报告。

☆ 实施形式：分组分区操作与管理。

☆ 实施程序：同任务 6-1。

任务分析

有机生态型无土栽培与常规基质槽培相比，除了基质种类及其配比不同外，其他设施构成基本相同。由于栽培期间只浇清水或叶面肥，不浇或少浇营养液。因此，基质处理是保证生产出绿色蔬菜的关键技术环节。此项技术难度不大，操作与管理相对简单。要求生产管理人员熟悉有机生态型无土栽培的实施步骤，正确选择基质配方，严格执行操作规程，借鉴基质培管理的经验，就能比较顺利地完成实践任务。

【任务实施】

一、制订生产计划

早熟和秋延后栽培的西瓜品种，应选用适合棚室栽培的小型西瓜品种，具备早熟、耐湿、抗病、耐低温、结果率高、品质优、适于密植等特点，如早春红玉、拿比特、特小凤、京欣 1 号等；秋西瓜栽培的品种选用结果率高、抗病性强、产量高的品种，如花仙子等。北京地区栽培茬口选择见表 6-5-1。在栽培时间安排和生产规模上，要为日光温室的性能所允许；避开南方西瓜北运过多的影响；上市时间处于西瓜开始消费的旺季。表 6-5-2 是西瓜有机生态型无土槽培生产计划安排。后面以此为参照，介绍西瓜有机生态型无土栽培技术。

表 6-5-1　北京地区温室西瓜有机生态型无土栽培茬口安排

茬次	播种育苗	定植	采收上市
秋冬茬	8 月 20 日前后	9 月中旬	12 月上旬始收，贮藏保鲜陆续上市
冬春茬	1 月上中旬	2 月中旬	4 月下旬至 5 月下旬

表 6-5-2 西瓜有机生态型基质槽培生产计划安排

项目内容	生产要求	项目内容	生产要求
茬口安排	冬春茬	栽培形式	有机生态型无土栽培
栽培品种	早熟品种——京欣1号	营养液配方	—
栽培面积	667 m^2	播种、定植与采收	见表 6-5-1
育苗方式	穴盘育苗		

二、设施建造

有机生态型无土栽培栽培槽与基质栽培槽类似，建造方法与规格要求参任务 6-1。如日光温室内建简易栽培槽，可用红砖砌成，槽内宽 90 cm，槽深 18～20 cm，过道 90 cm，槽长南北向，依温室跨度而定。槽框建好后，在槽底铺 1 层 0.1 mm 厚的聚乙烯塑料膜，与地面土壤隔离，以防土传病虫传染。将有机基质如消毒鸡粪、食用菌菌渣和谷壳灰、细煤渣按 2∶4∶3∶1 的比例混配。一般每立方米基质添加 5 kg 三元复合肥。基质充分混拌后填平栽培槽。每 667 m^2 需基质 10～12 m^3。基质上铺滴灌软管。其他设施如贮液（水）池、滴灌系统等建造安装与基质槽培相同。

三、无土育苗

西瓜无土育苗一般可选择穴盘育苗或营养钵育苗方式。播种前做好选种、晒种和药剂浸种、温水烫种处理，以及催芽处理、基质消毒等。注意播种时间与茬次相对应。

(一)自根苗培育

1. 种子处理

选择贮藏最好不超过 2 年的种子，使用前精选，剔除病、残、秕和畸形种子。晴天将种子曝晒 1～2 d(种子厚度不超过 1 cm)后，用 10%磷酸三钠溶液浸泡 20 min，然后在 55～60℃的温水烫种 15 min 左右。烫种时要不断搅拌，待水温降到常温后用清水洗净种皮上的黏液，再将种子置于清水中浸种 8～10 h，每隔 2 h 搅拌 1 次。浸种后将种子在清水中反复揉搓几遍，洗净后晾至种皮发干，用干净的湿布包好，放到洁净盆中，置于 25～33℃条件下催芽。

2. 播种

西瓜北方地区日光温室冬春茬育苗的播种时间在 1 月上中旬。采用穴盘育苗方式。穴盘可选择 50 穴或 72 穴的穴盘。基质配方为草炭∶蛭石∶废菌渣＝1∶1∶1，每立方米基质加入 0.5 kg 尿素、0.5 kg 磷酸二氢钾和 0.5 kg 西瓜专用肥。基质与肥料混配，并按 3～4 kg 水/50 L 基质的比例喷水混拌均匀，使基质含水量为 50%～60%，然后使基质膨松后装入穴盘，刮去盘面上多余的基质。播种时，在孔穴的正中央打出 1 cm 深的小孔，将发芽种子平放入孔穴，一穴一粒，上覆 2～3 cm 厚基质，多余的基质刮掉。然后将穴盘整齐排放在苗床上，浇透水，覆盖一层地膜，以利保温保湿。

3. 苗床管理

(1)及时揭去地膜　播种后 2～3 d 及时查看苗情。当种子有 50%左右出土时，及时揭去地膜，使小苗见光绿化。

(2)温度管理　温度管理需掌握先高后低、昼高夜低的原则。西瓜出苗前温度宜高，需要密闭苗床，使白天温度达到 25～35℃，夜间保持 18～20℃。大部分瓜苗出土后，要降低温度，白天 20～25℃，夜间 15～20℃，促使秧苗生长稳健敦实，不发生徒长。幼苗破心后再适当提高温度，白天 27～30℃，夜间 20℃，以促进秧苗快速生长。出苗后，在不影响床温的情况下，加强通风，交换气体，排除湿气。

(3)光照管理　秧苗出土后，棚室的保温覆盖材料尽量早揭晚盖，保证秧苗及时、充分见光。

(4)肥水管理　西瓜对水分反应较为敏感，水分过多或过少都可能导致育苗失败，而播后保持基质湿润则是苗齐苗壮的关键。在播种前浇足底水的情况下，出苗期一般不能浇水，只要保证穴盘基质、水分均匀且不积水即可。如时间过长仍未出苗要及时查看并补充水分。出苗后，在缺水时每 2～3 d 喷洒 1 次。当基质表面呈干燥疏松状态时，应及时浇水；遇阴雨天可适当减少浇水次数。出苗 2 周后适当喷施叶面肥和控水，以促进秧苗健壮生长。喷水宜选在晴天上午进行，以便有充裕的时间排除湿气。如果结合喷水加入等量尿素、磷酸二氢钾的等量混合肥，配成 300～ 400 倍液，其喷施效果会更好。

(5)病虫害防治　基质育苗一般很少发生病虫害，各地可根据苗期病虫害发生情况做好预防工作。西瓜苗期病害主要有猝倒病、立枯病、炭疽病等，虫害主要有蚜虫。苗期病害可用绿亨 4 号(育苗壮)600 倍液、苗菌敌 800 倍液、64%杀毒矾 500 倍液等交替喷雾防治；蚜虫可用 10%吡虫啉 2 000 倍液喷雾防治。喷药要选在晴天上午进行。

4. 炼苗与起苗

定植前 5～7 d，控水、降温，促使秧苗健壮、根系发达。定植前 3 d 左右停止浇水，促进秧苗根系发达，盘结成紧实的根坨，起苗时可连同基质一并取出。为了便于起苗，在起苗前 1 d 可适量浇水，便于起苗定植或上市销售。

(二)嫁接苗培育

为了提高西瓜抗病性，生产上以南瓜、瓠果为砧木，培育嫁接苗。嫁接方法可选择插接法或劈接法。西瓜嫁接育苗的播种期要比自根苗提早 7～10 d ，以抵销嫁接愈合所造成的非生长期。插接法参照任务 4-2 拓展学习内容。劈接法是以砧木苗的子叶已完全展开，长到足够大小，接穗苗的子叶展开到真叶刚开始露出时为嫁接适期。嫁接方法是除去砧木苗的生长点，用利刀从两子叶中间的一侧向下劈开(不能将整个茎都劈开)，长度 1～1.5 cm；在接穗苗的子叶下 1～1.5 cm 处向下切削成双面楔形，楔面长 1～1.5 cm，与两子叶延长线垂直，以使砧木子叶能托住接穗苗。将接穗的楔面插入砧木的开口里，二者表面平齐，用嫁接夹夹住接口(图 6-5-1)。嫁接后 10 d 内是伤口的愈合期。此期环境的温度、湿度和光照的管理具有决定性的作用。嫁接后 3d 内白天保持 25℃左右，夜间 15℃以上；棚内相对湿度 90%以上；遮阴处理。3 d 后开始通风透气，逐渐增加光照(时间和强度)，10 d 后全天见光。无论是插接还是劈接(图 6-5-2)，都要及时摘除砧木上的萌蘖。嫁接 15 d 左右，解除绑缚固定物。定植前 7 d 左右，再降温炼苗，以便适应定植后的环境条件。

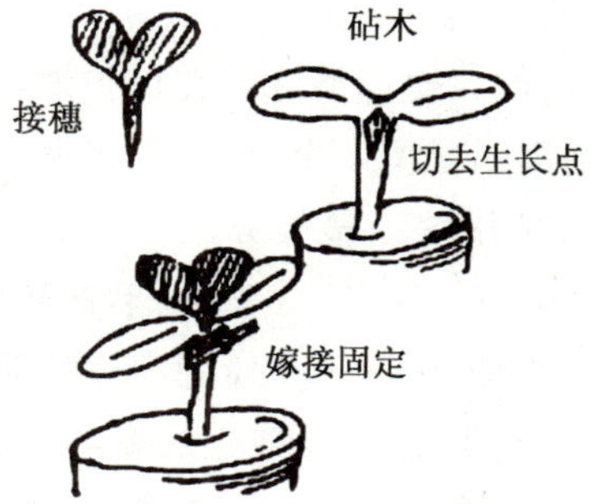

图 6-5-1 劈接法

图 6-5-2 嫁接成活的西瓜苗

(三)壮苗标准

日历苗龄 30～40 d,株高 12 cm 左右,真叶 3～4 叶,茎粗 0.5 cm,子叶大而完整,节间短,叶片舒展,叶色浓绿,根系发达、粗壮。

技 术 提 示

1. 注意催芽过程中要求种子表面干爽、定期翻动,每天用温水淘洗 1～2 次 ,晾至种子离散。待芽长 0.5cm 时播种。
2. 如果西瓜子叶带帽出土,应及时人工“脱帽”;子叶出土后揭膜迟缓则容易形成“高脚苗”。
3. 为了保证西瓜嫁接成活率,操作时要求接穗与砧木嫁接时一定要形成层对齐。

四、栽培管理

1. 定植

西瓜秧苗达到壮苗标准即可定植。北方地区西瓜冬春茬的定植时间大约在 2 月中旬。槽内双行定植。株距 35～40 cm，每亩栽 550～600 株。定植后铺上地膜,用小刀将地膜割开一个十字口,将瓜苗露出膜外,待缓苗结束后纳入正常的栽培管理。

2. 定植后管理

(1)棚温管理　定植后为促进活棵和发根,棚温白天保持 25～30℃,超过 30℃应稍加通风,晚上最低温度不低于 15℃。授粉期白天保持 25～28℃,昼夜温差 10℃为宜。膨瓜期白天棚温可增至 28～32℃,加大昼夜温差。

(2)肥水管理　有机基质中各种营养元素齐全,其中微量元素更是供应充足,因此,管理上应着重氮、磷、钾 3 要素的供应总量及平衡状态。定植后至开花坐果期,基本上不需追肥,视基质干湿状况适量滴灌清水,以促进坐果和防止徒长。幼瓜长到鸡蛋大小时,加强水肥供应,视生长期状况,每 10 d 左右在滴灌水中加入 1%～2%的三元复合肥,采收前 7～10 d 停止浇水。

(3)整枝和人工授粉　西瓜整枝分单蔓式、双蔓式、三蔓式和多蔓式。选择何种整枝方式,要根据品种、密度、栽培方式、预期结瓜次数和地力状况来灵活掌握。整枝留蔓要分次进行。单蔓式整枝是在主蔓长到50～60 cm时，保留主蔓，将其余侧枝全部摘除。在保护地早熟栽培中常采用这种整枝方法。双蔓式整枝是除主蔓以外，在基部只保留1个侧蔓，及早摘除其余侧蔓。这种整枝方法也适于密植，坐瓜率高。在早熟栽培时多用这一整枝方法。三蔓式整枝是除主蔓之外，在基部3～5节再选留2个侧蔓，其余摘除。这种整枝坐瓜率高，单株叶面积大，容易获得高产。多蔓式整枝是在主蔓长有30 cm长时，在基部留5～6片叶摘心，从萌出的侧枝中选留4～5个侧蔓，侧蔓向同一方向或四方伸展。这种整枝方式各蔓生长基本一致，坐瓜节位较整齐，在采种栽培和嫁接栽培中应用较多。整枝的基本原则是：早熟栽培采用单蔓整枝，1蔓1瓜；中熟栽培采用双蔓整枝，在2条蔓上同时留瓜，从中选留1个，以避免坐瓜不稳或中途落瓜；晚熟栽培来说，要求大瓜高产时，一般采取三蔓或多蔓整枝。不论采用哪种整枝方式，第一次整枝都不宜太早，第一次整枝后必须及时摘除侧芽、打顶，控制营养生长。坐瓜以后一般不再整枝。冬春茬京欣1号西瓜采用三蔓整枝方式。

选择第二、三雌花，于开花当天上午7～10时人工授粉，可提高西瓜的坐果率。

(4)植株调整　除了整枝之外，还应做好倒秧、理蔓、压蔓工作。倒秧一般是提着瓜秧摘除预留枝蔓以外的枝蔓，铲起一部分基质压到植株的后部，把植株顺势倒向爬蔓的方向。理蔓是主蔓开始伸蔓后到第一朵雌花开放，每隔3～4 d理蔓1次，引导主蔓有规律地向前伸展。主蔓雌花开放后，就不要再行理蔓，以防伤及幼瓜。压蔓是在整理茎蔓的基础上，将西瓜茎蔓在地面加以固定。在倒秧后第一次压蔓，以后4～6节压一次，共压2～3次。压蔓须掌握茎蔓长势旺时重压，长势弱时轻压；第一次重压，二次轻压，注意留瓜部位前后节不压。

五、采收

早熟西瓜从开花至果实成熟为30～35 d。一般4月底至5月初开始采收上市，5月底采收结束。

六、再生栽培

1.割除老蔓

在第一茬瓜全部采收结束后，于5月底至6月初在主蔓和两侧蔓的基部留10 cm左右，剪去其余部分，将剪下的秧蔓连同杂草一并清除棚外。揭起地膜，用清水冲洗干净保存留用。

2.追肥

西瓜剪蔓后，在栽培槽基质中开浅沟追肥，每亩结合灌水施腐熟饼肥50 kg＋三元复合肥25 kg，促进新蔓生长。膨瓜期在滴灌水中加1%～2%的三元复合肥随水滴灌。

3 整枝和授粉

当新蔓长至30～40 cm时，选留三条健壮蔓，其余剪去。开花后人工辅助授粉。

4.病虫害防治

再生西瓜生长期正处于高温多雨季节，病虫害发生较多，主要有蚜虫、瓜绢螟、斜纹夜蛾和枯萎病、病毒病、炭疽病、蔓枯病、白粉病等。应以预防为主，综合防治。发病时，主要喷施的药剂有：40%乐斯本乳油 600～800 倍液、20%灭扫利乳油 2 000 倍液、5%锐劲特 2 500 倍液、40%氰戊菊酯 6 000 倍液、50%多菌灵、70%甲基托布津、75%百菌清、80%杜邦新万生 500～800 倍液。

【知识链接】

有机生态型无土栽培是由中国农科院蔬菜花卉研究所在“八五”期间研究开发出的一种复合基质栽培技术。该技术把有机农业融入无土栽培，实现了有机与无机农业相结合的高效益、低成本的简易无土栽培，克服了传统无土栽培存在的一次性投资比较大、运转成本相对较高、营养液的配制与管理技术难掌握等限制因素，为无土栽培技术在我国的推广应用开辟了一条新的途径。这种栽培形式非常适合我国国情，适合我国生态农业、有机农业及绿色食品、有机食品发展的需求，现已在全国大面积推广应用，取得了良好的经济效益和社会效益，其推广应用促进了无土栽培的发展。

一、有机生态型无土栽培的含义与特点

有机生态型无土栽培是指用基质代替土壤，用有机固态肥取代营养液，并用清水直接灌溉作物的一种无土栽培方式。它立足于有机种植和农业的生态循环，除具有传统的营养液栽培的一般特点之外，还具有以下特点：

(1)用有机固态肥取代传统的营养液。传统无土栽培是以各种无机化肥配制成一定浓度的营养液，以供作物吸收利用。有机生态型无土栽培是以各种有机肥或无机肥的固体形态直接混施于基质中，作为供应栽培作物所需营养的基础，在作物的整个生长期中，可隔几天分若干次将固态肥直接追施于基质表面上，以保持养分的供应强度。

(2)操作管理简单。传统无土栽培的营养液，它需维持各种营养元素的一定浓度及各种元素间的平衡，尤其是要注意微量元素的有效性。有机生态型无土栽培因采用基质栽培及施用有机肥，不仅各种营养元素齐全，其中微量元素更是供应有余，因此在管理上主要着重考虑氮、磷、钾三要素的供应总量及其平衡状况，大大地简化了操作管理过程。

(3)大幅度降低设施一次性投资成本，节省生产费用。有机生态型无土栽培不使用营养液，主要施用消毒有机肥，肥料成本降低 60%～80%，可全部取消配制、检测与供应营养液所需的设备，大大节省无土栽培的生产成本。

(4)对环境无污染，产品质量可达“绿色食品”标准。传统无土栽培在供应营养液时，大约有 20%左右的水或营养液排到系统外，但排出液中盐浓度过高，会污染环境。有机生态型无土栽培系统排出液中硝酸盐的含量只有 1～4 mg/L，对环境无污染；有机生态型无土栽培从栽培基质到所施用的肥料，均以有机物质为主，所用有机肥经过一定加工处理(如利用高温和嫌氧发酵等)后，在其分解释放养分过程中，不会出现过多的有害无机盐；即使使用的少量无机化肥，不包括硝态氮肥，在栽培过程中也没有其他有害化学物质的污染，从而可使产品达到 A 级或 AA 级绿色食品标准。

二、有机生态型无土栽培的实施步骤

(一)建造设施系统

有机生态型无土栽培系统采用基质槽培的形式(图 6-5-3),主要由栽培槽、供水系统和贮水池(桶)三部分构成。栽培槽和过道的宽度要根据栽种作物的种类确定。果菜类栽培槽宽 48 cm,过道 72 cm;叶菜类槽宽 96 cm,过道 48 cm,槽深通常为 15～20 cm(北方高寒地可适当增高到 25～30 cm),槽长根据温室建筑状况而定,一般 5～30 m。栽培槽内衬塑料膜将基质和土壤隔开,既能防止土传病害,又能保水保肥。塑料膜上先铺粗基质,用于排水透气。粗基质可采用粗沙、石砾和粗炉渣等,厚度一般为 5～8 cm。粗基质上再铺一层塑料编织布(或无纺布),其上铺放栽培基质。

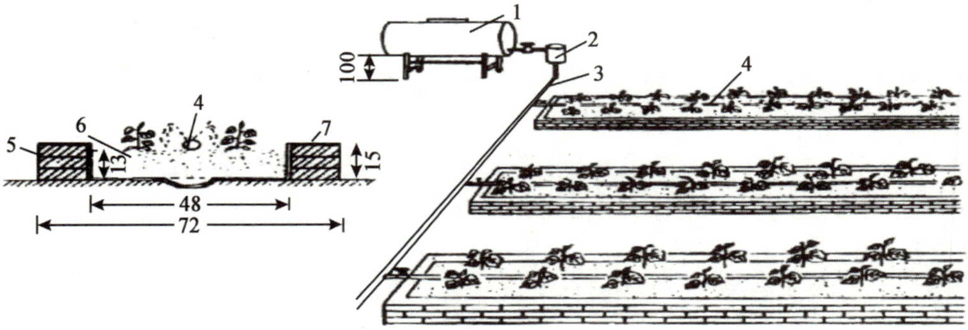

图 6-5-3　有机基质培设施系统(单位:cm)

1.贮液罐　2.过滤器　3.供液管　4.滴灌带　5.砖　6.有机基质　7.塑料薄膜

有机生态型无土栽培以清水作为水源,对滴灌系统的要求不如营养液栽培那样严格。在有自来水基础设施或水位差 1 m 以上贮水池(桶)的条件下,按单个棚室建成独立的供水系统。输水管道和其他器材均可用塑料制品,采用滴灌供水,按量供应,以节省资金。栽培槽宽 48 cm,可铺设滴灌带 1～2 条;栽培槽宽 72～96 cm,可铺设滴灌带 2～4 条。滴灌带平铺在栽培基质上(出水口向上)。在滴灌带上面覆盖塑料薄膜,防止水喷溅在过道上,同时起到降低温室湿度的作用。

(二)栽培基质的混配

进行有机生态型无土栽培,首先需要配制适合作物生长和生态农业要求的广谱性栽培基质。这也是有机生态型无土栽培技术的核心内容。有机生态基质的原料资源丰富易得,如玉米、向日葵秸秆、椰壳、蔗渣、酒糟、菇渣、锯末、树皮、刨花、鸡粪、豆饼等等,都可按一定配比混合后使用。但有机基质在使用前要求用粉碎机粉碎、高温发酵成有机固态肥后才可使用。有机基质发酵可降低基质中的 C/N 比,兼有消毒杀菌的作用。为了调整基质的物理性能,也可加入一定量的无机基质,如蛭石、珍珠岩、炉渣、沙、珍珠岩等,有机基质与无机基质的体积比为 2∶(8～7)∶3,一般 2～3 种有机基质与 1～2 种无机基质混配。常用的基质配比见表 6-5-3。

混配后的基质容重在0.3～0.65 g/cm³，每立方米基质可供净栽培面积6～9 m² 使用(以基质厚11～16 cm计)。基质的养分水平因所用有机原料的不同，会有较大差异，以后通过追肥来保证作物对养分的总体需求。栽培基质混配后，填入栽培槽。

表6-5-3 有机生态型无土栽培基质配方列举

基质混配	混配比例(V/V)	基质混配	混配比例(V/V)
草炭：炉渣	4：6	玉米秸：蛭石：菇渣	3：3：4
沙：椰子壳	5：5	油菜秆：菇渣：粗沙	3：5：2
草炭：玉米秸：炉渣	2：6：2	葵花秆：菇渣：珍珠岩	4：3：3
玉米秸：葵花秆：锯末：炉渣	5：2：1：2	玉米秸：菇渣：煤矸石	3：4：3
油菜秆：锯末：炉渣	5：3：2	玉米秸：菇渣：风化煤	4：3：3

(三)制定操作管理规程

1.栽培管理规程

主要根据市场需求和产品价格动态来确定适合种植的作物种类、品种选择和上市日期，制定播种育苗、种植密度、株形控制等技术操作要求。

(1)品种选择　有机生态型无土栽培适宜种植多种作物，如茄果类、瓜类、豆类、叶菜类蔬菜和鲜切花等。

(2)育苗与定植　有机生态型无土栽培用苗，一般以穴盘育苗或营养钵(块)育苗为主。西瓜育苗基质多选用复合基质，如草炭：蛭石：废菌渣＝1：1：1的复合基质，加上少量专用肥，混配均匀后装入穴盘或营养钵，浇透水即可播种。育苗方法见项目4相关内容。

定植时要防止伤苗和保持适宜的株距。采用营养钵育苗，可以先将营养钵的底去除，脱钵后带基质坨定植，以避免伤根和减轻根腐病的发生。株距一般根据每667 m² 定植的株数来确定，通常每667 m² 定植黄瓜、番茄3 000株左右；西瓜、甜瓜1 500～2 200株。叶菜类定植株数则根据作物种类来确定。

(3)日常管理　为了体现有机生态型无土栽培技术的潜力，达到满意的栽培效果，相关的配套技术也非常重要。如番茄花期可采用人工振荡授粉、专用熊蜂授粉，南瓜、西瓜、甜瓜一般采用人工对花的方式；及时疏花疏果；高秧作物应不断放秧，以保证植株合适的高度；及时调整植株的叶、侧枝、花、果实的数量和植株高度，保持植株良好的通风透光条件，使营养生长和生殖生长达到平衡。在环境控制方面要做到及时、有效。环境调控措施见任务10-1。

2.营养管理规程

(1)基肥　定植前栽培基质需施基肥。基肥一般采用有机生态型无土栽培专用固态肥。施肥量根据基质和作物的种类确定，一般为12～22 kg/m³ 基质。每立方米基质所施用的肥料内应含有：全氮(N)1.5～2.0 kg，全磷(P_2O_5)0.5～0.8 kg，全钾(K_2O)0.8～2.4 kg。如在每立方米基质中混入10 kg消毒鸡粪、1 kg磷酸二铵、1.5 kg硫铵和1.5 kg硫酸钾作基肥，足够一茬番茄亩产8 000～10 000 kg的养分需要量。施肥时先将基肥均匀撒在基质表面，然后将基质和肥料混匀。为了在作物整个生育期内均处于最佳供肥状态，通常依作物种类及所施肥料的不同，可将肥料分期施用。

(2)追肥　定植后一般 20～25 d 开始追肥，拉秧前 30 d 停止追肥。茄果类蔬菜每次追肥间隔 10～15 d，黄瓜为 7～12 d，西瓜、甜瓜整个生育期追肥 2～3 次。叶菜类一般不追肥。追肥方式有多种，撒施和穴施均可，其中以穴施效果最好。撒施时要注意将肥料均匀地撒在离根 5 cm 以外的周围。基肥与追肥的比例为 25∶75 至 60∶40，每次每立方米基质的追肥量：全氮(N)80～150 g、全磷(P_2O_5)30～50 g、全钾(K_2O)50～180 g。如果以生物专用肥作为追肥，一般每次每株追肥 10～15 g。长季节栽培的追肥总量 24～32 kg/m^3；追肥次数根据作物生育期的长短而定。

3. 水分管理规程

水分管理是有机生态型无土栽培取得满意效果的关键技术之一，要根据作物种类和季节来确定浇水定额，并依据栽培作物的大小及基质的含水状况调整浇水量。作物定植前 1～2 d 浇透基质，但要避免定植时基质还处于浸泡状态下。定植后根据作物状态、基质含水量和天气变化等综合因素进行水分管理。一般每天灌溉 1～3 次，保持基质湿度为 60%～80%(按占干基质计)。阴雨天停止灌溉；冬季隔 1 天灌溉 1 次，并且灌溉水的温度应保持在 12℃。果菜类蔬菜坐果前的水分管理特别重要，前期要适当控水，以防植株徒长，开花坐果前维持基质湿度为 60%～65%，坐果后以促为主，保持基质湿度在 70%～80%。成株期的黄瓜每天每株浇水 1～2 L，番茄 0.8～1.2 L，甜椒 0.7～0.9 L。

4. 基质消毒和增施 CO_2 气肥

有机生态型无土栽培首选的基质消毒方法是太阳能消毒。增施 CO_2 气肥的方法见任务 10-1。其中，燃烧沼气或液化气方式补充 CO_2 的方法，兼有温室加温作用，比较符合农村的实际情况。此外，加强棚室通风，有助于增加棚室 CO_2。

5. 病虫害综合防治

病虫害防治遵循以防为主的原则，应加强设施环境的综合调控和植株调整，及时整枝打杈、绕蔓、打底叶、摘残花病叶，增加群体通风透光性，使用安全合格的硫磺熏蒸器，可以有效控制叶面各种真菌性病害；设置防虫网，防止蚜虫等害虫进入设施环境；悬挂粘虫黄板，可有效降低温室的虫口密度。此外，还要严防农事操作传播病虫害。

【拓展学习】

有机固态肥及其堆制工艺流程

无土栽培全部采用腐熟的有机肥，如用鸡粪和豆饼按 2∶1 配制而成有机型固态肥，可生产 AA 级绿色或有机食品；另一类为采用有机肥和无机肥混配，如用鸡粪与无机固体肥按 7∶3 比例等配成的有机无机固态肥，可生产 A 级绿色食品。应用于无土栽培的有机肥和有机基质主要有饼肥、秸秆、粪便、草炭和菇渣等。有机基质一般需要堆制和化验后方可使用。有机固态肥堆制工艺流程见图 6-5-4。

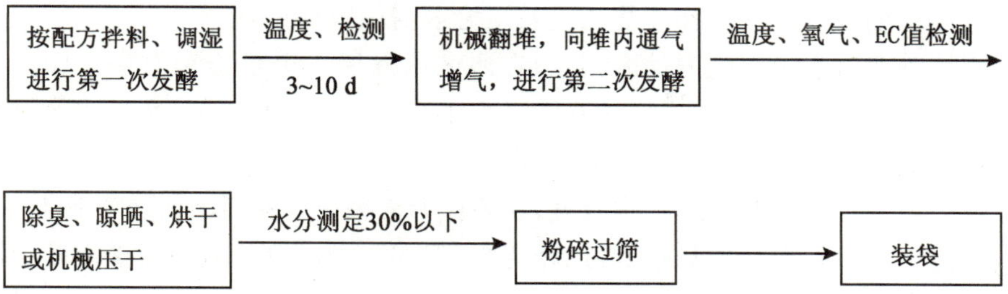

图 6-5-4 有机固态肥堆制工艺流程

【学习总结】

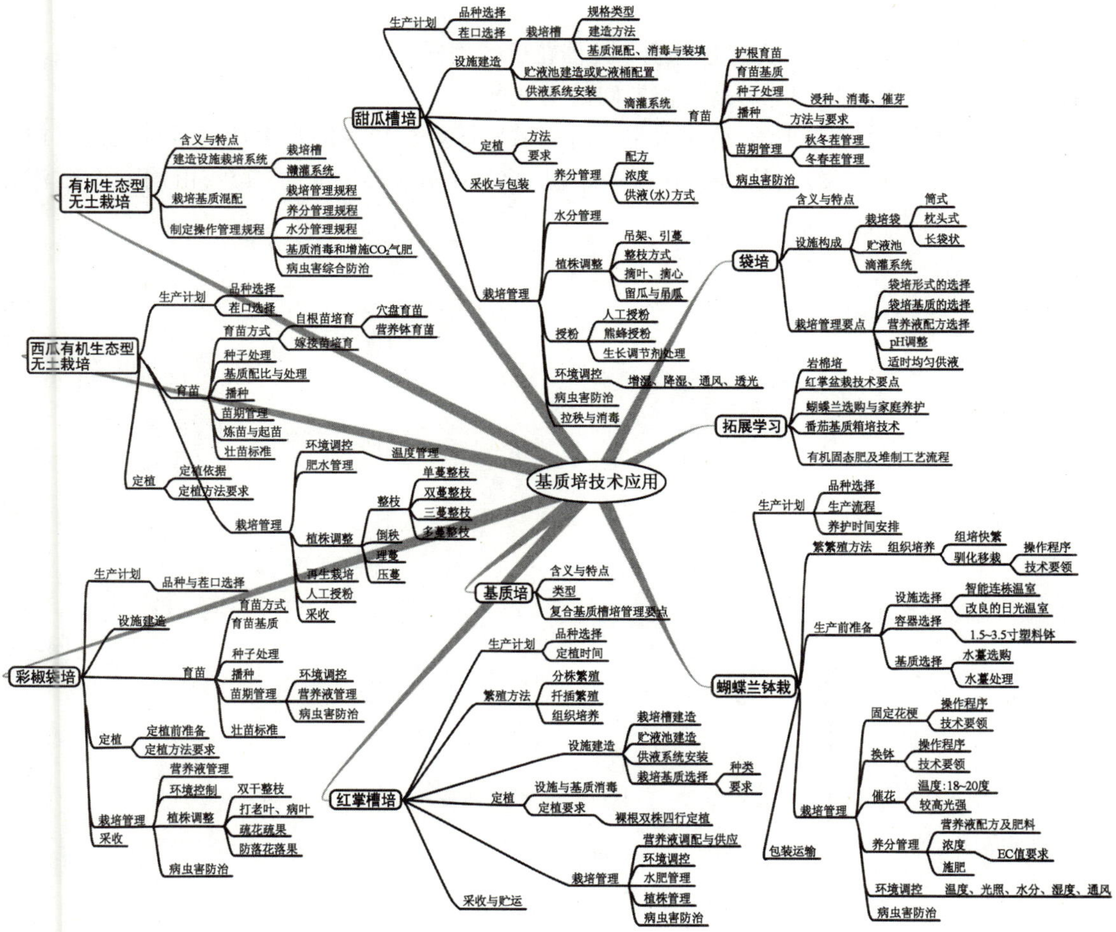

【能力测试】

1. 结合家乡的气候条件和有机基质资源，制定出适合本地甜瓜基质槽培的技术方案。
2. 你认为袋培与槽培相比，具体有哪些优势？在都市农业上是否有应用价值？
3. 有机生态型无土栽培与常规基质培、土壤栽培有何异同点？
4. 你认为做好基质栽培，需在哪些技术环节上下功夫？

5. 工农业生产的废弃物在用作作物无土栽培之前需做哪些处理?

6. 某公司计划建造生态观光采摘园,其中在园区内发展5个彩椒袋培生产棚。小李是公司新聘用的某职业院校毕业生,生产厂长有意考察小李的技术水平,特将彩椒生产计划与实施方案制定的重任交给了小李。请你代小李完成此项工作。

7. 某红掌公司生产操作与管理基本合理,始终按营养液一直按基础配方配制与应用,现遇到以下情形:①从5～9月植株长势很好,产花正常,但在10月以后发现,植株变矮,掌面变小;②冬季(1月下旬至4月中旬)出现10%左右畸形花或无花现象;③12月至翌年3月,发现有一定数量红色掌面变蓝;④在4～5月份时新展开的叶片呈现锯齿状,叶片背面可见齿道。请根据红掌无土栽培知识,分析原因并提出解决方案。

8. 近日因天气晴好的原因,公司蝴蝶兰催花温室降温困难。请你分析这种情况持续下去的后果,并提出解决的办法。

9. 10月初,北京某公司从南方新进一批催花后的蝴蝶兰大苗,保温车运输,纸箱包装。作为技术主管,请你制定接货与后期缓苗期间的实施方案。

10. 查阅文献,并结合所学,请尝试制定出黄瓜岩棉培与袋培同步生产的设施建造实施方案。已知两种栽培形式的栽培面积各占一个温室(120 m×7.5 m)的1/2,由同一个贮液池供液。

项目7

立体栽培技术应用

立体栽培，也称垂直栽培，是通过竖立起来的立柱等栽培设施作为植物生长的载体，充分利用温室空间和太阳能，发挥有限地面生产潜力的一类无土栽培形式。园艺作物立体栽培，可以提高土地利用率3～5倍，提高单位面积产量2～3倍，同时因设施造型新颖独特、优雅美观而创造出较高的观赏价值。

学习目标

☆ 终极目标：掌握园艺作物立体无土栽培技术。

☆ 促成目标：

1. 能够识别常用的立体无土栽培设施类型；
2. 掌握常见的立体无土栽培设施建造方法；
3. 掌握常紫背天葵立柱栽培、油菜墙式基质培、西芹管道水培和番茄树状栽培等立体栽培技术；
4. 培养职业态度、团队精神和创新思维。

任务7-1 紫背天葵立柱栽培

任务描述

☆ 具体任务：①立柱设施建造；②拟定生产计划；③培育壮苗；④参与栽培管理；⑤完成实践总结报告。

☆ 实施形式：分组分区操作与管理。

☆ 管理要求：同任务5-1。

任务分析

本任务是特菜生产与立柱栽培设施相结合的立体栽培实践活动，包括立柱栽培设施建造、扦插育苗和栽培管理3大技术环节。其中，设施建造质量是立柱栽培的关键环节，要求设计科学、布局合理、组装质量高；扦插育苗技术要求不高，容易掌握，而栽培管理的重点则是营养液管理和环境调控。要求管理人员掌握盆钵垛叠式基质培的设施建造方法与栽培管理要点，以严谨的工作态度、良好的团队精神和高度的责任心，制订生产计划，规范有序操作，动态管控营养液和栽培环境，及时发现并有效处置生产问题。

【任务实施】

一、制订生产计划

紫背天葵有红叶种和绿叶种之分。红叶种的叶背和茎均为紫红色，光滑，节长，新叶也为紫红色，随着茎的成熟，逐渐变为绿色；香味稍淡，较耐低温。绿叶种的茎基部淡紫色，节短，叶小浓绿，被微茸毛，分枝性能差；香味较浓，耐热、耐湿性强。因此，红叶种比较适合北方和冬季较冷的地区栽植；而绿叶种比较适于南方栽植。只要环境温度在5～35℃之间，一年四季都可栽培，而且定植后可长季节栽培。生产上可根据当地气候条件和市场需求选择适宜的品种栽植。表7-1-1是北方地区紫背天葵盆钵垛叠式立柱栽培的生产安排。图7-1-1是紫背天葵立柱栽培的生产流程。北方地区立体基质栽培紫背天葵，多采用一茬多年制，定植后可连续收获3～4年。

表7-1-1 紫背天葵立柱栽培生产安排

栽培季节	春季生产	秋季生产
育苗方式	扦插繁殖	扦插繁殖
栽培形式	垛叠立体基质培	垛叠立体基质培
营养液	山崎茼蒿营养液	山崎茼蒿营养液
育苗时间	2～3月	9～10月
定植时间	3～4月	10～11月
采收时间	6月初开始收获	翌年1月初开始收获

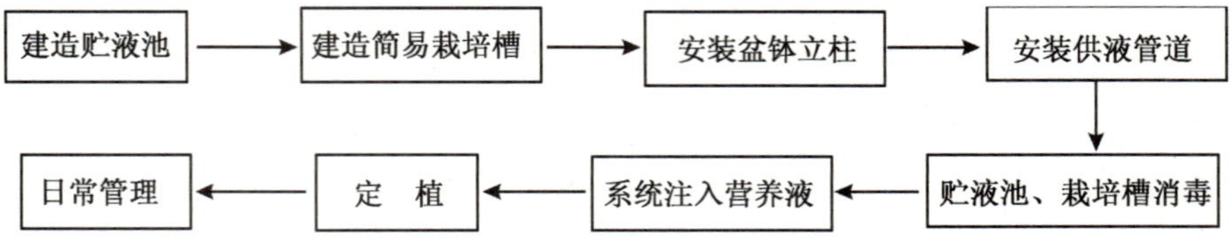

图7-1-1 紫背天葵盆钵垛叠式立体栽培操作流程

二、设施建造

紫背天葵立柱栽培可以选择盆钵垛叠式基质培、水培两种栽培形式，二者主要区别在于人工创造的根际环境不同。以下介绍盆钵垛叠式基质培的设施建造方法与技术要求。

1.做好栽培区域规划

根据生产计划安排，确定栽培面积，在此基础上确定每个棚室内栽培立柱和盆钵的数量、供液管道系统的布局，最后完成设施系统建造的总体设计方案，并画出施工简图(图 7-1-2)。

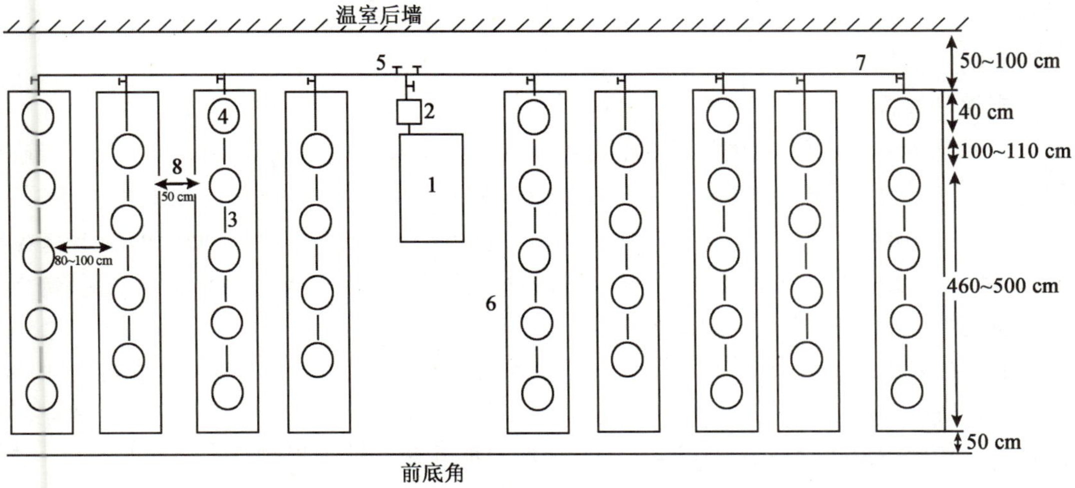

图 7-1-2　日光温室内盆钵垛叠式立柱基质培设施系统建造施工平面示意图

1.贮液池　2.首部　3.供液支管　4.立柱　5.阀门　6 简易栽培槽　7.供液主管　8.作业道

2.建造地下贮液池

参照任务 5-1。

3.建造栽培立柱

(1)预埋中心柱。将棚室内的地面整平压实，根据施工图布线，确定作业道、栽培槽、栽培立柱的相对位置，然后施工。先用红砖铺装作业道。作业道宽 50 cm、间距 80～100 cm。作业道的间隙就是 5～10 cm 深的简易栽培槽，一般按宽 48 cm、深 5～10 cm、坡降 1∶100 的设计要求建造(日光温室要求北高南低)。槽内按 140～150 cm 的间距点穴，在每个点穴处砌出若干个以点穴为中心、20～30 cm 见方的深水泥墩，同时在每个水泥墩中心埋设一根直径 2.5 cm、长 2 m 左右的镀锌铁管，作为中心柱。在每个中心柱上先套入成套的黑色硬质塑料转盘，转盘底座固定在水泥墩上。

(2)安装栽培钵。首先，选择基质并消毒。紫背天葵基质栽培可选用单一基质如炉渣或食用菌废料，也可用草炭和沙子混配的复合基质。北方地区炉渣来源广泛，价格低廉，经济实用。选择经过过筛处理的粒径 0.5～1.5 cm 的炉渣，混拌消毒后，按粗基质(有利于排水和通气)、细基质的先后顺序依次填入盆钵内，注意基质填装的高度略低于盆沿 2 cm。其次，将填入基质的梅花形硬塑栽培盆一个个套入中心柱，垛叠成培立柱。要求每个立柱上栽培盆的突出部位（即栽培穴）上下错开，盆与盆之间的凹凸扣栽嵌合在一起，使数个盆钵成为一个整体，立柱旋转自如；相邻两排立柱要呈三角形错开，栽培槽内每行立柱上的盆钵数量由南向北逐渐增加，以免相互遮光。一般每个栽培立柱垛叠4～10个。盆钵立柱设施见图7-1-3。

图 7-1-3　盆钵立柱设施

（3）挖浅排液沟，铺塑料膜。在简易栽培槽的底部中央，沿种植槽的坡降方向挖出排液浅沟，然后在整个槽底铺上塑料膜。

4. 布设供液系统

供液系统主要由水泵、供液管道和定时器构成。供液总管（ϕ40 mmPE塑料管）一端通过阀门与贮液池内的水泵相连，另一端通过阀门分别与横走于各排立柱上方的供液支管（ϕ2.5 cm PE塑料管）相连。在距各立柱上部较近位置的供液支管上顺次钻出3个直径约30 mm的小孔，并通过嵌入式接头与三根毛管连接，其中第一根毛管通到上部第一盆，剩余两根依次通到中、下部栽培盆内，以便供液均匀。

采取开放式供液方式供液时，营养液经供液总管（图7-1-4）→供液支管→毛管流入栽培盆（图7-1-5）。营养液流量由供液支管上的阀门控制，定量供应，多余营养液自上而下通过各栽培盆底的小孔依次渗流至地面，汇集到排水沟，最后排出棚室外。

图 7-1-4　供液总管与支管

图 7-1-5　供液支管及毛管

5. 质量检测

贮液池放满水，检查是否渗漏。然后启动水泵，检查供液主管道是否有漏水，检查供液支管管道是否通畅，尤其是注意毛管滴头松紧度是否适宜。

技　术　提　示

1. 建完立柱后要求栽培盆突出部位上下错开，栽培盆上下同心；相邻两排立柱要呈三角形布局，棚室后脊至前屋面的立柱高度要逐次降低；立柱旋转自如。这样有利于各处立柱上的苗都能正常接受光照。
2. 镀锌管使用前最好均匀涂上防锈漆，能够延长使用寿命。

三、育苗方法

紫背天葵种苗繁殖有扦插、分株和播种三种方式，生产上以扦插繁殖（图 7-1-6）为主，在无霜冻的地方，可周年扦插，但在春秋两季插条生根快，生长迅速，一般在 2～3 月和 9～10 月进行扦插繁殖。从健壮无病的植株上剪取长 6～8 cm 的嫩枝做插穗，过嫩或过老的枝条不能作插穗。剪下的枝条每段留下 3～5 片叶。摘除插穗基部的 1～2 片叶后即可斜插入预先准备好的苗床或塑料钵中，插入深度为其长度的 2/3，株行距均为 7～10 cm。基质按细沙与细炉渣为 1∶1 的比例混合，不宜施肥。插后喷水浇透，苗床或塑料钵上面用塑料布覆盖，遮阴保湿。苗期温度控制在 20～26℃，保持基质湿润，通常 12～15 d 即可成活。若加快生根，可在扦插前将插穗基部浸入 200～300 mg/L 的 NAA 溶液中 4 h，可提前 3～4 d 生根成活。扦插成活后，初期每 2 d 喷一次 1/2 B 的叶菜类通用配方营养液，后期改成 1 B 的营养液，每天喷 1 次，待根长 4 cm 以上时即可移栽。

图 7-1-6　扦插繁殖

四、定植

1. 设施和基质消毒

贮液池清洗消毒参见任务 5-1。基质消毒方法是在贮液池中配制 1 000 倍多菌灵溶液，通过供液系统向各栽培盆滴灌至湿透，静止 24 h 后即可使用。

2. 定植

将紫背天葵扦插苗根系在配好的 0.5%～1% $KMnO_4$ 溶液中浸泡数分钟后再用清水洗净，然后栽植在每个栽培盆 5 个突出部位的基质中。用手稍加按实后，启动水泵，通过滴灌系统向各栽培盆浇水至湿透。2～3 d 后再浇一次水。3～5 d 后缓苗结束，而后过渡到正常的栽培管理。

五、栽培管理

1. 环境调控

紫背天葵喜温暖湿润气候，生长适温 20～25℃，最高气温 35℃，能耐 3～5℃的低温，不耐霜冻。只要温度适宜，可周年生长，无明显休眠期。紫背天葵喜光、耐旱，若光照不足则生长细弱，基质过湿容易烂根。因此，温室栽培可在北墙张挂反光幕，以增强棚室北侧光照；连阴天可人工补光；平时基质保持湿润即可。

2. 营养液管理

采用山崎养液供应养分。定植初期 EC 值可调节至 0.5～1.0 ms/cm，1～2 次/d，每株供液 0.5 L，以后随长势逐渐增加。生长中期 EC 值控制在 2.0～2.5 ms/cm，最高不宜超过 3.0 ms，2～3 次/d，每株供液 1 L。阴雨天停止供液。平时基质保持湿湿润。紫背天葵对营养液浓度的适应性较强，短期低于或高于最适 EC 值，一般不会出现异常变化。紫背天葵生长适宜的 pH 为 6.0～6.8。

3. 植株调整

定植后一般经 10～15 d，待主干伸展至 15 cm 长时去顶，促其侧芽萌生为营养主枝，每株可选留 4～6 个枝条，培养成旺盛株丛。及时采收，防止上下盆钵的枝条互相遮挡。整个生长过程中，需经常转动立柱，使各处植株受光均匀，长势平衡。

4. 病虫害防治

北方地区栽培紫背天葵，病虫害较少，但需注意防治蚜虫、蛞蝓。灭蚜药剂可选用一遍净、特灭粉虱等，每隔 7 d 喷一次，连喷 3～4 次，防治效果较好，但注意采收前半个月停用。及时防治蚜虫，可减少病毒病的发生，一旦发现病株应及时拔除，在采收时更应注意，以防接触传播。防治蛞蝓可采用灭旱螺颗粒诱杀。

5. 清水洗盐

紫背天葵长时间栽培于炉渣内，由于基质本身的吸附性，容易导致炉渣内盐分积累过多而对根系生长造成为害。为消除这种危险，应每隔 1 个月左右通 1 次清水(夏季半个月 1 次)，以洗去盆钵内炉渣表面沉积的多余盐分。

六、采收

紫背天葵嫩梢长 10～15 cm 时即可采收。第一次采收时基部留 2～3 个节位的叶片，在叶腋处会继续发出新的嫩梢，下次采收时，留基部 1～2 节位的叶片。在适宜条件下大约每隔半个月采收 1 次，每 667 m^2 产量可达 8 000～10 000 kg。采收次数越多，植株的分枝越多，如不及时采收，反而不利于生长。采收时要考虑剪取部位对以后侧芽萌发成枝的影响，防止将来枝条空间分布不合理和增加管理负担。

【知识链接】

立体栽培类型

20 世纪 60 年代，发达国家首先发展立体无土栽培，美国、日本、西班牙、意大利等国研究开发出多种形式的立体栽培类型，如多层式、悬垂式、香肠式、单元叠加式等。我国自 20 世纪 90 年代起开始研究推广此项技术。立柱式无土栽培因其高科技、新颖、美观等特点而成为观光农业的首选项目。

(1)柱状栽培设施　栽培柱采用石棉水泥管或硬质塑料管,在管的四周按螺旋位置开孔,植株种植在装填孔基质的孔穴中。也可采用由若干个短的模形管构成的专用无土栽培柱。每一个模形管上有几个突出的杯状物,用来种植植物(图7-1-7)。一般采取底部供液或上部供液的开放式滴灌供液方式。

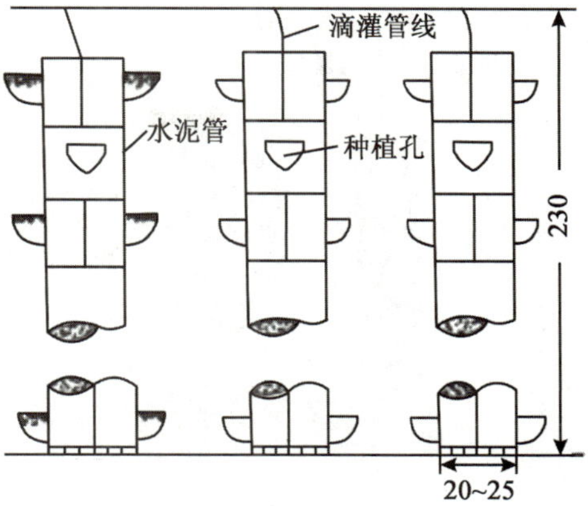

图 7-1-7　柱状栽培示意图(单位:cm)

(2)吊袋式基质培　具体见图 6-3-7。

(3)盆钵垛叠式立柱栽培设施　盆钵垛叠式立柱由塑料盆钵上下垛叠而成栽培柱,可用于立体基质培和立体水培,主要取决于上下垛叠塑料盆钵的规格样式和是否装填基质。盆钵垛叠式立体基质培的专用塑料盆钵为五瓣体梅花状(图 7-1-8),盆钵 ϕ40 cm,深度 15～20 cm,盆中央有一个 ϕ5 cm、用于插入固定柱的中心孔,在盆底和 1/2 盆高的盆壁处有小孔,溢液或通气用。立体水培的盆钵为四瓣体或五瓣体的塑料盆钵(图 7-1-9),高和直径均为 20 cm,中心孔 5 cm,自盆底部向上有一个 ϕ1.5 cm、高 5 cm、溢流用的空心短柱,其他位置均密封无孔。

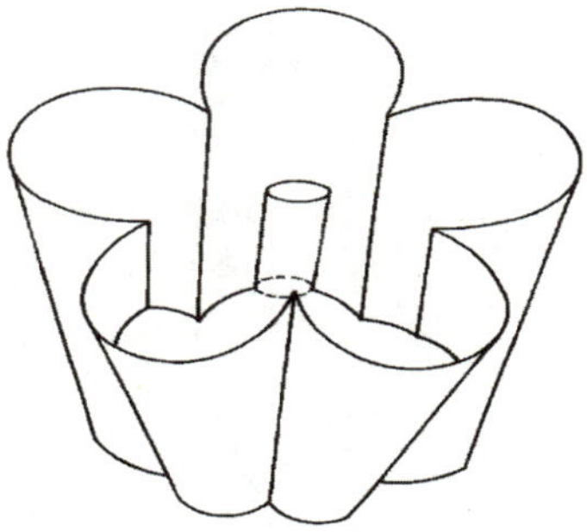
图 7-1-8　立体基质栽培用塑料盆

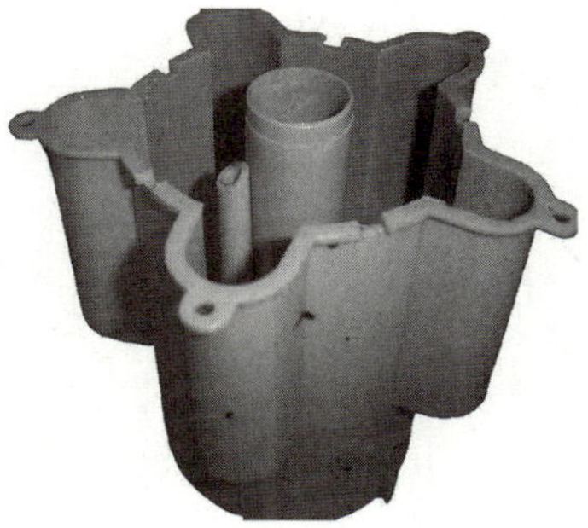
图 7-1-9　立体水培用塑料盆

盆钵垛叠式立体基质培采取顶部小管束流式开放供液方式;而立体水培采取顶部滴灌式循环供液方式。两种类型的设施结构见图 7-1-10 和图 7-1-11。

(4)插管式立柱栽培设施　插管式立柱栽培也称泡沫立柱栽培或复合基质插管式泡沫塑料立柱栽培,具有运行费用低、营养液循环流畅的特点。由于插管空间小,存放基质少,因此插管式立柱栽培主要用来栽植生长周期短的植物品种。其栽培设施由立柱、插管和 DFT 栽培槽 3 部分组成(图 7-1-12)。其立柱结构是先用海绵将粗大实心的聚苯乙烯泡沫塑料方柱(中心柱)包裹,而后在外面包裹裁切好的无纺布,然后在外面安装 4 块已打好 2 排定植孔的泡沫侧壁板,将来在侧壁板的定植孔上安插插管,这样制作的栽培柱用铁丝箍住,竖立于平面栽培槽内。插管内装草炭与蛭石的复合基质(配比(1～1.5)：1),育好的苗预先定植于插管内。营养液自栽培柱的上方供液,最后注入平面栽培槽,与平面 DFT 水培相结合,循环供液。

图 7-1-10　盆钵垛叠式立体基质培设施

图 7-1-11　盆钵垛叠式立体水培设施

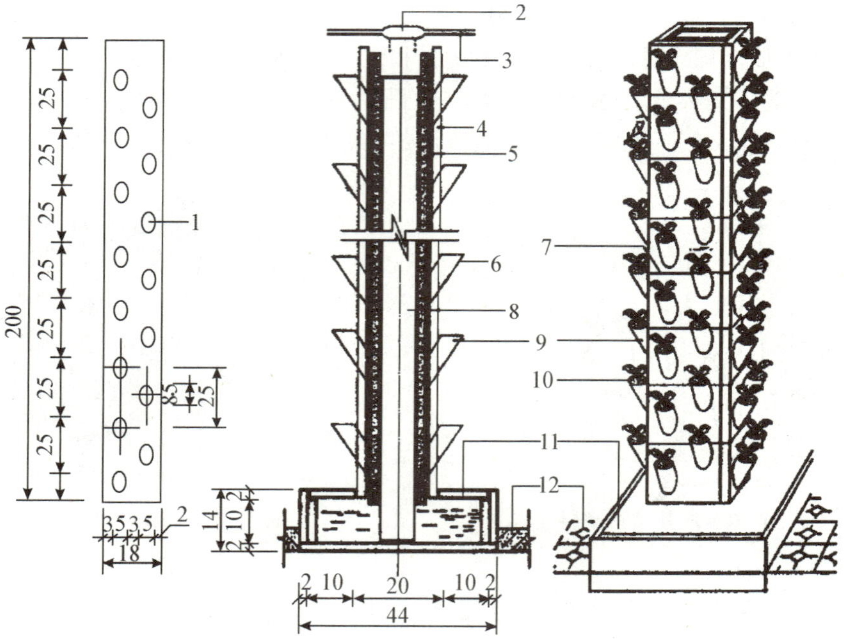

图 7-1-12　插管式立柱栽培结构示意图(单位:cm)

1.定植孔　2.滴灌盒　3.供液支管　4.泡沫塑料侧壁板　5.无纺布

6.海绵　7.铁丝箍　8.中心柱　9.插管　10.基质

11.泡沫塑料栽培槽　12.水泥砖操作通道

近年来,随着科学技术的进步,插管式立柱栽培出现了一种新的栽培形式——墙式立体栽培(图 7-1-13),墙式立体栽培不仅有效扩大了插管式立柱栽培的应用范围,而且外形更加新颖美观,在农业旅游开发中应用非常广泛。

(5)吊槽式基质培设施　温室空间顺畦作方向吊挂木栽培槽。栽培槽长 3 m,宽 0.15 m,高 0.1 m,内装基质,滴灌供液。

图 7-1-13 墙式立体栽培

(6)三层槽式水培设施 将三层水槽按 80 cm 距离架设于空中而成。栽培形式为 DFT 水培，营养液顺槽的方向逆水层流动(图 7-1-14)。

(7)鲁 SC-Ⅰ型多层式水培设施 这是山东农业大学研制成功的立体无土栽培形式。栽培槽是用薄铁板式玻璃钢制成，宽与高均为 20 cm，长 2～2.6 m 的三角形，一端设进液口，另一端设"U"形排液管，槽内填 10 cm 厚的蛭石，用垫托住，下面尚有 10 cm 空间供营养液流动。栽培床吊挂三层，层间距 80～100 cm，槽间行距 1.8 m(图 7-1-15)。

(8)管道水培模式设施 参见任务 7-2。

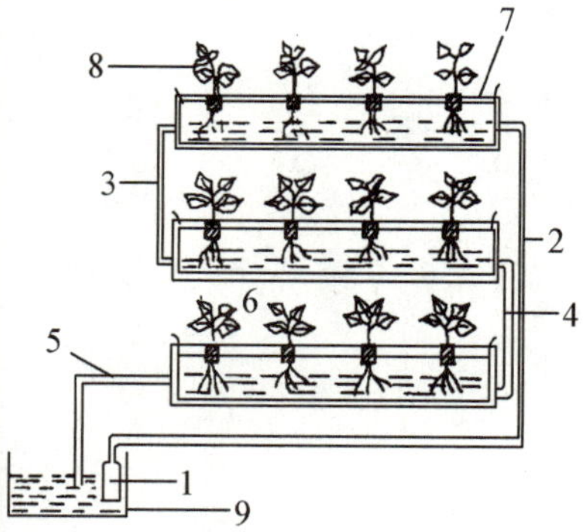

图 7-1-14 草莓立体槽式水培示意图

1.水泵 2.进液管 3.中层进液管 4.下层进液管 5.回液管 6.栽培槽 7.定植板 8.植株 9.贮液池

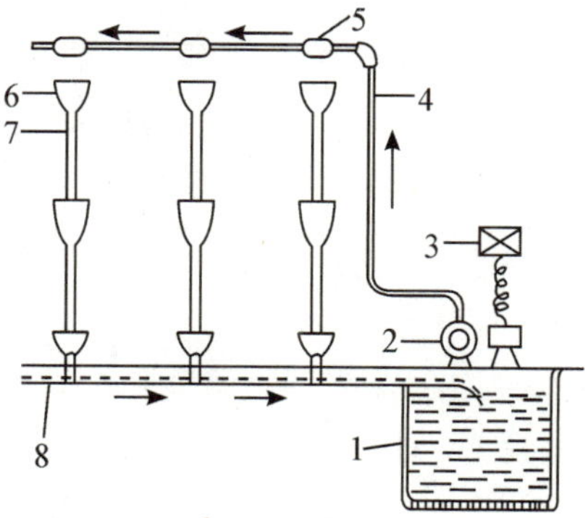

图 7-1-15 鲁 SC-Ⅰ型多层式水培

1.贮液池 2.水泵 3.定时器 4.供液管 5.阀门 6.栽培槽 7.回液管 8.回液总管

技术提示

1.立柱栽培紫背天葵，要定期旋转立柱。一般每隔 2～3 d 旋转立柱一次，使各栽培柱的紫背天葵均匀受光。若遇阴雨天则停止旋转，待天晴后再按计划旋转立柱。
2.如果立柱水培紫背天葵，需要每隔 7 d 左右检测 1 次营养液的 EC 值；每半个月检测 1 次 pH 值，若 pH 值超出允许值，应及时用 1～2 mmol/L 的 NaOH 或 H_3PO_4 进行调整。

【拓展学习】

紫背天葵沼液立体水培

栽培设施由滴灌管道、立柱、浮板、种植槽4部分组成，以沼液作为有机营养液循环使用。建造该立体生态设施是一项高产、高效、节水工程，单位面积产量是普通农业生产的8～10倍以上，蔬菜营养价值比普通方式生产的蔬菜增加40%～50%，产品以鲜、嫩、无公害、无污染、品质优良等特点深受消费者的青睐，产品可直销高档酒店，价格是普通蔬菜的3～5倍，经济效益相当可观。由于该立体栽培模式避免了传统化学肥料的使用，从而避免了蔬菜亚硝酸盐中毒的危害，保证了绿色有机蔬菜产品的生产与供应，在农业生产上是一项重大的突破。整个设施建造方法同垛叠式立柱水培，日常管理同水培管理。沼气液使用技术要点如下：①沼液发酵要彻底，稀释2～3倍或更大后使用；②沼液中耗氧微生物较多，平时应加大供液次数，或供液管道加装空气混入器，以增加沼液的溶存氧含量；③沼液含氮量少，配制有机营养液时可以添加一定量铵态氮肥料。

任务7-2 西芹管道水培

任务描述

☆ 具体任务：①设施建造；②拟定生产计划；③培育壮苗；④参与栽培管理；⑤完成实践总结报告。

☆ 实施形式：分组分区操作与管理。

☆ 实施程序：同任务5-1。

任务分析

本任务包括管道水培设施建造、无土育苗和栽培管理3大技术环节。其中，管道水培设施建造质量是管道水培的关键，要确保管件组合不渗漏；无土育苗要达到壮苗标准和定植要求；栽培管理的重点是营养液管理和环境调控到位，要求管理人员跟踪观察，认真记录营养液浓度和pH值变化，并根据生育期及时调整营养液和环境控制指标，从而保证西芹的产量和品质。

【任务实施】

一、制订生产计划

西芹无土栽培宜选用高产、优质、抗性和适应性强的品种，如意大利西芹、美国佛罗里达、犹他西芹等优良品种。一般首选美国西芹文图拉品种。如果栽培环境条件调控到位，可以实现周年生产。如河南地区日光温室西芹无土栽培的茬口安排见表 7-2-1。不同品种、不同地区在播种、定植与采收时间上存在一定差异。如东北地区秋冬茬较河南地区的播种时间提前至 6 月下旬至 7 月上中旬。因西芹相对不耐热，北方温室大多选择春秋栽培西芹。表 7-2-2 是河南地区西芹管道水培生产计划安排。

表 7-2-1 日光温室西芹无土栽培的茬口安排（河南地区）

茬口安排	秋冬茬	越冬茬	冬春茬	春夏茬	夏秋茬
播种时间	8 月中下旬	10 月中下旬	12 中下旬	2 月中下旬	4 月中下旬
定植时间	10 月中下旬	12 月中下旬	2 月中下旬	4 月中下旬	6 月上旬

表 7-2-2 西芹管道水培生产计划安排（河南地区）

项目内容	生产安排	项目内容	生产安排
茬口安排	秋冬茬	营养液配方	山崎鸭儿芹配方或自制
栽培品种	文图拉	播种时间	8 月中下旬
栽培面积	667 m^2	定植时间	10 月中下旬
育苗方式	基质床式育苗	采收时间	1 月中下旬
栽培形式	床式管道水培		

二、设施建造

（一）育苗床和分苗床建造

育苗和分苗在日光温室中进行。育苗床用红砖砌成，宽 1.0～1.5 m、深 5～10 cm，床长依棚室而定。蛭石填充育苗床。分苗床建造规格同育苗床，不同的是不填基质，其上覆盖苯板。

（二）贮液池和栽培床建造

1. 贮液池建造

参照任务 5-1。管道水培也可利用现有的贮液池。

2. 栽培床制作

（1）焊制床式支架。用市售角铁焊制。支架长 6 m、高 1.2～1.5 m，宽度根据芹菜的栽培行距及栽培管平放的数量推算。如栽培床并排摆放 5 个 ϕ110 mm PVC 管，规定芹菜栽培行距 350 mm，则架宽为 250～260 mm。

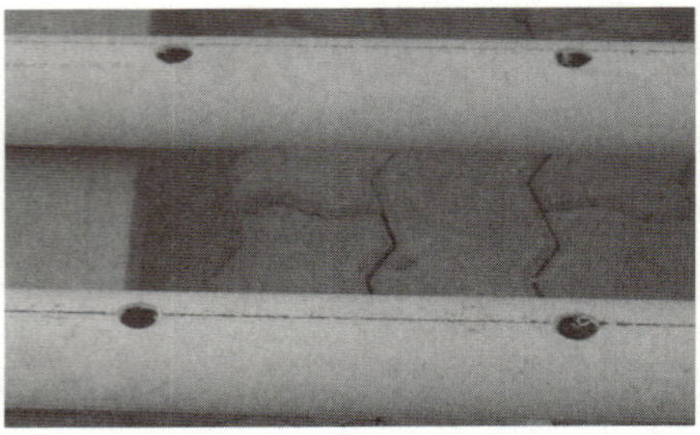
图 7-2-1　划线开孔

(2)铺设回流管,摆放支架。依据棚室管道水培区的规划布局,确定支架摆放位置。在支架摆放位置附近开 20 cm 深的浅沟,铺设 ϕ50 mm 供液、回流管道,覆土后,整平地面、压实,地面简易铺装或水泥硬化,将一体化的支架前后依次间隔摆放,或组合摆放好。

(3)划线开孔。用墨斗沿 UPVC 管长向划出开孔标线,选择与定植杯相符的开孔器,安装在冲击钻上,然后以开孔标线为基准,每隔 25 cm 开一个 2.4 cm 的定植孔(图 7-2-1)。

(4)摆床组装。将开孔的 PVC 栽培管依次摆放在支架上。采用胶粘方式,先将两个 ϕ50 PVC 直角弯头和 3 根 ϕ50 PVC 短管连接成 U 形组合管(图 7-2-2),再将变径丝堵(110 mm×50 mm)分别与相邻两个 UPVC 管粘连,最后将 U 形组合管与相邻两个栽培管的变径丝堵粘连(图 7-2-3),依此顺次将床上栽培管首尾连接成整体(图 7-2-4)。栽培床架第一根和最后一根栽培管的一端通过 ϕ50PE 外锁式直通,分别与供液管、回流管相连,组合成一体化管道水培床,同时便于将来拆装维修(图 7-2-5)。

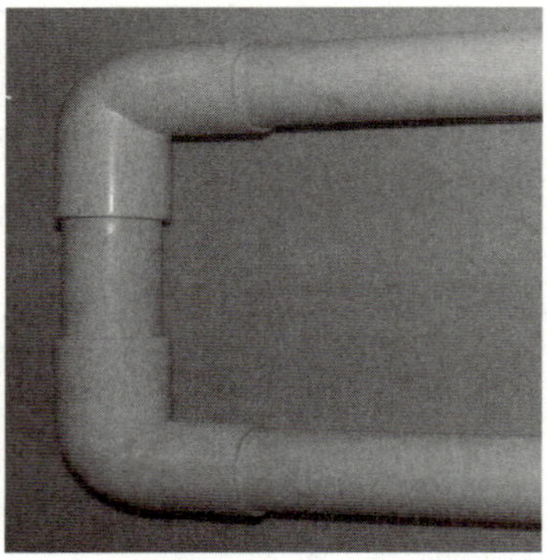
图 7-2-2　U 形组合管

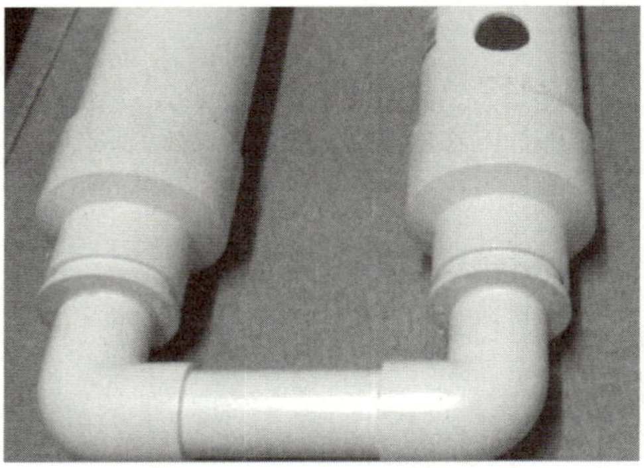
图 7-2-3　UPVC 栽培管间连接

图 7-2-4　UPVC 栽培管整体连接

图 7-2-5　管道水培系统全貌

(三)循环供液系统连接

安装首部装置,其进水端、出水端分别与贮液池内的水泵、供液管道相连,水泵电源线与定时器相连。家用小型管道水培所用的水泵功率 45 W，而生产基地所用水泵的功率在 0.45～0.75 kW 之内，其启动停止受时间控制器调节。如果床式栽培面积较小，水泵功率偏大，可在贮液池或贮液箱上方加一段泄压管。供液管一端连接首部，一端与栽培管进水口相连；回流管一端与栽培管相连，另一端通向贮液池，埋于地下。

（四）质量检测

（1）栽培床检查　支架四脚着地，栽培管彼此相连，间距一致，整体处于同一水平面。

（2）渗漏检测　贮液池中预先注入清水，启动水泵，通水循环，检查栽培管和供液回流管道是否渗漏；调节首部的流量调节阀开度，使栽培管内保持 5 cm 深水量。

三、无土育苗

西芹无土育苗一般采用床式或盘式播种育苗方式。育苗基质可采用蛭石或草炭与蛭石按 1∶1 混配的复合基质，育苗前需消毒。西芹种子先水浸 12～24 h，搓破西芹种子表面的蜡质，边搓边水洗，直到无褐色汁液为止，然后清水洗干净后用湿纱布包裹置于蛭石中催芽。西芹种子属于喜光性种子，所以催芽的种子袋埋入湿蛭石中不宜过深。其发芽适温为 15～20℃，但在 20～30℃的变温下比恒温更容易发芽（20℃下 16～18 h，30℃下 6～8 h）。一般催芽 6～9 d 后，会有 2/3 以上种子露白即可播种。播前摊开、风干种子；基质消毒，并用 1/2 B 山崎营养液喷透基质。播种时将种子与细沙按 1∶（4～10）的体积比混拌，撒播在育苗床上，上覆 0.5 cm 厚蛭石。播种后出苗期间要求 5 cm 深的地温保持 20～22℃，齐苗后降温到 18～20℃，并保持基质湿润。当幼苗长至 2～3 片真叶时分苗。分苗前配制 1/4 B（EC 值 1.1 ms/cm 左右）山崎鸭儿芹营养液，注入分苗床内，液深控制在 3 cm 左右。分苗时剔除劣质苗，洗净根部基质，将幼苗用无纺布固定到定植杯，定植杯嵌入到分苗床上的苯板上，分苗株行距为（15～20）cm×20 cm。分苗后每 3 d 换一次营养液，保证充足的养分，促幼苗生长。西芹性喜阴凉，苗期温度控制在 15～20℃，高温季节可采用遮阳网和喷水等措施降温。当苗高 12～15 cm、具 5～6 片真叶，叶色翠绿或深绿时就可定植。

四、栽培管理

1. 定植

栽培设施消毒后，选用苗龄 21 d、达到育苗标准的壮苗，连同定植杯一并嵌入栽培管道上的定植孔上。注意幼苗根系要接触到营养液。

2. 定植后管理

（1）营养液管理　西芹水培营养液选用山崎鸭儿芹配方或改良营养液配方[$Ca(NO_3)_2 \cdot 4H_2O$ 580 mg/L，$MgSO_4 \cdot 7H_2O$ 240 mg/L，$NH_4H_2PO_4$ 228 mg/L，KNO_3 630 mg/L，铁和微量元素常规用量]。定植后西芹幼苗的根系较弱，可辅助叶面喷施 1/2 B 营养液，每天喷 2 次，待新根发出，停止叶面追肥。营养液管理见表 7-2-3。定植 10 d 内，属于缓苗期，营养液浓度较低，供液次数较少，随着植株生长，营养液的吸收量也在增加，营养液浓度应逐渐提高，供液次数相应增加。高温季节营养液的 EC 值甚至可提高至 2.5 ms/cm 左右，以满足营养的供给。

图 7-2-6 西芹管道水培生长状态

由于西芹吸收氮素较多，生长盛期可叶面喷施 0.1% 尿素，以补充氮素营养。每天测定营养液的 EC 值和 pH 值，及时补充、更换营养液和调节 pH 值，保持营养液稳定。营养液的 pH 值随着植株生长，pH 值下降的速度加快。pH 值下降的原因可能是由于芹菜对于 Ca 的吸收量比 P、K 多，溶液中残存的 NO_3^--N 过多所致。如果营养液的酸度过大可以用稀碱调节至最适范围。整个供液系统由定时器控制，保证管道内营养液深度在 5 cm（图 7-2-6）左右。

表 7-2-3 西芹管道水培营养液管理

营养液浓度	供液次数	营养液 pH 值	管道液深	补充或更换营养液
定植 10 d 内，1/2 B，EC 值 1.4 ms/cm； 10～30 d 内，3/4 B，EC 值 1.8 ms/cm； 30 d 后，1 B，EC 值 2.2 ms/cm	初期供液 1～2 次/d； 后期改为 2～3 次/d； 每次供液 0.5～1 h。	6.5	5 cm	贮液池（桶）中营养液下降 1/3 时

（2）环境调控 西芹耐寒、怕热、惧强光，需肥水多。在较长的生育期（一般为 80～90 d）内，要求昼温保持 20～22℃，夜温 13～15℃，空气湿度 70%～85%，注意通风透光和保持环境卫生。因强光照射下的叶柄组织纤维化程度高，品质下降；西芹快速生长消耗营养较多。因此，在生育后期注意增加营养液的浓度和供液次数，同时避开强光。

（3）病虫害防治 西芹抗病性较强，保持环境清洁卫生，可以有效控制病害发生。主要病害有芹菜斑枯病和斑点病。斑枯病症状是叶片和叶柄产生圆形或不规则形黄褐色病斑，病斑中间灰白色散生小黑点，可用多菌灵、代森锰锌防治。斑点病症状是叶片上产生圆形或不规则形暗褐色病斑，边缘隆起，湿度大时有白色霉层，可用百菌清、代森铵防治。

五、采收

一般在定植后 3 个月开始采收。将定植杯带苗取出，去根、去老叶，每 2～3 株捆扎即可包装上市。要求株高 40 cm 左右、单株重 0.8～1.5 kg，无病虫害。

技 术 提 示

1. 栽培场地保持冷凉、通风良好状态。
2. 定植深度以露心为宜，栽培后期注意疏除老叶。
3. 西芹对硼和钙的需求量较大，缺硼叶柄易“劈裂”，缺钙易诱发黑心病。
4. 西芹属于活体春化植物，在 2～5℃低温下 15～20 d 即可通过春化处理，而后在长日照下开花结实。因此，西芹管道水培时，应预防西芹开花。

【知识链接】

管道水培

管道水培作为水培的一种栽培设施形式，在观光农业园区和家庭无土栽培应用较多，具有较高的实用性和观赏性。西芹营养丰富，质地鲜嫩，国内需求量逐年增加。西芹管道水培不仅提高产量，而且能改善品质，经济效益十分可观。

1.含义与特点

管道水培是利用大口径PVC管作为“栽培床”栽培作物的一种水培类型。一般用ϕ110～160 mm的PVC管或不锈钢管作栽培容器，其上按一定间距开定植孔，安放定植杯。营养液通过水泵从贮液箱(桶)供液，或从贮液池循环供液。管道水培以立体栽植叶菜为主。作物管道水培管理，根据管道水培类型的不同，参照常规DFT或NFT水培管理要求。随着我国观光农业的发展，管道水培以其美观大方、建造简单、成本低廉、管理方便、空间利用率高等优点而备受推崇，是各地首选的立体无土栽培模式，观光效果突出。

2.类型

管道水培分为DFT、NFT两种管道水培，生产上多采用DFT管道水培。根据管道的结构类型，管道水培分为报架式和床式两种类型。报架式DFT管道水培装置状如报架，主要分为斜面报架式(图7-2-7)、立面报架式(图7-2-8)和双面A型报架式(图7-2-9)等类型。用ϕ11～16 cm的PVC管或不锈钢管作栽培容器，其上按一定间距开定植孔，安放塑料定植杯。营养液通过水泵从安放在栽培架下或旁边的贮液箱供液，或从贮液池循环供液。此外，有一种特殊的滴灌式管道水培，在每个定植杯处安放1个滴头，滴灌供液(图7-2-10)。

图7-2-7 斜面报架式DFT管道水培装置

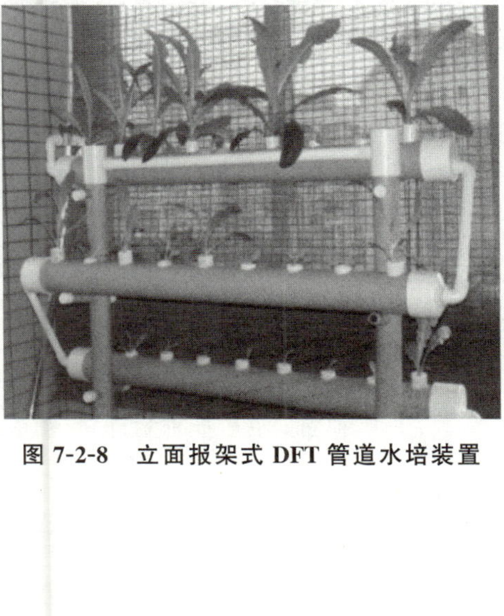

图7-2-8 立面报架式DFT管道水培装置

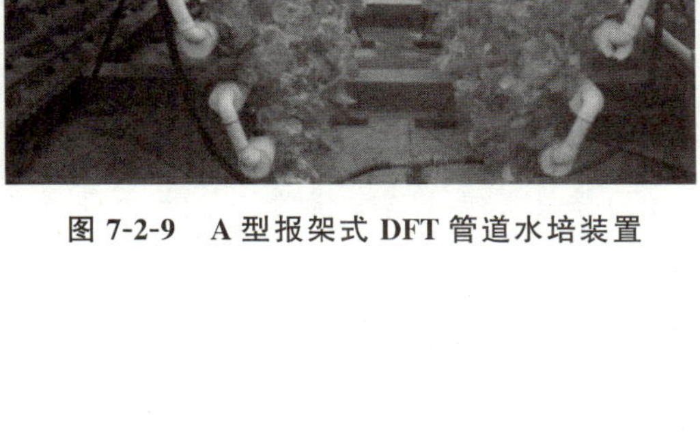

图7-2-9 A型报架式DFT管道水培装置

床式管道 DFT 水培装置是将 5～6 根 PVC 栽培管并排平放于床式支架上，彼此首尾相连。营养液从床架的一端供液，从另一端流回贮液池或贮液箱，循环供液(图 7-2-11)。

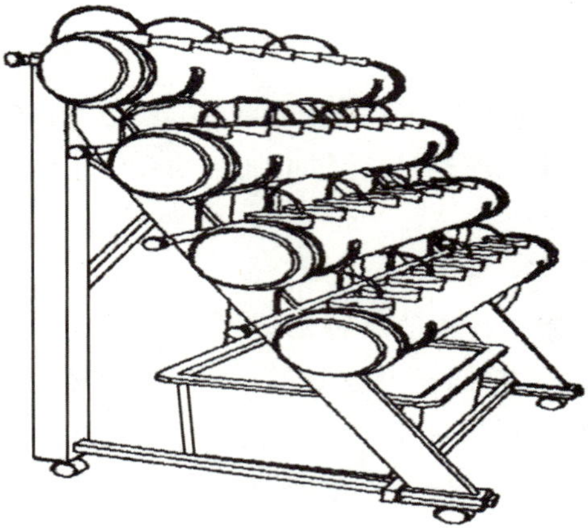

图 7-2-10　滴灌式管道水培装置

图 7-2-11　床式管道 DFT 水培装置

【拓展学习】

西芹阳台管道水培

在阳台上利用三式管道水培装置栽培西芹等叶菜，蔬菜新鲜，营养卫生，随摘随吃，并且通过定时器实现间歇式循环供液，自动控制，省工省力，也美化了居家环境。三式管道水培系统如图 7-2-12。栽培方法步骤如下：

(1)在阳台上穴盘育苗；

(2)将营养液按一定比例稀释，注入储液箱；

(3)将达到育苗标准的西芹苗用清水洗净根系残留的基质，在消毒液中浸泡 15～20 min，然后用海绵包裹苗茎的基部，固定到水培管道的定植孔上，保证根系浸在营养液中。

(4)打开电源，启动水泵，营养液从储液箱中抽出营养液，通过供液管进入栽培槽，供蔬菜吸收，然后经回流管道留回储液箱。调整好定时器，保证每天循环 2～3 次，每次 20～30 min。

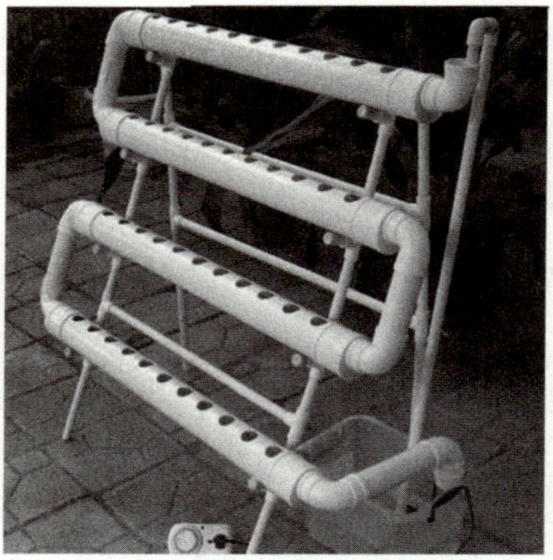

图 7-2-12　家用三式管道水培系统

(5)每月更换 1 次营养液。上茬西芹采收后，清理管道，更换种苗，可直接进行下茬西芹或其他叶菜水培。

任务7-3　油菜墙式基质培

任务描述

☆ 具体任务：①建造设施；②拟定生产计划；③培育壮苗，并参与栽培管理；④完成实践总结报告

☆ 实施形式：关键技能点参与操作和管理。

☆ 管理要求：同任务5-1

任务分析

本任务包括墙式基质培设施建造、无土育苗和栽培管理3大技术环节。设施建造质量是墙式基质培的关键，要确保墙面固定不松动；定植杯育苗应达到壮苗标准和插植要求；栽培管理的重点是营养液管理和环境调控到位。要求管理人员掌握墙式基质培的设施建造方法与栽培技术，具有责任心、协作精神和务实敬业的工作态度，能够根据生育期及时调整营养液和环境控制指标，及时发现并有效解决生产问题，从而保证油菜的产量和品质。

【任务实施】

一、制订生产计划

油菜耐寒性好、生长速度快，在南北方日光温室内均可四季栽植。墙式基质栽培应选择当地一代杂种。北京地区一般选用京冠品种，束腰性好，株型美观，长势快，商品性好，较耐热、抗病，抗抽薹性中等；始收期30 d左右，可延续采收20 d。墙式基质栽培观光采摘效果好，油菜播种季节与节日上市对应表见表7-3-1。表7-3-2是油菜秋冬茬墙式基质培春节上市生产计划要点。

表7-3-1　油菜墙式基质栽培季节与播种时间

栽培季节	十一采收	春节采收	五一采收
播种期	7月下旬	11月下旬	3月上旬
定植期	8月下旬	12月下旬	4月上旬
采收始期	9月下旬	1月下旬	5月上旬

表 7-3-2　油菜墙式基质培生产安排

项目内容	生产要求	项目内容	生产要求
茬口安排	秋冬茬	育苗方式	基质穴盘育苗
栽培品种	京冠	栽培形式	墙式基质培
栽培面积	667 m^2	营养液配方	日本山崎通用配方

二、设施建造

1. 做好栽培区域规划

墙式基质培一般应用于生态酒店和观光农业园区。实践中根据整体布局与景观设计，结合具体的空间大小、地形特点和油菜等作物的生态习性等因素，因地制宜，统筹规划设计，突出墙式基质培的观赏性和实用性。

2. 墙式基质培设施系统的识别与建造

油菜墙式基质培设施主要由"栽培墙"、贮液池、供液系统、回液系统和控制系统 5 部分组成。

(1)"栽培墙"　"栽培墙"分为单面栽培墙(图 7-3-1)和双面栽培墙(图 7-3-2)，由两层高密度聚苯板内夹松软的海绵或岩棉及无纺布组成。单面栽培墙附着在建筑物表面，紧贴水泥墙面铺一层厚 0.08～0.12 mm 的聚乙烯农膜，以防渗水。农膜外是一层吸水性好、持水性强的绒毛毡片。里层聚苯板固定在建筑墙体，隔离保护建筑物墙体不受肥水影响；外层泡沫板上钻有倾斜向上的"插植孔"，最外层固定聚苯栽培板，用于插放定植杯(筒)。自立的双面栽培墙是在两层聚苯板之间增设能支撑墙体的硬质骨架，用外径与海绵体相同厚度的镀锌钢管焊制，骨架的间距在 80～100 cm。在双面泡沫板上都钻有插植孔。聚苯板要求是阻燃和高密度(28～32 kg/ m^3)，以确保能支撑栽培作物的重量和保证栽培墙的寿命。聚苯板自重轻，安装方便，保温隔热性能好，能保持根部温湿度的相对稳定，有利于根系生长。

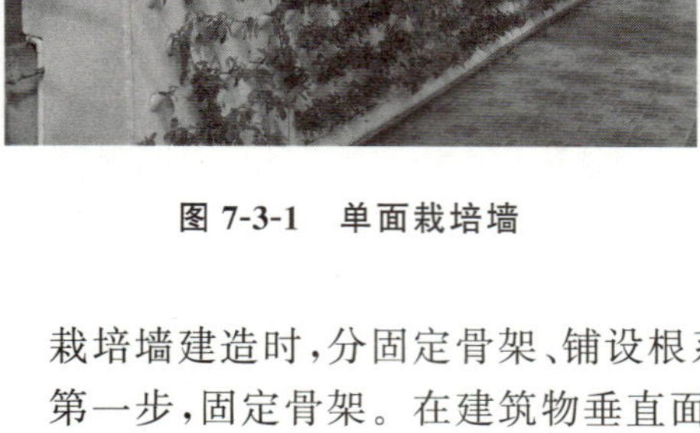

图 7-3-1　单面栽培墙

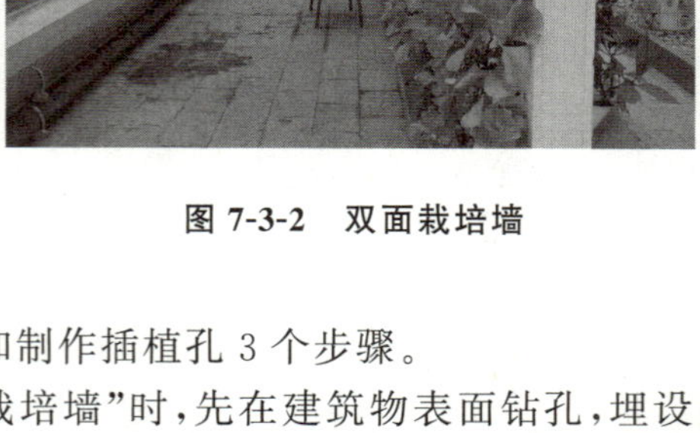

图 7-3-2　双面栽培墙

栽培墙建造时，分固定骨架、铺设根系生长载体和制作插植孔 3 个步骤。

第一步，固定骨架。在建筑物垂直面安装单面"栽培墙"时，先在建筑物表面钻孔，埋设固定立体栽培墙的膨胀螺栓，纵向间隔按每 30～40 cm 间距埋设膨胀螺栓，横向间隔以单块聚苯板的宽度(一般在 40～50 cm)为参照。螺栓露出墙面的长度要大于栽培墙体的厚度 8～10 mm。对于独立的双面栽培墙,可用外径与内部装填的海绵体相同厚度的镀锌钢管焊制,骨架的间距在 80～100 cm,在墙面聚苯板上按 40～50 cm 见方钻孔并由螺栓两头的螺母固定,螺栓直径一般在 5～6 mm 即可。

第二步,铺设根系生长的载体。在单面栽培墙紧贴的水泥墙面铺一层厚 0.08～0.12 mm 的聚乙烯农膜,农膜外是一层海绵或岩棉,最外层固定 28～32 kg/m^3 高密度的阻燃聚苯栽培板。双面栽培墙是在两层苯板之间设海绵或岩棉,在岩棉和海绵外用 60～80 g/m^2 的吸水性好的无纺布包裹,海绵和岩棉的厚度为 2～3 cm。固定聚苯板时必须在聚苯板表面衬垫硬质塑料垫片(ϕ35～40 mm、厚度 2～3 mm),以保护苯板不受损伤。

第三步,制作插植孔。外层墙板上设有孔径 50～75 mm、呈 35°～45°角倾斜向上的插植孔,孔距根据栽培作物种类而定。一般横向间距 20～25 cm,纵向间距 30～32 cm,上下两排插植孔交错排列,行距为 15～16 cm。插植孔的直径根据定植杯的直径来定,目前采用的是 ϕ50 mm 的 PVC 管截制而成。如果种植较大型植物,也必须相应增大定植杯和插植孔的孔径,并适当增厚聚苯板和拉大孔距(图 7-3-3)。栽培墙板和定植杯的制作比较麻烦,现已由专业厂家制模生产而成。油菜墙式栽培制作插植孔时,在外层墙板上用墨斗沿苯板外沿 10 cm 下方横向划出开孔标线,然按照油菜栽培密度(20 cm×30 cm)和上下两排插植孔的行距 15 cm 开孔,上下行插植孔交错排列。用孔径 50 mm 薄壁铁管烧热后做开孔器,做成呈 45°角倾斜向上的插植孔。

(2)定植杯　由 ϕ50 mm 的 PVC 管截制而成,切口 45°角,呈等腰梯形,上底 10 cm,下底 20 cm(图 7-3-4)。

图 7-3-3　栽培墙的秧苗布局

图 7-3-4　墙式栽培定植杯

(3)贮液池　在近地面建筑物(墙)上布设栽培墙时,贮液池一般设在地下为宜;如果栽培墙体距地面较高时,可在地面上砌贮液池或直接选用大型塑料罐,置于室内阴凉处,避免阳光直射。为了确保贮液池的温度相对稳定,建议设在地下为好,只需将贮液池的操作口露出地面 10 cm 左右即可。贮液池容积根据栽培面积来定,一般每 100 m^2 的栽培墙面设计 3～4 m^3 的贮液池就可。在砌制贮液池时,池底要略成"锅底形",并预留潜水泵凹槽。池壁要预留供液管口和回液管口,回液管口一般设在地面以下 20～30 cm 处,供液管口设在地面 5～10 cm 处。贮液池需做防水处理,以免内渗外漏。贮液池建在地上时还应做保温隔热处理。建造方法见任务 5-1。

(4)供液系统　供液管道可选用黑色 PE 或 PVC 的塑料管和相应配套的管件。在供液主管上必须设 80～120 目的管道过滤器，以过滤营养液中的杂质；在过滤器后的主管上设分流控制阀和搅拌控制阀；主管通过用螺纹管或软塑料管与潜水泵连接。在栽培墙的上方直接布设供液支管，根据单元栽培墙的长度来决定支管的粗细，单元供液长度 3～5 m 时选用 ϕ16 mm 的供液支管即可；5～10 m 时选用 ϕ20 mm 的供液支管；10～20 m 时选用 ϕ25 mm 的供液支管；20～30 m 时选用 ϕ32 mm 的供液支管。供液主管一般选用 ϕ25～50 mm 的塑料管。从主管分流到支管时必须设有控制阀，以便调控每个供液单元的流量。在供液支管上钻 ϕ2.5～3 mm 的发丝管孔(发丝管内径为 0.8～1.5 mm)，按 15～20 cm 间距插入发丝管。发丝管的长短，一般离营养液池近处设长一些、远处设短些，每差 1 m，发丝管缩短 1 cm 左右，通过剪截发丝管的长短来调节远近供液量的均匀度。潜水泵应选择耐腐耐用的单相或三相潜水泵，其功率与流量、扬程均需依据栽培面积来定。水泵的启动由定时器控制，根据光照强弱、温湿度高低及作物长势来设定供液和间隔的时间，一般每次工作 10～15 min，停 2～4 h。

(5)回液系统　回液管道由集液槽和地下管道组成。集液槽位于“栽培墙”主体的下方，可在地面直接用水泥、砖砌制，也可选用塑料槽或金属材料的槽体加工而成。如可用 ϕ110 mm 的 PVC 管裁成半圆，中间用 ϕ50 mm PVC 管配装做回液口，连接地下回液管。要求集液槽内部宽度与“栽培墙”总厚度一致或略宽一点，在栽培墙的下部每 3～5 m 安放 1 个集液槽。积液槽、回液槽及回液管的安装应略有斜度，以便营养液回流畅通。

(6)控制系统　主要由供液定时器和营养液 EC、pH、液温的检测和调控装置组成。目前生产上只采用了供液的定时控制器，营养液 EC、pH 值的检测和调控仍由人工来完成。

3. 育苗床与分苗床建造

育苗和分苗在日光温室进行。简易育苗床和分苗床可用红砖平铺围成，主要用于摆放穴盘、定植杯或直接育苗，宽 1.2 m，深 5～10 cm，长度依棚室而定。

4. 质量检测

(1)稳定性检测　双面栽培墙设施的质量检测以目视为主，现场判断骨架固定是否牢固，墙面是否垂直，有无基质外漏。

(2)渗漏检测　设施安装后必须试水检测有无渗漏之处。启动供液系统，检查每个定植孔中的无纺布是否湿润，发丝管是否畅通，流量是否均匀，是否有外溢现象，回流系统是否畅通，接头处是否有漏液等，当调试一切正常后方可插植作物。

三、无土育苗

采用二步基质育苗法。第一步是床式育苗或穴盘育苗，第二步是分苗到插植杯中“假植”。育苗基质可选用蛭石、珍珠岩、草炭或岩棉块。床式育苗基质选用蛭石或珍珠岩，平铺厚度在 6～8 cm；穴盘育苗的复合基质要求草炭应占 40%左右，混配后装填至 128～200 孔的穴盘。油菜种子浸泡 6～8 h 后用清水冲洗干净，用湿纱布包裹，埋入湿蛭石中催芽。催芽温度保持 20～25℃。6～9 d 后 70%以上种子露白时，将种子点播于穴盘，一穴一粒，播后覆盖 0.5 cm 厚蛭石，喷透水，报纸遮盖保湿。床式育苗时，基质消毒后，将发芽种子撒播于苗床，覆盖基质 1～2 cm，喷施营养液充分湿润基质。

出苗后温度控制 20～25℃，基质保持湿润，光照充分，避免出现“高脚苗”和种苗“戴帽”现象。出苗后要及时间苗，一叶期再间苗一次，三叶前定苗，做到除去小苗、杂苗、病苗、弱苗，去密留稀，定苗时每平方米均匀留苗 70～100 株。三叶期叶面喷施 150 mg/kg 多效唑(15%多效唑 50 g 对水 50 kg)或 40 mg/kg 烯效唑化控，培育矮壮秧苗。当小苗株高 5～6 cm，具有 2～4 片真叶时分苗至定植杯中。起苗时要适当控水，以便基质和根系能顺利从穴盘中脱出，从而减轻伤苗。插植杯内的基质混配要求草炭所占的比例应在 30%左右，与蛭石、珍珠岩混合均匀并用稀释好的营养液将基质含水量调到 65%～70%，手握能成团为准。移苗时左手手掌心封住定植杯的下斜口，右手取基质先灌注适量，用手指在基质中间扎一小孔，再将小苗根坨塞入小孔中并添加基质，轻轻压实根基周围，以固定小苗。小苗移植到定植杯中后要先集中倾斜放在深度 8 cm 的育苗床或塑料箱中养护(图 7-3-5)。每 3 d 喷施 1 次 1/2 B 营养液，EC 值控制在 1.1 ms/cm 左右。待苗高 8～10 cm、具 5～6 片真叶、开展度超过插植杯直径时即可插植到栽培墙。

四、栽培管理

1. 插植

先对栽培设施消毒(见任务 5-1)。插植前，检查栽培墙上每一个定植孔的无纺布是否湿润，检查滴管供液是否正常。插植时，将定植杯直接插入栽培墙上的插植孔内，但要确保插植后定植杯的下斜口与“墙体”内的海绵无纺布密切接触，以利于水分和养分吸收(图 7-3-6)。

图 7-3-5 分苗假植

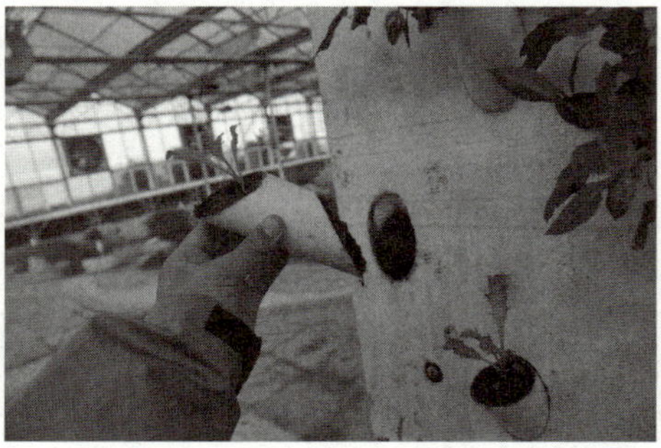

图 7-3-6 插植操作

2. 营养液管理(表 7-3-3)

表 7-3-3 油菜墙式基质培的营养液管理要求

营养液浓度	供液次数	营养液 pH	补充或更换营养液
定植后 10 d 内，营养液 1/2 B，EC 值 1.4 ms/cm； 10 d 后，营养液 1 B，EC 值 2.2 ms/cm	初期供液 1～2 次/d； 后期改为 2～4 次/d； 每次供液 10～15 min。	6.5	贮液池中营养液下降 1/3 时

3. 环境调控

温度：昼温 20～25℃，夜温 10～15℃，最低夜温＞5℃；湿度：70%～85%；通风：经常；光照：长日照，中等光强，勿强光直射；环境：保持墙面清洁卫生。

4. 病虫害防治

油菜病害较少，主要是防治蚜虫、白粉虱和红蜘蛛等，具体见任务 10-2。

五、采收

一般在定植后1个月采收。将定植杯带苗取出，去除根及老叶，捆扎即可包装上市。要求株高15～20 cm，单株重100～150 g，无病虫害。

技 术 提 示

1. 栽培场地保持冷凉通风，如遇高温天气，可采用覆盖遮阳网、启动风机、喷水等措施降温。
2. 插植深度必须紧贴无纺布。
3. 栽培后期注意疏除老叶。
4. 油菜对氮肥的需求量较大，但是不能使用硝态氮。

【知识链接】

一、墙式基质培的含义与特点

图 7-3-7 墙式立体栽培

墙式基质培(图7-3-7)是利用苯板上插植孔放置定植杯作为“栽培床”栽培作物的一种立体栽培类型。一般用 ϕ50～75 mm 的PVC管作栽培容器，在2～3 cm的高密度苯板上按一定间距开插植孔，安放定植杯。营养液通过水泵从贮液箱(池)供液，或从贮液池循环供液、间歇供液。

墙式基质培分为“单面栽培墙”和“双面栽培墙”栽培类型，一般以种植矮生的草本植物为主，不适宜栽培多年生的和木质化程度高的植物。高秆植物由于植株固定和重心无法调控，一般不提倡用此法栽培；蔓生植物由于其攀缘性好，容易稳定可以考虑栽培。现已成功栽培了紫背天葵、番杏、木耳菜、藤三七、生菜、苦苣、香芹、油菜、甜菜等叶类蔬菜和凤仙、海棠、矮牵牛等草本花卉。墙式基质培操作容易，管理相对简单，栽培场地整洁、选择面大，能够净化空气、美化环境，实现生产与观光功能叠加，促进城市生态环境建设。

二、栽培管理

1. 营养液配制及供给

墙面立体基质培的营养液可选择通用园试配方或专用配方。如果一个系统内栽培的品种较多，可选用通用配方，反之就采用专用配方。营养液浓度(EC值)管理主要根据季节、生育期和空气湿度来调节。一般光照条件好、空气干燥的季节，营养液EC值要低些；湿度高、光照差的冬季的EC值调高些；生长前期EC值较低，中后期生长旺盛期要逐步提高。大部分叶用蔬菜的适宜营养液EC值在1.5～2.5 ms/cm，最高控制在3.0 ms/cm以内，最低不要低于1.2 ms/cm。营养液的pH值一般控制在5.5～6.5即可。营养液运行与更换的周期，可根据当地水质和受污染的程度、作物的生长状态来确定。一般在水质本身EC值低于0.5 ms/cm的地区，3～4个月彻底更换一次营养液；水质EC值在0.5～0.8 ms/cm的地区，2个月左右更换一次；水质EC值在0.8～1.2 ms/cm的地区必须一个月换一次；水质EC值在1.2 ms/cm以上地区则 15 d就需更换一次，否则，会由于营养液理化性质的恶化，养分的不平衡而引起生长障碍和造成对根系的直接伤害。水质EC值高于1.5 ms/cm时，则不能用于无土栽培营养液的配制。

营养液的供液量和供液时间一般是根据作物生长状态和生长的季节来确定。夏秋高温干燥季节和植株生长茂盛时期，每天供液次数应在4～6次；冬春低温寡照季节，植株需水较少时，每天供液2～3次即可。每次供液的时间可根据季节和流量掌握在5～15 min，其流量的控制主要是以达到湿润墙体内的海绵、无纺布为准，应避免水量过大、流速过快而向外溢流，一则浪费营养液，二则容易引起墙面藻类滋生而污染墙体。

2. 生长调控及采收

墙面立体栽培油菜等作物的生长状态和平面栽培有很大区别，主要表现在重心偏向外侧和商品性不如平面栽培的好。生长过程中要注意协调植株的长势，不要过于郁闭而引起徒长。一次性采收的叶类蔬菜(生菜、油菜)生长到基本覆盖墙体时就要及时采收；多次采摘的叶类蔬菜(红叶甜菜、紫背天葵、番杏)要分期分批采收嫩尖和叶片，生长过于茂盛时易引起下部叶片发黄和病害的发生。当多次采收的蔬菜出现生长势明显减弱、分枝萌发力下降时就应考虑换茬。

三、设施检修、消毒与重复利用

墙式基质培设施运行一周年左右，应将定植板打开，取下无纺布和海绵，然后对所有设施进行清洗消毒。一般用0.2%～0.4%的漂白粉溶液浸泡后，塑料薄膜封闭24 h，然后晾干即可使用。拆换下来的无纺布和海绵不能马上投入使用，要先堆放并覆盖封闭沤制15～20 d，让残根全部腐烂，然后用清水浸泡、搓揉、漂去腐根和盐分，拧干并用0.3%～0.4% 漂白粉溶液浸泡消毒24 h，晒干后再重复使用。所以有必要准备两套海绵和无纺布，以便轮换使用。定植板一般可连续使用5年以上。

【拓展学习】

生态餐厅

生态餐厅(图7-3-8)又称温室餐厅、阳光餐厅、休闲餐厅、天然餐厅等名称。这些餐厅是由种植温室繁衍而来，它们共同的特点是餐厅内种植或装饰有植物、花草，以及建造有各种景观。生态温室餐厅是将现代设施农业和绿色餐饮完美结合的产物，以人为本、餐饮为主、景观为辅的一种大型温室类建筑，把温室的轻巧、便捷、明朗的特点与建筑的多功能性融为一体，餐厅有充满绿色的自然环境，把大自然丰富多彩的生态景观"微缩化"和"艺术化"，使温室具有餐饮功能、观赏功能、休闲功能、娱乐功能、绿色食品推广功能、节能环保功能等。一般生态餐厅的空间较大，远离闹市区，餐厅内被绿色的植物或鲜花分割、装饰，环境幽静，使用餐者有身处世外桃源之感。

图 7-3-8　智能温室生态餐厅

常见的生态餐厅种类有智能温室生态餐厅、钢结构大跨度生态温室和异形温室生态餐厅等。其中，异型温室是"穹顶集成温室"，适用于多元化的空间设施。

生态餐厅摆脱了传统意义上的温室只用于种植的局限性，具备智能控制温室、天然环境、生态食品、节能、节水、废弃物的循环利用等环保措施，使温室具有餐饮功能、观赏功能、休闲功能、娱乐功能、绿色食品推广功能、节能环保功能等。

任务 7-4　番茄树状水培

任务描述

☆ 具体任务：①树状水培设施建造；②拟定生产计划；③培育壮苗；④参与栽培管理；⑤完成实践总结报告。

☆ 实施形式：分组分区操作与管理。

☆ 管理要求：同任务 5-1。

任务分析

本任务包括树状水培设施建造、无土育苗和栽培管理三大技术环节。其中，水培设施建造、育苗质量、秧苗驯化、植株调整、营养液管理和环境调控是番茄树状水培的关键环节。应确保供液回流系统不渗漏，培育壮苗，整枝和管理科学。要求管理人员掌握树状水培技术，并根据生育期、季节和番茄树的长势，及时调整营养液和环境控制指标，发现并有效解决生产问题，从而保证番茄的产量、品质和观赏性。

【任务实施】

一、制订生产计划

番茄树对环境条件要求比较严格，必须在空间宽敞的大型连栋温室内栽培，其适宜生长的温度范围为16～28℃，低于12℃和高于32℃都难以生长。因此，连栋温室具备加温、遮阳、通风、加湿等设备，才能最大限度地满足番茄树生长发育的需要。在这样条件下，番茄树一年四季都可以育苗，其栽培季节及播种时间一般按照五一、十一、春节等重要节假日番茄树的采收盛期进行推算(表7-4-1)。

表7-4-1 番茄树栽培季节与播种时间

栽培季节	春夏栽培	秋冬栽培	冬春栽培
播种期	5月中旬	8月下旬	11月中旬
定植期	7月中旬	10月下旬	2月上旬
采收始期	9月下旬	1月下旬	4月中旬

适宜番茄树状水培的品种应具备以下特点：属于厚皮、硬果肉类型，果实红色、粉色、黄色或带彩纹，挂果时间长，视觉效果好；抗病性强，耐低温、弱光、高温和强光，生长势强；果实风味好，能够带来采摘效益。如京丹6号、京丹8号、小黄玉、绿宝石等。这些品种生命力强，适合无土栽培，并且容易修整为树形。表7-4-2是番茄树水培、计划国庆观光采摘的生产计划安排。

表7-4-2 番茄树状水培生产安排

项目类别	生产要求	项目类别	生产要求
茬口安排	十一节日观光采摘茬	营养液配方	果菜改良配方(自制)
栽培品种	京丹6号	播种时间	5月中旬
栽培面积	667 m^2	定植时间	7月中旬
育苗方式	基质无土育苗	采收时间	9月下旬
栽培形式	树状水培		

二、设施建造

1. 做好栽培区域规划

番茄树状水培应选择在大型智能化连栋温室内进行。栽培前应根据连栋温室栽培分区与景观设计，并结合栽培小区的空间大小、道路走向、生态条件等因素，确定栽培黄瓜树的株数与具体布局，实现生产与观光功能的二合一。一般每个栽培池相距7～10 m，每池栽植1株，每株大约占有50 m^2 的生长空间。

2. 育苗床和分苗床建造

用红砖临时铺设成简易育苗床与分苗床，主要用于摆放穴盘和营养钵。因番茄树状水培所需种苗少，也可利用建好的育苗床直接育苗或直接在番茄树旁直接育苗(图7-4-1)。

3. 水培设施建造

番茄树状水培设施包括贮液池、栽培池、供液回流系统、支撑设施和控制系统等。

(1)贮液池建造　贮液池的容积依种植数量而定，一般10株番茄树要求容积2～4 m^3。建造方法参照任务5-1。

(2)栽培池建造 用红砖和水泥砌成地下式栽培池(ϕ2 m,高 50～60 cm),或用塑料桶代替,置于地上或埋入地下。要求密闭性好,不漏水。栽培池可砌成 1.5 m 见方、深 40 cm 的水泥池。

(3)供液与回流系统 供液系统主体安装与 DFT 基本相同(参照任务 5-1)。需要注意的是,各支管安装流量控制阀,以便调控每个供液单元的流量;进入栽培池(桶)内的各支管末端连接滴针。滴针在栽培池上均匀分布,一般每株番茄树要有 16 个以上的滴针供液。潜水泵与定时器相连,通过定时器控制供液量和供液时间。

回流系统主要由回流槽和回流管组成,回流槽可选用塑料槽或 PVC 管加工而成,而回液管可用 ϕ50 mm 的 PVC 管配装而成。回流口和回流槽的安装要有一定斜度,便于营养液回流畅通(图 7-4-2)。

图 7-4-1 番茄树状水培苗培育

图 7-4-2 番茄树状水培回流槽

(4)支撑设施 番茄树为草本植物,茎蔓不能直立生长,因此需用栽培架结合丝线牵引,直到形成理想株形。栽培架用 ϕ3～5 cm 铁管连接而成,距地面 2～2.5 m 处,用细铁丝做成 33 cm 见方的网格,用于吊蔓和支撑秧体。栽培池中用陶粒、海绵等作为番茄树根系的支撑(图 7-4-3)。

(5)控制系统 主要由供液定时控制器和营养液 EC、pH、液温的检测和调控装置组成。目前生产上采用较多的是供液定时控制器,而营养液 EC、pH、液温的检测由人工来完成,这样可以降低设施成本支出。

4. 质量检测

栽培池的间距一致,整体处于同一水平面;向贮液池中预先注入清水,启动水泵,通水循环,检查栽培池和供液回流管道是否渗漏;调节首部的流量调节阀开度,使栽培箱内保持 30 cm 深的水量。

三、无土育苗与驯化

番茄树状水培用苗采用 72 孔穴盘育苗。基质配方为蛭石∶珍珠岩∶草炭＝1∶1∶3,并按 15 kg/m^3 比例加入腐熟鸡粪,洒水混拌均匀后填装穴盘。播种前喷施绿亨 1 号消毒基质。番茄包衣种子直播,未包衣种子温汤浸种后播种。当穴盘苗长出 3～4 片真叶时,分苗于 20 cm×25 cm 的营养钵中;当苗株高度达到 50～70 cm、具有 4～5 条分枝时,将幼苗洗净基质后装入定植杯,在小水培箱中驯化培养(图 7-4-4),1 个月后定植于栽培池(桶)。苗期管理参见任务 4-2。

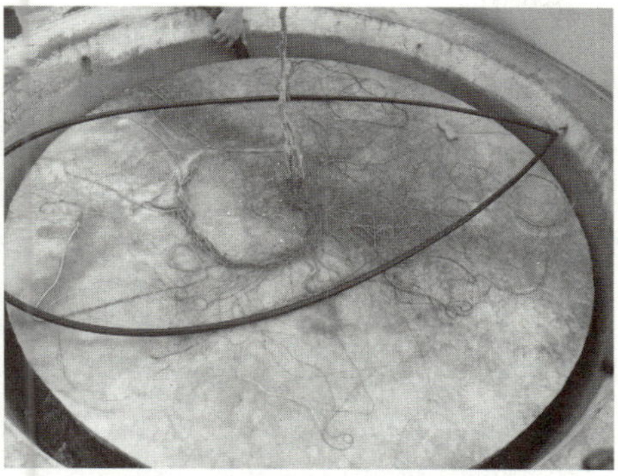

图 7-4-3 番茄树状水培海绵支撑

图 7-4-4 番茄苗水培驯化

温馨提示

番茄苗的无土驯化方法

番茄苗定植前，将秧苗移栽入水培箱进行 1 个月的驯化。前 10 d 采用净水、低氧诱发气生根，中间 10 d 适当增氧，最后 10 d 添加 1/2 B 的营养液。

四、栽培管理

1. 定植

定植前对水培设施系统进行消毒，方法见任务 5-1。将驯化的番茄苗置于栽培池内，根部用陶粒或海绵等基质固定，主茎和各分枝在空中分散开，用绑绳牵引纵向悬挂在空中的网架上，形状似树。定植后启动水泵供水，3 d 后再供液。

2. 定植后管理

(1)营养液管理　根据本地水质，参考已经筛选出的适宜配方（每千克水中大量元素含量为 NO_3^--N 100 mg、NH_4^+-N 92 mg、$H_2PO_4^-$-P 30 mg、Ca^{2+} 240 mg、Mg^{2+} 26 mg、K^+ 378 mg；微量元素含量为 Fe 30 mg、B 0.5 mg、Mn 0.5 mg、Zn 0.05 mg、Cu 0.02 mg、Mo 0.01 mg），配制营养液，然后调好定时开关后，启动水泵，循环供液到栽培池中。

营养液浓度（EC 值）管理主要根据季节、生育期和空气湿度来调节。一般光照好，空气干燥的季节 EC 值要低些；湿度高、光照差的冬季 EC 值要高些；生长前期 EC 值可低些，中后期生长旺盛时要逐步提高。控制营养液 EC 值 2.5～3.0 ms/cm、pH 6.2～6.5。如果 pH 过高，可用浓磷酸来调整。

营养液的供应量和供应时间一般根据番茄树的生长状态和生长季节来确定。夏季高温干燥，植株生长旺盛时，每天供液 6～8 次；冬季低温寡照，番茄树需水少，每天供液 5～6 次即可。每次供液的时间可根据季节和流量而定，一般为 5～10 min。栽培前期每隔 2 h 供液 5 min，结果盛期每隔 2 h 供液 10 min，后期与前期一致。营养液的更换参照任务 7-3。

(2)环境调控　番茄生长期白天温度保持在 24～28℃，夜间 16～18℃，空气湿度 70%～85%，夜间温度须大于 15℃。在较低温度下，容易发生灰霉病，果实着色也不好；白天最高温度不要超过 32℃，温度过高会影响授粉，降低坐果率，容易形成绿肩果。通常采用天窗放风、启动风机湿帘系统加湿降温等措施，使温度保持在适宜生长发育的范围。目前的连栋温室主要由 PVC 板和双层充气塑料膜作为覆盖材料，其透光率为 70%～80%，当光照强时打开外遮阳，可以避免强光照射导致叶片蒸腾突然加快，根部短时间内吸收的水分不能满足叶片蒸腾的需要而导致萎蔫死秧。此外，如果白天湿度达不到要求，可以启动湿帘风机系统或局部地面喷水，从而有效缓解空气湿度不足造成的不良影响。湿度过高时，则容易引发一些病害。所以，应根据季节和天气情况调控温室环境的湿度。

(3)植株调控　定植后吊蔓应选择晴天上午，防止折断植株。当株高达到 1 m 左右时开始预留枝条，一般采用 3 枝 6 杈 12 分枝的整枝方式，等长到网架时留 20～25 个以上枝条，网架以上保留 200 个枝条，然后采用连续打尖多秆整枝法，促使长满整个栽培架。将长枝条均匀地拉向四周，再把短的枝条拉向中间部位，使整个网面均匀布满枝条；剪除网架上下多余的侧枝和黄叶、老叶和病叶，避免相互遮蔽，以有效改善通风透光条件和合理利用光能。

在前期整枝、修剪的同时，摘除花蕾。当各分枝爬上网架、水平展幅达 4 m、生长点数量约 500 个时，开始留花留果，要求果穗一律向下垂，上留 2 片叶后去掉生长点，而株冠四周的生长点保留，向四周生长，到中后期要及时打掉底部的老叶、黄叶、病叶。另外，可用 2,4-D 或丰产剂 2 号蘸花来保花保果，蘸花时间一般在上午 8～10 时。植株结果到一定数量时开始采收。如果以观赏为目的，可以延长挂果期 20 d 左右，以增加观赏效果。

(4)病虫害防治　由于平均单株番茄树占地面积较大，一旦发病后观赏效果就会大打折扣，严重时整株死亡，且不易更换。所以，在病虫害防治上，特别强调以防为主，而采取化学防治方法防治病虫害，应严格坚持病虫害达标防治，优先使用生物农药和高效、低毒、低残留的化学农药的原则。具体做法是定期消毒温室架材和贮液池；用 70% 的甲基托布津或百菌清烟剂定期喷洒或熏蒸温室，每隔 1 月用清水清洗 1 次贮液池，并及时摘除病叶；用 72% 农用硫酸链霉素可湿性粉剂 3 000～4 000 倍液喷雾，防治细菌性病害；果实膨大期喷 0.1% 过磷酸钙以防治脐腐病。番茄常见的灰霉病、叶霉病、早疫病和白粉虱、蚜虫等病虫害防治方法见任务 10-2。

五、采收

一般在定植后 3 个月果实转色后开始采收。建议用消毒过的剪刀整穗剪取，禁止生拉硬拽损伤枝条。

技术提示

1. 及时打掉老黄病叶及下部细弱枝条，所用剪刀需用多菌灵与水和成的糨糊涂抹，防止伤口被病菌侵染；及时打掉转色果实处网架下面的叶片，并把果穗拉到网架下面，增加观光效果。
2. 加强营养液管理，番茄树状水培的采收时间可长达 10 个月，应根据本地区水质、环境条件和番茄生长状态及时调整、补充营养液。

【知识链接】

蔬菜树状栽培

(一)蔬菜树状栽培的含义与特点

蔬菜树状(式)栽培(图 7-4-5),也叫蔬菜单株高产栽培,通过创造蔬菜生长最佳的设施环境和最佳的营养条件,把具有无限生长特性的直立和蔓生草本蔬菜进行单株"树形化"或"巨型化"培育,使蔬菜个体得到充分发育,形成庞大的植株营养体,充分延长了生长结果周期,显著扩大了单株冠幅,形成高大的树形体态,实现了单株显著高产。这种生产+观光、生产+科普型的树状栽培模式,逐渐成为观光农业的亮点,不仅挖掘了蔬菜个体高产的潜力,同时也展现了一种农业奇观。近几年,各地成功实现了番茄、茄子、辣椒、甜椒、黄瓜、甜瓜、西瓜、南瓜、葫芦、冬瓜、蛇瓜、佛手瓜等茄科、葫芦科蔬菜的树状栽培,单株冠幅均能达到 25 m^2 以上,最大的可达 120 m^2 左右。目前,多种蔬菜树状栽培技术已被中国各农业观光园区所青睐,成为旅游观光农业最具活力的科技亮点之一。

图 7-4-5 番茄树状水培

(二)蔬菜树状栽培的类型

蔬菜树状栽培分为树状基质培和树状水培,一般是利用大型容器,立体栽植果菜为主。树状水培是利用水泥池或木箱作为"栽培池"栽培作物的一种水培类型。其上覆盖两块苯板遮光,中心预留定植孔,安放定植杯。营养液通过水泵从贮液箱(桶)供液,或从贮液池循环供液。依据栽培池内根系的固定方式的不同,树状水培一般分为有基质型和无基质型。生产上多采用有基质型,主要采用陶粒填充栽培池,作为固定和支撑根系的材料,或在营养液上方放置海绵固定根系。无基质型的树状水培,根系分布不均匀,会造成根系卷曲、打结和局部缺氧烂根。栽培池的建造多为就地取材自制,主要原料为红砖、木板。

【拓展学习】

黄瓜树状栽培的株形培育与生理调控

(一)株形培育

黄瓜树状栽培(图 7-4-6)一般当苗高 80～100 cm、具 3～5 条分枝时定植。之后选留和控制分枝极为关键。

一是要确定分枝的部位和分枝数;二是要确定分枝的间距和分布的合理性。由于不同蔬菜的分枝特性和分枝数量差异较大，对分枝的培育与选留应采取不同的措施。黄瓜一般每个叶腋都能产生分枝，本身就很容易造成分枝过多而影响植株的纵向生长。可以从主干基部 30 cm 以上开始选留骨干分枝，先留 2 个对生或三叉分枝，然后在一级分枝上隔 20～30 cm 再促生或选留 2 个对生或互生分枝，依次类推，到植株上架前大小分枝数应达到 30～90 个，而且分布均匀有序，形成“树形的分枝骨架”。

图 7-4-6　黄瓜树状基质培

植株所有分枝上架后，一般要求分枝的分布呈放射状向四周均匀爬延伸展，叶片重叠的比例不能太高。喜光的品种、光照差的季节、透光率低的温室，分枝和叶片分布不宜重叠太多，反之则可以适当多留分枝。

(二)生理调控

能否培育成巨大树形的蔬菜树，关键在于植株的生理调控，控制过早开花结果。瓜类生长速度快的品种，当单株冠幅面积达到 20～30 m^2 时，才可以有计划地开花结果。对于留果的数量，要根据温室环境条件、季节、观赏目标及植株的生长结果能力来确定。一般在每年的 3～6 月和 9～11 月，气候条件比较优越，可以适当多留果，而在夏季和冬季，由于条件不适，不宜结果太多，否则很容易导致树势衰弱和提前结束生命周期。在确保植株一定结果数量的前提下，应保持植株有较强的生长势。如果出现生长点退化及“花打顶”现象，说明结果过量或植株长势偏弱，应适当疏花或疏果，已经成熟的果实要分批采收，避免挂果太多而损伤树势。结合观光的需要，确定整枝原则，以保证在节假日前植株形态和结果量都达到最佳状态。前期重点摘除雌雄花和掐卷须，距栽培池 40 cm 处，留 4～5 个侧枝，上架后均匀分布。当黄瓜树覆盖面积已达到 30 m^2，丰产架子已基本搭好，可适当选留少量果实，每 4～5 节留 1 个瓜，后期为调整黄瓜树生长的平衡，每隔 1 节选留 1 个瓜，每日采摘。结瓜盛期一株黄瓜树挂果可达到 300 多条，每次采摘成品瓜可达 100 条左右。

任务 7-5　草莓立架式基质培

任务描述

☆ 具体任务：①建造立架式基质培设施；②拟定生产计划；③参与栽培管理；④完成实践总结报告。

☆ 实施形式：分组分棚全程参与项目实践。

☆ 管理要求：参任务 5-1。

任务分析

本任务包括立架式基质培设施建造与栽培管理两部分内容。立架式基质培设施建造质量是立架式基质培的关键，要确保管件组合稳固；外购的草莓苗要达到4叶1心、根系发达的定植要求，并确保是脱毒苗；栽培管理的重点是病虫害防治和环境调控。要求管理人员按照现代农业管理体系，做好观察记录，并根据草莓的生育期及时调整环境指标，确保生产出有机草莓，并在“做中学”过程中习得技能，获得经验。

【任务实施】

一、制订生产计划

草莓无土栽培的品种很多，不同的品种的休眠期长短、耐热性、抗寒性、抗病性和耐肥性上有很大的差异。在品种选择上要考虑选择早熟、高产、优质、休眠期短、相对耐贮藏和运输、抗性和适应性强的品种。目前，我国栽植较多的草莓品种有宝交、春香、女峰、丰香、硕丰、硕露、全明星、丽红、达那、四季草莓、章姬、红颜等。

北方地区一般10月份将草莓脱毒苗定植于苗床，小拱棚上覆盖白色无纺布或寒冷纱越冬，翌年3月份定植到采苗圃，使大量发生匍匐茎形成小苗。7月份采小苗进行无土育苗，并经过低温和短日照处理，诱导花芽分化，9月份定植于棚室中，当年12月即可结果，可一直采收到翌年4～5月份。表7-5-1和图7-5-1是草莓秋冬茬立架式基质培生产计划安排和生产流程。

表7-5-1 草莓立架式基质培生产安排

项目	生产要求	项目	生产要求
茬口安排	秋冬茬	定植时间	9月下旬
栽培品种	章姬，红颜	采收时间	1月中下旬
栽培形式	立架式基质培		

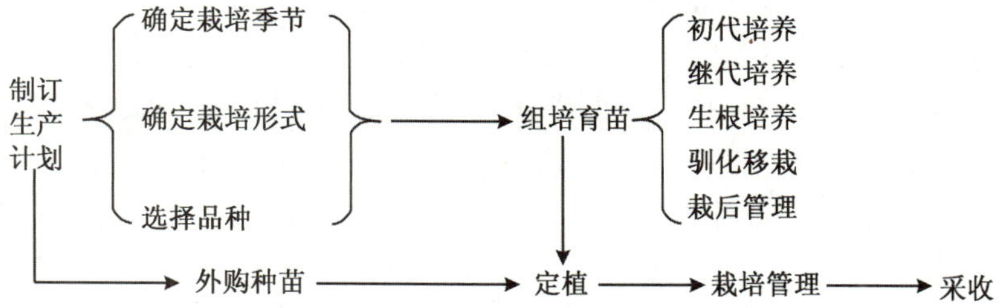

图7-5-1 草莓立架式基质培生产流程

二、设施建造

1. 做好栽培区域规划

采用层架式立体基质栽培，长 100 m、跨度 7 m 的日光温室放置栽培立架 50 个。

2. 设施建造

(1)平铺园艺地布　整平地面，平铺园艺地布(图 7-5-2)，注意边角要封严封好。一般进口园艺地布的质量和性能均优于国产。

(2)栽培立架焊制与组装　先用角铁焊制 A 形支架，每个温室设计 48 组，3 个/组，组合成 A 形立架，彼此间隔 60 cm。用电钻钻眼，固定拉筋(角铁)，安装上半圆形的栽培槽(图 7-5-3)。

(3)装填基质　将草炭和珍珠岩按体积比为 3∶1 混合拌匀。每 10 m^3 的复合基质加入 50 g 多菌灵消毒剂。分 4 层装填基质：底层填装 5 cm 厚的草炭、珍珠岩混拌料；第二层按照 5 kg/m^3 的比例撒施复合底肥(以发酵鸡粪为主，辅以有机复合肥)；第三层填装大量的草炭、珍珠岩的混拌料至槽上端；最上层填装一层珍珠岩。

(4)安装供水系统　在支架和栽培槽安装完成后铺供水管道，安装自吸泵、树状供水架(对应栽培槽支架)，用塑料胶连接好。

图 7-5-2　平铺地布

图 7-5-3　栽培立架焊制

三、定植

定植前在温室的不同位置安装硫磺熏蒸器(每个温室摆放 15 个硫磺熏蒸器)，对整个棚室彻底熏蒸。然后将栽培槽内的基质浇透水，修剪外购的草莓脱毒苗。修剪后的草莓苗留 3～4 叶片，根系长度在 10 cm 左右，并按大小苗分类摆放好。定植时每个栽培槽定植 70 株，双行定植，株距 15 cm。注意露出芯部。定植后启动水泵供水，浇透基质。定植 15 d 内棚室覆盖遮阳网，缓苗 30 d 后，过渡到常规管理。

四、栽培管理

草莓立架基质栽培的生长发育过程见图 7-5-4。

①草莓苗定植后状态

②正常生长的草莓苗

③草莓始花期

④草莓盛花期

⑤草莓幼果

⑥草莓果实转色

⑦草莓果实转色

⑧草莓果实成熟初期

图 7-5-4　草莓立架基质栽培生长发育大致过程

1. 肥水管理

草莓整个栽培期间水分供应充足，开花期基质可稍干些，但在草莓生长旺盛期和浆果膨大期需水则较多。要掌握“小水勤浇”和切忌大水漫灌的原则，否则极易造成“沤根”死秧，或诱发病害而烂果。基质含水量以 80% 为宜。开花期草莓对空气湿度反应最敏感，要求湿度在

40%～60%为宜，最大不超过85%，有利于开花后的授粉受精。浇水可结合施肥进行。

立架栽培草莓，由于底肥足，并且大部分为有机肥，因此追肥用量较少。但根据草莓生长情况及时补充磷钾肥及多元微量元素仍不能忽视。施肥时，将肥溶于水中配成1 000倍左右溶液施用。在基质湿度大不必灌水时，可将肥液直接通过滴灌施入基质；在基质干燥时，可将肥料稀释到4 000倍液再施肥。为避免草莓果实酸化，应增施钾肥，每亩施0.3%硫酸钾5 kg左右。

2. 花期放蜂

草莓虽然能自花授粉结果，但在大棚内缺少传播昆虫，会出现授粉不良和畸形果。采用放蜂辅助异花授粉，对改善品质，增加产量效果明显。放蜂应在初花期进行，花期不喷洒药剂，以免影响授粉而产生畸形果。

3. 环境调控

草莓对温度的适应性较强，性喜温暖、冷凉气候，耐寒不耐热。在10℃以下和30℃以上草莓生长均受抑制，要求白天保持15～25℃，夜温13～15℃，空气湿度70%～80%。草莓喜光，又较耐阴，要求中等光强，长时间照射，勿强光直射。栽培场地保持整洁卫生，并经常通风。

4. 打老叶，疏花疏果

适当疏花疏果，做到去高留低，去弱留强；及时打掉老叶、病叶、黄叶，去除匍匐茎。

5. 病虫害防治

草莓主要病害有灰霉病、白粉病、芽枯病；主要虫害有蚜虫、叶螨、红蜘蛛、白粉虱等。对蚜虫、红蜘蛛可喷20%增效杀灭菊酯或40%乐果1 500倍溶液。灰霉病在高温高湿以及草莓生长旺盛期最易发生，可用50%速克灵800倍防治，效果很好。

【知识链接】

立架式基质培

1. 含义和特点

立架式基质培是利用大口径PVC管作为“栽培槽”栽培作物的一种基质培类型，以立体栽植矮秧植物为主。一般用ϕ200 mm半圆形PVC管作“栽培槽”。随着我国观光农业的发展，立架式基质培具有较高的实用性和观赏性，以其美观大方、建造简单、成本低廉、管理方便、空间利用率高等优点而备受推崇，取得了良好的展示观光效果。草莓立架式基质培不仅能提高温室产能，而且能克服连作障碍、改善品质，经济和生态效益十分可观。

2. 类型

立架式基质培根据支架造型可分为双面“A”字形、立面报架型、斜面报架型，也可以制作特殊的造型，具体参照任务7-1相关内容。

【拓展学习】

草莓盆栽

草莓盆栽需从以下几方面着手：①根据栽植株数选择盆器，优先选择陶瓷盆，最好水浸后再用；②优先选择四季草莓；③选用壮苗，要求选择当年的匍匐茎产生的子苗，植株健壮，须根发达，顶花芽饱满，具有4～5片叶，叶柄短而粗，单株重量30 g左右，无病虫害；④基质可用林下土或菜园肥沃土与草炭土各一半混配而成，配制好的培养土用0.3%的高锰酸钾水溶液彻底消毒；⑤春季宜在4月初、秋季宜在9月初定植，室内栽植则不受此限；⑥草莓栽植要求“不埋心，不露根”；⑦ 盆内不能过干或过湿，保持盆内基质湿润；⑧优先施用腐熟的有机肥，并可结合叶喷0.3%尿素和0.1%～0.2%的磷酸二氢钾；⑨做好栽培管理。及时摘除匍匐茎、老叶，并要适当疏花疏果；⑩冬季花盆置于温度较高的设施或场地内。

【学习总结】

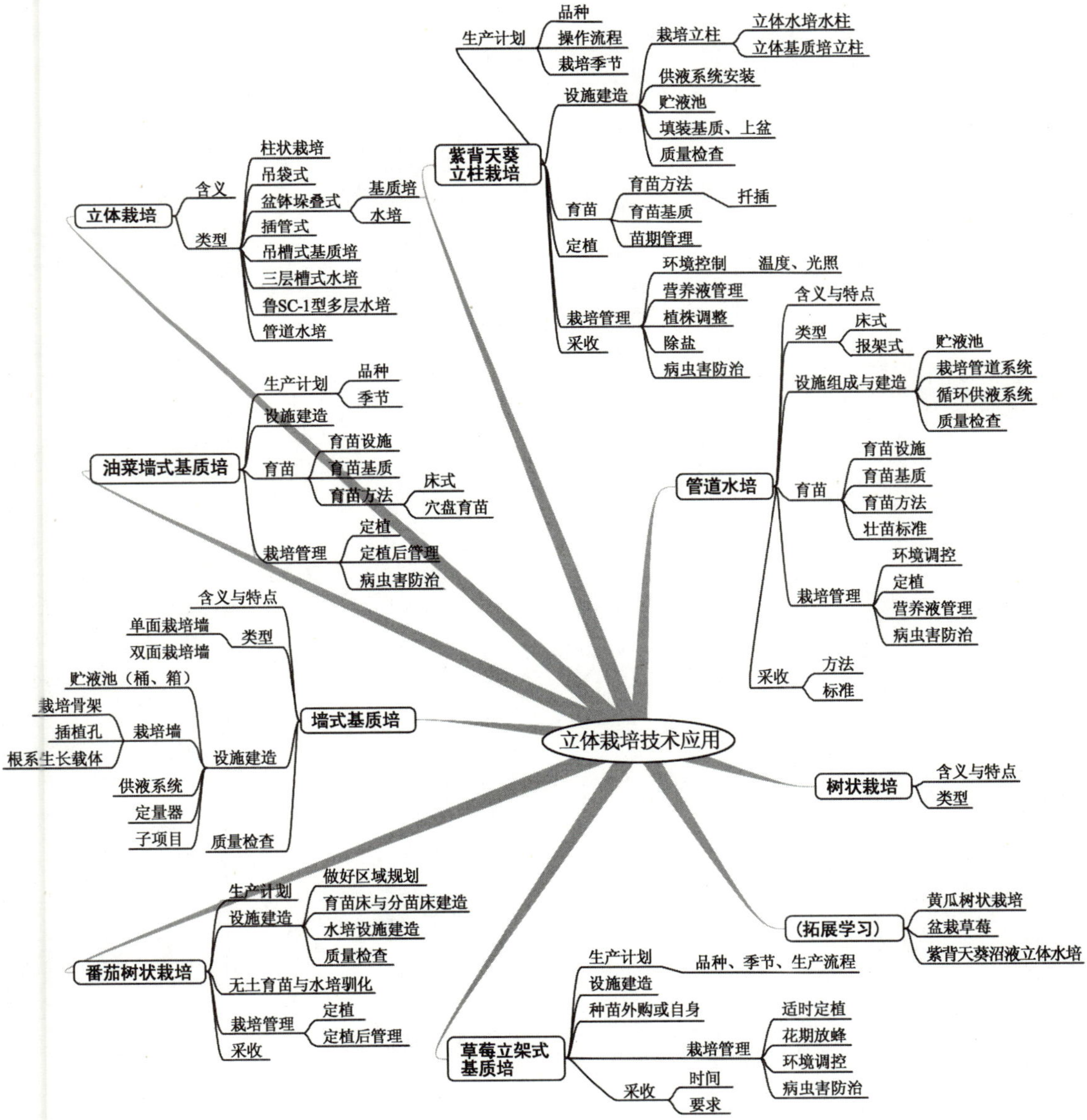

【能力测试】

1. 某公司想在紫背天葵立柱水培区的平面种植槽里种植蔬菜，以此提高土地利用率，获取更大收益。请你为企业选择蔬菜品种，并且明确栽培形式及具体的栽培方法。

2. 某公司技术员张力发现在紫背天葵立柱水培栽培的根系颜色不纯正，经分析是营养液中溶存氧不足，你建议张力应采取哪些措施来提高营养液中的溶存氧浓度？

3. 小张负责公司西芹管道水培区管理。日前发现栽培床上的 UPVC 管胶粘处多点渗漏，一时买不到规格相符的栽培管，于是改用废弃的铁管代替。请问他这样做有何不妥？

4. 确定管道水培设施的栽培管间距及管上定植孔距的依据是什么？

5. 西芹越冬茬管道水培时，如遇多日停电，你作为主管的应对之策是什么？

6. 你认为蔬菜树状栽培的比较重要的技术环节有哪些？

7. 如何做好草莓立架式基质培的肥水管理？

项目8

芽苗菜生产

芽苗菜是一种新兴营养保健型绿色蔬菜，具有生育周期短、复种指数高、经济效益大、栽培形式灵活多样等特点。生产上应在掌握芽苗菜生长规律及栽培管理技术要点的基础上，实施科学管理，才能获得理想的栽培效果和较高的经济效益。

学习目标

☆ 终极目标：掌握芽苗菜生产技术。
☆ 促成目标：
1. 理解芽苗菜的含义、生产特点和设施设备；
2. 掌握芽苗菜生产的基本流程和基本操作技术；
3. 掌握豌豆、香椿芽苗菜生产技术。

任务8-1 豌豆苗生产

任务描述

☆ 具体任务：①拟定生产计划；②场地消毒与设施设备选择；③参与生产管理；④完成实践总结报告。
☆ 实施形式：分组分批次操作与管理。
☆ 管理要求：计划安排合理，设施设备选择正确，生产管理到位、及时。

任务分析

豌豆芽苗生产包括选种、浸种、催芽、播种、暗室生长、见光绿化、采收等生产环节，栽培相对容易，耗时短。其中，选种、消毒和环境调控等是豌豆芽苗菜生产的关键。生产者在实施前应了解豌豆芽苗菜生产所需的设施设备条件，掌握其生产操作流程与技术要点，把握住关键技术环节，并结合当地实际，因地制宜，就能生产出物美价廉、符合绿色食品质量标准的芽苗菜产品。

【任务实施】

一、制订生产计划

以日光温室内采用豌豆苗立体苗盘生产为例，每 667 m^2 栽培面积豌豆芽苗生产计划安排见表 8-1-1。

表 8-1-1　日光温室豌豆芽苗立体苗盘生产计划安排

项目类别	生产要求	项目类别	生产要求
栽培季节	四季均可栽培。	生长周期	8～10 d，最多 12～15 d。
品种选择	白玉豌豆、青豌豆、花豌豆等。	采收标准	苗高 12～15 cm，芽苗浅黄绿色，整齐一致，顶部复叶刚刚展开，茎端 7～8 cm 柔软鲜嫩。
播种时间	春季：3～6 月；冬季：11～2 月；夏秋季：7～9 月。		
用种量	400～500 g/盘×盘数	预期产量	1 000～1 500 g/盘×盘数

二、生产前准备

1. 生产场地的选择与消毒

各类日光温室、塑料大棚等环境保护设施、废旧厂房或闲置房舍等都可用于芽苗菜生产。夏季可在露地生产，但需配备遮阳网或遮阳棚遮阴。生产场地彻底消毒，具体方法是喷洒巴氏消毒液或者 1%高锰酸钾溶液。

2. 制作栽培床架与集装架

制作立体栽培床架，一般由 30 mm×30 mm×4 mm 角铁或横断面高 55～60 mm、宽 40～45 mm 的方木为材料制成。每个栽培架(图 8-1-1)的架长 150 cm、架高 160 cm、宽 60 cm，4～6 层，层间距 30～40 cm，最下层

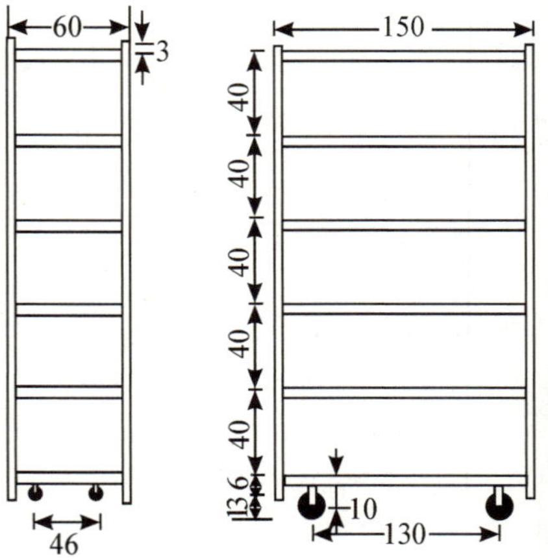

图 8-1-1　芽菜栽培架示意图(单位：cm)

离地面 10～20 cm，架的四角安装万向轮。每层放置 6 个苗盘，每架共摆放 24～36 个苗盘。

集装架主要用于方便整盘活体销售，提高产品运输效率。制作方法同栽培架，但层间距缩小为 20～25 cm，尺寸大小与运输工具相匹配。

3. 选择栽培容器与栽培基质

一般利用塑料育苗盘、育苗箱作栽培容器。其规格 60.5 cm×24 cm×(5～6) cm，底部有透气孔。要求底部平整，不扭曲，不翘起。也可选用 60 cm×(25～30) cm×5 cm 的平底塑料育苗盘。容器使用前用 1%高锰酸钾溶液浸泡苗盘，再曝晒 3 h，置于干燥之处待用。准备无纺布作为栽培基质。

4. 种子及其他

根据生产计划外购豌豆种子；建造清洗池，配备塑料盆(桶)、喷雾器等生产用具，购置生产与销售所需的车辆等。

三、生产环节与操作流程

1. 生产环节

(1)品种选择与栽培季节　选用种皮厚、发芽率高、生长整齐的新鲜豌豆种子。种皮薄的种子一经浸种，种皮容易破损，产生碎瓣粒，碎瓣粒在发芽过程中很容易腐烂，状如浆糊，影响产量。目前常用的品种有青豌豆、麻豌豆和日本小荚荷兰豆等，也可选用花豌豆、灰豌豆、褐豌豆等粮用豌豆。如栽培条件具备，四季均可生产。

(2)精选种子与浸种　为提高种子的抗腐烂能力，保证发芽的整齐度和产量，除选用优质豌豆种子外，播种前需精选种子，剔除虫蛀、残破、畸形、发霉、腐烂、瘪籽、特小粒和已经发过芽的种子，同时去除杂质。种子精选后浸种。用洁净的 20～30℃清水将种子淘洗 2～3 次，再用种子体积 2～3 倍的水浸种 24 h，冬季浸种时间可适当延长些。浸种后淘洗种子 2～3 遍，沥干种子表面多余的水分待播。

(3)播种　先将苗盘洗刷干净，然后用漂白粉消毒，再清水冲洗干净。然后在盘底铺一层报纸润湿，每盘播种 300～500 g(按干种子计)，使苗盘底部刚好铺满一层或一层半种子。

(4)叠盘催芽　播种后将苗盘上下摞叠，上面再盖一个铺有报纸的空盘遮光，然后平放在棚室的地面上催芽。

(5)“出盘”培养　在正常条件下，豌豆苗 4 d 左右即可“出盘”，即将叠放在一起的苗盘取下，分层摆放在棚室内的立体栽培架上，在弱光下绿化培养。出盘时间应尽量延后，使“出盘”时豌豆芽苗高达到 3～4 cm，此时芽苗顶端已经抵住了上层苗盘的底部，再不出盘，就影响芽苗的增高生长了，但出盘过早，会增加出盘后的管理难度，芽苗生长难以整齐一致。

(6)采收　通常当豌豆苗高 5 cm 时即可采收，当长至约 15 cm 高、顶部小叶已展开时仍可采收，但只切割梢部 7～9 cm。收获的芽菜如需暂时保存，可将其装好袋，置于温度 0～2℃、湿度 70%～80%的环境中，可保存 10 d 左右。在正常的栽培管理条件下，一般高温季节 7～10 d、低温季节 15～20 d 就能生产一茬豌豆苗，每盘可产 350～500 g 产品。

2. 生产操作流程(图 8-1-2)

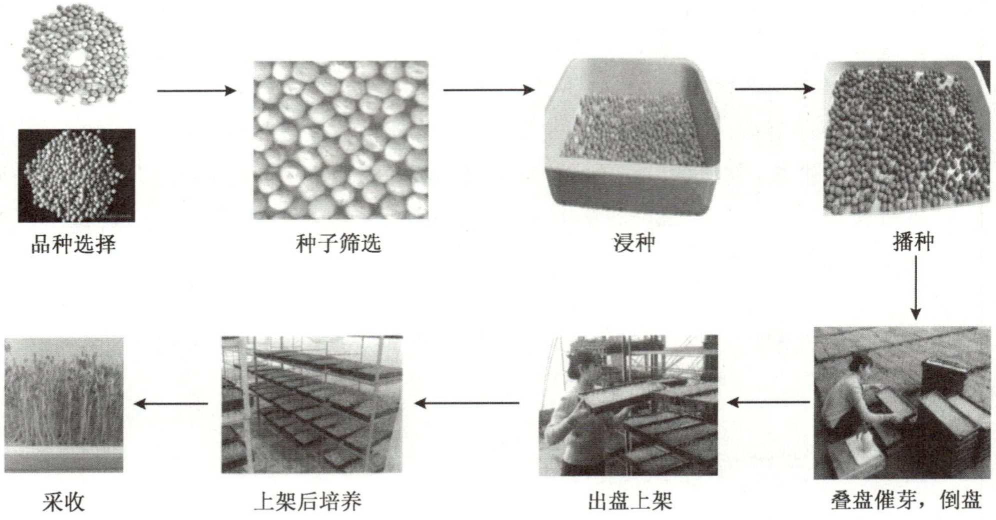

图 8-1-2　豌豆芽苗生产操作大致流程

四、日常管理

1. 温度与通风管理

催芽期间的最适宜温度为 20～25℃。催芽期间每天“倒盘”1 次，即调换每“摞”苗盘上下前后的位置，使苗盘所处栽培环境尽量均匀，促进芽苗生长整齐。倒苗盘时要用镊子捡出烂种，不要接触好的种子，更不能翻动种子。因为种子的胚根是向下生长的，如果翻动，胚根会因吸收不到水分而干枯。倒盘后用喷壶向种子表面喷清水，水量不宜过大，以免发生烂种，主要是凭经验掌握喷水量。倒盘和喷水的时间应选在每天上午 10 时前后，因为此后的环境温度高，光照强，如果不能及时补充苗盘水分，种子会因缺水而干枯。在高温季节，每天要喷 2 次水。

芽苗菜上架绿化培养期间，保持最适温度为 18～23℃，昼温低于 25℃，夜温高于 16℃。如果温度太低，催芽期间会在种子表面长出“白毛”，出现烂种，“出盘”后芽苗会成片腐烂。通风可降低空气湿度，避免烂种，并能补充豌豆苗生长过程中所消耗的二氧化碳。因此，在温度能够得到保障的前提下，每天通风 1～2 次。

2. 光照管理

豌豆苗高 3～5 cm 之前，应保持黑暗培养环境。苗高达到 3～5 cm 之后将其转移到弱光位置，见光绿化 3～4 d，光强控制在 2 000～3 000 lx。光照管理总的原则是尽量避免强光，夏季和冬季都要适时遮光。夏季应去掉温室上的塑料薄膜，覆盖两层黑色遮阳网；冬季温室内栽培，在栽培架的上方应覆盖一层遮阳网。光照过强，除会导致芽苗纤维含量增高，品质降低外，还会加速苗盘内的水分蒸发，如喷水不及时，幼苗就会干枯而死。而且，强光还会抑制芽苗长高。

3. 水分管理

苗盘里铺的仅仅是 1～2 层纸，保水能力差，而且生产出的豌豆苗要求鲜嫩多汁。因此，在生产过程必须频繁喷水，使棚室内湿度维持在80%左右。应采用"少量多次"的喷水方式，冬季每天喷淋2～3次，夏季每天喷淋4～5次。喷水要均匀，先喷上层再喷下层。喷水量以喷淋后苗盘内纸张湿润，苗盘底部有水滴，但不大量滴水，倾斜苗盘时不至倒出大量水为度。生长前期喷水量要小，生长中后期稍大；阴雨、低温天气喷水量要小；冬季连阴天，温度低，甚至可隔1 d喷一次水；夏季晴朗、高温天气要大量喷水。

4. 病害防治

豌豆苗一旦管理不当，容易发生种子霉烂或烂根等现象。引发该现象主要原因有：苗盘清洗不干净、种子质量不佳、温湿度控制不合适。生产上针对发病原因采取相应措施，避免使用化学农药；出现烂根时，可提前采收上市；如种子质量不佳，则要在浸种前、浸种后、移入栽培室前多次清洗，挑出破损、霉烂、不发芽的劣质种子。

5. 存在问题

(1)烂种　豌豆苗栽培过程中，尤其是叠盘催芽期间很容易烂种，生产上要注意尽量不选用种皮为绿色或黄色的品种；必须严格控制浇水量，水量过多，尤其是在高温、高湿条件下，极易引发烂种、烂芽；苗盘在使用前应进行严格的清洗和消毒，清洗时可在水中加入适量洗涤灵、0.3%～0.5%石灰或漂白粉；预防低温，最低温度高于16℃。

(2)芽苗不整齐　芽苗不整齐主要表现在同一个苗盘上，一端的芽苗高一端的芽苗低、或两端低中间高、或中间低两边高。出现上述现象的原因，一是栽培架层间距太小，受光多的位置芽苗低，受光少的中部位置芽苗高。二是倒盘不及时，要经常倒盘，变换苗盘的位置，使苗盘处于相对一致的栽培环境。三是基质铺放不均、苗盘未摆平，导致同一个盘中的芽苗根系吸水量有差异。

(3)芽苗老化(纤维过多)　芽苗菜栽培过程中，如遇干旱、强光、高温、低温或生长时间过久等情况，都将导致芽苗菜纤维的迅速形成。

(4)根腐病　根腐病发生初期为局部发病，病菌随着所喷水分在整个苗盘内部和苗盘之间迅速蔓延，严重时会将整床豌豆苗毁灭。发病时病苗根系变为褐色，白根减少，种皮亦发生褐变，植株生长缓慢。防治方法是选用抗病品种；浸种时严格消毒；育苗盘也要严格消毒；使用过的育苗盘清理干净后用漂白粉或高锰酸钾液浸泡消毒；及时剔除发病的幼苗。

6. 管理效果评价

豌豆芽苗生产管理效果评价参照表8-1-2，分项按照优、良、中、及格、不及格5级标准评定，最后总评。

表8-1-2　豌豆芽苗生产环节与操作要求

序号	生产环节	操作要求
1	选种浸种	品种选择正确，纯度、净度高；种子发芽率95%以上；浸种方法适宜，消毒效果彻底。
2	播种	播种及时，用量适宜，撒播均匀，覆盖适度。
3	叠盘催芽	叠盘数量合适，摆放有序，通风良好；温度20～25℃、湿度85%、催芽适中(1.5～3.0 cm)
4	出盘上架	出盘及时(芽长不超4 cm)；出盘后光照微弱或保持黑暗。
5	上架后管理	先微光或黑暗培养，采前见散射光绿化；温度保持在18～23℃，每天喷水次数恰当，湿度维持70%左右；病害防治针对性强、有效、无残余。
6	产品采收	参见表8-1-4。

技 术 提 示

1. 不同季节选择适宜的品种，夏季生产豌豆苗，应选择抗病性强、耐热的品种。
2. 种子浸种后轻轻揉搓、冲洗，除去附着在种皮上的黏液，注意不要损坏种皮。
3. 播种过多，产量高，但容易腐烂；播种过少，芽苗稀疏，不利于保湿。
4. 严格控制苗盘摞叠高度和每摞苗盘的间距，以免过分郁闭、通气不良而造成出苗不整齐。
5. 采收要及时。采收过早，影响产量；采收过晚，则会影响品质。

【知识链接】

一、芽苗菜生产

(一)芽苗菜的含义、类型与优点

利用植物种子或其他营养器官，在黑暗或弱光条件下直接培育出可供食用的嫩芽、芽苗、芽球、幼梢等蔬菜食用器官，统称为芽苗菜、芽菜等。根据营养来源的不同，可将其分为籽芽菜(种芽菜)和体芽菜两大类型(表 8-1-3)。生产芽苗菜的优点有：①器官肥嫩，营养丰富，口味极佳品，风味独特，易于消化，富含多种维生素和氨基酸等营养；②环境污染少，产品符合绿色食品的标准；③生长周期短，复种指数高，经济效益大。④栽培形式多样，容易操作；⑤易于进行工厂化、规模化生产等。

表 8-1-3　芽苗菜的类型

类 型	含 义	芽苗菜列举
籽芽菜	利用种子中贮藏的养分，直接培育成的幼芽或芽苗。	绿豆芽、豌豆芽、黄豆芽、萝卜芽、苜蓿芽、芥菜牙、荞麦芽、蕹菜芽、花生芽等。
体芽菜	利用植物的营养器官，如宿根、肉质直根、变态茎或枝条培育成的芽球、嫩芽、嫩茎或幼梢。	苦荬菜、蒲公英、菊花脑、姜芽、竹笋、菊苣、刺嫩芽、香椿芽、豌豆尖、佛手瓜尖、紫背天葵嫩梢、辣椒尖等。

(二)芽苗菜生产的基本设施

1. 栽培床架和栽培容器

栽培架主要用于放置多层育苗盘，进行立体栽培，以提高空间利用率。温室栽培时，可根据温室结构特点自制栽培架。为便于芽苗菜整盘活体销售，可设计和研制芽苗菜产品集装架。栽培容器一般选择底部有孔的轻型、硬质塑料育苗盘(图 8-1-3)，以减轻多层栽培架的承重。其规格有多种，如 62 cm×24 cm×5 cm、50 cm×30 cm×5 cm 等，重量轻，易于搬运，适应工厂化、立体化、规范化栽培的需要。也可以使用芽菜生产专用的聚苯乙烯泡沫栽培箱或育苗箱

(图 8-1-4)。这种栽培箱内有许多四方形小格,每个小格底部有一小孔,以便多余水分或营养液流出,小格中放置种子,深度约为 4 cm,而箱周的四个角较高,大约高于放置种子小格上部 15～20 cm。

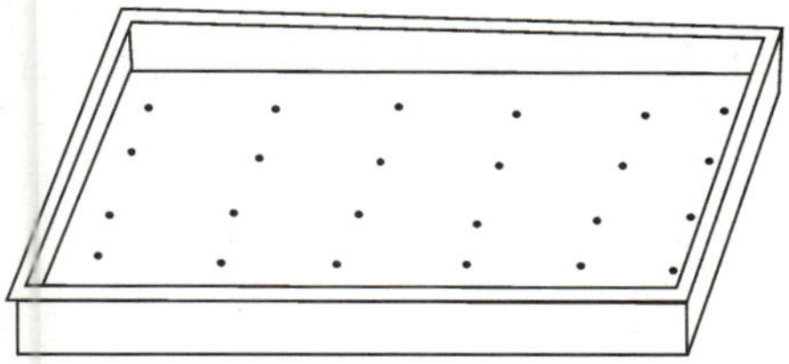

图 8-1-3 芽菜生产的硬质塑料育苗盘

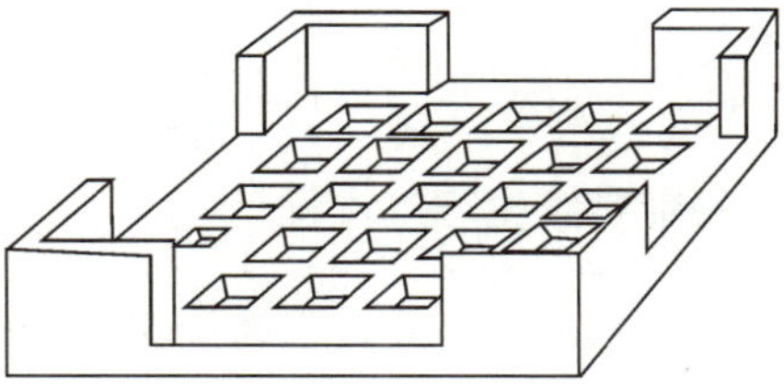

图 8-1-4 芽菜生产专用泡沫塑料箱

此外,可以直接在棚室内建成宽约 100 cm、深 10～15 cm 的简易栽培槽,以洁净的河沙作为基质生产芽苗菜。

2. 栽培基质

芽苗菜生产宜选用清洁、质轻、无毒、吸水持水能力较强、容易清理的基质,如新闻纸、包装纸、纸巾纸、白棉布、无纺布等,也可用旧报纸代替。以纸张作基质,取材方便,成本低廉,易于作业,残留物容易处理,一般适用于种粒较大的豌豆、蕹菜、荞麦、萝卜等芽苗菜栽培。其中,尤以纸质较厚、韧性稍强的包装纸最佳。以白棉布作基质,吸水持水能力较强,便于带根采收,但成本较高,虽可重复使用,却带来了残根处理、清洁消毒的不便,故一般仅用于产值较高的小粒种子且需带根收获的芽苗菜栽培。泡沫塑料(厚 3～5 mm)基质则多用于种子细小的苜蓿等芽苗菜栽培。近年来,工厂化生产采用珍珠岩、木屑、蛭石等栽培基质代替传统做法,栽培种芽香椿等芽苗菜,效果较好,但根部残渣不易去除,影响美观。用细沙做基质栽培芽菜,收获后容易去除根部残渣,但搬运较费力。

3. 环保设施

当外界气温高于 18℃时,可露地生产芽菜,但需要遮阳防雨设施。由于气候条件的限制,露地栽培多为季节性生产。因此,生产上多选用塑料大棚、温室等环境保护设施或窑窖、地下室、空闲房舍等地进行芽苗菜的四季生产。

环境保护设施包括催芽室、绿化室。催芽室一般用不太透光的房间或荫棚,最好是能够保持一段时间的黑暗。温度宜控制在 20～25℃,而且要有较高的湿度。绿化室要求光照条件较好。在催芽室里生长了 10～15 d 的芽苗菜,由于没有光照或光照较弱,因而植株瘦弱、淡黄,叶绿素含量很低。将这些芽苗菜放入绿化室中见光生长 2～3 d,甚至 4～10 d,让植株绿化而长得较为粗壮。绿化室即为大棚或温室,也可利用密闭的厂房或闲置屋舍。

4. 供水供液系统

豌豆苗、蚕豆苗、菜豆苗、花生苗等种子较大的芽苗菜,由于种胚中含有较多的营养物质,可维持苗期生长所需,其生产过程一般只需供水即可,而小白菜苗、萝卜苗、油菜苗等种子较小的芽菜,单靠种子中贮藏的营养不足以维持苗期生长,需要在出芽几天后供应营养液。规模化芽菜生产一般均安装自动喷雾装置,用于喷水或供应营养液。简易、小规模的芽菜生产,可利用压力式喷雾器或背负式喷雾器等人工喷水或营养液,有条件的也可以安装喷雾装置,以减轻劳动强度和获得较好的栽培效果。

5.浸种、清洗容器和运销用具

根据芽苗菜的生产规模,浸种及苗盘清洗容器可分别采用盆、缸、桶、砖砌水泥池等,但不要使用铁制器皿,否则浸种后所接触的种粒呈黑褐色。在容器底部应设置可随意开关的放水口,口内装一个防止种子漏掉的篦子,以减轻浸种时多次换水的劳动强度。由于芽苗菜用种量大,产品形成周期短,一般需每天播种,每天上市销售,因此必须配备足够的运输和销售车辆。

(三)芽苗菜生产的过程

芽苗菜生产的一般过程参照图 8-1-2。

1.种子筛选与浸种

种子的质量与芽苗菜生长的整齐度、商品率以及产量密切相关。因此,芽苗菜生产除选用优质、新鲜的种子外,还需认真筛选种子,剔去虫蛀、破残、畸形、腐霉、瘪粒、特小粒以及发过芽的种子。为提高种子的发芽率,播种前需作浸种处理。先用 20～30℃的洁净清水淘洗种子 2～3 次,然后常温下浸泡种子。浸种结束后再淘洗种子 2～3 次,沥去种子表面多余的水分后便可播种。

2.播种

播种容器一般选用育苗盘。播前先将苗盘刷洗干净,用石灰水或漂白粉消毒,再用清水冲净,然后在盘底铺一层纸张,即可播种豌豆、萝卜和荞麦等种子。要求撒种均匀,以使芽苗生长整齐。香椿播种方法与豌豆等不同,一是苗盘添加纸张和 1.5 cm 厚的珍珠岩,二是种子必须提前催芽。珍珠岩应提前加清水搅拌后控去多余的水分。

3.叠盘催芽

播种后将苗盘摞叠,置于棚室内平整的地面上无光催芽。苗盘叠摞和摆放的高度不得超过 100 cm,相邻两摞之间要间隔 2～3 cm,以免过分郁闭、通气不良而造成出苗不齐。此外,为保持适宜的空气湿度和黑暗,摞堆上面要覆盖湿麻袋片、黑色农膜或双层遮阳网。催芽在催芽室或温湿度条件比较稳定的地方进行,最好具备遮光条件。要求催芽温度一般保持 20～25℃。叠盘催芽期间每天应喷 1 次水,水量不要过大,以免发生烂芽。香椿不需换水,因为珍珠岩所保持的水分已完全能满足需要。此外,在喷水的同时进行 1 次"倒盘",调换苗盘上下前后的位置,使苗盘所处栽培环境条件尽量均匀,促进芽苗生长整齐。在正常条件下,3～4 d 即可"出盘",结束叠盘催芽,然后将苗盘散放在栽培架上,进入"绿化"培养阶段。

4."出盘"后的管理

(1)光照管理　为使芽苗菜从叠盘催芽的黑暗、高湿环境安全过渡到栽培环境,在苗盘"出盘"后,应放置在空气湿度较稳定的弱光区域过渡 1 d,以避免发生"芽干"等危害。为生产"绿化型产品",在芽苗上市前 2～3 d,苗盘应移放到光照较强的区域,以便芽苗更好绿化。进入 6～8 月以后,尤其是采用日光温室等设施生产场地的,为避免过强的光照,必须在温室外覆盖遮阳网,以调控适度光照。

(2)温度与通风管理　芽苗菜出盘后所要求的温度环境虽没有叠盘催芽期间严格,但应根据不同种类、不同生长期采取差异化管理方式。如果同一场地同时培育几种芽苗菜,室内夜温应不低于 16℃,昼温不高于 25℃。在具体管理上,高温区域可摆放萝卜苗和荞麦苗,低温区域摆放豌豆苗和种芽香椿。此外,芽苗菜生长前期要求温度范围较为严格,中后期则可放宽一些。通风是调控栽培室温度最重要的措施之一,也有利于保持生产场地空气清新,减少种芽霉烂和避免空气中二氧化碳的严重缺失。因此,在保证室内温度的前提下,每天至少通风换气1～2次,即使在室内温度较低时,也要进行短时间的“片刻通风”。

(3)水分管理 由于芽苗菜采用了不同于一般无土栽培的苗盘纸床栽培,加之芽苗本身鲜嫩多汁,因此必须频繁补水,以保持室内空气相对湿度在85%左右。一般多采取“小水勤浇”,冬季喷淋3次/d,夏季喷淋4次/d。浇水要均匀,先浇上层,然后依次浇下层。浇水量以掌握喷淋后苗盘内基质湿润、苗盘底不大量滴水为度。此外,生长前期水量宜小,生长中后期稍大;阴雨、低温天气水量宜小,晴朗高温天气宜稍大;室内空气相对湿度较大,蒸发量较小时水量宜小,反之水量稍大。

5. 产品采收与销售

芽苗类蔬菜生长周期短,不耐贮藏,产品成熟后要及时采收。对于初生产芽苗菜者,最好采取以销定产策略。销售宜采取整盘活体销售策略,既延长产品的货架期,又保证食用时的绝对鲜活。

(四)芽苗菜生产的技术关键

1. 严格消毒,防止滋生杂菌

芽菜在种植前使用的器具、基质和种子必须经清洗消毒。操作时先用自来水或井水清洗,再用药剂或温水、热水消毒。种植过程中所喷洒的营养液配制用水或单一的水也要求是较为洁净的自来水,最好是温(冷)开水,必要时也可加入少量低毒杀菌剂,但须注意控制其用量和使用时期。

2. 环境调控要得当

在催芽室或暗室生长阶段,避免见光,不能供水过多,温度控制在20～30℃范围。如温度过高,易引起徒长,苗细弱,产量低,卖相差,品质变劣,而温度过低,则生长缓慢,生长周期延长,会影响效益;如湿度过高,可能会腐烂。当幼苗移出暗室后光照强度不能过强,应在弱光下生长。因此,在棚室栽培阶段要适度的遮光,可在棚内或棚外覆盖一层遮光率为50%～75%的黑色遮阳网。在光下绿化培养时则要注意水分不能过少,以防幼苗失水萎蔫。

二、芽苗菜产品的销售标准

芽苗菜生长周期短,且以幼嫩的茎叶等为产品,组织柔嫩,易失水萎蔫,因此务必适时采收、销售。生长时间过长容易老化,影响品质;过短则产量下降。产品采取整盘活体销售或剪割小包装上市销售。主要芽苗菜上市包装销售标准参见表8-1-4。

表8-1-4 几种主要芽苗菜的上市包装与销售标准

芽菜种类	产量/(g/盘)	整盘上市销售标准	采收小包装上市标准
豌豆苗	300～350	芽苗浅黄绿色或绿色,高10～15 cm,整齐,顶叶初展开或充分展开。无烂根、烂茎基、无异味。茎端柔嫩未纤维化。	从芽梢基部7～8 cm处剪割,采用18.5 cm×12 cm×3.5 cm的透明塑料盒包装,每盒装100 g。用保鲜膜封覆或采用16 cm×27 cm封口袋上市。

续表 8-1-4

芽菜种类	产量/(g/盘)	整盘上市销售标准	采收小包装上市标准
香椿芽	400～500	芽苗浓绿色，苗高 7～10 cm，整齐，子叶平展，充分肥大，心叶未伸出。无烂种、烂根或猝倒病发生，香味浓郁。	带根拔起，采用上述塑料盒包装上市或切块活体装盒上市。
萝卜芽	500～600	芽苗翠绿色，或下胚轴红色，苗高 6～10 cm，整齐，子叶平展，充分肥大。无烂种、烂根，无异味。	同上。
荞麦芽	400～500	芽苗子叶绿色，下胚轴红色，苗高 10～2 cm，整齐，子叶平展，充分肥大。不倒伏，不烂茎基。	从梢部 9～11 cm 处剪割包装上市。
苜蓿芽	200～250	芽苗子叶绿色，下胚轴白色，苗高 3～5 cm，整齐，子叶平展，充分肥大。无烂根，无异味。	切块活体装盒上市或带根拔起装盒上市。
花生芽	2 000～2 250	种皮未脱落，子叶未张开，下胚轴长 1～1.5 cm，胚根长小于 3 cm。无侧根，白色。无霉烂，无异味。	采用塑料盒或封口袋包装上市。
赤豆苗	250～300	芽苗浅黄绿色，高 15～18 cm，整齐，顶部第一对真叶呈鱼尾状，尚未完全展开。无烂根，无异味。茎端 7～8 cm 柔嫩未纤维化。	从芽苗梢部 7～8 cm 处剪割，采用塑料盒或封口袋包装上市。
蕹菜苗	400～450	芽苗绿色或浓绿色，下胚轴青白色，苗高 10～12 cm，整齐，子叶呈“V”字形，充分肥大。无烂根，无杂菌。	带根装盒上市。

【拓展学习】

香椿籽芽菜立体无土栽培

采用立体无土栽培技术在弱光条件下培育出香椿籽芽菜。其营养丰富，与传统的体芽菜香椿风味相当，品质更鲜嫩，尤其适于冬季上市，效益更高。属无公害蔬菜，深受消费者欢迎。香椿籽芽菜生产周期仅有 12～15 d，是一项投资少、见效快、收益较高的新型产业。

香椿籽芽菜立体栽培设施与豌豆芽苗生产相同，栽培基质可选用白棉布、无纺布或珍珠岩、蛭石等，可选用红油香椿和绿香椿等适宜品种。一般在早春、晚秋和冬季的棚室内生产。生产前对栽培场地和栽培架、基质及其他用具彻底消毒。播种前先进行种子处理。挑选出芽率在 85%以上，纯度、净度高，籽粒饱满、无污染的新种子。用手搓掉种子上的翅膜，清水洗净后，用 25～30℃温水浸种 12 h。捞出沥干水分，装入纱布袋，置于 20～25℃下催芽。每天用温水淘洗 1 次，3～4 d 后待种芽长到 0.2～0.5 cm 时即可播种，播种量为每 8～10 盘 500 g 种子。将种子播入装有浸透水的珍珠岩或蛭石的栽培盘中，播后覆盖一薄层基质，喷水浸透基质。播种后栽培盘按 15～20 盘为一组叠放在一起，交错摆放。上下盘之间留一定空隙，以利通气，保证芽苗正常呼吸。视苗盘基质的干湿度适量喷水。若基质为珍珠岩，每天喷 1 次水；蛭石保水性能较好，一般可以等到出苗后再喷水。

播后一般2～3 d芽苗出齐，适时将栽培盘移至栽培室的立体栽培架上。栽培室内的温度保持在20～25℃，湿度85%以上。每天喷水2～3次，阴雨天时适当减少喷水次数。喷水同时进行倒盘，使芽苗受光均匀，颜色一致，提高芽苗的外观品质。芽苗生长期间需中度光照。光照过强，纤维素形成早，影响品质；光照过弱，芽苗生长细弱，容易倒伏腐烂。栽培室内每天须视温、湿度情况适当通风。此外，从浸种到采收的各个环节要严格控制，做好消毒和卫生管理工作，避免病害发生。

当芽苗高度达10 cm左右，尚未木质化，子叶平展、肥大，心叶未长出时便可采收。将芽苗连根拔起，洗掉基质和种壳，捆成小把，包装后及时上市销售。如销售不完可重新放回栽培架，在15～18℃低温条件下，喷水量、透光量略减，保证通风透气，在子叶展平后还再放置20 d至1个月，以解决香椿芽苗菜的贮藏保鲜问题。

【学习总结】

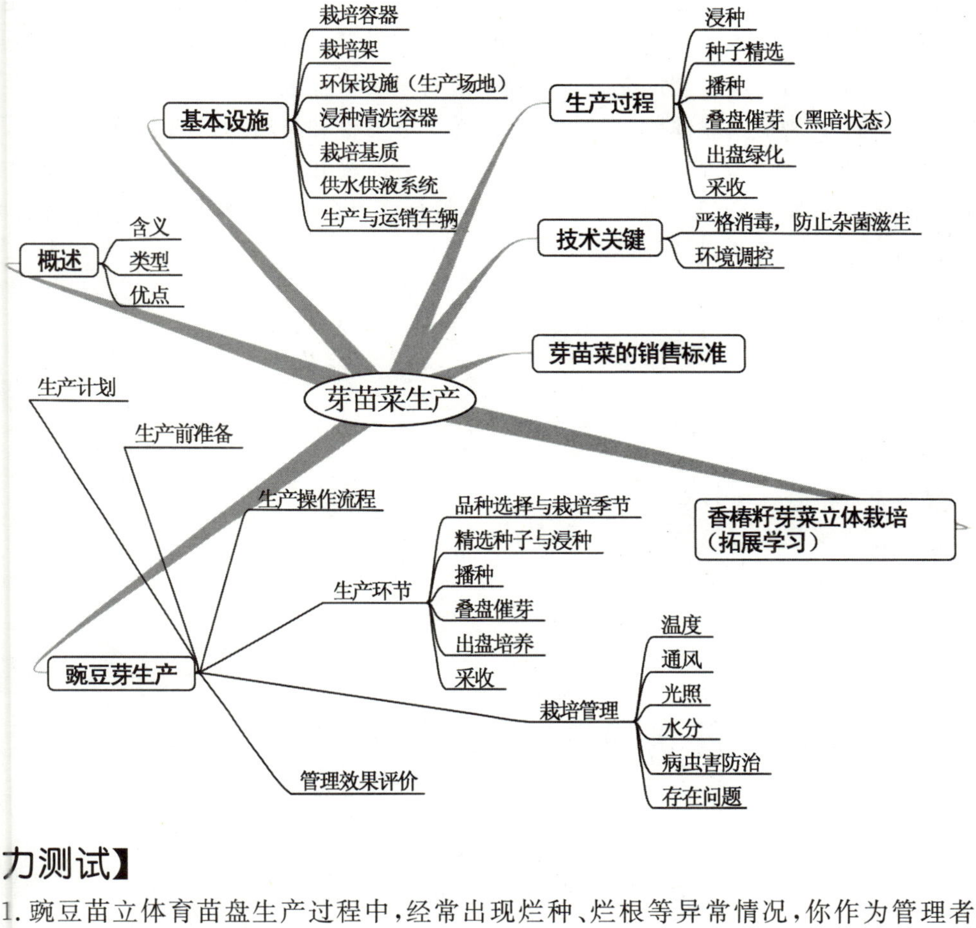

【能力测试】

1. 豌豆苗立体育苗盘生产过程中，经常出现烂种、烂根等异常情况，你作为管理者有何应对措施？

2. 豌豆苗采收时，出现上胚轴细长柔弱，顶部复叶下垂，颜色淡黄等现象，请分析原因。

3. 目前市面上出售的黄豆芽、绿豆芽等芽苗菜，往往生长速度很快，且无须根，据说在生产过程中使用了尿素和无根素等化学物质。作为公司绿色芽菜技术推广人员，你将如何向消费者做出客观解释。

项目9

阳台无土栽培

阳台无土栽培是阳台农业最主要的栽培模式。阳台农业也称为空间农业，是在一定高度的阳台或楼顶所进行的农业生产活动，兼具观赏、美化和生产多重效果，可以说是新时期农业庭院经济的一种提升与发展。利用无土栽培技术进行阳台农业生产，技术更趋高新性，生产具有体验性、休闲性，栽培形式立体化、多样性，产品趋于欣赏性和自给性。随着我国都市农业的发展和加快城市化建设进程，阳台栽花种菜，将成为一种时尚和趋势。目前国外一些城市居民吃的蔬菜有五成左右靠"自家阳台菜园"自吃自种，阳台菜园在中国台湾、中国香港、新加坡、日本等国家和地区已经非常普遍。

学 习 目 标

☆ 终极目标：掌握蔬菜花卉阳台无土栽培技术。
☆ 促成目标：
1. 了解阳台类型与环境特点；
2. 熟悉阳台栽花种菜的规划与无土栽培方式；
3. 掌握常见的蔬菜花卉阳台无土栽培管理要点；
4. 培养职业态度、团队精神和创新思维。

任务9-1 阳台种菜

任 务 描 述

☆ 具体任务：①制订蔬菜阳台无土栽培计划；②独立完成茼蒿、樱桃等1种以上阳台无土栽培任务；③完成实践总结报告。
☆ 实施形式：学生利用宿舍、教室等有限空间和课余时间，分组完成实训任务。
☆ 管理要求：符合阳台无土栽培技术要求，操作熟练、规范，有生产和观光效果。

任　务　分　析

本任务是应用无土栽培技术，在教室、宿舍等学习生活场所盆栽蔬菜。盆栽蔬菜，技术难度不大，操作容易，学生各组只要齐心协力，在教师指导下，做到品种选择适宜、操作正确、计划安排合理、加强病虫害防治，就能够顺利完成本任务。建议学期初优先安排该任务，学生伴随课堂学习，顺便完成浇水施肥等管理工作；教师加强督导与检查，鼓励各组相互交流，并开展项目任务评比，创造条件，建立机制，推动任务完成。

【任务实施】

子任务1　阳台种茼蒿

一、栽前准备

1. 栽培计划的制订

茼蒿是喜冷凉的叶类蔬菜，生长适温为 15～20℃，抗寒能力强。春季适宜 3 月中旬至 4 月中旬播种，生长期 50～60 d；秋季 9 月上旬至 10 月中旬播种，通过侧芽再生，生长期可达 50～90 d。表 9-1-1 列出阳台大叶茼蒿盆栽时间安排。

表 9-1-1　阳台茼蒿盆栽时间安排表

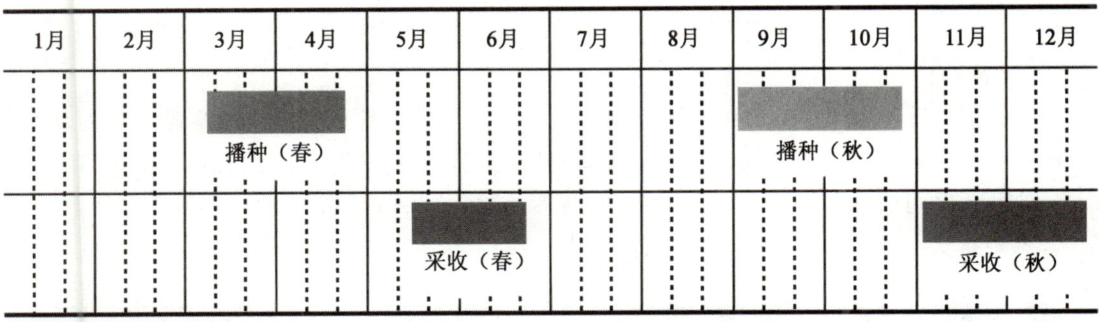

2. 准备用品

小型以上的盆栽容器，容量 8 L 以上；大叶茼蒿种子；草炭、腐殖酸（黑土）、蛭石、珍珠岩；小铲、喷壶、保鲜膜等。

二、盆栽与管理

1. 播种

采用条状播种法。操作流程见图 9-1-1。注意播种均匀，尽量不要重叠。容器过小时也可以撒播。播前浇水，待表面水渗下后用手弄平，用手指揉搓种子，均匀播种；播后均匀覆盖

1 cm 厚基质，表面整平后用花洒将表面喷湿，覆膜保湿。

①容器内装入定植土至盆沿2～4 cm

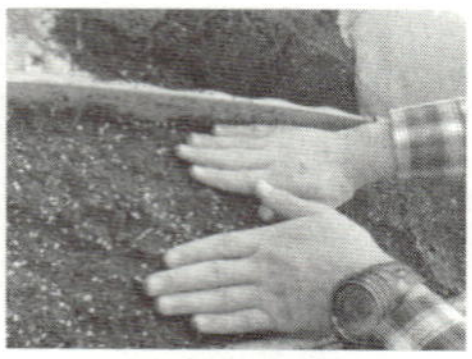

②轻压弄平

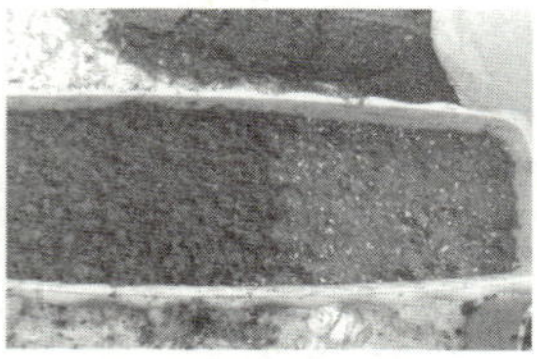

③上铺播种用土，浇透水

④水渗下后，用中指条播开沟，沟间距15～20 cm，边沟距盆沿5 cm，沟深0.5～1 cm

⑤手捻种子条播，1～2粒/cm

⑥手指聚拢覆土1 cm，轻压

⑦表面喷湿

⑧用保鲜膜覆膜，保湿保温

图 9-1-1　阳台茼蒿盆栽播种操作流程

2. 间苗

茼蒿播种 15～20 d 后，2 片真叶展开，进行第 1 次间苗（图 9-1-2）。将发育不良的幼苗拔出，株距保持 1 cm 左右。间苗时用剪刀剪除或压住植株根部拔除，避免伤及保留苗；苗高 4～5 cm 时第 2 次间苗（图 9-1-3），剔除劣质苗，株距为 3～5 cm；苗高 12 cm 时第 3 次间苗，去劣存优，株距扩大至 8～10 cm。

图 9-1-2　茼蒿第 1 次间苗

图 9-1-3　茼蒿第 2 次间苗

3. 追肥培土

在播后 30 d、45 d 左右分别追肥。在每盆内的行间共施放约 10 g 左右(一小把)化肥。追肥后用指尖浅浅松土，让土壤和肥料混匀，根部培土后轻压即可(图 9-1-4)。

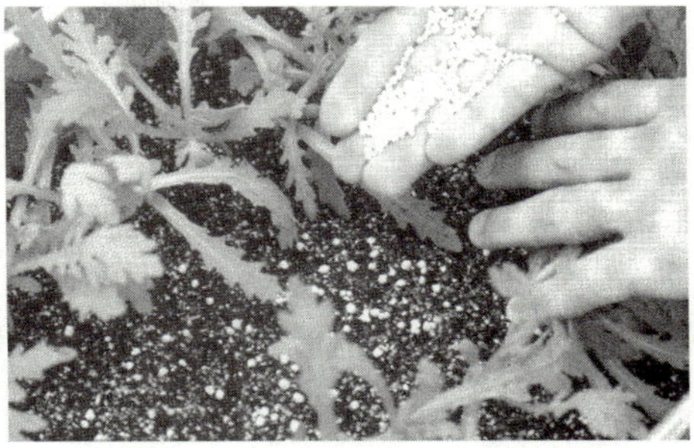

图 9-1-4 第二次间苗后追肥

4. 环境控制

茼蒿盆栽期间，阳台温度保持 5～35℃、基质含水量 55%～80%、光照自然。

5. 采收

当株高约 15 cm 时即可采收。春播时用剪刀深入根部剪下即可。秋播时保留下部 3～4 片叶后剪下嫩梢，让保留的节部萌发侧芽。同样，当侧芽长成嫩梢后二次采收。

6. 病虫害防治

阳台病害主要是预防炭疽病、黄斑病，虫害有蚜虫和潜叶蝇，以预防为主。

子任务 2 阳台栽种樱桃番茄

一、栽前准备

1. 栽培计划的制订

樱桃番茄生长适温为 25～30℃，耐旱能力强，适宜播期在 1 月上中旬。从播种开始培育，育苗期长达 80～90 d，恰逢北方冬季低温，育苗期管理工作非常困难。建议种苗外购，从定植开始操作与管理。阳台樱桃番茄适宜定植的时间为 4 月下旬至 5 月中旬，生长 50～60 d 开始采收，采收期为 80～90 d。樱桃番茄栽培时间安排见表 9-1-2。

表 9-1-2 阳台樱桃番茄栽培时间安排表

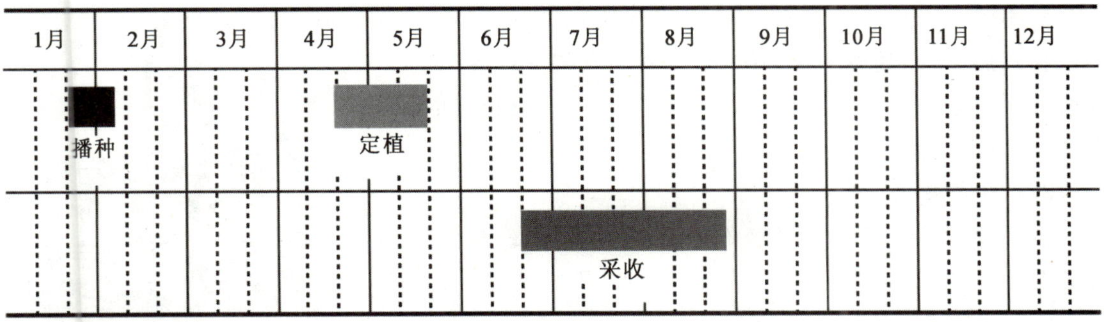

2. 准备用品

大型的盆栽容器，容量 25 L 以上；黑网、竹竿支架、铁丝、钳子、电钻、小铁铲等。

二、盆栽与管理

1. 定植

先在容器底层盖上黑网，再按照陶粒、栽培用土的先后顺序分别装填到容器内。陶粒 2～4 cm 厚作排水层，栽培用土距容器口的上沿 2～4 cm，轻轻压实并浇透水。待水渗下后挖出与育苗钵大小相同的定植穴，然后将具 8～9 片真叶的营养钵种苗脱钵，栽入定植穴内。移栽后扶正、并覆土 1～2 cm 厚，沿主枝架立 60 cm 的临时性支架绑蔓，最后浇透水。具体操作流程见图 9-1-5。如果番茄苗徒长，可以适当深栽，10～15 d 缓苗后将侧芽全部去除。

①黑网盖上排水孔

②添加陶粒2～3 cm作排水层

③填入基质至盆口上沿2～4 cm

④挖定植穴

⑤种苗脱钵

⑥定植后临时固定

图 9-1-5　樱桃番茄定植操作流程

2. 支架

移栽后 30 d，随着植株的生长，临时性支架更换成 150 cm 高的主要支架。为了避免倒伏，每 20～30 cm 将植株和支架以 8 字结绑定(图 9-1-6)。

图 9-1-6　樱桃番茄打杈绑蔓

3. 人工授粉

位置较高或昆虫不宜飞来的阳台，开花初期或高温等落花时期，用手轻敲花朵，使花粉飞散，进行人工辅助授粉。

4. 打杈绑蔓

为了节省养分，促进主枝生长，将主枝叶腋发出的侧芽，尽可能在 5～10 cm 长以内用手掰除，实行单干整枝。随着植株的生长，随时用 8 字结绑蔓，将主蔓固定在支架上。

5. 追肥浇水

第一穗果实膨大后，在每株番茄的周围(叶片下方)，施入 10 g 左右的化学肥料。以后随着苗株的生长状况，每 15 d 左右追肥1次。追肥后用手指浅浅松土，将肥料和土壤搅拌均匀，再将土壤表面整平，浇透水。果实采收期要保持土壤湿润，浇水要均匀，避免土壤水分急剧变化，否则容易造成裂果。

6. 摘心

结果中期以后，植株高度过高会造成操作上的不方便。在采收终期前35～45 d，留下最上面花朵的上方2片真叶，然后摘心，以抑制植株的顶端生长，促进下部果实成熟。

7. 采收

樱桃番茄开花40～45 d后，果实转红就进入采收期。用拇指压住果蒂往内折即可摘下。当整穗果实采收结束后，将残留的花序去除，同时摘掉下方的所有老叶。

8. 病虫害预防

病害主要有白斑病、炭疽病、灰霉病和病毒病，虫害主要有蚜虫、白粉虱和红蜘蛛，可用全能喷雾剂预防。生理性病害主要是光照过强造成的日烧病和浇水不均造成的裂果。

【知识链接】

阳台种菜即充分利用城市空间种植各种蔬菜，既增加了城市绿化面积、美化和净化了人居环境，又可直接提供新鲜可口的蔬菜，打造宜居生活，为市民增添生活情趣。阳台种菜需选择适宜的蔬菜种类，掌握相应的栽培技术，才能在收获快乐的同时获得栽培效果。

一、阳台种菜前的准备

（一）场地识别与准备

1. 场地识别

阳台种菜，首先要了解阳台的小气候条件。阳台根据封闭情况，可分为开放式、封闭式和半封闭式；根据阳台与主体的关系，可分为凹式、凸式和半凹半凸式；根据朝向可分为东向、南向、西北向和东南向等。阳台的环境比较特殊，因阳台封闭程度和朝向的不同而存在较大差异（表9-1-3）。此外，不同地区的阳台环境受纬度和气候的影响较大；楼层不同，阳台环境也有明显差异。一楼阳台光照不足，湿度过大；五层以下阳台高度适中，光照条件较好，遮挡程度较轻，蜜蜂等协助授粉的昆虫较多；五层以上阳台光照条件好，但风大、协助授粉的昆虫较少。

2. 场地准备

首先是合理规划阳台空间。对于面积小于5 m^2 的阳台，以立体栽培和选择产量高、生长快的蔬菜品种为主，以节省空间；对于5～10 m^2 的阳台，应合理划分出栽植区和功能区，两个区域互不干扰；大于10 m^2 的阳台，除了划分栽植区域和功能区域之外，还可开辟专门的休闲区域，劳作与休闲相结合。其次是垫高盆底隔热防虫。此外，安装加密纱窗，以阻止蚜虫、白粉虱等危害，还要预防宠物攻击。

表 9-1-3　适宜阳台栽植的蔬菜品种与选择依据

阳台类型	环境特点	适宜栽植的蔬菜	注意事项
全封闭阳台	保温效果好，可能存在阳光不足或通风不畅的情况。	可选择范围广，四季可栽植蔬菜。	合理安排栽植空间。
开放式阳台	栽植条件较好，冬季温度低，夏季存在强光直射的可能。	春夏秋三季可以栽植蔬菜。	夏季适当遮阴；冬季因温度低，不宜栽植。
半封闭阳台	通风、光照条件较好，但底层空间可能阳光不足。	上中层空间宜栽植喜光蔬菜，部分底层空间宜栽植耐阴蔬菜。	
南向阳台	全日照条件，阳光充足，光照时间长，通风良好。	一般蔬菜四季均可栽植，如黄瓜、苦瓜、番茄、芥菜、西葫芦、青椒陆生蔬菜和莲藕、荸荠、菱角等水生蔬菜。	
北向阳台	多为散射光或斜射光照，温度低；有时会有楼层反射的强光及辐射光。	蔬菜的选择范围小，应选择耐阴蔬菜，如莴苣、韭菜、芦笋、空心菜、木耳菜、大葱、芹菜、茼蒿等。	夏季适当遮挡后面楼层反射过来的强光及辐射光。
东、西向阳台	半日照条件，东向阳台上午3～4 h光照，下午少量散射光；西向阳台上午较荫蔽，夏天中下午易受强光直射。	喜光耐阴蔬菜，如洋葱、油麦菜、小白菜、韭菜、丝瓜、香菜和萝卜等，阳台角落可栽植蔓生耐高温的蔬菜。	

(二)蔬菜品种的选择

绝大多数的蔬菜都可在阳台种植。选择蔬菜品种时要考虑到阳台的朝向、封闭情况，以及蔬菜的生长期长短和管理的难易程度等。

1. 根据需求选择蔬菜品种

周期短的速生蔬菜：小油菜、青蒜、芽苗菜、芥菜、油麦菜；

收获期长的蔬菜：番茄、辣椒、韭菜、香菜、葱；

节省空间的蔬菜：胡萝卜、青萝卜、莴苣、葱、姜、香菜；

易于栽种的蔬菜：苦瓜、胡萝卜、姜、葱、生菜、小白菜；

不易生虫子的蔬菜：葱、韭菜、芦荟；

保健功能的蔬菜：穿心莲、紫背天葵、养心菜、大叶芹等。

2. 根据阳台环境条件选择蔬菜品种

阳台环境条件中最主要的就是阳台朝向和阳台封闭情况，朝向决定了阳台的光照条件，而阳台封闭情况则决定了阳台的温度条件。根据阳台朝向和温度选择的蔬菜品种见表 9-1-3。

3. 根据种植经验选择

初学者可选择易于种植的(速生)蔬菜，例如，油麦菜全年皆可种植且生长快，五六周即可采收；苦瓜、葱、姜等适应性强，且本身有股特殊味道，因此昆虫不喜接近，不需用农药、化肥也能生长得很好。

(三)栽培类型的选择

阳台种菜可选择的栽培形式有普通水培、管道水培(图 9-1-7)和盆栽蔬菜(图 9-1-8)。第一种比较容易掌握,第二种需配制营养液,有一定管理难度,第三种要求盆栽基质轻便、保水、透气,能够就地取材自行配制或直接购买市售的营养土。

图 9-1-7　阳台管道无土栽培

图 9-1-8　阳台盆栽蔬菜

(四)盆栽营养土的准备

1. 营养土的筛选

要求盆栽土壤必须具有良好的排水性、保水性、通气性,才能有效维持肥料分量。盆栽种菜使用市售的专用培养土非常方便。为了使排水良好,栽植用土的底部须装入颗粒较大的陶粒;如果直接播种,必须配合蔬菜的栽培方法,装入颗粒较小、保水性、保肥性、通气性佳的播种专用营养土(图 9-1-9)。

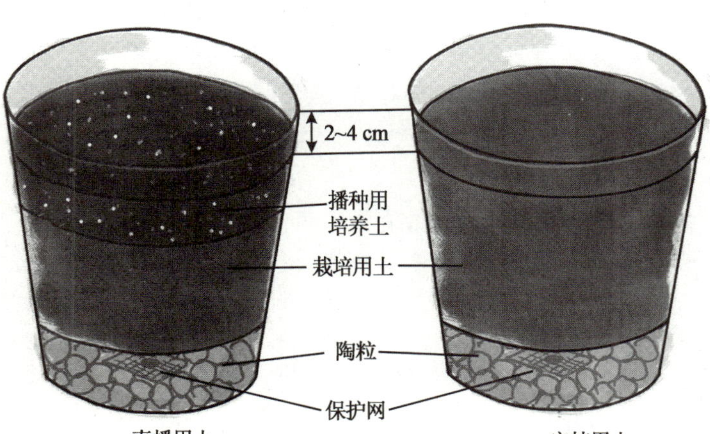

图 9-1-9　不同播种方式盆栽营养土的填装

2. 土壤的混配

根据盆栽蔬菜的种类可按比例自行调配栽培用土。以下是针对不同栽培对象或用途常用的基质配方。

播种用土：草炭：蛭石：堆肥：珍珠岩 =5：3：1：1（草炭和有机肥均需过筛，筛孔0.5 cm）

叶菜类：草炭：腐殖酸(或黑土)：堆肥：蛭石=5：3：1：1

果菜类：草炭：腐殖酸(或黑土)：堆肥：蛭石=4：3：2：1

根菜类：草炭：腐殖酸(或黑土)：蛭石：河砂土=5：1：2：2

混拌要求参照任务 3-2，基质含水量要求以手攥指缝间有水珠为度，然后装入盆内。

(五)盆栽容器的准备

选择盆栽容器时，除了要考虑容器的材质、形状外，一定要根据蔬菜的种类、栽植时间、成熟植株的高度(表 9-1-4)来确定容器的大小。植株较矮的叶菜类蔬菜生长周期短，可以使用小型盆栽；对于植株越长越大、长时间持续采收和对土壤肥力要求作用时间长的蔬菜，宜选用中空较大的盆栽。对于白萝卜、胡萝卜等根部垂直生长的根菜类，应选择深型容器。有条件的话可选用阳台蔬菜栽培专用盆。

表 9-1-4　盆栽容量适宜的蔬菜品种

盆栽类型	小型以上盆栽 （容量 8～15 L）	中型以上盆栽 （容量 16～24 L）	大型盆栽 （容量 25 L 以上）
适宜蔬菜品种	茼蒿、香菜、油菜、草莓、樱桃萝卜、薄荷、芝麻菜、韭菜、小葱等	莴苣(生菜)、乌塌菜、大白菜、花椰菜(小型)、豌豆、紫苏、罗勒、姜等	水果黄瓜、苦瓜、番茄(樱桃番茄)、茄子青椒、西瓜(小型礼品瓜)、马铃薯、山药等

温馨提示

选择盆栽容器的注意事项

1. 慎用黑色容器。因为黑色吸热，有可能损害植物根系。若选择了黑色容器，最好涂上一层颜色较浅的漆，或者仅把容器遮蔽起来，以免阳光直射。

2. 选择大小适宜的容器，宁大勿小，大点的容器方便施肥，蓄水量大，夏季基质不会很快变干。

3. 保证盆栽容器底部的排水孔数量，使排水顺畅。

4. 种植蔓生或半蔓生的果菜时，应提前在盆的边缘开好固定支架的孔穴。

二、阳台种菜

(一)播种

1. 直播

外购蔬菜种子时必须确认种子袋上标识的发芽率和生产日期，避免买入过期的种子。使用前先密封状态置于室温条件下，待种子温度与环境温度一致的情况下再打开密封包装使用。

包衣种子3个月内要用完。

播种前确定播种方式和播种时间。根据株距大小和是否间苗确定播种方式(图9-1-10)。长条状播种方式适合株距不太宽、必须间苗的蔬菜，如菠菜、散叶生菜、油麦菜等多数叶菜；穴播按照株距播种，适合植株延伸生长的蔬菜，如四季豆、大白菜；撒播适合不需要考虑株距、也不需要间苗的蔬菜。如茼蒿、油菜等。播种时间可参考表9-1-5。

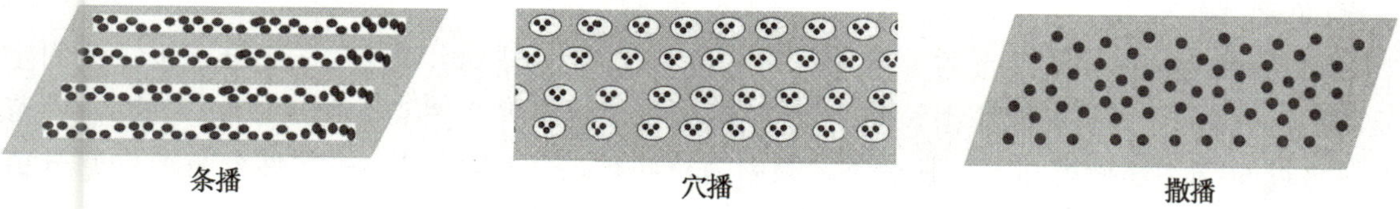

图9-1-10 阳台种菜播种方式

表9-1-5 阳台种菜主要品种的播种期、收获期及产量

蔬菜品种	播种或定植期	播种至收获天数	产量/(kg/m^2)	播种方式
小白菜(油菜)	全年播种	30～45	2～5	直播(撒播、条播)
萝卜	2月中旬至7月下旬	90～100	3～4	直播(条播)
胡萝卜	7月下旬至8月上旬	120	4.0	直播(条播)
雪里蕻	8～9月	90	2.0	直播(撒播、条播)
生菜(散叶、结球)	3月中旬至10月中	90～180	2.0	可以直播或育苗定植
菠菜(尖叶、圆叶)	3～4月,8～9月	40～50	1～1.5	直播(撒播、条播)
苋菜	3月下至7月下	30～50 d	1.5	直播(撒播、条播)
香菜	4～6月;7～9月	50	1.0	直播(撒播、条播)
韭菜	3月上旬至9月上旬	翌年收6次	1.5	直播(条播)
小葱	全年生产	40～50	1.0	直播(撒播、条播)
大蒜	9月中旬至10月中旬	翌年5～6月收获	2～3	直播(条播)北方需越冬
豇豆	4月上旬至8月下旬	80～120	1～1.5	直播(穴播)
豌豆	2月上旬至3月上旬	120～130	1.5	直播(穴播)
马铃薯	3月上旬至4月上旬	100～120	2.0	直播(穴播)

播种前，基质要充分浇透，底部排水孔有少量水渗出为好。冬季和早春低温季节可以提前1天浇透水，待基质温度回升到室温的翌日中午高温时播种；夏季高温期中午浇透水，下午播种。一般蔬菜种子播种时要求温度在20～25℃，基质湿度保持75%～85%。播种后，种子上覆相当于种子直径2～3倍厚的基质，然后用喷壶将覆盖种子上的土壤喷湿。叶菜类一般覆土1～2 cm，果菜类覆土2～3 cm。在早春和秋冬的低温季节，播后覆盖保鲜膜保湿、增温；夏季在盆栽表面覆盖报纸保湿、降温。当有50%种苗出土后应及时撤掉覆盖物。

2.穴盘或营养钵育苗

(1)营养钵育苗　有的蔬菜出苗后生长缓慢，苗期长，如番茄、茄子、甜椒等果菜类和甘蓝、菜花叶菜类，或者出苗困难的苦瓜等，最好先采用营养钵育苗（见图 4-1-4）。大粒种子如豆类和瓜类蔬菜可以直播；小粒种子先在穴盘点播或花盆里撒播，2～3 片叶后再移到营养钵中，待其长到适宜大小时再移栽入盆。营养钵采用 10 cm×10 cm 的黑色营养钵，具体播种方法与穴播相近。

（2）穴盘或营养块育苗　茄果类和甘蓝类蔬菜种子较小，可在穴盘或完全泡发的营养块内点播（见图 4-1-7）。

（3）播种育苗时间　蔬菜的育苗时间一般是不计入生长期的，蔬菜种子包装袋上介绍的生长期不包含育苗时间，如西芹生长期 70～90 d，是从具有 6 片叶种苗定植开始计算的，而育苗时间将近 60 d。茄果类和部分甘蓝类蔬菜因为苗期长，一般需要提前一次性育苗或中间分苗一次。具体品种的播种、定植和开始收获的天数见表 9-1-6。

表 9-1-6　阳台种菜主要品种的定植期、收获期及产量

蔬菜品种	定植期	播种至收获天数	产量/（kg/m^2）	播种到定植时间
甘蓝（圆白菜）	7 月中旬至 7 月下旬	100～120	2～5	秋季提前 50 d 育苗
西芹	7 月上旬至八月上旬	130～160	2～3	提前 70 d 育苗
番茄（大、小）	11 月至翌年 3 月下旬	150～180	2.5～4	提前 90 d 育苗
茄子（长茄、圆茄）	11 月至翌年 4 月下旬	150～180	2	提前 100 d 育苗
辣椒（大、小）	11 月至翌年 3 月中旬	150～180	1～1.5	提前 80 d 育苗
菜豆（四季豆）	3 月上旬至 7 月下旬	80～120	1～1.5	冬季提前 40 d 育苗
黄瓜	3 月上旬至 4 月上旬	80～100	3	冬季提前 40 d 育苗
西葫芦	3 月上旬至 4 月上旬	70～100	2	冬季提前 40 d 育苗
西瓜系列	3 月中旬至 4 月中旬	100	2～3	提前 40 d 育苗

（二）定植

外购种苗，可以提高栽种成功率。优质种苗可从高度、颜色和叶片数等指标来鉴别。其种苗的节和节间距离一定，下方叶片颜色深浓，叶片及边缘没有伤痕、裂痕、变色、虫斑等症状，茎部接近土壤部分粗细、颜色正常没有根腐或缢缩病症。蔬菜优质壮苗的标准见表 9-1-7。

表 9-1-7　北方地区主要蔬菜盆栽定植的苗龄及育苗期

蔬菜	盆栽大小和时期	苗龄	育苗期/d
番茄	春季大型盆栽	8～9 片真叶，苗茎高 20～25 cm，现大蕾，茎粗≥0.5 cm	60～75
辣椒	春季大型盆栽	12～14 片叶，苗高 20 cm 左右，现大蕾	80～85
	秋季大型盆栽	9～12 片叶，苗高 18 cm 左右，现蕾	70～75
黄瓜	春季大型盆栽	5 片叶，苗茎高 20 cm 左右，见雌花，茎粗 0.6≥ cm	40～50
	秋季大型盆栽	2 叶 1 心或 3 叶	30～35
大葱	春季大型盆栽	高 35～40 cm，假茎粗 1.0～1.5 cm	60～65
芹菜	秋季中型盆栽	4～6 片叶，茎高 10 cm	60～65
菜豆	春季大型盆栽	1～2 片复叶	35～40

定植时不但要考虑盆栽的大小，也要考虑植株的数量和间距。植株会不断生长壮大的蔬菜，定植时每盆栽种 1 株，或者株间距离间隔 20～30 cm。选择无风的晴天上午定植。定植深度以埋住营养钵原来基质的 1～2 cm 即可，不能定植太浅或太深。

(三)阳台环境调控

1. 温度调节

夏季阳台，为了防止日照及反射所引起的高温现象，可使用草帘、竹帘或无纺布来阻隔日照，或栽种耐热性好的苦瓜、小黄瓜等作为遮光作物。冬季低温时，阳台夜晚温度下降快，幼苗容易受冻，可做拱形支架，覆盖保鲜膜等保温。苗期管理需根据蔬菜品种特性调控最适的环境条件，冬季需要保温和加温，夏季需要遮阴降温，适当的浇水以避免干燥，培育出壮苗。

2. 光照调节

根据阳台朝向、阳台栏杆透光与否等条件，就可判定阳台是“全日照”或“短日照”。通过调节盆栽蔬菜的位置，即使是“短日照”品种蔬菜也可在“长日照”类型的阳台种植。此外，根据季节的变化，阳台照射的位置也会随之改变，有必要随着季节移动盆栽的位置。栏杆前放置短日照蔬菜，如大部分叶菜类，或用台子等略微垫高即可。夏季的阳台，要将喜光的果菜类蔬菜置于栏杆边；春秋季节阳台各处都可以种菜。

3. 水分管理

阳台盆栽蔬菜时，要注意浇水的时间和次数。

(1)浇水时间　基质表面干燥时，最好在夏季早晨、冬季需在基质温度上升的中午前浇水。夏季高温季节，在早晨浇水后需在下午再次浇水。浇水把握“见干见湿”原则，不能采用小水勤浇方式，因为盆栽里的基质如果长期处于潮湿状态，则根部容易腐烂。

(2)浇水方法　叶菜类、根菜类或低秧的果菜类采用叶片上方浇水，高秧果菜类采用根部浇水。水势不可过强，可将花洒的喷嘴压低，一般以傍晚的基质表面呈现干燥的程度即可。土壤过于干燥，可将盆栽浸在装水的容器内，从盆栽底部吸水。

4. 通风措施

通风不良容易导致蔬菜生病。楼层高度和阳台形状等都会影响通风状况。强风吹袭的地方，盆栽容易倾倒，基质容易干燥，可以架设竹帘或护网作为保护；植株较高的蔬菜则置于避风位置；盆栽之间保持适当距离，或以台子、吊篮等改变高度(图 9-1-11)，使通风良好；选择耐旱品种。特别注意盆栽不要置于空调的室外机上，也不能直接对着空调室外机排出的热气。

图 9-1-11　利用台架改善通风不良情况

(四)植株调整

1. 间苗

撒播或一处播下多粒种子时，一般在真叶长出 2～3 片、5～7 片时分次间苗，最后一次间苗必须确定株距。将过密、生长不良或叶片损伤的幼苗拔出，保留株距合适、生长状况良好的幼苗。

2. 打杈

大部分蔬菜在生长期间，需要“打杈”，否则会导致整体生长迟缓、果实变小、采收期延晚。当侧枝长到 5～10 cm 时是最佳打杈时间。打杈必须用手紧贴叶腋掰除。不使用剪刀的原因是避免传染病毒病，而且摘除不彻底，叶腋处还能继续萌发侧芽。为了让侧芽摘除后的伤口尽快干燥，选择天气晴朗的上午进行。

3. 摘心

通过摘除主枝顶部的生长点，抑制主枝生长，促进侧芽生长。盆栽菜豆、西瓜在 4～5 片真叶时摘心，是利用侧枝开花早、不容易落花的特点，促进侧枝生长，以获得早产。紫背天葵、紫苏、穿心莲、养心菜或茼蒿等采收茎叶为主的蔬菜，采收时保留 3～5 片叶，该处会发出侧芽，会增生出更多的侧芽，实现一种多收，增加产量，延长收获期。

4. 支架绑蔓

对于蔓生性和植株生长较高、容易倒塌的蔬菜来说，必须作支撑架，防止植株倒伏、叶片相互遮挡，并改善通风状况。常见的支架有独立支柱、四方框形支柱和尖塔形支柱等类型（图 9-1-12）。独立支柱适合番茄等单蔓整枝生长的蔬菜；四方框形支柱适合于西瓜、南瓜等果实较为硕大的藤蔓性蔬菜；尖塔形支柱适合缠绕性强的小黄瓜、苦瓜和菜豆等蔓生蔬菜。

四方框形上面支柱固定　　四方框形下面支柱固定　　尖塔形支柱

图 9-1-12　阳台种菜支架绑蔓形式

（五）追肥培土

对于生长期超过 1 个月的蔬菜有必要追加肥料。追肥选用速效性肥料或见效慢但安全的腐熟有机肥。施肥位置一般在叶片下方，与根系扩张的范围相同。随着蔬菜的生长，追肥的位置逐渐远离根部，到达株间处。追肥后，适当松土，顺手拔除杂草。松土后植株的根部必须覆盖土壤，避免根部干燥，不易倒伏，避免根部见光。

（六）预防病虫害

阳台种菜发生病虫害的原因主要是源自土壤的病菌或虫卵。使用草炭等基质进行盆栽会比露地生产病虫害发生率低。阳台种菜一般春季以病害预防为主，夏秋季以虫害和草害预防为主。预防措施主要是提高栽培技术，在适宜条件下播种和培育壮苗，合理安排栽植密度，保证良好的通风、透光条件，适当浇水和追肥等。为了降低农药残留，屋顶、阳台种菜必须控制化学农药的使用，坚持以农业防治为基础，以人工防治和生物防治为主，辅以物理防治，以科学合理使用低毒、低残留化学农药为辅，坚决不能使用化学杀虫剂和化学除草剂。具体措施有：①选用优良品种，最好选用本地蔬菜品种；②采取轮作换茬，高矮间作；③种植异味蔬菜，趋避害虫；④精细管理，及时清除残株病叶；⑤合理调整播期，避开病虫为害高峰期；⑥增加陶粒铺底，透气滤水增氧扩根；⑦利用黄板诱杀害虫；⑧早、晚人工捉虫。

【拓展学习】

阳台蔬菜病虫害的有机防治

1. 大蒜橄榄油驱虫喷雾剂

材料：橄榄油 5 mL，大蒜 1 小匙（2 瓣），洗衣粉 1 小匙，水 500 mL。

做法：将大蒜压成蓉，和洗衣粉、橄榄油加水 500 mL 一起放入喷壶中，摇匀待用。

用法：在虫害发生初期，每天对着叶片背面和正面喷洒 2～3 次，连续喷施 3 d。

功效：防治红蜘蛛（叶螨）、蚜虫和白粉虱，但对潜叶蝇无效。

2. 全能型有机喷雾剂

材料：液体皂（或洗手液、肥皂水）1 大匙，大蒜蓉 3 大匙（3 大瓣），生姜粒 3 大匙，鲜辣椒丁 50 g，番茄叶（或马铃薯叶）30 g，水 1 000 mL。

做法：将所有的原料放置于小锅内，让开水浸没所有原料，放置一晚上，滤净残渣，将滤液放入喷壶中摇匀，对着叶片正反面喷洒。

注意事项：所有自制喷雾剂在夏天应当次使用，或者放置于冰箱内，不然会发酵。

3. 植物杀菌剂

材料：小苏打粉 1 小匙，肥皂屑 1 小匙，水 1 000 mL。

做法：将小苏打粉、水和肥皂屑放入喷壶中摇匀，对受感染的叶面正反面喷洒。

功效：发病初期防治真菌性病害，如灰霉病、白粉病和黑斑病等植物性病害。

注意事项：感染严重的叶片必须摘除，喷施的叶子颜色必须还保持正常的绿色，只能控制受感染的范围，防止病情扩散。

4. 预防软体动物

材料：清洗过的蛋壳（数量随意），如果烘烤过的效果更好。

做法：将蛋壳放入容器内，用擀面杖或小铲把手捣碎即可（不要粉碎），重点放置栽培盆的外沿。

功效：阻挡蛞蝓（鼻涕虫）、蜗牛和地老虎等由盆沿爬入栽培容器内。

5. 防治根结线虫

材料：花生壳（生的）、辣椒干（整株干燥）、万寿菊枝叶（整株干燥）、孔雀草枝叶、茼蒿的根、番茄叶等。

做法：以上原料就地取材，选择其中的几种干燥的粉碎后与栽培基质混合使用。新鲜的原料可以剪碎后泡水灌根。

功效：趋避和杀死根结小虫。

任务9-2 阳台养花

任务描述

☆ 具体任务：①制订花卉阳台无土栽培计划；②分组从富贵竹、风信子、水塔花中任选一种花卉，完成养护任务；③完成实践总结报告。

☆ 实施形式：学生利用宿舍、教室等有限空间和课余时间，分组完成实训任务。

☆ 管理要求：符合阳台无土栽培技术要求，操作熟练、规范。

任务分析

本任务是应用无土栽培技术，在教室、宿舍等学习生活场所盆栽花卉。盆栽花卉，只要做到品种选择适宜、操作正确、计划安排合理、加强病虫害防治，就能够顺利完成本任务。其他要求和建议参见任务9-1。

【任务实施】

一、富贵竹水培

富贵竹水培盘栽，或剪取茎干瓶插，或加工“开运竹”、“弯竹”，均显得疏挺高洁，茎叶纤秀，柔美优雅，姿态潇洒，富有竹韵，观赏价值特高。

（一）栽前准备

1. 植株选择与处理

选取当年生粗壮、无病虫害的半木质化枝条，株高约 60 cm。取用酒精灯烧过的刀片，在茎节下 2～3 mm 处，斜向切取长 5～10 cm、具 3 个节间以上的插枝，切口要平滑，以利于吸收水分和养分，并去掉枝条下部叶片。

2. 容器准备与营养液配制

因富贵竹茎秆笔直，容器选细口瓶（单枝插）或口径 15 cm 左右的无底孔容器，洗净备用。配制相当于原配方 1/6～1/4 B 的观叶植物营养液营养液备用。也可选用 1/4 B 日本园式营养液，pH 调至 6～6.5。

(二)玻璃瓶水培

1. 插瓶生根

将处理好的枝条插入装有营养液的高筒玻璃瓶中(图9-2-1)。一般在18～28℃的温度条件下,约10 d即可长出银白色须根。水培一段时间后,当浸在水液中的下部茎段长出的水生根系过多时,剪去已经丧失吸收能力的老化根系和烂根,利于增强植株长势。

图 9-2-1　富贵竹水培

2. 营养液管理

夏季营养液浓度应降至原配方的1/6左右,7 d左右更换一次;冬季可酌情延长。若生长缓慢可每1～2周增加一次营养液。冬季可酌情延长营养液更换的时间。也可用500 g的水溶解碾成粉末的阿司匹林半片或维生素C 1片,加水时滴入几滴,可使叶片保持翠绿。

3. 环境控制

(1)光照　富贵竹喜半阴,适宜明亮散射光下生长,在强光下叶尖发黄,叶片会被灼伤,尤其在4～9月要避免强光直射、暴晒或过于干旱,否则叶片焦枯、无光。一般放置背北向阳的阳台较好,每天光照3～4 h,以保持叶色鲜明。

(2)水分　水培富贵竹一般用清水栽植,以加水为主,换水为辅。生根及时加水,最好用井水,如用自来水则要在容器贮存1 d。要求使用清洁、新鲜的水源,不能用硬水或混有油质的水,否则容易烂根。水液深度以浸没根系的1/2 ～3/4为宜。

(3)湿度　空气过于干燥时会引起叶尖枯焦。一般每天上、下午用小喷壶向枝叶喷水及地面洒水,洗净叶面灰尘,提高空气湿度,利于其正常生长。

4. 病虫害防治

富贵竹易患叶斑病和炭疽病,应以预防为主。这类病大都由昆虫传播,应随时观察植株上有无蜘蛛、天牛、叶螨等,一旦发现立即人工捕捉、灭杀。如果已经染病,及时剪除病叶、枯叶,并改善植株通风状况,避免交叉感染。叶斑病发生初期,可喷洒日邦克菌、乙磷铝锰锌等杀菌剂;炭疽病发生初期,可喷施75%百菌清+70%甲基托布津可湿粉(1∶1混合)600～800倍液、50%复方硫菌灵800倍、50%加瑞农可湿粉600～800倍液、75%百菌清+70%代高乐(1∶1混合)1 000～1 200倍液。上述药剂交替使用,每7 d一次,连喷3～4次,防治效果较好。

二、水塔花定植篮水培

水塔花是著名的花、叶共赏盆栽花卉,叶色翠绿,富有光泽,叶片从根茎处旋叠状丛生,基部呈莲座状,中心呈筒状。叶筒内可以盛水而不漏,状似水塔,故得名“水塔花”。开花时从叶丛中心筒中抽出柱状鲜红色花,宛如火红的“火炬”,十分典雅壮观。

(一)栽前准备

1. 植株选择与处理

选择健壮、无病虫害、株型好看的成型土养水塔花,用洗根法洗净根系,用剪刀剪去基部老化的叶片和变色及过长的根系，将根系在 0.1%高锰酸钾溶液中消毒 20 min 后，用清水洗净。

2. 容器准备与营养液配制

选择带有定植篮的玻璃容器。配制 1/4～1/2 B 园式配方营养液，pH 调至 5.5～6.5。

（二）定植篮水培

1. 定植

选择与容器口径大小相符的定植篮，将洗好的苗株根系小心插进定植篮网孔中，尽量使根系舒展散开，但避免损伤根系。将定植篮套坐在容器上，保证 1/4～1/3 根系暴露在空气中。在定植篮内辅以少量陶粒、雨花石等固定植株（图 9-2-2），会增加美化效果。

图 9-2-2　水塔花定植篮水培

2. 营养液管理

营养液每 15 d 更换一次，控制 pH 5.5～6.5、EC 值 0.5 ms/cm 以下。水质对水塔花非常重要，一般含盐量越低越好。高钙、高钠盐的水质会使叶片失去光泽，妨碍光合作用的进行，并容易引发心腐病和根腐病。

3. 环境控制

（1）水分　夏秋生长旺盛，需水量较多，每 4～5 d 向叶杯内浇水 1 次，每 15 d 左右向基质中浇 1 次水，保持叶杯有水，基质湿润。冬季进入休眠期后，每 2 周向叶杯内浇水 1 次，基质不干不浇水，太湿易烂根。

（2）温度　生长最适温度为 15～20℃，冬季不低于 10℃。我国北方夏季炎热，冬季严寒，空气较干燥，要使其能正常生长，需人工控制其生长的微环境。夏季可采用遮光法和蒸腾法降温，在夏季中午前后气温高时，用喷壶向叶面和地面喷水，使环境温度保持在 30℃以下；冬季白天应将盆株放在室内朝南向阳窗口处，充分接受阳光；傍晚移到远离门窗处，防止受冻。如有加温设备，室内维持 10℃以上，即能安全越冬。

（3）湿度　生长期空气湿度应保持 70%～80%。夏季一般每隔 1～2h 喷水一次，使叶面和环境保持湿润，同时加大通风量，通过水分蒸发降低叶面温度，同时又能增加空气湿度。

（4）光照　水塔花喜欢半阴环境，禁强光直射。5 月份在阳台上方 20～30 cm 处覆盖 50%～70%的遮阳网，既能降温又能防止叶片灼伤。室内置于明亮地方即能生长良好，冬季至少应保证有 4h 以上的直射阳光。华北地区夏季阳光强烈，不可露天栽培，否则叶色变黄，出现日灼病。

4. 病虫害防治

水塔花常见的病害有因环境条件不适导致的生理病害和微生物侵染引起的传染性病害，如心腐病、根腐病、枯萎病等。加强光、温、水、肥等栽培环境调控，减少生理病害发生。传染性病害发病时，可用 75%代森锰锌 70 倍灌心，每 10～15 d 一次，连续 2～3 次。主要虫害有介壳虫、红蜘蛛、袋蛾、斜纹夜蛾等，可用 25%～50%的西维因可湿性粉剂加水 400 倍喷雾。忌用乳油剂农药。

三、金钱树基质培

金钱树，茎基部膨大成球状，贮藏有大量水分。叶子椭圆形，羽状螺旋着生在肥大的肉质茎上，像一串串铜钱，因而得名。叶墨绿色，富有光泽。种植3～4年后开花，从基部开出佛焰状花序。如果将数株合栽于一个精致的青花瓷盆中，有一种蓬勃向上的生机、葱翠欲滴的活力。

(一)栽植前准备

1. 植株处理

选取叶片完整、肥大厚实、株型丰满端正的植株，脱盆、去土、洗净根系，然后将根系在0.1%高锰酸钾溶液中消毒20 min后，用清水洗净，晾干。

2. 基质选择与处理

基质按草炭：珍珠岩＝2：1，或珍珠岩：泥炭：炉渣＝1：1：1，或Klasmann泥炭土：珍珠岩＝10：1的比例混配。pH控制在6～6.5。用100倍的40%甲醛溶液密闭消毒，15 d后解除密闭措施，以消灭病虫害，1周后装盆。

3. 容器准备与营养液配制

选择敦实粗大的陶瓷花盆或玻璃花盆，要求盆的高度为金钱树株高的1/3左右。配制1/4 B观叶植物营养液，pH 6.5～7.0。

(二)金钱树基质培

1. 定植

在盆底铺一层陶粒为排水层，然后放正苗，加入消毒过的基质至花盆八分满，深度与盆水线相平或略高0.5 cm即可。用手压实，最后在盆表面再加上一层陶粒，以防滋生藻类、冲走基质或冲倒苗。栽植深度要求原苗坨上表面与基质相平或略深0.5 cm，裸根苗则定植在根颈部位。注意新株栽种不宜过深，根部埋入基质即可，否则会影响新芽的生长(图9-2-3)。

图9-2-3 金钱树基质培

2. 营养液管理

施肥应掌握“薄肥勤施”的原则，一般夏季3～5 d浇一次营养液，冬季1个月浇一次，春秋两季7～10 d浇一次。一般7～15 d更换一次营养液。营养液中适当增加磷、钾的用量可以使叶色更鲜艳。

3. 环境控制

(1)光照　金钱树喜光、禁强光直射，又有较强的耐阴性，应为其创造一个阳光较好但又有一定蔽荫度的环境。特别应避开春末夏初久雨初晴后的烈日暴晒和夏季正午前后的5～6 h无遮无拦的强光烘烤，否则极易导致新抽的幼嫩叶片被灼伤。

(2)温度　生长适温为20～32℃。夏季高温时，通过加盖黑网遮光和周边环境喷水等措施来降温，创造温度适宜又比较干爽的适宜环境。秋末冬初，当气温降到8℃以下时，应及时将其移放到光线充足的室内；冬季维持在10℃以上的室温，不能低于5℃，否则易发生寒害而危及其生存。

(3)水分　金钱树耐旱性极高，平时以保持盆土偏干为宜。平时注意对叶面和周边环境喷水，保持周边空气湿度50%以上。夏季高温季节，每天给植株喷水一次，保持基质稍成湿润状态即可。冬季要求基质不能过分潮湿，以偏干为好，否则在低温条件下，容易导致根系腐烂甚至全株死亡。

4. 病虫害防治

阳台栽植金钱树，常见的病虫害有褐斑病和介壳虫。褐斑病多发生于叶片上，在高温高湿、通风不良的条件下易发生。应及时摘除并销毁病叶，在发病初期用50%的多菌灵可湿性粉剂600倍液或40%的百菌清悬浮剂500倍液，每隔10 d喷洒叶片一次，连续3～4次。家庭栽植时发现介壳虫，可用透明胶带粘去虫体，或用湿布抹去活虫体。生产性栽培，可在若虫孵化盛期，喷洒20%的扑虱灵可湿性粉剂1 000倍液，杀虫效果好。

【知识链接】

采用无土栽培技术，并针对阳台的特点精心养护各类花卉，打破了传统养花的种种限制，不需泥土，管理简单，病虫害少，使居室更安全、更清洁、更卫生。无土栽培花卉时，可以选择各种材质、各种造型的器皿、花瓶作为容器，尤其是水培花卉，在透明容器中，既可以欣赏花卉地上部分的发芽、生长、开花、结果过程，还可以欣赏地下部分的发根、生长过程，大大提高了盆花的观赏效果和艺术价值，实现了植物、容器、环境的完美结合，既增加室内空气湿度，调节小气候，怡人心情，有益身心健康，花鱼共养同赏，会更增加独特韵味。

一、阳台养花的规划设计

阳台养花，需要根据阳台特点选择适宜生长的花卉种类，合理布局，巧用空间和细心养护，才能使花卉生长发育良好，充分显示其观赏效果。

(一)花卉种类的选择

阳台形式多种多样，朝向各不相同，导致各个阳台阳光强弱、通风状况也各不相同。因此，应因地制宜，选择适宜的花卉品种(表9-1-3和表9-2-1)。

表9-2-1　适宜阳台栽植的花卉种类

阳台类型	适宜栽植的花卉种类
南向阳台	喜光耐热的花卉：米兰、茉莉、白兰、月季、扶桑、菊花、太阳花、代代、石榴、金橘、葡萄、仙人掌、仙人球以及耐热、耐旱的多肉植物等。
北向阳台	喜阴或耐阴的观叶花卉：如观赏蕨、绿萝、蔓绿绒、万年青类、龟背竹、文竹、棕竹、玉簪、橡皮树等。
东向阳台	短日照花卉和喜半阴的花卉：蟹爪兰、山茶、杜鹃、君子兰等。
西向阳台	耐半阴耐热的藤本花木：天竺葵、牵牛花、仙人掌、芦荟等，也可种植爬山虎、凌霄等使之形成一片“绿色屏障”，夏季还可起到防西晒作用。

(二)无土栽培形式的选择

所有花卉基本上都可以基质栽培(图 9-2-4、图 9-2-5),只有部分花卉适合水培(图 9-2-6)。在基质栽培花卉中,一般阴生植物易于水培,较耐阴湿或长有气生根及易生不定根的花卉种类也较易实现水培。天南星科花卉易于生根,对水培环境适应性强,不但能在较短时间内生出新根,且易形成良好的株型,如龟背竹、绿巨人、绿萝等。鸭跖草科花卉适应性强,具有易于水培的习性,如条纹十二卷、吊兰、富贵竹、虎尾兰等。景天科植物属多肉植物,虽然耐旱性强,不喜水湿,但对水生环境也有一定的适应性,其中较适宜水培的花卉有宝石花、莲花掌、落地生根等。其他科的花卉中也有许多种能适宜水培环境,如君子兰、袖珍椰子等。

图 9-2-4　彩虹沙培

图 9-2-5　水晶泥培

图 9-2-6　常规水培

温馨提示

彩色基质培

彩色基质培是指以水晶泥或者彩虹沙为基质进行的无土栽培。水晶泥和彩虹沙色彩缤纷多样,可根据个人喜好将各种颜色的彩色基质搭配起来,以达到自己最喜爱的效果。彩色水晶泥是无毒无味,是一种储存水分、养分及微量元素的高吸水性载体,吸水后晶莹剔透、色泽艳丽,极似水晶,用于室内种植各种阴生水生植物,即使一个月不浇水,植物也能安然无恙。彩虹沙管理简单易行,彩色基质培为居室增添了一道亮丽的风景线。

(三)阳台景观设计及案例

阳台花卉的布置和栽培方式最常用的有盆栽式(包括摆盆式和悬垂式)、藤棚式、花坛式、附壁式、综合式、花架式等。现列举两种阳台设计实例:

案例 1:东向阳台复合式装饰(图 9-2-7)。较小的阳台为扩大种植面积常采用花架式,利用阶梯或其他形式的盆架进行立体盆花布置;地面采用摆盆式设计,如案例中的杜鹃、海芋等;上部空间采用悬垂式,利用吊盆植物进行阳台空间装饰,增加立体感,悬垂式种植的植物枝叶自然下垂、蔓生,如吊兰、猪笼草、常春藤等。

案例 2:南向阳台复合式装饰(图 9-2-8)。种植花卉超过 8 种。将座椅摆放在花卉之间,体现出温馨的氛围。木架上常春藤攀缘,顶部绿萝悬垂,地面采用最常用的盆栽式和地栽式。如扶桑花和吊兰等，整体颜色搭配合理，赏心悦目。

图 9-2-7　阳台景观设计案例 1

图 9-2-8　阳台景观设计案例 2

二、水培花卉

1. 水培花卉的含义、类型与特点

水培花卉是指经过人工驯化，通过营养液提供生长发育所需养分的花卉。水培花卉分为有介质水培花卉、无介质水培花卉。有介质水培就是前面提到过的沙培、砾培等；无介质水培花卉又分为直接水培花卉、浮式水培花卉、定植篮水培花卉、雾化水培花卉、营养液膜下滴灌等多种栽培形式。每种栽培形式各有优劣，但如只是从美观耐看和家居栽培适用性来衡量的话则以直接水培最为时尚美观和简单，所以市售的水培植物一般都是直接水培形式。

水培花卉与传统的土壤栽培相比，具有观赏性强、调节环境、清洁卫生、病虫害少、植株生长快、产量高、品质好、选材灵活、形式多样和节约养分、水分和劳力，便于管理等优点。

温馨提示

水培花与水养花的区别

水培花卉是将花卉直接栽植在盛水的透明容器中，将根系浸泡在水中，而水中必须配备合理的无机营养，因此花卉水培也称为营养液培养。适合水培的花卉其植物习性和内部结构都适合在水中生长，但大部分花卉必须经过一定的驯化过程长出新的水生根之后才能水培成功。水养的花卉一般都具有膨大的鳞茎，里面贮存着丰富的营养，其生长开花主要依靠自身贮存的养分，栽培时只需将根系浸泡在清水中固定即可，无需供给养料。

2. 水培花卉的营养液管理

在施用营养液时，尽量选用水培花卉专用肥，并严格按照使用说明书使用，严防施用过多，造成肥害。水培花卉一般静止水培，属于严重的根系缺氧栽培，所以必须选择低电导率营养液。水培花卉的营养液配方列举见表 9-2-2。使用营养液时宜稀不宜浓，混配时应将自来水放置 1 d，水温接近室温、水中的氯气等挥发干净以后，再按比例加入稀释好的营养液。在施肥数量和施肥时间上，掌握少施勤施的原则，并根据换水的次数来补充换水时造成的肥料流失。

表 9-2-2 水培花卉的营养液配方

序号	配方组成/(mg/L)	备 注
1	硝酸钙 720，硝酸钾 130，磷酸二氢钾 80，硫酸镁 130，硫酸亚铁 5.0，乙二胺四乙酸二钠 8.0，硫酸锌 0.07，硫酸铜 0.04，硼酸 2.0，钼酸钠 0.08，硫酸锰 1.4。pH 值 5.5～6.0。	
2	硝酸钾 568，硝酸钙 710，磷酸铵 142，硫酸镁 284，氯化铁 112，碘化钾 2.84，硼酸 0.56，硫酸锌 0.56，硫酸锰 0.56。	凡尔赛营养液配方（水培通用配方）
3	磷酸铵 220，硝酸钾 1050，硫酸铵 160，硝酸铵 160，硫酸亚铁 10。	北方花卉水培营养液配方

不同的花卉对肥料的适应能力不一样，需根据不同的花卉种类合理施肥。一般规律是，根系纤细的花卉种类，如彩叶草、秋海棠等的耐肥性差一点，施肥时应掌握淡、少、稀的原则；而合果芋、红宝石、喜林芋等不少花卉比较耐肥，可掌握少施、勤施的原则。观叶的花卉，施肥应以氮肥为主，辅以磷、钾肥，以保证叶片肥厚，叶面光滑，叶色纯正。但叶面具有彩色条纹或斑块的花卉种类，要适当少施氮肥，因其在氮肥过多时会使叶面色彩变淡，甚至消失，应适当增施磷、钾肥。

一般在夏季高温时，花卉对肥料的适应性降低，此时应降低施肥的浓度，特别是一些不耐酷暑的花卉，在高温季节即进入休眠状态，体内的生理活动较慢，生长也处于半停止和停止状态。对于此类花卉，此时应停止施肥，以免造成肥害。

此外，水培花卉时，容器中清水和营养液的水位不宜高，一般为容器的 1/5～1/4，根在水中即可。叶尖出现水珠时，需适当降低水位。

3. 水培花卉的环境控制

(1)温度　保证花卉正常生长的温度很重要。花卉根系一般在 15～30℃范围内生长良好。5℃以上多数花卉都不会死亡，所以需保持 5℃以上的温度，才能确保多数花卉安全过冬。少数花卉可以根据品种特性在 0℃越冬。

(2)光照　水培花卉的选材大多为喜半阴的观叶植物和不耐强光直射的花叶兼赏的植物。这类花卉的共同特点是，生长期不需要较强的直射光，有些花卉品种在较荫蔽的条件下反而生长良好。水培花卉受光多以散射光为主。夏天，尽量避免阳光直射。

(3)通风　水培花卉的长势与水中的含氧量有直接关系。保持室内良好的通风状况，可增加水中的含氧量。因此，摆放水培花卉的地方应该定时开启门窗，让空气形成对流，使外界新鲜空气进入室内。

4. 日常管理

(1)换水洗根　一般换水时间以 5～7 d 为宜，但视具体情况而定。刚刚水培的花卉，要求 1～2 d 换水 1 次。夏季植物生长旺盛，温度高，水易变质，时间应缩短；冬季植株大多处于半休眠或休眠状态，温度较低，换水间隔时间可长些。总体来说，换水时间间隔短些，对植物生长有利。水或营养液中一旦滋生藻类，要及时更换营养液。当水温低于室内温度时，要将自来水放置一段时间再用，以保持根系温度平稳。

在换水时，一是要对根系进行清洗。用清水冲掉根系上的黏液，并将部分腐烂根及已丧失吸收能力的老根剪除；二是将少量根系露在空气中，一般液面应保持在花卉基部 3/4 处。这样根系既可在水中吸收溶解氧，也可从空气中吸收氧气；三是将容器清洗干净。

(2)喷水洗叶　平时应经常往植株上喷水，提高空气的湿度，有利于花卉正常生长。

(3)及时修剪　对于一些生长茂盛和根系比较发达的水培花卉，当植株的枝杆过长影响株型时，应及时修剪，以免影响观赏。剪下的枝条还可以插入该花卉的器具中，让其生根成长，使整个植株更加丰满完美。剪根的时间最好在春季花卉开始生长时进行，也可以结合换水，随时剪去多余的、老化的、腐烂的根系，以利正常生长。

(4)保持清洁　水培花卉是无机营养，最忌有机物进入水中，更不能用有机肥料。因此经常保持水培花卉的清洁卫生，是确保其良好生长的关键措施。所以平时不要向水培花卉中投放食物及有机肥料。也不能随意将手探入水中，以保证所用水不变质，不污染，保证花卉生长。

三、花鱼共养

花鱼共养(图 9-2-9)，一静一动，相得益彰，观赏效果非常好。花鱼共养时，要创造既适应鱼生存又适应花卉生长的水环境。一般来说，容积在 1 L 以上的水培花卉容器才适合养鱼，而且由于容积有限，在鱼的品种上也应有所选择。应选择一些适应性较强的鱼种，如金鱼、小鲤鱼等，一些攻击性或破坏性强的鱼类不宜在水培花卉中饲养，因为他们会伤害植物根系，而一些娇贵的鱼也不适合。

图 9-2-9　花鱼共养

花鱼共养一般不需要喂食，这些鱼类只需要从营养液中吸取浮游生物和根系的分泌物等即可满足需要，如果喂食的话，可以在每次换营养液的前一天喂一次食(一定要少喂)，这样鱼吃不完的食物和鱼的排泄物可以及时被清理。因为加入饲料之后也容易造成营养液浑浊，营养液中溶解氧含量下降，影响花卉和鱼类的生长。

【拓展学习】

一、花卉土壤栽培改为无土栽培的条件与方法

将土壤栽培的花卉改为无土栽培，最好在温度为 20℃以上的春天或夏天进行，花卉孕蕾期、开花期、结果期间不宜进行移栽。具体方法步骤如下：

(1)脱盆去土　将盆花从瓦盆中取出，注意不能伤根和折断叶子，脱盆后将植株上的泥土冲洗干净，再剪去黄叶、烂根、老根，用 0.05%的高锰酸钾溶液消毒根系。

(2)栽植　根据花卉特点可以选用基质培和水培两种形式。采用基质培方式时，将基质消毒后，选出较大粒的基质垫在容器底部，厚度约为容器高度的 1/3，放入植株，用手扶住，再用

较细小的基质将根埋住，直至填满为止，轻轻振动容器，使基质将根系埋实。

采用水培时，可直接水培或将花卉枝条先插于水中，待生根后再水培。也可以将花卉母株基部萌发的吸芽、蘖芽或横走茎上的小植株，连同根系一起剥取下来，清洗之后水培。

(3)加水缓苗　将栽植好的花卉置于阴凉处，并向容器中加水，水深为容器高度的 1/2，保持容器内液面高度不变，在阴凉处养护 1 周后，就可根据花卉的习性，放在适宜之处。花卉由土壤栽培改为无土栽培，在过渡期间出现落叶、萎蔫等情况是正常的，应定时进行叶面喷水。

二、盆栽花卉对居室的污染

家养盆栽花卉不仅可以陶冶情操，调适心情，对于室内空气净化、减少电子产品对人体辐射危害也发挥着积极作用，但是盆栽花卉也对居室产生污染，具体有以下几个方面：

(1)空气污染　在居室内养好盆花，必然要施肥，尤其是施用有机肥，对空气势必造成污染。盆栽花卉土壤里生长有大量微生物比如真菌、霉菌、病毒，这些微生物扩散到室内空气中时对空气也会造成污染。

(2)土壤污染　随着人们住房条件的改善。在居室中摆上无土栽培的花卉更是锦上添花，但传统盆栽花卉土壤易带来泥土、污浊的烦恼，破坏房间的干净、整洁。

(3)景观污染　传统盆花的花盆大多采用素烧盆，透水透气，适宜植物生长，在土壤栽培的条件下，如果改用其他盆如瓷盆、塑料盆等，花卉往往生长不良，但基质栽培则可用瓷盆、釉盆等，既美观大方又不影响花卉生长。

【学习总结】

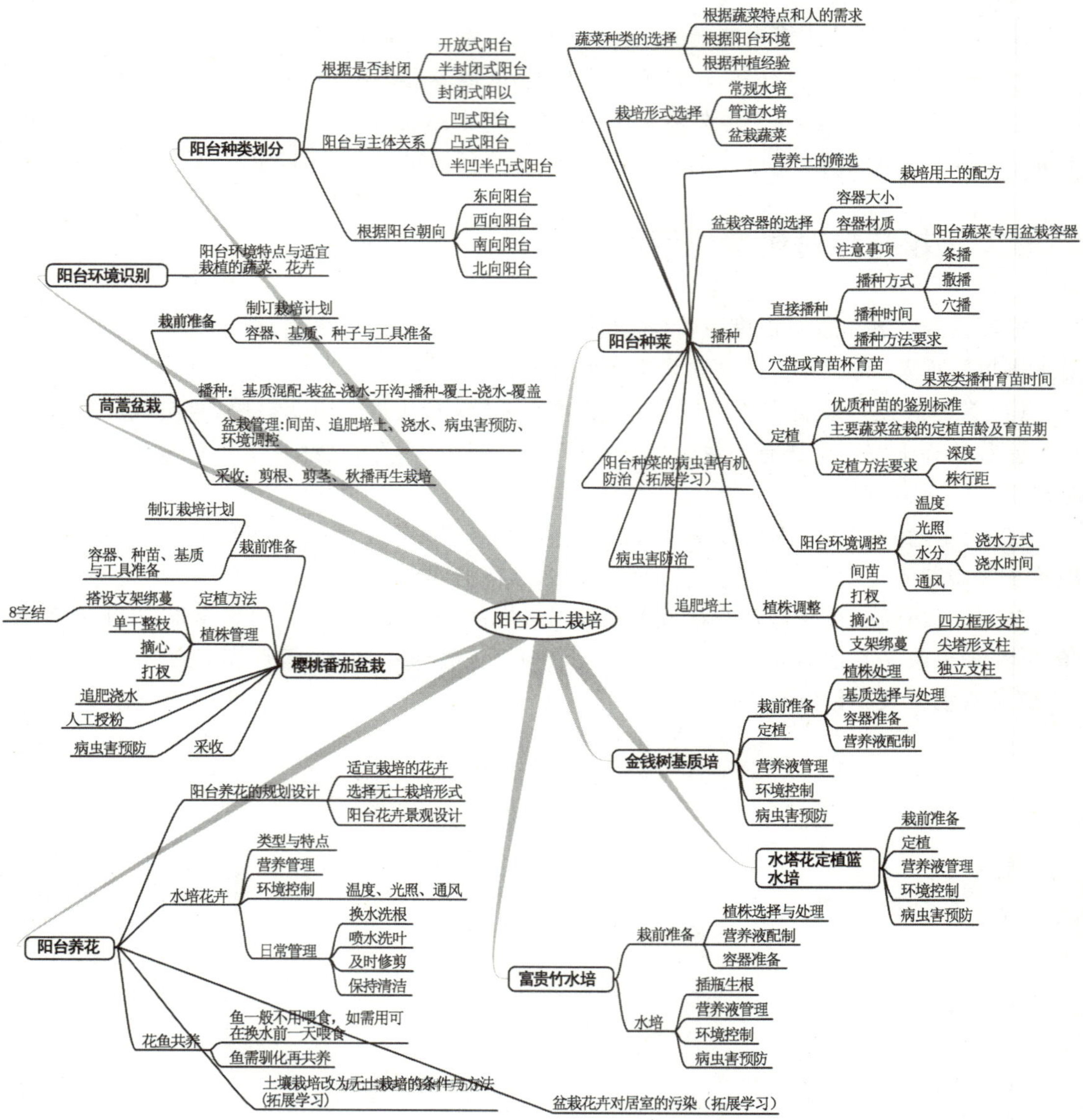

【能力测试】

1. 如何依据阳台类型与环境条件选择适合栽培的蔬菜花卉?
2. 如何预防水培花卉玻璃器皿内长绿苔?
3. 如何判断出水培蔬菜、花卉容器内的水位?
4. 请结合实践,观察基质栽培改为水培花卉后根系的变化?
5. 请你提交 10 m^2 南向阳台蔬菜花卉组合栽植、复合式景观设计方案。
6. 结合自学,请你谈谈楼顶开发空中花园、菜坊的应用前景。

项目10

无土栽培环境调控与病虫害防治

园艺作物无土栽培之所以较土壤栽培高产、优质和高效，不仅是因为无土栽培设施本身有调控作物根际环境的功能，还需有与其配套的温室等环境保护设施，从而使作物的地上部和地下部的生长条件都处于最佳状态。无土栽培设施只有在温室大棚等保护设施配合的条件下，才能实现反季节栽培或周年供应，从而提高设施的利用率，更加彰显技术优势。

无土栽培由于隔绝了土壤，在很大程度上减少了土传病虫害的发生。但是无土栽培营造的生态系，一旦感染了病虫、杂菌，则扩展迅猛，尤其是在营养液循环使用的栽培模式中更为严重，这已成为无土栽培的一大难题。无土栽培作物病害分生理性病害和传染性病害两类。采用水培法栽培作物一段时间后，营养液会积累许多作物不需要的离子或毒素，因此可能会出现缺素病症或中毒等生理性病害。传染性病害中，地上部的病害，以及虫害基本与露地栽培相同，但根部病害却成为作物无土栽培的突出问题，特别是由腐霉菌引起的根腐病很难预防和治疗，会导致某些作物无土栽培彻底失败。因此，掌握环境调控技术，加强病虫害防治对园艺作物无土栽培具有重要的实践意义。

学习目标

☆ 终极目标：掌握棚室环境调控技术和病虫害防治方法。

☆ 促成目标：

1. 理解温室内各环境因素的特点、影响因素和互作关系；
2. 掌握温室环境综合调控的目标原则和各环境因素的具体调控措施；
3. 认清作物主要营养失调的症状表现与防治方法，会使用元素缺乏症检索表；
4. 熟悉温室环境控制系统，会使用控制器(柜)等控制设备；
5. 掌握无土栽培常见病虫害防治方法，能够有效实施环境调控；
6. 培养环保意识、生态意识、辩证思维、责任心、观察力和执行力。

任务 10-1　无土栽培环境调查与调控

任务描述

☆ 具体任务：①熟悉温室环境控制系统的使用；②栽培环境调查；③撰写调查报告。
☆ 实施形式：分组交叉操作。
☆ 操作要求：准备充分，识别准确，操作规范，调查符合实际且全面，报告质量高。

任务分析

本任务按照观看影像资料—栽培环境调查—熟悉控制系统—撰写调查报告的操作程序进行。熟悉常见园艺设施的类型、结构特点、性能及应用，是做好识别与调查的基础；清楚温室环境控制系统的组成与操作要领，是有效实施环境调控的前提；通过栽培环境调查，了解本地区主要园艺设施的环境变化特点、影响因素及各种环境因素的互作关系，是科学、动态调控和针对性调控的重要依据；组员相互配合，观察细致、全面，是做好调查工作的必要条件。

【任务实施】

一、观看园艺设施影像资料

观看录像、幻灯片、多媒体等影像资料，了解国内外园艺设施的种类、结构和功能特性。

二、现场识别园艺设施

根据不同园艺设施的类型与结构特点，现场识别园艺设施，并观测各种类型园艺设施的场地选择和整体规划、分区及设备配置情况。

三、栽培环境调查

1. 确定调查对象与用品准备

选择本地区用于无土栽培的、代表性的塑料大棚、日光温室、现代化温室作为调查对象。准备照度计、温湿度测量计、地温计、风速表和红外 CO_2 分析仪等检测设备和观察记录表等。

2.现场调查

采取多点测定方法，利用检测设备调查无土栽培基地内园艺设施内温度（气温和地温）、空气湿度、光照、气流速度和 CO_2 浓度的分布特点和日变化特征。其中，日变化特征选择典型的晴天和阴天进行观测。根据仪器设备等条件，可适当增减调查项目、测定点的数量和每天测定的次数。

（1）观测点布置　水平测点按图 10-1-1 所示。设施内一般布置 9 个观测点，其中 5 点位于设施中央，其余各点以 5 点为中心在四周均匀布设；设施外也布设 5 点，与设施内 5 点相对应。

垂直观测点是按照设施高度、作物生长状况和测定项目确定的。在无作物栽植时，可设 20 cm、50 cm、150 cm 3 个高度；有作物栽培时，可设作物冠层上 20 cm 和作物层内 1～3 个高度。室外是 150 cm 高度。土壤或基质中设 10 cm、15 cm 和 20 cm 不同深度。

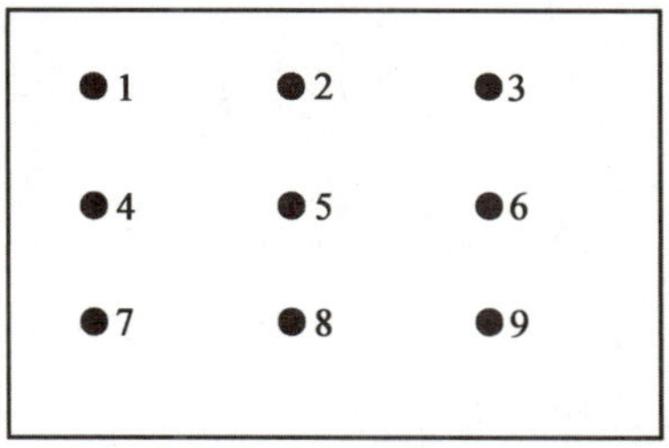

图 10-1-1　设施内外水平观测点分布图

（2）观测时间　一天中每隔 2 h 测一次温度（气温和地温）、空气湿度、气流速度和 CO_2 浓度，一般在 20、22、24、02、04、06、08、12、14、16、18 等整点测定 11 次，但设施揭盖前后最好各测一次。总辐射、光合有效辐射、光照度在揭帘以后、盖帘之前时段内每隔 1 h 测一次，总辐射和光合有效辐射要在正午时再加测一次。

（3）观测结果汇总与分析　每组观测 1 个项目，按每个水平测点顺序往返两次，同一点自上而下、自下而上也往返两次，取两次观测的平均值。根据调查的数据，确认是否与无土栽培的作物管理要求相符，并总结设施环境条件变化规律。

四、练习使用智能温室环境控制系统

1.了解智能温室环境控制系统的功能与组成

智能温室计算机控制系统一般由传感器、计算机分析处理器、控制柜、终端机械设备等组成，可以监控温室的温度、湿度、照度和室外的温度、湿度、照度、风速、风向、雨量等气象站环境因子，并根据用户设定的技术参数要求，通过智能计算机和控制柜自动控制温室各设备的运行，调控温室内各环境因素在适合植物生长发育的范围内，为植物的生长提供最佳的环境。温室计算机控制系统的应用，实现了温室环境的智能控制，降低温室运行能耗和生产成本，显著提高了无土栽培的现代化水平。

以智能温室环境综合监控系统（JUCSAN-九纯健，北京九纯健科技发展有限公司）为例，该系统由中央控制计算机、温室智能控制软件、HK 温室环境中文液晶智能控制仪、温度、湿度、照度传感器和室外气象站、控制柜等组成。中央控制计算机、温室智能控制软件可以对温室控制系统进行配置；设定控制仪数量，监测温室内的温度、湿度、照度和室外气象站环境数据，监视各温室设备的运行，能够读取或设定各控制仪的控制参数；HK 温室环境中文液晶智能控制仪采集温室内温度、湿度、照度等环境数据，根据设定的控制参数和控制程序，控制温室设备的运行，自动调节温室各环境因素（图 10-1-2）。

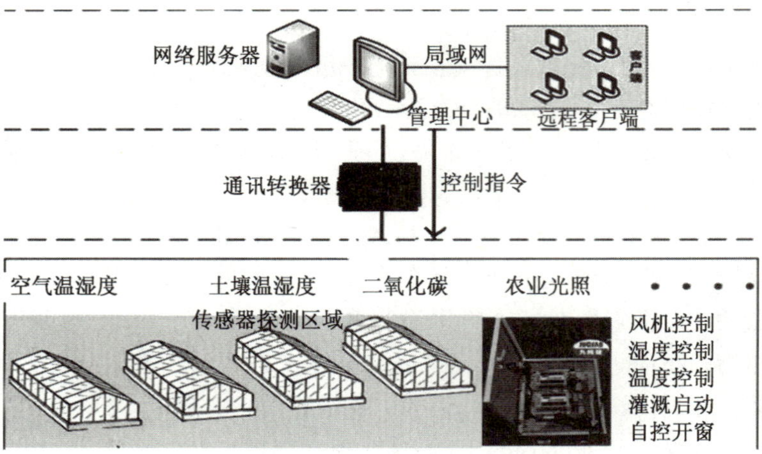

图 10-1-2　九纯健温室环境远程监控系统

2. 智能温室环境控制系统的功能与操作

分组练习使用智能温室环境控制系统。智能温室环境自动控制系统的一般操作程序是根据作物所需的环境条件，设定指标参数，电脑接受传感器数据，分析比对数据后，发出指令至控制柜（或控制器），终端设备按指令启动开闭（图 10-1-3）。具体各控制器的功能和操作如下：

图 10-1-3　智能温室环境自动控制系统

（1）显示　能够显示温室内的温度、湿度、光照度、二氧化碳等环境参数。

（2）参数设置　通过键盘，可以设置温、湿度的上下限等，进行温室内温度升温、降温或加湿、除湿操作，或连接计算机，通过温室环境智能监控系统软件设置工作参数。

（3）升温控制　当室内温度高于或低于所设温度下限时，控制器自动启动加温设备，同时升温指示灯点亮；当温度升到回差温度时，控制器自动关闭加热设备，同时升温指示灯熄灭。

（4）降温控制　当室内温度高于温度上限时，控制器通过打开天窗、风机或湿帘等方式进行降温，待温度降到了回差温度，自动关闭相关设备。

（5）遮阳控制　当光照强度高于光照设定值上限时，自动控制遮阳网打开；当光照强度在正常范围内时，维持原遮阳控制状态不变。当光照强度低于光照下限时，自动控制遮阳网关闭。

（6）补光控制　当光照强度低于光照下限时，自动控制补光灯打开。

（7）灌溉/加湿控制　当室内湿度低于所设湿度下限时，控制器自动启动雾喷、滴灌等设备；当湿度升到回差湿度时，控制器自动关闭加湿设备。

（8）除湿控制　当室内湿度高于所设湿度上限时，控制器自动启动除湿设备（风机）；当湿度降到回差湿度时，控制器自动关闭除湿设备。

(9)二氧化碳施加控制　当室内二氧化碳低于所设二氧化碳下限时，控制器自动打开二氧化碳发生器，达到二氧化碳相应浓度后，控制器自动关闭二氧化碳发生器。

(10)通讯　连接计算机，在计算机上安装温室环境智能监控系统软件，实时自动监测温室内的环境数据。

五、讨论分析

分组讨论园艺设施内环境变化与设施类型与结构的关系，总结出变化规律，提出针对性的调控措施，最后完成调查报告。

技术提示

1. 测量仪器的摆放位置要远离加温设备，安装后必须校正和预测一次。
2. 测定时必须按气象观测要求进行，如温度、湿度表一定要有防辐射罩，照度仪必须保持水平，不能与太阳光垂直，要防止水滴直接落到测量仪器上等。
3. 测定后一定要校对数据。

【知识链接】

一、园艺设施

园艺设施伴随社会发展和科技进步，经历了由简单到复杂、由低级到高级的发展过程。生产实践上应根据栽培对象、栽培季节和栽培形式来选择园艺设施。了解和掌握不同园艺设施的类型、结构、性能与应用范围，是对无土栽培设施环境进行科学调控的前提。

园艺设施有多种分类方法。综合考虑设施条件的规模、结构的复杂程度和技术水平，一般将园艺设施分为塑料大棚(图 10-1-4)、日光温室(图 10-1-5)、现代化温室(图 10-1-6)和遮阳网、防雨棚、防虫网等夏季保护设施。其中，塑料大棚和日光温室是我国目前主要园艺设施，生产应用较广。伴随着我国现代农业的发展，现代化温室在数量、规模与推广应用上发展较快，除主体结构规模较大外，内部还有各种环境调控设备，包括自然通风系统、加热系统、幕帘系统、降温系统、补光系统、补气系统、计算机自动控制系统、灌溉和施肥系统、排水积雨系统、防护系统(防虫网、除雪设备)、气象站、动力系统、控制系统等。由于设施环境实现了计算机自动智能控制，基本上不受自然气候条件下灾害性天气和不良环境条件的影响，能周年全天候进行园艺作物生产，与无土栽培技术结合能够更好地发挥温室设施的生产效能。除了从国外引进现代化温室之外，国内也自

图 10-1-4　装配式镀锌薄壁钢管大棚

行设计制造几种典型的现代化自控温室，并建成数量不多的植物工厂。

图 10-1-5　日光温室

图 10-1-6　现代化温室

二、温室环境调控

(一)光照

1. 温室内光照条件的特征

园艺设施内的光照条件包括光强、光质、光照时间和光的分布，分别给予温室作物的生长发育以不同的影响。设施内光照条件与露地相比，具有以下特征：①总辐射量低（室外的50%～80%），光照强度弱。这种现象在冬季往往成为喜光作物生产的主要限制因子。②光质变化大。与室外光质相比，园艺设施内一般紫外光的透过率低，红外光长波辐射增多，这也是设施具有保温作用的重要原因。③光照分布极不均匀。温室内的太阳辐射量，特别是直射光日总辐射量在温室的不同部位、不同方位、不同时间和季节，分布都极不均匀。

2. 影响温室光照条件的因素

(1)屋面角度和屋面形状　在其他因素一致的情况下，屋面角度(前窗和屋脊的连线与地平面的夹角)对采光影响很大。对于特定的地区，太阳高度角呈规律性的变化，因此屋面角的大小成为入射量关系最为密切的因子。尤其是容积较小的日光温室，屋面角度大进入的光就比较多，但同时会使屋脊升高，建筑成本加大，相应的散热面积也会增加，不利于保温。我国日光温室的屋面角一般为18°～28°，华北地区平均屋面角要达到25°以上。国外大型玻璃温室的屋面角不低于25°。

(2)温室方位　温室方位是指温室的朝向。对温室的采光影响很大，从我国温室分布的中高纬度地区看，冬季以东西栋向的单栋温室透过率最高，其次是东西栋向的连栋温室，而南北栋向温室的光透过率在冬季不及东西栋向，但到了夏季，这种关系发生了逆转。因此从光透过率的角度看，东西栋向优于南北栋向，但从室内光分布状况来看，温室南北栋向较东西栋向较为均匀。

(3)透明覆盖材料　温室不同覆盖材料之间的透光性存在较大的差异。塑料薄膜作为透明覆盖材料，因其具有透光性好、质地轻、价格低、柔软可随弯就曲、对骨架材料要求不严格、设计与建设成本较低的特点，被亚洲、非洲和地中海国家广泛采用。塑料薄膜根据制作母料可分为聚乙烯(PE)、聚氯乙烯(PVC 膜)和乙烯一醋酸乙烯(EVA)薄膜 3 大类,后者的综合性能优于前两者。浮法玻璃的透光性可达到 90%以上,比塑料薄膜好,而且玻璃容易冲洗,可保持较高的透光率,保温性好,作物生长较快,但建设成本高,一般用于高档温室,欧洲国家应用广泛。聚碳酸树脂板(PC 板)作为硬质塑料板之一,具有透光性好,使用寿命长,安装简便,不易破碎等优点,是新一代的透明覆盖材料而得到迅速发展,但存在价格高,容易老化的问题。

此外,覆盖材料的老化程度、清洁度、内面结露的水珠等也对温室的光照有一定的影响。如新的塑料薄膜透光率可以达到 80%以上,使用 2 年后,因为尘染可使其透光性下降 14%,使用 10 d 后下降 25%;塑料薄膜老化后其透光率会下降 20%～40%。

(4)骨架材料 设施骨架材料的大小、多少、形状、使用方向等影响设施的透光率和设施内光的分布。骨架材料越多、越大、越厚,遮光面积就越大;入射角越小,骨架遮光面积越小,太阳高度角越小,骨架遮光面积越大,因此,在结构安全性允许的情况下,尽可能采用细而坚固的建材做骨架材料。

(5)温室的连栋数目 东西向连栋温室的连栋数目越多,其透光率越低,但超过 5 连栋以后,透光率变化较小。南北向连栋温室的透光率与连栋数关系不大。

(6)相邻温室或塑料大棚间的间距 东西延长的相邻温室之间的距离,应不小于温室的脊高加上草帘卷起来的高度的 2～2.5 倍,而南北延长的温室的相邻间距要求为脊高的 1 倍左右,以保证在太阳高度最低的冬至前后,温室内也有较充足的光照。

(7)作物群体结构的影响 作物群体结构对设施内部光照的分布影响很大。如茄子植株(高 60 cm)自群体顶部向下 20 cm 处的光照较其顶部下降了 50%～60%。在行距较小的情况下,南北向畦较东西向畦其作物群体内部的光照分布均匀,作物生育好,产量高。

2.温室光照条件的调控

光照是作物生长的基本条件,并且对温室作物的生长发育会产生光效应、热效应和形态效应。因此,加强设施内光照条件的合理调控,尽量满足作物生长发育所需的光环境要求是必要和必需的。具体的调控措施有以下几方面:①设施结构建造合理。温室采用坐北面南东西延长的方位设计;从加强采光的角度考虑,除现代化连栋温室外,尽量选用单栋式的温室,选择适宜的棚室跨度、高度、屋角面,保持邻栋温室合理间距;选用防尘、防滴、防老化、透光性强的透明覆盖材料,目前首选醋酸乙烯膜(EVA),其次是聚乙烯膜(PE)和聚氯乙烯膜(PVC);尽可能选用细而坚固的骨架材料等,从而提高室内采光量,降低温室结构材料的遮光。②加强设施管理。经常打扫、清洗,保持屋面透明覆盖材料的高透光率;在保持室温的前提下,不透明内外覆盖物(保温幕、草苫等)尽量早揭晚盖,以延长光照时间,增加透光率;在温室张挂聚酯镀铝镜面反光幕或玻璃温面涂白,以增加光强和光分布的均匀度。③加强栽培管理。作物合理密植,注意行向(一般南北向为好),扩大行距,缩小株距,摘除秧苗基部的侧枝和老叶,增加群体光透过率。④光照不足时适时补光。生产上常用荧光灯和碘钨灯补光。⑤根据需要遮光或遮黑。

(二)温度

1.温室内温度变化的特征

无加温温室内温度的来源主要靠太阳辐射,引起温室效应。温室内温度变化的特征是温度随外界的阳光辐射和温度的变化而变化,有季节性变化和日变化,而且昼夜温差大,局部温差明显。

(1)季节性变化与日变化　北方地区保护设施内四季变化明显。日光温室内的冬季天数比露地缩短 3～5 个月，夏天延长 2～3 个月，春秋季延长 20～30 d；大棚冬季只比露地缩短 50 d 左右，春秋比露地增加 20 d 左右，夏天很少增加。从日变化来看，北方冬春季节不加温温室的最高与最低气温出现的时间略迟于露地，但室内日温差显著大于露地。

(2)设施内"逆温"现象　通常温室内温度都高于室外，但在无多重覆盖的塑料拱棚或玻璃温室中，日落后的降温速度往往比露地快，如再遇冷空气入侵，特别是有较大北风后的第一个晴朗微风夜晚，温室、大棚夜晚通过覆盖物向外辐射放热更剧烈。室内因覆盖物阻挡得不到热量补充，常常出现室内气温反而低于室外气温 1～2℃的逆温现象。一般出现在凌晨，以春季逆温的危害最大。

(3)气温与地温分布不均匀　一般室温上部高于下部，中部高于四周，北方日光温室夜间北侧高于南侧，保护设施面积越小，低温区比例越大，分布越不均匀。而地温的变化，不论季节与日变化，均比气温变化小。温室内周围的地温低于中部地温；地表的温度变化大于地中的温度变化，但随着土层深度的增加，地温的变化越来越小。

2. 温室内温度条件的调控

温度是作物设施栽培的首要环境条件，并且是作为控制温室作物生长的主要手段被生产者使用。但综合各方面因素考虑，经济生产的管理温度与作物生长的最适温度是有区别的，而且管理温度的确定要使作物生产能适合市场需要时上市，以获得最大效益。人为创造稳定的温度环境是作物稳定生长、长季节生产的重要保证。温室的大小、方位、对光能的截获量、建筑地的风速、气温等都会影响温室温度的稳定。温室内温度环境的调控一般通过保温、加温、降温等途径来进行。

(1)保温措施　日光温室常用的保温措施有：采用多层覆盖；提高温室透光率；增大保温比；设置保温墙体，加固后坡，使用聚苯乙烯泡沫板隔热；棚室外设防寒沟；保持温室相对封闭，减少通风换气等。大型温室常用的保温措施有：采用双层充气膜或双层聚乙烯板；设置固定或移动式二层保温幕；设置垂直幕保温。

(2)加温措施　冬季生产设施温度低、作物生长缓慢时，可通过空气加温、基质加温、营养液加温等方式适当加温。此外，利用地热、工厂余热、地下潜热、城市垃圾酿热、太阳能等加温方式也可进行设施内加温，有时采用临时性加温，如燃烧木炭、锯末、熏烟等。

(3)降温措施　夏季设施降温的途径从减少热量的进入和增加热量的散出角度考虑，主要降温措施有利用遮阳网或遮光幕遮光降温、屋顶面流水降温、安装湿帘风机系统、室内高处喷雾、外屋顶喷雾和通风等。营养液可通过安装在贮液池内的不锈钢螺旋管，利用循环地下水降温。

(三)CO_2

1. 温室内 CO_2 浓度变化的特点和影响因素

温室处于相对封闭状态，内部 CO_2 浓度日变化幅度远远高于外界(图 10-1-7)。晴天的白天，CO_2 浓度较低，阴天则较高。在设施内不同部位的 CO_2 浓度分布情况并不均匀。CO_2 供应源主要来自土壤和外界空气。在夜间，靠近地表面的 CO_2 浓度往往相当高，生育层内 CO_2 浓度较高，而上层浓度较低。

温室类型、空间面积、通风状况以及栽培的作物种类、生育阶段和栽培床条件等不同，设施

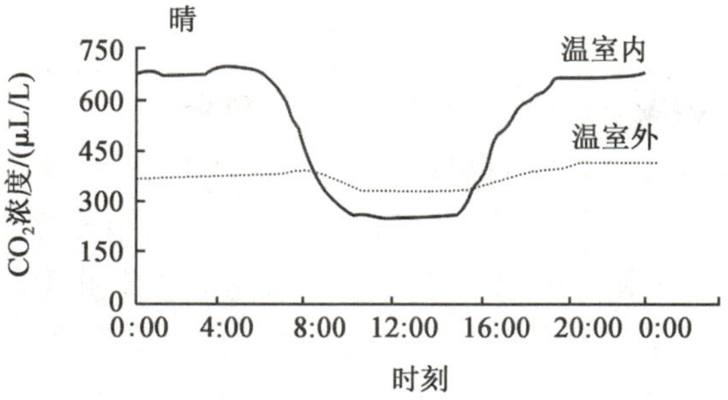

图 10-1-7 温室内外 CO_2 浓度日变化曲线

内部 CO_2 浓度会有很大差异。设施土壤条件对 CO_2 环境有明显影响。如增加厩肥或其他有机物质的施用量，可以提高温室内部的 CO_2 浓度。无土栽培设施内，基质散发的 CO_2 极少，特别是在换气量少的冬季，CO_2 亏缺更加严重。需要追施 CO_2 气肥来保证作物生产所需。

2.温室内 CO_2 浓度的调控

CO_2 是作物进行光合作用的重要原料。不论光照条件如何，在白天施用 CO_2 对作物的生长都有促进作用。一般黄瓜、番茄、辣椒等果菜类 CO_2 施肥平均增产 20%～30%，并可提高品质；鲜切花施 CO_2 可增加花数开花，增加和增粗侧枝，提高花的质量。CO_2 施用不仅能提高单位面积产量，也能提高设施利用率、能源利用率和光能利用率。

(1)CO_2 来源与施用方法　CO_2 来源有以下几条途径：①使用液态 CO_2 和 CO_2 颗粒气肥；②温室内埋放干冰，缓慢释放 CO_2；③通过燃烧天然气、白煤油、石蜡、丙烷等气体释放 CO_2；④利用强酸与碳酸盐化学反应生成 CO_2；⑤采用强制或自然通风、增施有机肥、生物生态法等方法来增加和补充 CO_2。

(2)CO_2 施用浓度　对于一般的园艺作物来说，经济又有效的 CO_2 浓度约为大气浓度的 5 倍。日本学者提出温室 CO_2 的浓度在 0.01%为宜，但在荷兰温室生产中施用量多数维持在 0.004 5%～0.005%。CO_2 施肥的最适浓度和施用量与作物特性和环境条件有关。一般随光照强度的增加应相应提高的 CO_2 浓度。阴天施用 CO_2，可提高植物对散射光的利用；补光时施用 CO_2，具有明显的协作效应。作物光合作用的 CO_2 饱和点很高，并且因环境要素而有所改变，所以 CO_2 的施用浓度应以经济生产为目的和原则。CO_2 浓度过高不仅成本增加，而且会引起作物的早衰或形态改变。

(3)CO_2 施用时期　苗期 CO_2 施肥应及早进行。定植后的 CO_2 施肥时间取决于作物种类、栽培季节、设施状况和肥源类型。果菜类蔬菜定植后到开花前一般不施肥，待开花坐果后开始施肥，主要是防止营养生长过旺和植株徒长；叶菜类蔬菜则在定植后立即施肥。荷兰利用锅炉燃气，CO_2 施肥常常贯穿于作物整个生育期。

每天的 CO_2 施肥时间应根据设施 CO_2 变化规律和植物的光合特点进行。在日本和我国，CO_2 施肥多从日出或日出后 0.5～1 h 开始，通风换气之前结束；严寒季节或阴天不通风时，可到中午停止施肥。在北欧、荷兰等国家，CO_2 施肥则全天进行，中午通风窗开至一定大小时自动停止。

(4)CO_2 施肥过程中的环境调节　在 CO_2 施肥的同时，注意改善群体受光条件，提高管理温度，必须增加水分和营养的供给，满足作物生理代谢需要。

(四)空气湿度

1. 温室内空气湿度的特点和影响因素

由于密闭或半密闭的设施内的空间相对较小，气流相对稳定，使得温室内空气湿度变化具有以下特点：①湿度大。温室内平均湿度一般在80%左右；冬春季节通风换气少，空气湿度经常达到100%。②季节性变化和日变化明显。一般是低温季节相对湿度高，高温季节相对湿度低；夜晚湿度高，白天湿度低，白天的中午前后湿度最低。设施空间越小，这种变化越明显。③湿度分布不均匀。由于设施内温度分布存在差异，导致相对湿度分布也存在差异。一般情况下是，温度较低的部位，相对湿度较高，而且经常导致局部低温部位产生结露现象，对设施环境及植物生长发育造成不利影响。

影响温室内空气湿度的因素主要有温室的密闭性和温度水平。在相同条件下，温室环境密闭性越好，内部空气湿度越高；温度升高，空气湿度下降，反之则升高。

温室内的水分移动情况见图10-1-8。

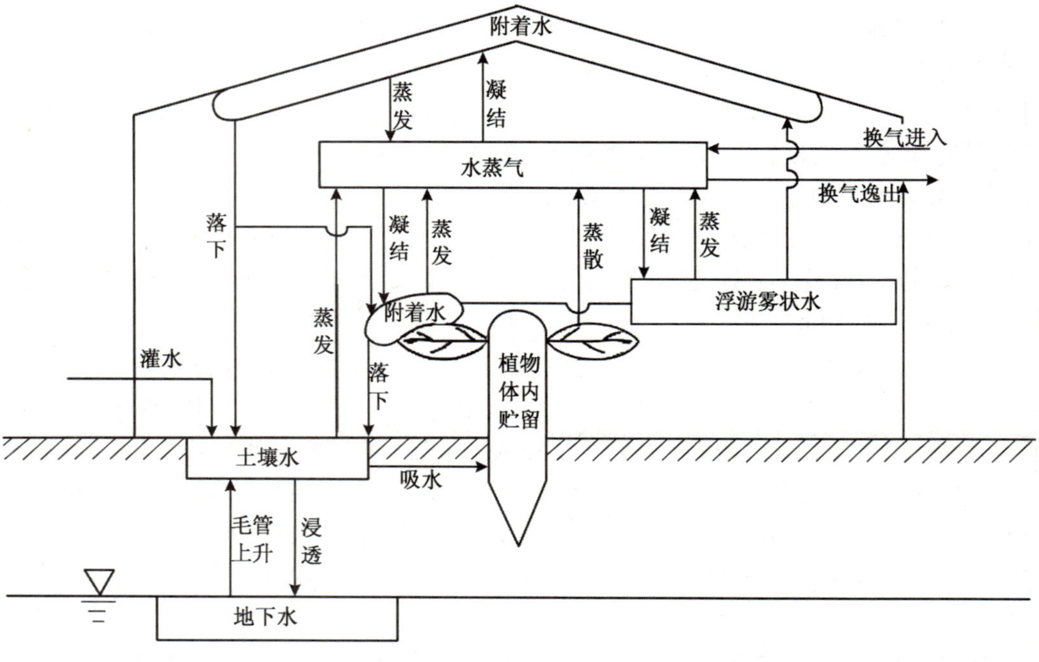

图10-1-8 温室内水分运移模式图(北宅，1992)

2. 空气湿度的调控

温室湿度过高，极易造成作物徒长，影响产量和品质，也容易引发病害。大多数蔬菜作物生长发育适宜的空气相对湿度在50%～85%范围内(表10-1-1)。因此，从创造植株生长发育的适宜条件、控制病害发生、节约能源、提高产量和品质、增加经济效益等多方面综合考虑，空气湿度以控制在70%～90%为宜。

湿度调节的途径主要有控制水分来源、温度、通风，使用吸湿剂等，除湿是湿度调控的重点。

表 10-1-1 蔬菜作物对空气湿度的基本要求

类型	蔬菜种类	适宜相对湿度/%
高湿型	黄瓜、白菜类、绿叶菜类、水生菜	85～90
中湿型	马铃薯、豌豆、蚕豆、根菜类(胡萝卜除外)	70～80
低湿型	茄果类、豆类(豌豆、蚕豆除外)	55～65
干型	西瓜、甜瓜、胡萝卜、葱蒜类、南瓜	45～55

(1)除湿　根据是否使用动力,分为主动除湿和被动除湿两类除湿方法。主动除湿要靠加热升温和通风换气(特别是强制通风)来降低室内湿度。热交换型除湿机就是一种通过强制通风换气来降低气温的方法。目前,较多使用的被动除湿方法有:①自然通风;②地面硬化和覆盖地膜;③采用滴灌、膜下滴灌、渗灌、地中灌溉方式,适当减少供液次数和供液量,做到科学供液,可有效减少空气湿度。④采用吸湿材料;⑤喷施防蒸腾剂;⑥加强植株调整等。

(2)加湿　在夏季高温强光下,可采取空间喷雾或地面洒水、提高湿帘降温系统工效,以及通过降低室温、减弱光强来提高相对湿度或降低蒸腾强度;通过增加浇水次数和浇灌量、减少通风等措施,增加空气湿度。

(五)温室环境的综合调控技术

无土栽培的作物随时受到环境变化的影响,而且各种环境因素对作物生长与产量的影响是综合的,再加之作物生长最适的环境,不仅与蔬菜种类、品种、生育期有关,而且与栽培季节有关,这就增加了环境调控技术的难度和复杂性,这就要求不但要重视单一环境因素的调控,同时要加强环境的综合调控。

1. 调控目标与原则

环境的综合调控是以先进设备的安装使用为必要条件;环境调控水平在一定程度上决定了设施栽培作物的生长发育和产品质量。环境的综合调控不但涉及各种环境因素的具体调控,还要对环境状况和各种装置的运行状况进行实时监测,并要配置各种数据资料的记录分析,存储、输出和异常情况的报警装置等。另外,还要从温室经营的总体出发,考虑各种生产成本与运营成本、产品市场价格变化、劳力、管理作业和资金等,根据效益分析来进行有效的综合环境调控。因此,环境综合调控最重要的目标就是降低成本、增加收入。而达到这一目标的具体指标可以分解为:①提高单位面积产量;②合适的上市期;③理想的产品质量;④灾害性气候或险情的预防(风灾、火灾、雪灾、人为破坏等);⑤有效的环境保护和成本控制(如 CO_2、能源、劳力等)。

在不断优化作物生长条件的同时,必须考虑温室生产是一种经济行为,因此环境调控的原则是在总的经营框架范围内操作,要进行经济核算。在这种意义上,环境调控通常被认为是与经营目标相关联,在可接受的成本和可接受的风险范围内,获得产品的优质和高产。为此,有目的地调控和改善环境是提高温室作物生产效率的主要途径。

2. 计算机自动控制系统

温室的环境要素对作物的影响是综合作用的,环境要素之间又有相当密切的关系,具联动效应。因此,尽管我们可以通过传感器和设备控制某一要素在一日内的变化,如用湿度计与喷雾设备联动，以保持最低空气湿度，或者用控温仪与时间控制器联动实行变温管理等，但都显得有些机械或不经济。计算机的发展与应用，使复杂的计算分析能快速进行，为温室环境要素的综合调控创造了条件，从静态管理变为动态管理。计算机与室内外气象站和室内环境要素控制设备相连接，构成计算机控制系统，对温室中的环境因子实现自动控制，具有功能强、可靠性强、通用性强，灵活方便、效率高、节能增收等特点。一般根据日辐射量和栽培种类，先确定温室内温度、湿度等因素的合理参数，然后启动智能化控制设备，随时自动观察、记录室内外环境气象要素值的变动和设备运转情况，并通过对产量、品质的比较，调整原设计程序，改变调控方式，以达到经济生产。荷兰近年来通过综合控制技术的进步，使番茄产量从 40 kg/m^2 上升到 54 kg/m^2，而能耗、劳动力等生产成本明显降低，大幅度提高了温室生产的经济效益。计算机系统还可设置预警装置，当环境要素出现重大变故时，能及时处理、提示和记录。如当风速过大时能及时关闭迎风面天窗；测量仪器停止工作时，能提示仪表所在部位及时处理；出现停电、停水、泵力不够、马达故障时，可及时报警，并将其记录下来，为今后调整改进提供依据。温室环境计算机控制系统的开发和应用，使复杂的温室管理变得简单化、规范化、科学化。

【拓展学习】

鸟巢温室

鸟巢温室是基于仿生学发明的一种新型温室，它利用鸟类筑巢的三角交叉法和结合蜂巢的六角加固方式复合而成的高强度耐灾害性天气的曲面球体温室（图 10-1-9），又称之为穹顶温室、圆顶温室或巨蛋温室。它是一种全新的温室设施技术，突破了传统温室形式而采用半球形结构，骨架采用三角形薄壳方式搭建，结构坚固，具较强的抗御自然灾害能力；外形为半圆形多面体结构，具有更大的表面受光性，便于自然空气流通，通风性好，棚内气候环境条件均匀一致，便于自动化气候调节和管理；建筑不受环境条件限制，单体可做到 5 000 m^2，节约土地，土地和空间利用率高出传统温室的 2～3 倍；内设水体，让其自然调控棚内湿度和气候环境，为植物创造适宜生长环境；地面施工搭建，建造成本低，搭建方便，投资少，省时、省力、安全；使用寿命长，骨架使用寿命可达 15 年。

图 10-1-9　鸟巢温室

鸟巢温室的发明填补了当前国内常规温室产业存在的众多技术空白，也为温室产业的多元化发展丰富了内容。这种温室除可作为农业生产外，还可广泛地应用于大型生态餐厅、生态养殖、浮海绿洲、仓储和冬季建筑温棚等。

任务 10-2 无土栽培病虫害调查

任务描述

☆ 具体任务:①完成缺素试验与营养诊断;②本校实训基地病虫害发生情况调查;③撰写调查报告。

☆ 具体方法:①试验法;②缺素检索表检索;③现场调查法。

☆ 操作要求:缺素营养液配制准确,试验症状明显,结论正确;调查认真、全面,组员相互协作,调查分析科学,结论正确。

任务分析

本任务包括缺素试验与诊断和无土栽培基地病虫害发生情况调查两项任务。第1项任务只要准确配制缺素营养液和认真观察缺素症状、正确使用缺素检索表,就能确保试验结果与诊断结论的正确;第2项任务技术难度不大,但要保证调查质量和效率,需要自学掌握蔬菜花卉无土栽培常见病虫害的种类、典型症状、发生原因与防治方法等相关知识,并且小组内做好分工协作、有序进行。

【任务实施】

一、调查前的准备

在正式调查前,需准备相关用品,确定调查的范围与内容,制定出调查方案,并做好组内分工。

二、现场调查

1.分组调查

在每年春秋两季的作物旺盛生长时期,安排学生分组调查本校无土栽培实训基地病虫害发生情况,并填写调查表(表 10-2-1)。

表 10-2-1 无土栽培实训基地病虫害发生情况调查

组别：　　调查时间：　　填表人：　　组长签字：

序号	病虫害名称	发生地点	受害植物	栽培类型	调查总株数或总面积	虫口密度/(头/株或头/m^2)	发病率	为害程度	为害症状	已采用的防治方法与效果

2. 组内讨论

以组为单位，分析调查数据，确定蔬菜花卉无土栽培常见病虫害种类与发病条件，提出防治方案。

三、撰写调查报告

以组为单位撰写调查报告。要求格式正确，分析科学，蔬菜花卉无土栽培常见病虫害的结论正确，防治方案建议科学、可操作性强。

温馨提示

1. 调查时注意观察要仔细、全面，明确发生时期、为害的主要部位和典型症状。
2. 调查记录详细、完整，结果分析要尊重事实。
3. 防治人为传播病虫害。

【知识链接】

无土栽培虽然病虫害相对轻微，但不能排除由于水流、种子、基质、设施或者人为的因素，也会导致一些侵染性和生理性病害的发生与传播，特别是根系病害，一旦染病，就有迅速蔓延的危险。如在水培中根系感染病害，往往随营养液的流动而大面积蔓延；在基质栽培中，如果换茬时基质消毒不够彻底，也可能带来病虫为害；在密闭的棚室中，如果工作过道上直接裸露出泥土而未铺上塑料薄膜或用水泥砂浆覆盖，可能会因棚室湿度过大而诱发或加剧病害的发生。因此，根据病虫害的发病条件、识别要点和为害特点，准确识别并有效防治无土栽培病虫害，有利于保证无土栽培的高产、优质及较高的经济效益。

一、生理性病害

生理性病害是由于非生物因素的作用，超出了园艺作物的可耐受极限，引起园艺作物代谢失调而发生的病害，也称为非侵染性病害。非生物因素是指不良的环境条件或栽培措施不当(如低温、光照不足、有毒气体、水分管理和农药使用不当等)、营养失调造成的病害，对产量影响较大。这类病害往往连片发生，但不会传染，一旦环境改善，病害症状便不再继续，能恢复常态。作物无土栽培时，由于营养液配制与管理、基质混配和环境控制不当而出现生理病害。

(一)营养失调

1. 无土栽培作物营养失调的原因

营养失调包括营养缺乏或过剩两种情况。造成无土栽培作物营养失调的原因有以下几方面：

(1)营养液配方选择与配制不当　一是营养液配方选择有误；二是选用的肥料不当或杂质过多，溶解不好，或计算时有误；三是因配制方法不当而造成某些营养元素的溶解度变小或形成沉淀，因此在溶解和混合肥料时，要严格按照配制母液时的分类标准操作。

(2)根系选择性吸收　在无土栽培中，作物的根系不断从营养液中摄取营养，因而使营养液的浓度不断降低。同时由于作物根系对矿质营养的吸收具有选择性，即不同的盐类会表现出生理酸性、生理碱性和生理中性等。在实际操作过程中要注意不同性质化学试剂的合理搭配使用，以免造成生理失调现象。

(3)离子间的拮抗作用　离子间的拮抗作用，表现在某一离子的存在会抑制另一离子的吸收。已发现阳离子中一价离子会抑制高价离子的吸收，如 H^+、NH_4^+ 会抑制植物对 Ca^{2+}、Mg^{2+} 的吸收，Na^+ 抑制植物对 K^+ 的吸收，Cl^- 抑制 NO_3^- 的吸收。

(4)pH 不适宜　营养液和基质中的 pH 不适宜，会影响到某些盐类的溶解度和吸收，从而导致缺素症状的产生。pH>7 时，磷、钙、镁、铁、硼、锌等的有效性会降低，特别是铁最突出，容易形成 $Fe(OH)_3$ 沉淀；pH<5 时，由于 H^+ 浓度较大，使植物对 Ca^{2+} 吸收不足，而表现出缺钙症。

2. 园艺作物常见的缺素与过量症状(表 10-2-2)

表 10-2-2　园艺作物常见的营养缺乏与过量症状

元素名称	缺素症状	过量症状
氮	植株生长矮化，叶小发黄，大部分从老叶开始，后枯萎，果实色淡。	茎叶徒长，叶片暗绿，叶片大而厚，开花结果少。瓜果类蔬菜则表现为落花落果加重，延迟成熟。
磷	植株矮化，茎小叶薄，生长初期老叶有花青素积累，果小或不成熟，种子也小或不成熟。	茎叶生长受到抑制，植株矮小、茎细、叶片肥厚而密集；繁殖器官过早发育；易引起植株早衰和镁、钾、铁、锌或铜的缺乏症。
钾	首先出现在老叶，叶缘发黄，逐渐向内扩展，并使叶子卷曲，呈灼烧状。番茄易形成空洞果。	抑制对镁的吸收，与缺镁症状相似；叶缘上卷呈凹凸状，果皮粗糙。
钙	植株顶梢黄化，生长不正常并逐渐枯死，新叶扭曲，生长缓慢，根尖枯死变为有黑斑的短粗根。	一般无害，但会造成铁、锰、锌等元素的缺乏。
硫	首先出现在幼嫩组织上，心叶失绿黄化，萼片黄化；茎细弱。	植株生长缓慢，叶片变小，叶脉发黄，或叶片呈现暗黄色或暗红色灼烧斑。

续表 10-2-2

元素名称	缺素症状	过量症状
镁	最初缺镁时老叶的叶脉间网状失绿，脉仍为绿色，叶片呈白色甚至黄色，最后变褐坏死。	生长不良，根发育受阻，茎部木质部组织不发达，绿色细胞数量减少。
铁	幼叶叶脉间失绿，初期在最小的叶上脉产生黄绿相间的网纹，从顶叶向老叶发展，并有轻度的组织坏死。	叶色墨绿，出现褐色枯斑，并会造成锰和锌的缺乏症。
锰	首先出现在幼嫩叶片上，脉间失绿黄化，叶脉仍为绿色，严重时坏死。	老叶的叶缘和叶尖出现褐色焦枯斑点，并逐渐扩大，后发展为褐脉叶。
硼	根系不发达，生长点坏死，花发育不全。	叶片出现坏死组织；幼叶变形、黄化，叶尖坏死。
锌	节间短，叶子小，叶脉间失绿。	锌过多会抑制锰的吸收，并导致缺铁症状。
铜	—	铜过多生长缓慢，并能引发缺铁症状。
钼	老叶先褪绿，叶肉呈黄色斑，叶尖枯焦，严重时植株死亡。	很少发生。番茄钼过多叶子发黄。
氯	—	叶子边缘似火烧状，坏死，叶生长很小。

3. 植物营养诊断

每一种营养元素在植物组织内的含量通常存在缺乏、适量和过剩几种情况，这就需要采用植物营养诊断技术加以判定。所谓植物营养诊断是根据植物形态特征或器官中营养成分含量的变化，判断其体内营养元素丰缺状况的方法。在土壤栽培中，当诊断出缺素症时，对当季作物的补救效应不大，而对后茬作物的施肥调整却具重要意义；在作物无土栽培过程中，如能及时诊断，正确调整营养液成分，几天后就会见效。常用的植物营养诊断方法有化学分析诊断法、病症诊断法、加入诊断法、图谱诊断，其中后 3 种方法相对简单，成本较低，使用较多。根据营养元素缺乏症状，使用检索表可以确认到底缺乏哪种营养元素。参照以下缺素检索表检索，确定缺乏的具体元素。

缺素检索表

(1)老叶受影响

①影响遍及全株，下部叶子干枯并死亡。

a. 植株淡绿色，下部叶子发黄，叶柄短而纤弱 …………………………………… 缺 N

b. 植株深绿色，并出现红或紫色，下部叶子发黄，叶柄短而纤弱 ……………… 缺 P

②影响限于局部，有缺绿斑，下部叶子不干枯，叶子边缘卷曲呈凹凸不平

a. 叶子缺绿斑有时变红，有坏死斑，叶柄纤弱 ………………………………… 缺 Mg

b. 叶子缺绿斑，在叶边缘和近叶尖或叶脉间出现小坏死斑，叶柄纤弱 ……………… 缺 K

c. 叶子缺绿斑，叶子包括叶脉产生大的坏死斑，叶子变厚，叶柄变短 ……………… 缺 Zn

(2)幼叶受影响

①顶芽死亡,叶子变形和坏死

a. 幼叶变钩状,从叶尖和边缘开始死亡……………………………………………… 缺 Ca

b. 叶基部淡绿,从基部开始死亡,叶子扭曲 ……………………………………………… 缺 B

②顶芽仍活着,缺绿或萎蔫而无坏死斑

a. 幼叶萎蔫,不缺绿,茎尖弱 ……………………………………………………………… 缺 Cu

b. 幼叶不发生萎蔫,缺绿

Ⅰ有小坏死斑,叶脉仍绿色 ……………………………………………………………… 缺 Mn

Ⅱ无坏死斑,叶脉仍绿色……………………………………………………………………… 缺 Fe

Ⅲ无坏死斑,叶脉坏死 ……………………………………………………………………… 缺 S

4. 园艺作物营养失调的防治

园艺作物无土栽培时,在缺素症状出现早期,可通过检测分析营养液,有条件的还可分析园艺作物体内主要营养元素的含量,来确认营养失调的准确原因,并通过及时更换营养液、调整营养液 pH 值、向营养液中添加相应的肥料或叶面追肥等方法加以补救。一般几天后就可见效。大量元素和微量元素缺素症的防治方法分别见表 10-2-3、表 10-2-4。

表 10-2-3 大量元素缺乏症的防治方法

缺素名称	防治方法
氮	①向营养液中添加母液,提高其浓度;②彻底更换营养液;③叶面喷洒 0.2%~0.5%的尿素溶液;④向营养液中加入硝酸钙或硝酸钾。
磷	①调整和更换营养液;②调整酸碱度;③向营养液中加入适量的磷酸二氢钾;④叶面喷洒 0.2%~1.0%磷酸二氢钾。
钾	①调整和更换营养液;②调整酸碱度;③叶面喷洒 0.2%的硫酸钾;④向营养液中加入硫酸钾。
镁	①调整或更换营养液;②调整酸碱度;③叶面大量喷洒 0.2%的硫酸镁或少量 10%硫酸镁;④向营养液中添加硫酸镁。
钙	①及时调整营养液的酸碱度,保持微酸性;②若发现贮液池出现钙沉淀即更换营养液;③向叶面喷 0.75%~1.0%的硝酸钙溶液;④向贮液池中加入硝酸钙;⑤如水中无氯化钠,也可向贮液池内加少量的氯化钙。

表 10-2-4 微量元素缺乏症的防治方法

缺素名称	防治方法
铁	①当营养液呈碱性时,应及时将其调至微酸性;②彻底更换营养液;③间隔 3~4 d 叶喷 0.02%~0.05%的螯合铁,连喷 3~4 次,或直接加入营养液中;④高温季节避免强光照射,以防滋生藻类;⑤防止因锌、钾、磷过量而妨碍植物对铁离子的吸收。

续表 10-2-4

缺素名称	防治方法
硼	①及时添加微量元素，并充分搅拌营养液，使其全部溶解，混合均匀，防止局部亏损；②向营养液中加入硼砂；③向叶面喷洒 0.10%～0.25%的硼砂溶液。
锌	①向营养液中加入硫酸锌；②向叶面喷洒 0.1%～0.3%的硫酸锌。
硫	向营养液中加入适量的硫酸盐，以硫酸钾较为安全。
铜	①叶面喷施 0.1%～0.2%的硫酸铜液+0.5%的石灰水；②向营养液中加入硫酸铜。
锰	叶面喷大量 0.5%的硫酸锰溶液或少量 1%的硫酸锰溶液。
钼	①叶面喷洒 0.07%～0.1%的钼酸铵或钼酸钠溶液；②营养液中直接加入钼酸铵或钼酸钠溶液。

(二)不良环境条件

1.水分失调

园艺作物从种到收的一生中，需要充足的水分和适当的空气湿度，水分不足或过量，都会造成水分失调。水分失调后，不正常的症状(生理病害)就会出现。过干易卷叶、黄叶、红叶、浓绿卷缩叶以及叶缘枯黄或萎蔫。最终落叶、落花、落蕾、落果及枯死。过湿易黄叶、落叶、落花、落果，最终沤根、烂叶、烂果及枯死。在暴干、暴湿的情况下，不仅容易形成灾发性生理症状，而且给许多侵染性病害的发生创造了条件。

2.温度失调

园艺作物的生长发育需要一定的温度范围，高于或低于作物本身能适应的范围，就会出现生理病害。如一般适于蔬菜生长发育的温度范围是 15～25℃，但就具体蔬菜种类来讲，有如白菜、萝卜等比较耐低温的蔬菜和西瓜、甜瓜等耐高温的蔬菜。不论是耐高温或耐低温，都有一个相对的极限，超过这个相对极限，就会出现不正常现象。属于高温的症状有：老化苗，老化株，直至灼伤、落叶、干叶、全株死亡。高温伤害往往伴随的是失水、脱水；低温伤害往往伴随的是细胞冻结、膨胀、细胞壁破裂。属于低温的症状有：停止生长发育，直至霜害、冻害使各器官僵化死亡。

3.毒害失调症

园艺作物生长发育过程中，有毒的气体、水质和窒息等环境出现，如超出可耐程度就会出现症状。有毒气体包括空气和土壤中的有毒气体、水溶性的酸性气体腐蚀和农药、肥料、化肥散发气体的熏蒸等。其中，空气中的有毒气体主要是亚硫酸气体、硫化氢和臭氧等；土壤中的有毒气体主要是指氨、CO_2、酸碱过量等；农药、化肥的有毒气体主要是指因使用过量而造成接触性药害或氨熏造成的肥害；有毒水质危害可直接使幼苗或成株延缓生长以至死亡，也可间接促使其他病害的发生。

(三)蔬菜花卉生理性病害列举

1.花卉生理性病害

(1)叶片变色　叶色变浅或变黄色、白色，或产生红色、黄色或紫色斑点。营养元素不足常常引起植株叶片变色，如植株缺铁，新叶黄化。缺磷和钾，叶片失绿、枯萎。缺锰，叶肉黄化并形成黄色小斑点；叶片受寒害后，叶面常有褐色斑、白色、黄色斑点或坏死斑。越冬植株叶片常出现该病症；日灼也易造成叶片黄褐色斑点。

（2）叶尖、叶缘枯焦　光照太强或浇水过多或空气太干燥易导致幼叶叶尖枯焦；如果幼叶正常，老叶叶缘枯焦，是施肥太多或浇水不当造成的。

（3）叶子边缘卷曲　空气过于干燥，就会引起叶子边缘卷曲；由于光照不足、空气干燥、盆土太干、养分不足等原因易引起叶子细长、脆嫩，边缘发黄变焦而脱落；植株下部叶片卷曲，新生叶片长不大，是光照过多造成的。

（4）坏死　日灼或干旱常造成植株局部坏死，产生枯死斑点，叶片出现棕色斑或棕边现象，北方春季刚出室的白玉兰、米兰、含笑等花卉，新萌发的嫩叶上最易发生这种现象；缺少营养元素硼也会使嫩叶基部腐败坏死。

（5）落叶、落花和落蕾（果）　湿度、光照强度骤变、养分不足和花芽分化后，浇水不当，土壤湿度变化大，会引起或造成落叶、落花和落蕾（果）；昼夜温差过大时，容易引起落花和落蕾（果）。

（6）植株孕蕾、开花少　氮肥过多易造成植株徒长、孕蕾开花少；植株株型密闭，过密枝、重叠枝多，光照不均匀，影响花芽分化；不修剪或修剪不合理也易造成植株孕蕾开花少；肥料不足尤其是孕蕾期磷钾肥少，也会导致导致孕蕾少。

（7）萎蔫　植株浇水不足，枝叶萎蔫，幼叶变黄，叶尖呈黄褐色，下部叶片卷曲萎黄，严重的颜色变暗且逐渐霉烂或不断脱落；相反，如果盆上积水，植株根系缺氧，影响呼吸作用和根系吸水，植株也会产生萎蔫。

（8）矮化、徒长、小叶或小果　缺少营养元素镁、硫，植株会出现矮化现象；缺氮叶片、果实变小，但氮太多会引起植株的徒长；光照不足易引起枝条纤细徒长，节间较长、叶片瘦弱、大而薄、颜色发淡，浇水后叶片易萎蔫，新叶少而小，是多年未换盆或花盆过小造成营养条件和水分不足造成的。

2.蔬菜生理性病害

（1）番茄脐腐病　发病原因是植株体内水分供应不足，二是可溶性钙素供应不足。防治措施是施足基肥、补施钙肥和科学浇水供液。

（2）番茄裂果病　发病原因是肥水失调、暴干暴湿。水分过足、营养输送过少，或供水不足前相对供营养过足，果实定型而饱满，在此基础上大量供水，必然出现裂口。防治措施是选用耐裂品种，保证营养供应及时，合理确定供水供液时间与供液量；注意遮阴，环境调控到位。

（3）茄果类苗期沤根　发病原因是苗床过于潮湿，不通风透光，再加以低温伤害或由地下害虫伤了根的某一部位而腐烂。防治措施是科学浇水供液，加强通风透光，合理混配基质。

（4）芹菜烧心　发病原因是干旱和过量施肥导致植株缺钙引起的。防止发生烧心，在无土栽培时应注意加强基质 pH 值的调节，使基质 pH 值中性或近中性；营养液配方和剂量水平选用适宜；一旦出现烧心症状可用 0.5％硝酸钙溶液喷洒叶面。

二、病理性病害

病理性病害是指由细菌、真菌和病毒等有害微生物侵染引起的病害，具有传染性。分为根系病害和地上部病害。有些病害易发在苗期或栽培期。以下作简要介绍。

(一)根系病害

在营养液循环栽培中,温度与湿度基本保持恒定,其病害比基质培更多,各种腐霉病发生,将会给作物栽培造成很大的危害。

1.根系病害的症状及发生原因

病菌侵入植株根部后会产生不同的病症,如植株矮化、凋萎,甚至整株死亡。其病症主要是细菌、疫霉菌、腐霉菌和镰刀菌等常见的病原体侵染而致病的。细菌侵染后引发软腐病、青枯病和溃疡病等。土壤栽培时,细菌主要通过水流传染给植物,而无土栽培主要是采用营养液浇灌,因而传染速度更快。细菌主要从根部伤口侵入植物体,其繁殖速度比真菌快。保持植株根系健康,移栽时不伤根是关键。疫霉菌侵染可引发疫病;腐霉菌引发根部腐烂、凋萎,植株严重矮化,甚至在1周内全部死亡。最近又发现腐霉菌入侵莴苣,没有明显的症状,植株略矮一些,产量降低。镰刀菌从根部侵入,会引发枯萎病和根腐病,甚至死亡。这种病发生比较普遍。种子可以传播枯萎病和细菌性病害,所以种子最好消毒后再播种。此外,根系病害也表现在叶子上,如莴苣叶柄膨大病,是由芸苔油壶菌传播的,被害植株的叶柄膨大、黄化、扭曲等,严重影响产量与品质。

线虫是一种软体动物,其发育适温为25～30℃,幼虫在10℃即失去活力,48～60℃经5 min即死亡,一般在土壤或基质中可存活1～2年。因为线虫从根部侵染后,为害症状类似病菌侵染,因此通常列入病害的范围。它以成虫、卵存在病组织内,或以幼虫在土壤中越冬。第二年,越冬的幼虫及虫卵孵化成的幼虫,由根部侵入,引起田间初侵染。以后循环往复,不断产生再侵染。病株是发病的主要来源。线虫侵入后,在主根、侧根均可发病,以侧根为多,在根上形成许多瘤状物,似豆科植物的根瘤,但互相连成念珠状,大小不一,表面白色,以后变成褐色或黑色。植株的地上部萎缩或黄化,阳光充足时植株容易萎蔫。为害不十分严重时,早晨的叶片还能平展,中午阳光充足时植株则萎蔫,严重时全株死亡。无土栽培时,由于基质消毒不彻底或在育苗时使用带有线虫的基质等,都会导致栽培系统感染线虫,甚至NFT栽培系统也会因育苗时没有彻底消毒,而把线虫带到循环系统中来,植株同样会受到线虫为害。

2.根系病害的防治

(1)生物学防治　一是选用抗病品种。二是利用有拮抗性的微生物来防治病害。虽然这是未来防治植物病害的重要方向,但目前商业性防治病害的微生物还非常少。

(2)物理防治与栽培措施防治　主要从以下几方面加强防治:①清洁卫生。栽培场地清除所有残株和能带病菌的各种用具,尽量保持无菌的栽培环境;基质重复利用时要进行消毒,一般以蒸气消毒效果较好;工作人员要洗净手脚,保持环境卫生,以此减少病菌传播与为害;设备和器具以及种子均需经过严格消毒后方可使用。②控制环境。在诸多环境因素中,有两种因素制约着病原菌在植物体的传播与发展,这就是土壤的水分与温度。在水培系统中,根系是处于稳定的饱和水状态,主要是通过控制根系的水位和流量,并且通过控制棚室和营养液的温度,以此控制根系病害的发生。③营养液消毒。有病菌的灌溉水(主要是地面水,如江河中的水),要先将病菌除去,然后才可灌溉。用这种水配制的营养液,也要进行处理。目前营养液消毒的主要方法有过滤、紫外线灯消毒、超声波处理、臭氧处理和加热处理。④设备改良。在无土栽培中,如系基质栽培床种植作物,应每隔5m左右,用塑料布将其隔断,以免由灌溉水互相传染病害;如采用营养液膜等循环水系统,应该研究一种小规模的巡回系统设备,才能在一旦发生病害时，不致使大面积的作物全部被感染。

(3)化学防治 一是使用杀生物剂。将微生物中的杀生物剂添加到营养液循环系统中，这对控制病害有明显的效果。目前这种药剂尚未大量应用。二是将表面活性剂加入营养液循环系统中，可以防止莴苣的叶柄肥大病。这种病是由病毒引起的，它是通过靶苔菌游动孢子传播的，如果添加表面活性剂，则游动孢子在几分钟之内就不游动了。控制有机生态型栽培系统的根系病害，一是采用太阳能消毒方法对基质进行消毒处置；冬季多次翻晒基质，也有一定的效果。此外，选用有机肥时要注意选择消毒质量好的肥料。至于其他控制方法，可参照上述内容进行。三是化学药剂防治。如根腐病可喷施恶霉灵 1 500～2 000 倍或瑞毒霉 1 500～2 000 倍或普力克 800～1 000 倍或根菌清 2 000 倍液等药剂灌根；茎腐病在发病初期喷施 38%恶霜嘧铜菌酯 1 000 倍液或 30%甲霜恶霉灵 800 倍液或福美双 500 倍药液；枯萎病可叶面喷施恶霉灵 600～800 倍液、甲霜恶霉灵 800～1 000 倍液、41%聚砹·嘧霉胺 600～800 倍液或对病株灌根；溃疡病可叶面喷施优胜＋绿亨 6 号(50%氯溴异氰尿酸)＋粘合剂稀释 1 000 倍液、86.2%氧化亚铜可湿性粉剂稀释 1 500 倍液等，防治效果比较直接和有效。

(二)地上部病害

侵染植物地上部如叶片、果实的病原菌很多，多为空气传播的病害，也有相当部分是通过水源传播的。由于无土栽培无论采用基质或营养液栽培，环境卫生条件都比较好，植株生长健壮，抗病性强，从而可避免许多病菌的发生和迅速蔓延。表 10-2-5 列举了一些较常见的叶片、果实病害。

表 10-2-5 作物生长阶段地上部常见的病害

病害名称	发病条件	症状表现	防治措施
番茄病毒病	高温、干旱；整枝打杈时吸烟。	顶部叶片呈花叶状或顶部枝叶丛生，下部叶片边缘上卷。	①10%磷酸三钠浸种 20～30 min；②预防蚜虫；③选用脱毒苗；④注意环境清洁卫生和用具消毒，操作时不吸烟。
番茄叶霉病	中温(25℃左右)、高湿；通风透光性差、光照不足、长势衰弱。	中下部叶片正面出现椭圆形或不规则形浅黄色褪绿斑，叶背病斑上生出灰紫或黑褐色霉层，严重时全株叶片卷曲、干枯。	①选用抗(耐)病品种，种子消毒；②摘除老叶；③70%百菌清 600～800 倍、50%多菌灵 500 倍喷雾；④定植前用硫磺熏蒸棚室。
黄瓜霜霉病	温度 16～24℃，湿度 85%以上。	①苗期子叶上初现褪绿斑，后呈黄色不规则斑，子叶变黄，枯干；②成株叶片初现浅绿色水浸斑，后病斑淡褐色、多角形，全叶干枯，叶缘向上卷缩；③环境潮湿时子叶和成株叶的背面病斑上生出灰黑色霉层。	①抗病品种；②加强通风；③喷 25%甲霜灵 1 000 倍液或 53.8%可杀得 900～1 000 倍液
黄瓜白粉病	①10～25℃，湿度偏大；②通风不良、栽培密度过高。	①发病初期在叶面和叶背、幼茎上产生白色近圆形小粉斑；②叶片连片遍布白粉	①选用抗病品种，培育壮苗；②定植前用硫磺熏蒸棚室；③喷施 20%粉锈灵乳油 2 000～3 000 倍液、40%敌唑酮 3 000～4 000 倍液。

续表 10-2-5

病害名称	发病条件	症状表现	防治措施
黄瓜细菌性角斑病	温度 24～28℃、湿度在 80% 以上、叶面有水膜。	①叶片发病，初期呈针孔状大小油浸状褪绿斑，后扩展成多角形，边缘有油浸状晕区，严重时病斑开裂穿孔；②湿度大时，叶背病斑有乳白色黏液状菌脓，干后一层膜或白色粉末状物；③瓜条受害表面呈水浸状斑点，形成黄色溃疡斑或裂口。	①选用耐热品种；②通风透光，降低湿度；③温汤浸种；④清除病株落叶；⑤喷 72% 农用链霉素 4 000 倍液、50%甲霜灵 600 倍液，隔 4～5 d 喷 1 次，连喷 3～4 次。
莴苣菌核病	①环境温暖潮湿；②种植过密、通风透光差。	①茎基部表面密生白色棉絮状菌丝体，后产生初呈白色后变为黑色的鼠粪状菌核；②叶片凋萎，直至全株死亡。	①通风透光，降低湿度；②种子和栽培设施消毒；③发病初期喷施 50%扑海因 1 500 倍液或 50%多菌灵 500～800 倍液，隔 6～8 d 喷施 1 次，连喷 2～3 次。
玫瑰黑斑病	温度 20～26℃、湿度 98%左右。	叶片正面褐色圆形小斑点，后扩展为紫黑色病斑，边缘放射状，后期中央灰白色，严重时叶片全部脱落。	①选育抗病品种的枝条扦插；②降低相对湿度，清除病叶；③喷 80%代森锌或 50%多菌灵 500 倍液。
香石竹病毒病	通过汁液、蚜虫、工具、双手传播。	①植株矮化；②叶片缩小、变厚、卷曲，有的叶片褪绿，或呈花叶状，或中部叶片形成浅灰白色、淡黄色坏死斑驳或条纹；③花瓣颜色斑驳。	①培育脱毒组培苗；②工具及双手消毒；及时拔除病株；用 2.5%溴氰菊乳油 2 000 倍液杀灭蚜虫。

(三)苗期病害

蔬菜苗期常见的病害有猝倒病、立枯病、青枯病、茎基腐病、灰霉病、疫病等。表 10-2-6 列举了常见的苗期病害。

表 10-2-6　苗期常见的病害

病害名称	发病条件	症状表现	防治措施
猝倒病	15℃以下低温、高湿、光照不足、通风不良、苗床管理不当或幼苗徒长。	①烂种；②出土前死苗；③幼苗出土至真叶长出前猝倒：幼茎基部有水渍状暗斑，后扩全周，茎缢缩呈细线状，地上部倒伏；④病部长出白色棉絮状菌丝。	①温汤浸种；②75%百菌清＋40%拌种双(1∶1)浸种 30 min；③基质消毒：甲醛 30～50 mL/m² 基质＋水 3 L，喷后闷盖基质 3 d。
立枯病	温度较高、基质湿度偏大、光照不足、播种过密、间苗不及时、幼苗徒长。	①大中苗生长期发病；②病苗白天萎蔫，早晚可恢复；③茎基部产生椭圆形暗褐色凹陷病斑，严重时病斑扩展至环茎 1 周，茎基部收缩；④地上部茎叶萎蔫枯死，直立不倒伏；⑤病部不长明显的白色菌丝。	①用 40%拌种双拌种，用药量为干种子重的 0.2%～0.3%。②基质消毒，同猝倒病。③喷施 75%百菌清 800 倍＋农用硫酸链霉素 5 000 倍液或 800～1 000 倍液的百菌清＋甲基托布津溶液，每隔 7～10 d 喷 1 次。

续表 10-2-6

病害名称	发病条件	症状表现	防治措施
早疫病	高温高湿	幼苗的茎基部生暗褐色病斑，稍陷，有轮纹。	①降低环境及基质的湿度。②发病前用 45% 百菌清烟雾剂熏杀，每次 200～250 g；发病初喷 5% 百菌清粉剂，15 kg/hm^2，每隔 9 d 喷 1 次，连喷 3～4 次；用 50% 扑海因 180～200 倍液，涂抹病部。
青枯病	①环境高温高湿；②基质过湿。	①根部及茎基部褐变，病部挤压出乳白色菌液；②植株迅速萎蔫、枯死，茎叶仍保持绿色。	①降低环境及基质湿度；②用甲霜恶霉灵 600～800 倍液浸根 1～2 h；③拔除病株掩埋；④发病初用农用硫酸链霉素 3 000～4 000 倍灌根，每株 300～500 g，7 d 灌 1 次，连灌 2～3 次。
茎基腐病	①高温高湿；②早秋定植后遇连阴天、光照不足或温差大、长势弱。	①茎基有水渍状暗褐色病斑，严重的病斑绕茎 1 周。②茎秆发软，基部缢缩，顶部心叶片萎蔫或整株萎蔫倒伏。	①降低地面湿度，及时拔除病株；②浇施 30% 恶霉灵 2 000 倍或普力克 800 倍溶液，隔 5 d 浇 1 次；③喷云大-120，增强植株抗性。
灰霉病	①环境低温高湿；②光照不足、放风不及时、植株过密。	①叶尖开始发病，水浸状；②沿叶脉间成"V"形向内扩展，灰褐色，边有深浅相间的纹状线，病健交界分明；③高湿时叶片、叶柄表面生有灰霉。	①降低棚室湿度，减少结露；②发病初，严防浇水过多，及时摘除病果、病叶和侧枝，集中烧毁或深埋；③喷 75% 百菌清 500～800 倍、农用硫酸链霉素 5 000 倍液，隔 7～10 d 喷 1 次，视病情连喷 2～3 次。

三、虫害

温室栽培的虫害很多。在我国目前生产条件下，为害最严重的虫害有蚜虫、棉铃虫、白粉虱、美洲斑潜蝇、蓟马、红蜘蛛等。这些害虫都不是地下害虫，其发生规律和防治方法与栽培方式关联不大。表 10-2-7 列举了常见害虫的防治措施。

表 10-2-7　温室栽培常见的害虫及防治措施

虫害名称		防治措施
蚜虫	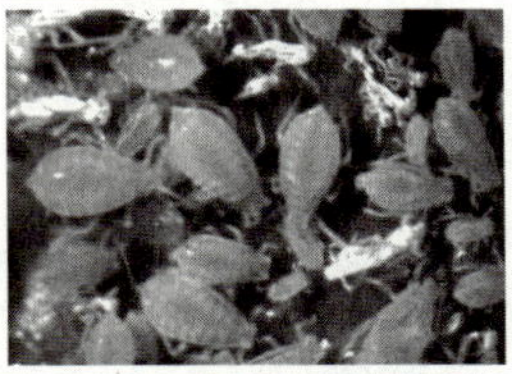	①悬挂黄板诱杀； ②张挂镀铝聚酯反光幕或银灰塑料条膜，避蚜防病； ③喷施万灵 1 500 倍液、10% 吡虫啉 2 000 倍、25% 抑太保 1 500 倍； ④用敌敌畏烟剂熏蒸棚室。
白粉虱	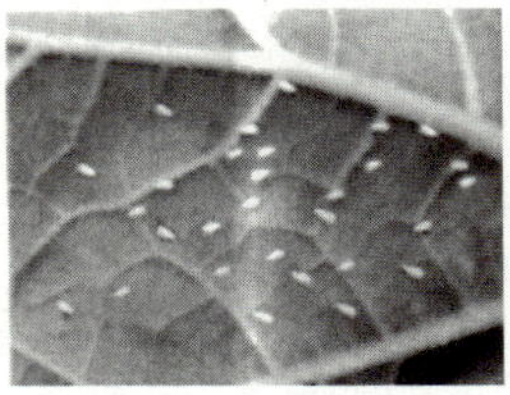	①悬挂黄板诱杀； ②育苗前硫磺熏蒸棚室； ②扑虱灵 2 500 倍液或吡虫啉喷雾，隔周喷雾 1 次； ③洗衣粉 1 000 倍液喷雾； ④人工释放丽蚜小蜂。

续表 10-2-7

虫害名称		防治措施
美洲斑潜蝇	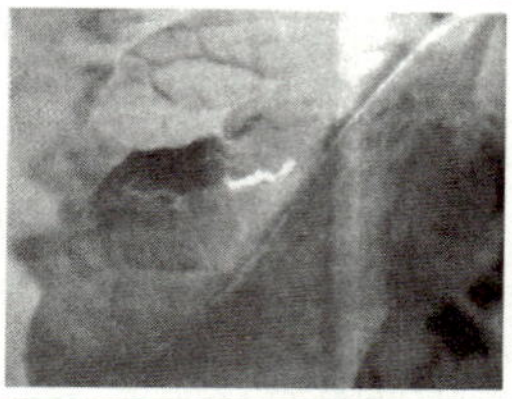	①黄板或灭蝇纸诱杀成虫； ②摘除带虫叶片销毁； ③清洁棚室；在卵孵化高峰期，采用 1.8%爱福丁乳油 3 000～4 000 倍液、48%乐斯本乳油 1 000 倍液和 5%抑太保乳油 2 000 倍液连环喷施，交替用药，每隔 7 d 喷 1 次。
菜青虫	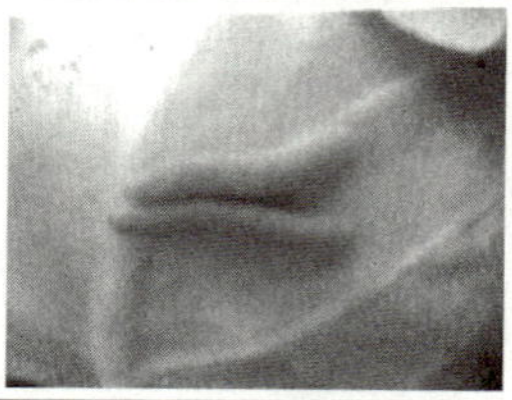	①在产卵盛期后 5 d 左右喷 20%杀灭菊酯 2 000～2 500 倍液、50%敌敌畏乳油 1 000～1 200 倍液，消灭幼虫在 3 龄以前； ②用 20%灭幼脲 1 号、3 号 500～1 000 倍液喷雾防治。
棉铃虫	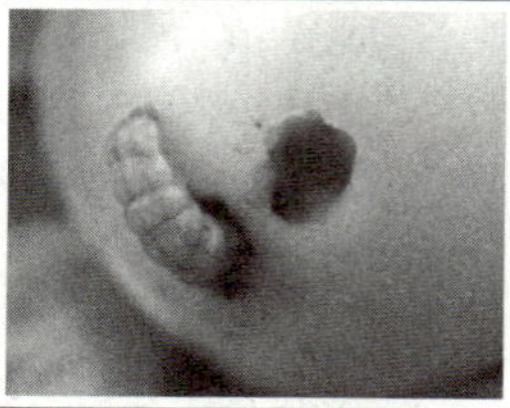	①安装黑光灯诱杀成虫； ②结果初期用 50%杀螟松乳油 1 000 倍液、2.5%溴氰菊酯乳油 2 000 倍液、40%菊杀乳油 2 000～3 000 倍液喷雾防治。
蓟马		①设置蓝色粘板，诱杀成虫； ②25%噻虫嗪水分散粒剂 3 000～5 000 倍灌根； ③4.5%高氯乳油 1 000 倍与 10%吡虫啉可湿性粉剂 1 000 倍加 5%溴虫氰菊酯 1 000 倍混合喷基质。
红蜘蛛	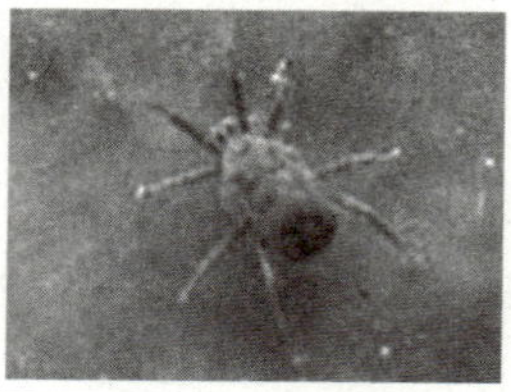	①喷 40%三氯杀螨醇乳油 1 000～1 500 倍液、20%螨死净可湿性粉剂 2 000 倍液或 1%阿维菌素乳油 5 000 倍液； ②清除棚室枯枝落叶，摘除病叶，苗床灌水，消灭越冬虫源。

【拓展学习】

一、蔬菜病虫害无公害防治技术

蔬菜病虫害无公害防治技术是以农业防治为基础，因时因地制宜，合理运用化学防治、生物防治、物理防治等措施，经济、安全、有效地把病虫控制在不足为害的水平上，以达到增产、环保和人民健康的目的。指导方针是“预防为主，综合防治”，体现了植保科学的发展趋势，可与广大生产者的经验密切结合，实现对病虫进行科学的治理。其技术内涵包括以下几方面：一是实施植物检疫。二是加强农业防治。采取选用抗(耐)病虫品种、用无病种子或种子消毒后适时播种，培育无病壮苗，防止苗期病虫害，嫁接防病、清洁田园，以及合理轮作、间作、套种和科学施肥等措施，加强农业防治。三是通过利用天敌、利用细菌、病毒、抗生素等生物制剂、利用昆虫生长调节剂和特异性农药、确定植物源杀虫剂等开展生物防治工作。四是通过色板和色膜驱避、诱杀，灯光、性诱剂、食物趋性、栖境诱杀和防虫网隔离、高温闷棚等措施的实施，加强物理防治。五是科学合理利用化学农药，作为其他防治方式的补充。

二、正确区分植物营养失调症与病理性病害的症状

1. 看症状发生发展的过程

蔬菜病害的发生一般具有明显的发病中心，为害较集中，然后迅速向四周扩散，通常成片发生，其症状一般与叶脉无关，叶片之间相似程度较小，若不及时防治，可给蔬菜生长造成很大危害。而缺素症一般无发病中心，往往散布整个栽培区或共享一个循环供液系统的水培植株，多为散发状态，其病变部位常与叶脉有关，沿叶脉、叶脉间或沿叶缘发生，每片叶上症状相似，若不采取补救措施，会严重影响产量和品质。但病毒病有时难与营养失调症状区分。

2. 看病症与土壤、天气的关系

蔬菜的病害与土壤类型、特性大多无特殊关系；蔬菜缺素症则与土壤类型、特性有明显关系。蔬菜病害一般在阴天、湿度大的天气多发或重发，植株群体郁蔽时更易发生。缺素症与地上部空气湿度关系不大，但土壤长期滞水或干旱有时可促发某些缺素症。

【学习总结】

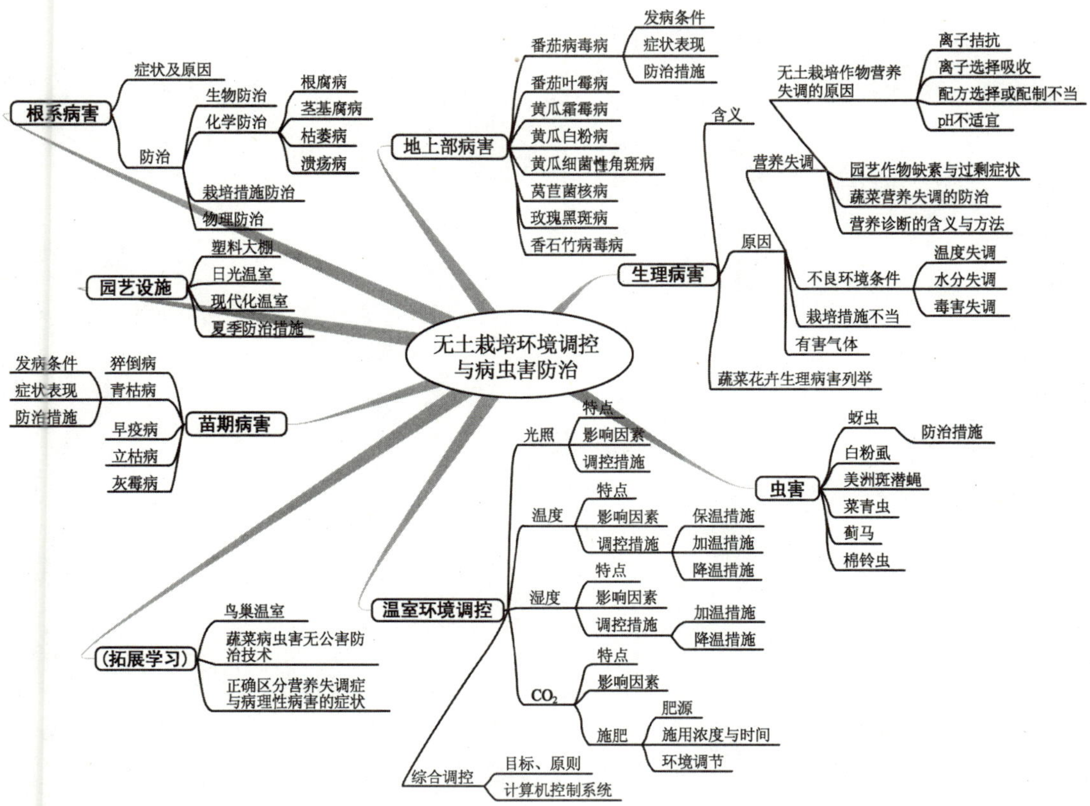

【能力测试】

1.夏季连栋温室温度较高,需要加湿和降温,请你制定关于蝴蝶兰中苗的温度、湿度调控方案。

2.请说明温室内光照、湿度、温度三者之间的联动反应。

3.请列举叶片发黄的可能原因。

4.若公司要尝试营养液循环式水培生产,请问怎样才能尽量降低感病的几率呢?

5.靶斑病在山东主要黄瓜产区大面积发生,成为黄瓜主要病害之一。其症状与霜霉病和细菌性角斑病极易混淆,生产上误按霜霉病和细菌性角斑病用药,防治效果较差,危害损失较重。请你通过查阅相关文献和比较学习,总结出该种病害与霜霉病、细菌角斑病症的不同点。

6.无土栽培与土壤栽培在环境调控与病虫害防治方法策略上有何异同?

项目11

无土栽培基地规划设计与生产管理

随着无土栽培技术的发展，农业产业结构的调整和传统农业向现代农业的转变，无土栽培已成为都市休闲农业、阳台农业、观光农业的支撑技术，作物无土栽培生产由示范逐步走上了商业化、工厂化生产和企业化运营之路。所谓工厂化无土栽培是以先进的设施装备农业，采用完整而系统的技术规范及生产、加工、销售一体化的经营管理方式组织生产，从而使无土栽培具有生产设施现代化、设备智能化、生产技术标准化、工艺流程化、生产管理科学化等特点，大幅度提高了劳动生产率。只有树立正确的经营思想，做好市场调研，科学规划无土栽培基地，合理安排生产计划与工艺流程，加强生产与销售的科学管理，最大程度降低生产成本，生产出“适销对路”的优质种苗与产品，才能使工厂化无土栽培获得更大的经济效益。

学 习 目 标

☆ 终极目标：掌握无土栽培基地规划设计方法，掌握工厂化无土栽培生产管理方法策略。

☆ 促成目标：

1. 了解无土栽培的基本条件、基地选址要求与栽培项目选择的注意事项；
2. 理解工厂化无土栽培企业的经营思想与管理措施；
3. 掌握无土栽培基地规划的原则、内容与设计工作流程；
4. 掌握工厂化无土栽培生产计划的制订原则与生产工艺流程；
3. 会制订生产计划、核算无土栽培成本和起草农产品购销合同；
4. 能够执行生产计划并实施科学有效的管理；
5. 培养观察力、统筹规划能力和创新意识，具备生产管理者的基本素质。

任务 11-1 无土栽培基地规划设计

任 务 描 述

☆ 具体任务:①撰写无土栽培基地规划书;②画出无土栽培基地平面规划简图。
☆ 实施形式:分组同步进行。
☆ 操作要求:前期准备充分;组员全体参与;规划科学,设计合理,体例正确。

任 务 分 析

无土栽培基地规划是蓝图目标实现的先决条件,而良好的布局设计是推动力。本任务包括无土栽培基地的规划和设计两个方面内容。具体是以现成的、学生亲自实践和管理的无土栽培基地为模板,采用倒推法重新规划设计,并与现状进行对比。统筹规划对项目实施和质量影响较大,学生接触较少,教师应侧重培训与指导。

【任务实施】

学生集中参观无土栽培企业,调查企业无土栽培基地的规划布局情况,并观看无土栽培方面的影像资料。然后学生以组为单位,针对参观的无土栽培基地重新规划,撰写基地规划书。要求介绍选址、栽培形式、栽培种类与茬口安排、栽培面积与计划产量、人员与栽培设施配置、道路与辅助设施设计、资金投入与预期效益、经营方针与营销策略等。最后各组根据规划书的要求,画出基地的平面设计简图,并附设计说明。

【知识链接】

一、无土栽培基地的选址

1. 经济发达地区、对外开放城市、大中城市郊区

无土栽培是一项高新技术,涉及农业工程、化学、肥料、农作物栽培等多门科学,其技术难度较大,更重要的是因为无土栽培需要一定的设施、栽培装置和供应大量的营养液,一次性生产投入较大。因此,在经济欠发达地区不可盲目发展无土栽培。经济发达地区、对外开放城市有能力拿出更多经费投入无土栽培,生产出优质的高档蔬菜、花卉产品,出口或内销均可,容易

形成规模效益。在大中城市郊区应用无土栽培技术生产蔬菜、花卉，能够充分发挥其运输和销售方便和就近供应的区位优势，以此有效缓解国民对无公害、绿色农产品的持续需求。

无土栽培的基本条件

1. 具备必要的设施栽培条件
2. 气候和季节适宜
3. 建成无土栽培的系统装置
4. 水源充足且优质
5. 电力供应有保障
6. 有技术管理人员

2. 选择自然条件优越的地方

无土栽培基地要求地势平坦、交通便利、基质资源丰富、水源充足、水质条件好、能源供应正常，并且要远离市区和工业废气排放量大的地区。有风力发电、沼气生产条件的地方，在其他条件适宜的前提下，可优先考虑建立无土栽培基地，这样园艺作物无土栽培就能与生态农业、环保农业有机结合。

3. 选择政策环境好的县区和效益好的大型企事业单位所在地

无土栽培具有高投入、高产出的特点，选择政策环境好的县区建立无土栽培基地，容易得到地方政府在政策和资金上的大力支持。大型企事业单位效益好，员工数量多，有利于针对性生产和就近销售无土栽培的农产品，形成稳定的消费群体，而且可利用一些工矿企业的余热进行温室加温、基质消毒等。

4. 考虑经营方向、功能定位和栽培项目

生产与休闲观光、科普教育功能叠加型基地宜建在城郊或风景区附近；单纯生产名优高档花卉和出口蔬菜、无公害绿色蔬菜，最好建在现代农业园区或农业高新技术园区，而且远离污染源；生产与生态餐饮功能叠加型基地最好选择城乡交界处或一些特色风景区附近。有些栽培项目对生产环境条件有特殊要求，这一点在建立基地时应予以充分考虑。

二、选择无土栽培项目

在经济、技术和市场条件都很好的情况下可以发展无土栽培。但要选好栽培项目，应注意以下几点：

1. 市场调研

无论是土壤栽培还是无土栽培，在选择栽培项目时，要做好科学、细致的市场调查、可行性分析和专家论证，做到瞄准区域产业发展筛选项目，对接地方农业主导产业确定优先发展的项目，引领地方产业发展挖掘特色项目。避免项目决策上的“拍脑门”、“想当然”，否则会造成盲目生产和经营上“短命”。

2. 量力而行

无土栽培一次性投资较大，且运转成本较高，技术条件要求严格。因此，必须根据不同地区和自身的经济、技术条件和人力素质现状选择大小适中、附加值高的栽培项目和原材料就地取材，便于管理和控制成本的栽培形式，以及适度的生产规模。一般经济欠发达地区、小微企业、专业户最好选择投资较少、管理简便的基质栽培形式，而且栽培项目和栽培面积不宜太大。

3. 明确栽培的目的与重点

如果是要彻底解决长期保护地栽培造成的土壤连作障碍问题，则可以发展无土栽培。建设生态餐厅、生态酒店，所选择的栽培项目要与当地饮食习惯、整体布局相适应，项目宜小宜大，但分区要依空间和地形确定，新颖别致，兼具观赏性。如果是生产兼具观光功能，就要充分考虑栽培项目的生产面积、栽培模式、栽培茬次、品种搭配、品质特性与观赏采摘性，以适应休闲观光的需要。单纯项目生产与示范，则宜选择高附加值和高效益的园艺作物。

三、无土栽培基地的规划

（一）规划的含义与分类

1. 规划的含义

规划是个人或组织制定的比较全面长远的发展计划，是对未来整体性、长期性、基本性问题的思考和考量，设计未来整套行动的方案，是融合多要素、多方人士看法的某一特定领域的发展愿景。它包含未来和发展两个基本要素，未来指的是近期、中期或远期，发展则是在上述期间内达到目的的科学方法。

2. 规划的分类

按照不同的分类依据，规划可分为以下几类：一是按照属性的不同，可分为概念规划和技术规划。其中，概念规划通常指发展战略、规划的理念、项目的定位、基本思路、规划达到的目标、主攻方向等内容；技术规划比概念规划更具体和详细，通常指要达到的技术水平、普及范围、目标数据指标和对空间的安排等，以及为实现概念规划而设计的有效途径、措施、步骤等。二是按照设计的范围，可分为宏观规划和微观规划。宏观规划通常指总体规划、发展方向、政策方针等；微观规划通常指详细规划、区域背景、业态发展趋势等。三是按照对象和功能，可分为总体规划、专项规划、区域规划等。

（二）无土栽培基地规划的原则

无土栽培基地因功能定位与经营方向的不同，在基地的规划设计原则上既有共性又有差异。共性原则是坚持因地制宜、生态环保、整体规划、近远期效益相结合原则，着眼于可持续发展。单纯生产型基地还应坚持规模适度、技术先进、模式实用、管理集约和市场导向性原则；生产＋观光型基地还应坚持地域性、多样性、观赏性、创新性、整体协调性和生态美学、生态效益优先的原则；生产＋生态餐饮型基地还应坚持形式创新、格调新颖、整体协调、生态美学、以人为本、文化内涵浓厚、地域特色突出。

（三）无土栽培基地规划的内容与要求

1. 规划与撰写要点

（1）总论　介绍项目的基本情况，如投资者、规划编写单位、规划区基本情况、项目提出的背景、意义等。

（2）项目背景　包括政策背景、资源背景、项目同类行业背景、市场背景、社会和经济背景等。

（3）规划要点　包括总体规划、功能区规划（详细规划）、总投资与资金筹措、效益与风险分析、政策与运行机制、规划图等。

2. 具体要求

(1)宏观要求　规划设计单位应充分了解基地建设所在地的招商与扶持政策、资源现状、当地产业结构与经济社会发展现状、当地的纬度、气候、地形地貌、地方文化和投资者的关切与发展愿景，以及市场和消费群体等。特别要控制好投资规模，明确功能定位。根据投资规模的大小与管理水平的高低来规划生产面积，切记产生因生产面积过大而出现管理水平跟不上、资金和人员不到位的情况。功能定位要清晰，防止规划建设与未来运营“不合牙”、“二层皮”。

(2)生产要求　一是明确功能分区。无土栽培基地总体规划与一般设施栽培园艺场基本相同，一般划分为准备区、生产区、产品加工区及办公后勤场所等几个大功能区，各区再细化功能小区。二是确定栽培面积和范围。根据投资与生产管理水平，以 3.33～6.67 hm^2 为宜，受条件所限可适当降低面积；每个生产区以 2 000.1～3 333.5 m^2(10～15 个标准棚)为宜。三是栽培系统合理分组。一般以 3～6 个标准大棚(666.7～1 333.4 m^2)为一组，贮液池可置于每组中心棚内的中间位置，一般为地下式，有条件的亦可另建设施，这样便于营养液的供应、生产安排与管理。四是栽培床布局合理。标准大棚内栽培床的排布一般按照 3 排 6 条或 4 排 8 条设计(图 11-1-1)。栽培床不宜建水泥结构，因其比热大，易渗漏，不能搬迁和拆卸。可采用 EPS(聚苯乙烯)发泡材料压模成型栽培槽，可拼接和搬迁。这种栽培槽既能作基质培亦可作深水培或营养液栽培。也可用砖砌成简易的临时栽培床。花卉栽培和工厂化育苗可用角铁焊成活动床架。

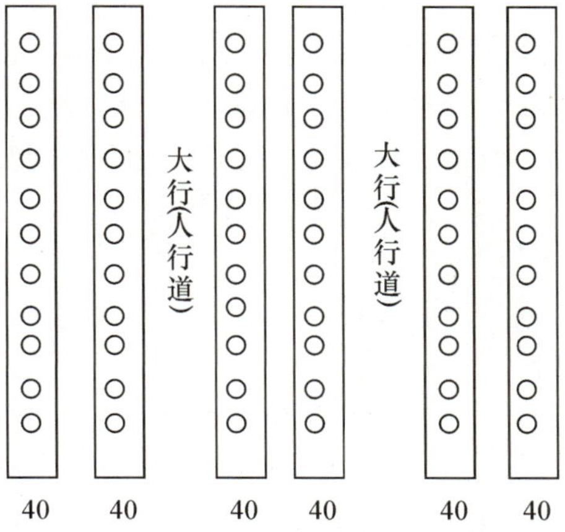

图 11-1-1　标准大棚田间栽培床布局

四、无土栽培基地的设计

无土栽培基地的设计工作流程见图 11-1-2。根据经验和通常做法一般分为 5 个工作环节或操作步骤，最后由投资(委托)方审核，经修改后再确认，最后执行。

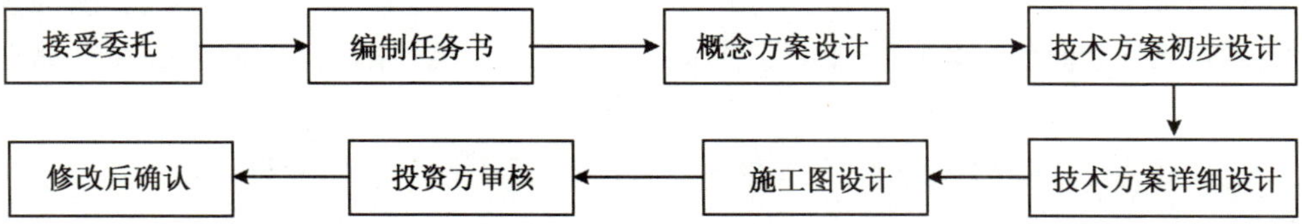

图 11-1-2　无土栽培基地设计工作流程

1. 编制任务书

该阶段为项目设计准备阶段，需要充分了解基地规划设计的具体要求、意向、造价、时间期限等。主要包括以下几方面：

(1)基地的主题定位，即无土栽培在项目区系统中的地位、作用、服务半径、应用效率和服务对象等。

(2)基地条件要求，包括温室的条件、面积、供水、供电等。

(3)温室环境的调控能力，包括温度、湿度、光照等环境因素的调控。

(4)总体设计的布局和风格上的要求。

(5)建设进度要求与总体投资估算。

2. 概念方案设计

根据任务书内容和基本资料进行现场调研和环境分析，确定设计的总体风格和方案的功能特点，并完成成本估算。主要工作事项内容如下：

(1)现状调查：温度条件、光照条件、设施条件、土壤环境、能源供给、管线设备等。

(2)环境条件调查：道路系统状况、周边特点、项目区整体发展规划、场地文脉等。

(3)设计条件调查：基地的现状图，通常比例为1∶500或1∶1 000的总平面图。

(4)现场考察：主要核对、补充收集的图纸资料并要对设计的基地有感性认识，拍摄相关图片。

(5)调查资料的分析整理：根据资料进行整理分析从而判断出项目必需的以及可能的功能要求和内容。

(6)概念方案立意、提炼主题与平面布局。

3. 技术方案初步设计

在概念方案设计的基础上，初步设计完成技术方案设计说明，具体以比较详细的、必要的图纸展现，并对设施建设及种植先进集体做出初步估算。图纸应包含现状图(1∶(50～500))、景观图(1∶(100～300))和景观分区图、方案设计图(1∶(300～500))。

4. 技术方案详细设计

根据双方沟通商讨的结果，对方案进行更为详细、深入、精确的设计，形成平面图、局部种植设计图、横纵剖面图等。其中，平面图包括周边环境详图、功能分区图、道路规划图、水系统规划图、给排水、电力、供暖等规划图；局部种植设计图是根据总设计方案进行局部详细设计；横纵剖面图是根据总体设计方案，针对最重要的区域制成详图。

5. 施工图设计

在完成局部详细设计的基础上，清楚、准确地表示出各项设计内容的尺寸、位置、形状、材料、数量、色彩以及构造、结构。需要说明的是：

(1)图纸规范　通常使用2号(420 mm×594 mm)、3号(297 mm×420 mm)图纸。

(2)施工设计平面的坐标网及基点、基线　通常使用CAD图，并以此作为施工放线的依据。

(3)施工图纸　注明图纸的图例、指北针、比例尺、标题栏及简要的设计说明。

(4)施工放线总图　标清等高线、标高点和水体等。

【拓展学习】

新民生态城无土栽培基地规划案例

项目名称：中国·新民生态城(城市牧歌)建设项目

建设单位：沈阳城市公用集团农业发展有限公司

建设地点：新民市兴隆堡镇

建设规模：1 200 亩

建设期限：18 个月

建设内容：项目规划 3 大板块（生态博览中心、庭院宾馆度假区、农业主题公园）10 个区域（生态餐饮区、生态会议区、国际会展区、温泉养生区、庭院宾馆度假区、果蔬采摘观光区、科技博览展示区、花卉林木观赏区、农事体验游乐区、科技创新研发区）。项目集科技创新、博览展示、带动示范、观光采摘、休闲体验、餐饮娱乐、会议培训、住宿度假、温泉养生、科普教育、产品营销等活动于一体的综合性都市休闲农业生态城（图 11-1-3）。

投资规模：项目估算投资 16 亿元，其中生态博览中心投资 5 亿元，庭院式宾馆投资 6 亿元，农业主题公园投资 5 亿元。

图 11-1-3　沈阳城市公用集团农业发展有限公司"城市牧歌"项目规划鸟瞰图

任务 11-2　工厂化无土栽培生产管理

任务描述

☆ 具体任务：①制订生产计划；②负责或参与项目生产管理；③核算生产成本；④起草农产品购销合同。

☆ 实施形式：分组负责生产性实训项目管理和合同起草。

☆ 管理要求：组员全体参与；生产计划科学、操作性强；严格执行生产计划，问题处置 措施得当，管理效果好，记录全面、真实；合同体例正确，内容条款表述清楚、责任主体明确。

任务分析

生产计划是工厂化无土栽培的指导性文件,其制订的质量直接关系到生产能否科学有序进行。在制订生产计划时,应坚持原则,清楚市场需求、企业生产现状与技术水平,并且要充分了解生产项目,具备无土栽培实践经验、全局意识和统筹分析能力。在计划实施阶段,管理者要严格执行生产计划、工艺流程与技术要求,积极主动日常管理,妥善处理课堂学习与项目实践的时空矛盾,这样才能保证如期完成生产性实训任务。由于项目收支记账、合同起草,对学生是陌生的,实施前需要专题培训,并在教师指导下完成。

【任务实施】

一、生产计划的制订与实施

师生共同确定本校实训基地多个生产性实训项目,学生以组为单位,任选一个项目制订一份生产计划,并在教师指导下负责项目生产与日常管理。要求生产计划由全组讨论通过,体例正确,内容全面,操作节点安排合理,生产工艺与操作规范制定科学,可操作性强;在项目生产过程中,小组严格执行生产计划,分工协作,集思广益,按时间节点操作与管理,及时发现问题,并积极讨论解决问题的方法策略,最后按计划完成项目生产全过程。

二、生产成本核算

教师开展专题培训,然后学生以组为单位,结合项目生产实践与日常管理,全程记录项目收支情况。要求按照经办人—组长—项目指导教师的签字程序,实施台账式管理,详细记录从种到收的每一笔支出,最后在项目生产结束后,核算生产成本。

三、合同起草

结合校内生产性实训项目的管理,举办模拟签约活动。要求学生以组为单位起草针对本组项目的农产品购销合同,经教师和其他小组评议后,小组修改、确认后,举办模拟签约现场签约,师生点评合同质量和现场表现,最后以作业形式上交购销合同。

【知识链接】

一、生产计划制订与实施

(一)生产计划制订的原则

科学制订生产计划是工厂化无土栽培科学有序进行的关键和重要依据。工厂化无土栽培生产的是鲜活农产品，不同于一般工业产品，其生产计划一般是根据市场需求、销售计划、企业自身生产能力与技术水平，并综合考虑生产各个环节的损耗之后，坚持均衡生产和适当裕量的原则制订出来的。如果订单生产，则合同中规定的供货数量、供货时间是制定生产计划的重要依据，按照订货量组织生产，必须保证按期交货。

(二)生产计划的主要内容

一个完整的生产计划主要包括栽培品种与栽培形式、栽培面积与计划产量、栽培季节与茬口安排、产品上市或交货时间等。此外，还有原材料的购入与调配、人员安排等。

1. 栽培品种与栽培形式

根据市场需求与发展趋势的预测或订货要求来确定栽培品种。栽培品种应适合当地种植，其来源可以是自主繁育，以种子直播或组培快繁方式获得，实施工厂化育苗，也可以外购获得种苗，直接进入栽培养护阶段。栽培形式应与品种和生产条件相适应。

2. 栽培面积与计划产量

栽培面积与计划产量由市场需求预测或订货量决定，同时考虑栽培、采收、包装运输过程中的损耗。栽培面积与计划产量既不能盲目扩大，造成生产成本增加和产品的积压，也不能过于保守，而出现市场供应或交货不足的现象，否则会造成经济损失。制定生产计划时应结合以往生产和销售的经验来灵活把握尺度。周年多茬次生产时，要将全年的生产任务分解，细化到每个茬次的每个品种。

3. 栽培季节与茬口安排

我国南北方气候差异大，适宜作物栽培的季节和设施条件各不相同。因此，在栽培季节与茬口安排上要因地制宜、科学合理，最大限度减少生产投入和降低能耗，尽量提高复种指数，更重要的是要明确产品的最佳上市时间，采用倒推法来安排栽培茬次，从而确保产量和扩大收益。生产＋观光型基地在制订生产计划时，必须充分考虑季节交替对基地生产的影响，注意栽培品种的合理搭配和错时育苗、接力生产，以保证观赏效果和跨季节长时段观赏期。

4. 产品上市或交货时间

选择无土栽培的农产品最佳上市时间段，在总产量一定的前提下，可以获取更大的收益。农产品上市时间，一般是根据作物种类及品种的生长周期，并结合当地气候和设施环境条件，以及基于对以往市场需求的旺淡季和价位高低变化规律来决定。据调查，春节期间是农产品销售的旺季，80%的企业春节期间的销售额可以占到全年经营额的60%，以春节期间作为农产品的上市时间节点，就能保证企业最大的效益。订单生产时，应根据产品上市或交货时间倒推出播期或定植时间。

(三)生产计划的实施

1. 成立组织机构

围绕生产与销售的需要，无土栽培企业的经营管理至少要设立营销、生产两个部门，明确各自职责，分工协作。生产部门负责综合平衡生产能力，管理生产过程，科学制定和执行生产计划，合理组织生产并积极调度，确保按时、保质、保量地生产出适销对路的产品，用最小合理的投入达到最大产出的管理目的和效果。

(1)生产部的主要职责　生产部主要对生产各环节实施管理、监督、协调和服务，并有效组织生产。主要职责如下:①负责组织编制年、季、月度计划并及时组织实施、检查、协调、考核;密切配合营销部门,确保产品合同的履行;②做好生产人员的管理工作,并对其业务水平和工作能力定期检查、考核;③根据市场需要,开发新产品,编制生产操作规程,组织试生产,不断提高产品的市场竞争力;④组织现场管理、过程管理,确保产品质量优良;及时总结经验,发现问题并提出整改意见;⑤合理安排作业时间,降低生产成本。

(2)营销部的主要职责　营销部主要对公司各销售环节实施管理、监督、协调和服务,并有效营销。主要职责如下:①负责制定销售管理制度。拟定销售管理办法,建立销售管理渠道,协调、指导、检查、考核;②负责编制年、季、月产品销售计划,并随时关注生产计划的完成进度,监督产品质量;③及时做好对外销售点的联络工作,组织产品的运输和调配;④积极开展市场调查、分析和预测。做好市场信息的收集、整理和反馈,掌握市场动态,做好广告宣传,努力拓宽业务渠道,不断扩大公司产品的市场占有率;⑤负责做好产品的售后服务工作,经常走访用户,及时处理好用户投诉,保证客户满意,提高企业信誉。

2.树立正确的经营管理理念

经营就是在一定的社会制度和环境条件下,将劳动力、劳动资料和劳动对象结合起来,进行产品的生产、交换或提供劳务的动态活动;管理是指为了实现预定目标,对其经营活动中的劳动力和物资等进行计划、组织、协调、控制、监督的过程。工厂化无土栽培的经营管理要树立人才观念、法制观念、信息观念、效益观念和市场意识、竞争意识、成本意识、质量意识,抓好生产与销售管理。为了生产出更多质优价廉的产品,满足广大消费者的不同需要,应积极抓好以下几个方面:

(1)以市场需求为导向　首先要瞄准前沿市场,寻找市场隙缝,前沿市场在其超前性、高科技性的背后往往蕴含着新商机;其次要研究各地的政策动态和消费趋势,从价格、需求、心理上来分析,把握市场机会。在对市场的需求做出相对准确的预测后,制定企业经营销售计划,组织生产,才能保证产品有销路,企业有效益。

(2)选择名特优新的高档作物栽培,提高产品价值　工厂化无土栽培的生产设施先进,环境可控,运行费用较高。若主要生产普通蔬菜、花卉品种等,不能很好地发挥其设施、设备和技术的优势,效益也就得不到提高。因此,要针对市场需要,结合当地的经济水平和市场状况,在科技含量和品质上上档次,生产出市场上需要的高附加值的园艺经济作物和高档的园艺产品,才能赢得市场,进而实现较高的经济效益。

(3)以销定产,产销结合　用于无土栽培的花卉、蔬菜的种苗生命周期短,销售时效性强,如果不能及时销售出去,产品价值不能实现,养护费用会增加,就会影响经营效益的实现。要充分认识到销售工作的重要性,坚持以销促产、以产保销、协调发展的原则,稳步开拓市场。

(4)做好产(售)后工作,提高生产效益　工厂化无土栽培是按照工厂化生产流程进行的,要求生产、加工、贮藏、销售一条龙服务。在做好产前、产中工作的基础上,也应在产后保鲜处理、深加工处理和销售服务上下功夫,因为产后包装直接影响产品的品位、档次和交易价格。分级包装工作做得好,易于激发消费者购买的欲望,提振消费者的购买信心,促进产品市场销售。

(5)树立品牌　工厂化无土栽培以生产名特优高档花卉、蔬菜及其种苗为主,要坚持“质量第一”的方针,不断提高产品质量,确保比市场上其他同类产品质优价低,就会迅速占领市场;克服规模小、品种“小而杂”、市场竞争力不强的缺点;瞄准几个主打种类,不断扩大规模,形成品牌产品，提高规模效益。在不断做大做强的基础上，争取产品走向国际市场。

3. 制订并严格执行生产工艺流程

通过制订生产工艺流程(图 11-2-1)，明确栽培环节与操作节点的技术要点，规范技术操作行为，做到生产与技术环节前后衔接顺畅，利于保证栽培质量。工厂化无土栽培主要的支撑技术有营养液调配技术、基质消毒技术、工厂化育苗技术、环境调控技术、品质检测技术和采后处理技术等。主要的技术环节有品种选择、基质选择与消毒、播种、定植、环境调控、营养液管理、植株管理和品质检测和采后处理等，应做到品种和基质选择适宜、基质消毒彻底、播期和植期合理，环境、营养液和植株 3 方面管理科学、到位，产品达到无公害、绿色食品标准。

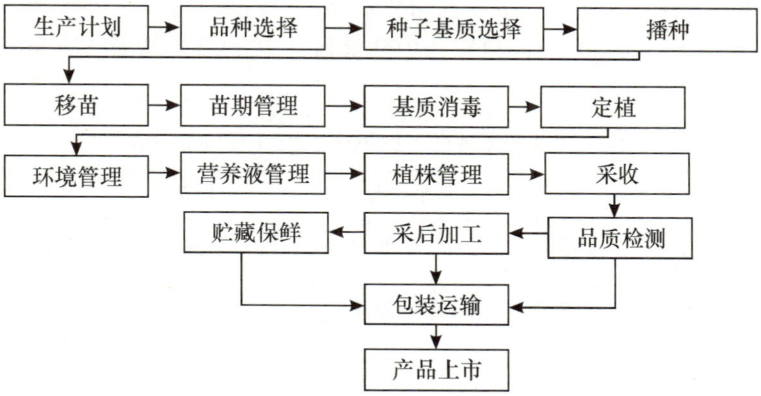

图 11-2-1 工厂化无土栽培生产工艺流程

4. 加强生产管理

生产管理就是计划、组织、协调、控制、监督生产的过程。蔬菜、鲜切花、盆花、种苗等工厂化无土栽培项目生产各有特点，生产组织与管理方面的要求也各不相同。因此，要实现预定生产目标，必须做好以下几点：①制订并执行科学、合理的生产计划和生产工艺流程，规范生产行为；②实行责任制管理、奖惩制和问责制，对每个生产环节都要及时检查、全面监控，及时处置生产中的问题；③管理档案完善，过程记录详细；④加强管理，控制成本，成本降低就等同于提高效益。

5. 注重员工培训

员工素质的高低，往往决定企业在产品质量、市场营销和服务水平上是否具有优势，而且无土栽培技术本身要求管理人员具备一定的文化素质和技术水平，否则难以取得良好的种植效果。因此，加强员工培训，提高员工业务素质，对于生产目标的实现有着举足轻重的作用。员工培训的内容主要包括两个方面：一是对企业管理制度的了解、熟悉；二是生产、销售各岗位应具备的专业基础知识、专业技术、操作技巧等，如病虫害防治、营养液调配、生产管理等。

6. 注意事项

作物无土栽培一般采取周年多茬次生产。在生产计划实施过程中应注意以下几点：

(1)严格按照生产计划组织生产。及时发现和解决生产问题，并在认为必要时，依生产实际情况，对生产计划进行微调。

(2)严格执行生产计划和生产工艺流程。

(3)生产部与销售部保持经常性的沟通，以便生产部根据市场变化和需求趋势，在可能的情况下，及时调整生产计划和上市时间；销售部随时把握产品生产的进程、产品预期上市时间与质量状况，以便统筹销售规划。

（4）加强人、财、物的合理调配和环境调控，确保生产性资源充分、合理地使用。

（5）做好因病虫害大量发生和出现灾害性天气而导致作物生产无法进行、严重减产或毁灭性影响的应急预案，使生产损失降至最低。

（四）案例列举

沈阳市城市公用集团农业发展有限公司建有生产加观光型蔬菜工厂化无土栽培基地，自主组织生产的同时，对外开放，接待游客观光与采摘。该基地分为番茄联合国、瓜果大本营、果蔬群英、奇异果园、蔬菜森林、特色种植等几个功能区。以下列举瓜果大本营一个功能区的生产计划安排（表 11-2-1），供参考。

表 11-2-1　瓜果大本营区生产计划要点（沈阳城市公用集团）

<table>
<tr><th>栽培种类</th><th>栽培品种</th><th>生产面积与生产量</th><th>操作节点</th><th>资金估算</th></tr>
<tr><td>黄瓜</td><td>绿色、白色水果黄瓜；稀刺黄瓜、其他黄瓜。</td><td>2 栋温室。其中，水果黄瓜栽植 1 栋温室，2 700 株；其他黄瓜栽植 1 栋温室，2 840 株。</td><td rowspan="3">第一批次育苗时间为 9 月 10 日，定植 10 月 8 日；
第二批次 10 月 10 日育苗，定植 11 月 10 日；
第三批次 11 月 15 日育苗，定植 12 月 20 日。
注：育苗期为 30 d，定植后 30 d 即可采摘。第一批次上市为 2012 年 11 月 10 日，每批次延后 1 个月，共分 3 个批次。每个品种分 3 次育苗、定植。</td><td>种子共 16 袋，合计约 1.0 万元。</td></tr>
<tr><td>礼品西瓜</td><td>春秀等绿皮红瓤品种；夏阑等黄瓤品种；冬雪双色品种。</td><td>1 栋温室，2 000 株。</td><td>种子共 41 袋，合计约 0.7 万元。</td></tr>
<tr><td>网纹甜瓜</td><td>沈玉系列 18 个品种，其他 14 个品种。</td><td>1 栋温室，2 000 株。</td><td>种子共 52 袋，合计约 1.0 万元。</td></tr>
</table>

注：栽培形式为基质槽培；分区分项目负责。

二、无土栽培成本核算

从经济学角度分析，无土栽培相对于土壤栽培在成本的投入上要高很多，它需要特定的设施、基质和营养液，在环境条件与技术上也比土壤栽培要求严格。无土栽培作为一种现代农业技术，虽然投入较高，但也是高产出、高收益，同时兼具观赏性。在可靠的技术作为后盾支持下，利用无土栽培技术所生产的农产品具有高产、优质以及利用人为控制设施环境条件进行错季生产的优势，将这些高档蔬菜、瓜果和优质花卉输送市场，可以取得比土壤栽培更高的经济效益。其经济效益究竟有多大，要经过科学缜密的经济核算来体现。生产基地或企业在进行经济核算时，一般多进行年度经济核算，即年利润＝年总收入－年总成本。也可采用一定时期内的总收入、总投入或按栽培茬次来计算。

（一）生产成本构成

无土栽培产品的生产成本包括基础建设投资、直接生产成本和制造费用。其中，基础建设投资包括征税设施建设费用、生产设备购置费等，按年折旧计算到每年的投资成本；直接生产成本主要包括直接原料、直接人工、燃料和动力3项支出，也有人将直接生产成本分为无土栽培设施建造成本和运转成本2项成本支出；制造费用包括管理人员工资、职工福利、折旧费、维修费、修理费及办公费、差旅费、劳保费等。

1. 基础建设投资

(1)土地出让金或土地使用费摊销　企业自有土地用于无土栽培项目的实施，应该计入土地出让金摊销，自取得证书之日起到终止日期之间按年限进行摊销。企业通过租赁来的土地进行该项目的实施，计入土地使用费摊销。

(2)建造温室/大棚工程费用摊销　在项目用地上建造温室或大棚，用于无土栽培项目生产，可比照建筑物摊销，年限为20年。

(3)固定资产购置折旧　无土栽培一般多为立体栽培，以达到提高土地使用率和扩大收益的目的。种植槽作为承载的器具是必不可少的。如果种植槽单价为2 000元以上且可循环使用，可视作“固定资产”，可用直线法计提折旧。采购的设备费作为固定资产处置。

2. 直接生产成本

(1)直接材料　直接材料是指直接用于生产的原材料、辅助材料和备品备件等。在无土栽培的直接材料构成包括种子(苗)、基质、营养液、水电和工(器)具等。无土栽培设施建造费用也纳入直接材料核算成本。

(2)直接人工　直接人工是指一线生产人员的薪酬，贯穿作物无土栽培整个生长周期的始终。在农业领域人工费用是成本中最好控制、也是最重要的一项生产成本。直接人工的核算一定要因地制宜，不同地区、不同时节的人工费用有很大差别。核算人工费用时一定要考虑工人的性别、是否农忙时节，以及当地的整体经济水平。三种因素的影响程度比较结果是区域＞农时＞性别。必要时可到实地调查核实。

(3)燃料和动力　燃料和动力是指机械在运转或施工作业中所耗用的企业自制或外购的固体燃料、液体燃料等费用。如取暖和照明用的煤、电、木炭、木材等燃料和园艺机械所用的汽油、柴油等。

3. 无土栽培设施的建造成本

(1)槽培　槽培的栽培槽可用砖、水泥、混凝土、竹竿或木板条等制成，多用红砖建造。红砖的规格为长24 cm、宽12 cm、高5 cm。栽培槽高20 cm(4块砖叠起)，内径宽48 cm(2块砖横放)，长度根据温室的地形而定。现代大型温室的栽培槽长度可达30 m；日光温室的栽培槽长度只有5～6 m。砖垒上即可，不用砌，以利植物根系的通气。栽培槽底部铺一层0.1 mm厚的塑料薄膜，基质填入槽内。每亩槽培设施一次性投资7 200元(表11-2-2)。

表11-2-2　槽培一次性投资(栽培面积667 m^2)

类别	数量	一次性投资/元	折旧年限/年	每年折旧平均/元
基质	30 m^3	2 500	3～4	625
红砖	1万块	2 000	10	200
灌溉设备	栽培槽、管道等	2 000	10	200
聚乙烯薄膜	60 kg(0.1 mm厚)	700	3	233
合计		7 200		1 258

注：日光温室生产每亩需投资5万元，折旧年限10年，年均5 000元；塑料大棚5 000元，年均500元；现代化大型温室10万元，年均1万元。

(2)袋培　一般用乳白色聚乙烯薄膜(0.1 mm 厚)做成长 70～100 cm、宽 35 cm 的栽培袋。袋培基质用量每亩需要 18 m^3。滴灌供液，每株至少需要安装 1 个滴头。这样每亩袋培一次性投资约需 7 500 元(表 11-2-3)。

表 11-2-3　袋培一次性投资(栽培面积 667 m^2)

类 别	数 量	一次性投资/元	折旧年限/年	每年折旧平均/元
基质	18 m^3	1 500	3～4	500
聚乙烯薄膜栽培袋	60 kg(0.1 mm 厚)	700	3	233
灌溉设备	栽培槽、管道等	5 300	10	500
合计		7 500		1 233

(3)岩棉培　育苗用的岩棉块规格为 7.5 cm×7.5 cm×5 cm，定植用的岩棉种植垫规格为 100 cm×20 cm×9 cm。岩棉块和种植垫的外面用乳白色塑料薄膜包裹，以防止营养液蒸发。滴灌供液，每株至少设置 1 个滴头。每亩一次性投资约 8 500 元。如果营养液循环利用，则投资略高。由于我国农用岩棉的质量还未完全过关，因而限制了岩棉栽培技术在生产上的应用。

(4)基质水培　这是一种基质与水培相结合的栽培方式。栽培槽呈"V"字形，槽口宽 20 cm，槽深 20 cm，槽长一般为 5～10m。在槽的中部(离基部 10 cm)有一层铁栅栏，上铺一层纱网，其上再填入 10 cm 厚的粗蛭石，铁栅栏下部为流动的营养液。栽培槽略有倾斜，营养液用水泵抽出后从栽培槽高端流向低端，然后进入排水槽，最后又回到营养液池中，进行循环利用。栽培槽可以用土、水泥或铁皮制成。土制栽培槽每亩一次性投资约 5 000 元，水泥制栽培槽每亩一次性投资约 8 000 元，铁皮制栽培槽每亩一次性投资约 1 万元。

(5)营养液膜水培　这种无土栽培方法是用铁皮或泡沫塑料板或硬质塑料做成深度约 10 cm、宽为 10～20 cm 的栽培槽，槽长 5～20 m，依温室形状而定。栽培槽也可用水泥砌成，主要种植叶菜类作物。目前生产上使用的营养液膜设备，每亩一次性投资约 3.5 万元；简易营养液膜栽培时，每亩一次性投资也不少于 1.5 万元。

(6)深液流法和动态浮根法　这两种无土栽培方法都属于深水栽培法。栽培槽用泡沫塑料板、水泥等制成。槽深 10 cm，槽宽 50～100 cm，槽长为 5～15 m。每亩一次性投资不少于 1.5 万～2.0 万元。

(7)浮板毛管水培法　用聚苯乙烯塑料泡沫板做成栽培槽，长 15～20 m，宽 40～50 cm，高 10 cm，槽内铺 0.8 mm 厚的聚乙烯薄膜，营养液深 3～6 cm，液面漂浮 1.25 cm 厚的泡沫板，宽 12 cm，上覆亲水性的无纺布，两侧延伸入营养液内，营养液循环利用。每亩地一次性投资需 15 万～20 万元。

(8)有机生态型无土栽培　每亩有机生态型无土栽培系统的一次性投资为 6 300 元(表 11-2-4)。

表 11-2-4　有机生态型无土栽培系统一次性投资(栽培面积 667 m^2)

类别	一次性投资/元	折旧年限/年	每年折旧平均/元
栽培槽框架	2 000	10	200
基质	3000	3	1 000
塑料软管	200		200
输水管道	500	10	50
塑料薄膜	600	3	200
合计	6 300		1 650

(二)无土栽培成本的核算程序与方法

1. 核算程序

作物无土栽培成本的核算程序包括归集生产费用、分配生产费用和计算农产品成本的全过程。对于直接生产成本,借记"生产成本"账户;对于发生的间接费用,先在"制造费用"账户的借方进行归集,期末按一定的标准分配后转入"生产成本"账户。"生产成本"账户一般按栽培项目设置明细分类账,并按成本项目分设专栏。期末将完工农产品成本从"生产成本"账户转入"库存商品"账户。由于农产品生产周期较长,产品单一,收获期比较集中,在年度中间各项费用和用工发生又不均匀,为适应这些特点,一般规定为一年计算一次成本。

2. 核算方法

作物无土栽培,从无土栽培设施建造、育苗、栽培到采收、产后处理等各个环节发生的各项费用,统称为直接生产费用,再加上制造费用和基础建设投资(折旧),构成产品的生产成本,再除以无土栽培面积,即可计算出单位面积的农产品生产成本。

(三)无土栽培效益分析

从理论上来说,上述成本即构成了无土栽培项目的全部成本。较高的成本支出成为无土栽培企业一块巨大的绊脚石。只有因地制宜地进行成本分析,整合行业、企业资源,合理控制成本,达到有效资源规模化利用,才能更充分发挥无土栽培的高产量、高品质、高价值的自身优势,使企业经济效益最大化。以下是不同地区、不同栽培模式的效益分析。

1. 基质槽培

北京通县宋庄在 1990 年 8 月中旬播种的卡鲁索番茄,到 1991 年 2 月下旬开始收获,亩产番茄 5 000 kg,按平均 4 元/kg 计,收入 2 万元;春茬于 3 月中旬定植伊丽莎白甜瓜,6 月收获,亩产甜瓜 1 000 kg,平均售价 7 元/kg,收入 7 000 元。基质栽培 10 个月,每亩产值 2.7 万元,扣除设备、肥料和人工的成本 7 000 元,每亩盈利 2 万元。而同期的土壤栽培每亩收入为 1.2 万元,扣除人工费和肥料费 4 000 元,每亩盈利 8 000 元,显然无土栽培的经济效益高于土壤栽培。

2. 蛭石培

山东省胜利油田及其附近的土壤严重盐渍化,连作病害多。胜利油田采用蛭石作基质,进行无土栽培番茄和黄瓜,取得了很好的经济效益(表 11-2-5)。

表 11-2-5 胜利油田无土栽培与土耕地栽培产量产值比较

作物	栽培方式	产量/(kg/667 m^2)	产值/(元/667 m^2)	增产/%	生产成本/(元/kg)
番茄	无土栽培	6 916	10 237	327	0.55
	土壤栽培	2 376	3 123	100	0.68
黄瓜	无土栽培	5 970	8 088	463	0.34
	土壤栽培	2 235	1 746	100	0.61

3. 有机生态型无土栽培

由表 11-2-4 可知,每亩有机生态型无土栽培系统的一次性投资为 6 300 元。但由于栽培系统建好后可使用多年,按使用年限折旧后,每年栽培系统的折旧费用约为 1 650 元,再加上肥料每年平均 1 000 元和人员工资(按 2 亩/人计算)2 400 元,则每亩有机生态型无土栽培系统每年的生产成本约为 5 050 元。经济效益以番茄为例,每年每亩番茄产量为 1.3 万 kg,按一般市场平均单价 1.5 元/kg 计,番茄销售收入为:1.3×1.5=1.95(万元),扣除生产成本 0.5 万元,则每亩每年纯收入为 1.45 万元。如按高档精品蔬菜的价格出售给高级饭店、宾馆或出口,则产值和利润应当更高。如进行规模化生产(100 亩以上),其利润更为可观。

三、农产品销售合同

农产品销售合同是买卖双方在平等协商的基础上签署的销售合同文本,具有法律效力。合同主要条款包括以下几方面:

(1)产品的要求:产品名称、编号、数量、规格、质量、包装等。

(2)产品的交货:交货的时间、地点、方式和运输的方式、路线、运费承担等。

(3)产品验收:验货地点、验货方式与验收期限。必须在合同中规定买方在收到货物之日起多少日内验收完毕。

(4)产品价格:产品单价、总金额。

(5)货款结算:结算方式、结算期限等。其中,结算期限要清楚、具体,明确规定在多少日内或者某期限之前付款,如不要描述为"交货后付款",而要描述为"卖方交付货物之日起多少日内付清全款"。货款结算也不要以某一事件作为付款的条件。此外,分批结算时,定金应约定在最后一次结算时扣除。

(5)违约责任:违约责任的界定和违约经济负担的比例等。

(6)纠纷裁决约定:解决纠纷的仲裁机关,最好写明纠纷解决法院为卖方所在地法院。

(7)买卖双方信息及都写上公司名称、地址、开户行名称、账号等等。

注意合同执行过程中,容易出问题的地方是货物名称、编号、数量、交货日期、交货方式、付款方式、违约责任、运输线路、运费承担以及延期交货违约金处理等。

【拓展学习】

花卉市场需求调查

市场需求状况是生产计划制定的重要依据,是基于市场调研而做出的科学预测。企业开展花卉市场需求状况调查时,一是要搞好人口数量、年龄结构及其发展趋势的预测。因为人口数量通常决定某地区的平均消费水平,而人口年龄结构则影响着花卉产品的结构,如青年人居多的城市,对表达爱情寓意的鲜切花产品需求量大。二是家庭的收入水平。家庭收入水平的高低,决定着花卉消费支出占家庭消费支出的比例。家庭收入越高,对花卉消费量越大。三是要做好市场占有率的调查与预测。所谓市场占有率是指企业某种产品的销售量或销售额与市场上同类产品的全部销售量或销售额之间的比率。对于花卉产品来说,影响市场占有率的因素主要有花卉的品种、质量、花期、销售渠道、包装、保鲜程度、运输方式和广告宣传等。由于市场上同一种花卉往往由若干企业生产,消费者可任意选择,这样某个企业生产的花卉能否被消费者接受,主要取决于与其他企业生产的同类花卉相比,在质量、价格、花期应时与否、包装等方面处于什么地位，若处于优势，则销售量大，市场占有率高，反之则低。通过市场调研、分析预测，进而得出科学的结论，并以此结论为指导，才能确保花卉企业生产经营决策的正确性和生产计划制订的科学性，才能增强花卉工厂化无土栽培生产的针对性，从而避免生产的盲目性。

【学习总结】

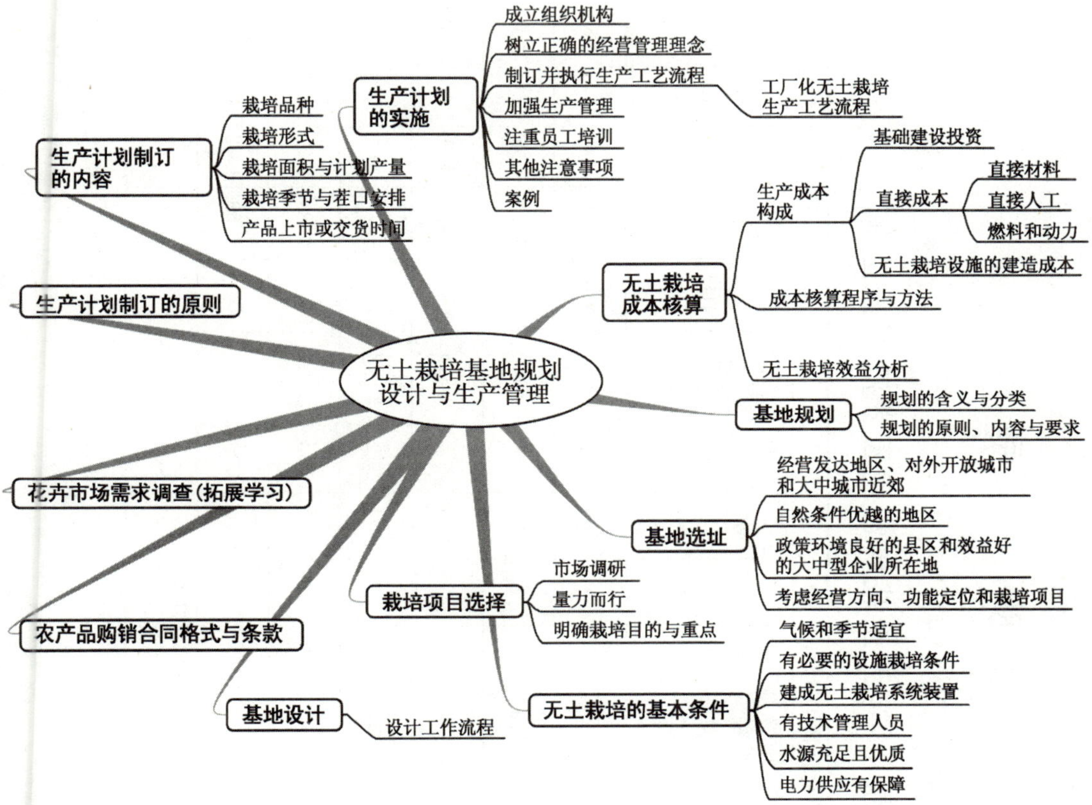

【能力测试】

1. 从事无土栽培基地规划设计人员应具备哪些知识与能力？
2. 规划无土栽培基地应考虑哪些问题？正式规划设计之前，应做好哪些准备工作？
3. 无土栽培基地建设项目规划书都包括哪些内容？
4. 制订生产计划需要掌握哪些信息？
5. 如何评价生产计划的编制质量？
6. 如何控制无土栽培生产成本，扩大无土栽培效益？
7. 起草农产品购销合同时应注意哪些问题？
8. 你认为北方地区生产观光功能叠加型企业的员工应具备哪些能力？

附　　录

附录Ⅰ　无土栽培常用营养液配方选集

营养液配方名称及适用对象	盐类化合物用量/(mg/L)											元素含量/(mmol/L)							备注
	四水硝酸钙	硝酸钾	硝酸铵	磷酸二氢钾	磷酸氢二钾	磷酸氢二铵	硫酸铵	硫酸钾	七水硫酸镁	二水硫酸钙	总盐含量/(mg/L)	N		P	K	Ca	Mg	S	
												NH_4^+-N	NO_3^--N						
Knop(1865)古典通用水培配方	1 150	200		200					200		1 750		11.7	1.47	3.43	4.88	0.82	0.82	现在仍可使用
Hoagland 和 Amon (1938)通用	945	607				115			493		2 160	1.0	14.0	1.0	6.0	4.0	2.0	2.0	通用配方,1/2剂量为宜
Hoagland 和 Snyder (1938)通用	1 180	506		136					693		1 315		15.0	1.0	6.0	5.0	2.0	2.0	通用配方,1/2剂量为宜
Amorn 和 Hoagland (1940)番茄配方	708	1 011				230			493		2 442	2.0	16.0	2.0	10.0	3.0	2.0	2.0	番茄配方,可通用,1/2剂量为宜
Rothansted 配方 A (pH 值 4.5)(1952)		1 000		450	67.5				500	500	2 518		9.89	3.70	14.0	2.9	2.03	2.03	英国洛桑试验站配方,可通用,1/2 剂量为宜
Rothansted 配方 B (pH 值 5.5)(1952)		1 000		400	135				500	500	2 535		9.89	3.72	14.4	2.9	2.03	2.03	
RotharLsted 配方 C (pH 值 6.2)(1952)		1 000		300	270				500	500	2 570		9.89	3.75	15.2	2.9	2.03	2.03	

续表

营养液配方名称及适用对象	盐类化合物用量/(mg/L)										元素含量/(mmol/L)							备注
	四水硝酸钙	硝酸钾	硝酸铵	磷酸二氢钾	磷酸氢二钾	磷酸氢二铵	硫酸铵	硫酸钾	七水硫酸镁	二水硫酸钙	总盐含量/(mg/L)	N		P	K	Ca	Mg	S	
												NH_4^+-N	NO_3^--N						
Copper(1975)推荐NFT使用的配方	1 062	505		140					738		2 445		14.0	1.03	6.03	4.5	3.0	3.0	可通用,1/2剂量为宜
荷兰温室作物研究所岩棉培滴灌用配方	886	303		204			33	218	247		1 891	0.5	10.5	1.5	7.0	3.75	1.0	2.5	以番茄为主,可通用
荷兰花卉研究所,岩棉培滴灌用配方	600	378	64	204					148		1 394	0.8	8.94	1.5	5.24	2.2	0.6	0.6	以非洲菊为主,可通用
荷兰花卉研究所,岩棉培滴灌用配方	786	341	20	204					185		1 536	0.25	10.3	1.5	4.87	3.33	0.75	0.75	以玫瑰为主,可通用
Sideris和Young(1949),铵型,凤梨、茶、杜鹃等水培、沙培用配方				68.5			132	174	246	172	793	2.0		0.5	2.5	1.0	1.0	4.0	强生理酸性配方
日本园试配方(1966),通用	945	809				153			493		2 400	1.33	16.0	1.33	8.0	4.0	2.0	2.0	通用配方,1/2剂量为宜
日本山崎甜瓜配方(1978)	826	607				153			370		1 956	1.33	13.0	1.33	6.0	3.5	1.5	1.5	按照作物吸水吸肥同步的规律n/w值确定的配方,稳定性好
日本山崎黄瓜配方(1978)	826	607				115			483		2 041	1.0	13.0	1.0	6.0	3.5	2.0	2.0	
日本山崎番茄配方(1978)	354	404				77			246		1 081	0.67	7.00	0.67	4.0	1.5	1.0	1.0	

续表

营养液配方名称及适用对象	盐类化合物用量/(mg/L)											元素含量/(mmol/L)								备注
	四水硝酸钙	硝酸钾	硝酸铵	磷酸二氢钾	磷酸氢二钾	磷酸氢二铵	硫酸铵	硫酸钾	七水硫酸镁	二水硫酸钙	总盐含量/(mg/L)	N: NH_4^+-N	N: NO_3^--N	P	K	Ca	Mg	S	
日本山崎甜椒配方(1978)	354	607				96			185		1 242	0.83	9.00	0.83	6.0	1.5	0.75	0.75	
日本山崎莴苣配方(1978)	236	404				57			123		820	0.5	6.00	0.5	4.0	1.0	0.5	0.5	
日本山崎茼蒿配方(1978)	472	809				153			493		1 927	1.33	12.0	1.33	8.0	2.0	2.0	2.0	按照作物吸水吸肥同步的规律 n/w 值确定的配方，稳定性好
日本山崎草莓配方(1978)	236	303				57			123		719	0.5	7.0	0.5	3.0	1.0	0.5	0.5	
日本山崎茄子配方(1978)	354	708				115			246		1 423	1.00	10.0	1.0	7.0	1.5	1.0	1.0	
日本山崎鸭儿芹配方(1978)	236	708				192			246		1 380	1.67	9.0	1.67	7.0	1.0	1.0	1.0	
山东农业大学西瓜配方(1978)	1 000	300		250				120	250		1 920		11.5	1.84	6.19	4.24	1.02	1.71	山东大面积使用可行
山东农业大学番茄、辣椒配方(1986)	910	238		185					500		1 833		10.11	1.75	4.11	3.85	2.03	2.03	

续表

营养液配方名称及适用对象	盐类化合物用量/(mg/L)											元素含量/(mmol/L)							备注
	四水硝酸钙	硝酸钾	硝酸铵	磷酸二氢钾	磷酸氢二钾	磷酸氢二铵	硫酸铵	硫酸钾	七水硫酸镁	二水硫酸钙	总盐含量/(mg/L)	N		P	K	Ca	Mg	S	
												NH_4^+-N	NO_3^--N						
华南农业大学番茄配方(1990)，pH 值 6.2～7.8	590	404		136					246		1 376		9.0	1.0	5.0	2.5	1.0	1.0	
华南农业大学果菜配方(1990)，pH 值 6.4～7.2	472	404		100					246		1 222		8.0	0.74	4.74	2.0	1.0	1.0	广东大面积使用可行，也可通用
华南农业大学农化室叶菜配方 A(1990)，pH 值 6.4～7.2	472	267	53	100				116	264		1 254	0.67	7.33	0.74	4.74	2.0	1.0	1.67	
华南农业大学叶菜配方 B(1990)，pH 值 6.1～6.3	472	202	80	100				174	246		1 274	1.0	7.0	0.74	4.74	2.0	1.0	2.0	适宜于易缺铁的作物
华南农业大学豆科配方(1990)，pH 值 6.0～6.5		322		150					150	750	1 372		3.19	1.11	4.3	4.32	0.61	4.97	含 N 低，非豆科不宜

附录Ⅱ 无土栽培课程考核方案(参考)

考核项目	考核标准	考核形式	分值权重系数
实训(习)表现	实训(习)态度端正,遵章守纪,操作认真、主动;积极思考,有责任意识、质量意识、成本意识、市场意识、岗位意识和团结协作、创新精神。	现场观察;跟踪考核	0.05
营养液配制	配方适用,准备充分,计算准确,操作规范、熟练,营养液无沉淀物;能够结合作物、生育期、栽培季节和设施环境特点科学检测和有效调整营养液。	现场操作;口试;技能比赛	0.15
基质选择与处理	基质选择合理、针对性强,理化性质测定准确,混配与消毒方法适宜,相关操作规范、熟练,混配均匀,消毒彻底。	现场操作;口试;技能比赛	0.1
基地规划与设施建造	基地规划设计科学、合理,符合实际,针对性强,无土栽培设施结构合理,建造质量高,经济适用。	批阅规划设计书;现场操作;实地检查	0.1
栽培管理与效果	生产计划制定科学、合理并能够有效实施;生产成本控制有效,市场与经济效益预测比较准确。	批阅生产计划书和生产成本与效益分析表;周边市场调查报告	0.1
	无土育苗方式方法选择合理,育苗计划能够满足栽培和市场的需要,相关操作规范、熟练。	现场操作;实地检查;批阅育苗计划书	0.1
	营养液管理科学,调控及时,满足作物需要;基质定期洗盐及时、有效;植株管理到位;环境调控及时、有效,针对性强。	现场操作;跟踪考核;口试	0.1
	田间调查认真,记录全面、真实,能够正确分析和有效解决生产中问题;秧苗健壮,苗龄适宜,壮苗率高;作物长势好,产量高,品质好;市场销售状况良好。	现场检查;口试;跟踪考核;检查相关记录	0.2
实训总结报告与课程论文	思路清晰,观点正确,论证充分,有创新性;体例正确,字迹工整,上交及时。	批阅实训报告或课程论文	0.1

附录Ⅲ 项目/任务________学习评价表

课堂表现	实操效果	知识运用	项目/任务实践		综合评价
□态度端正 □出勤率高 □方案/作业上交及时 □积极思考 □学习认真	□方案格式正确、内容全面,可操作性强 □操作规范 □操作熟练 □达到质量要求	□记忆准确 □理解到位 □活学活用 □分析解决问题能力强	□出勤率高 □管理到位 □团队精神强 □有责任心 □有成本意识 □抗压能力强	□遵章守时 □执行力强 □工作主动 □职业意识强 □有创新意识 □管理效果好	□优秀 □良好 □一般

注:1. 每个考核项目类别中有90%以上选项被选中为优秀,80%选项被选中为良好,60%选项被选中为一般。

2. 个人最终评价为个人自评、组员互评、组长评价和教师评价的平均结果。

参考文献

[1] 郭世荣.无土栽培学[M].北京:中国农业出版社,2003.

[2] 王久兴,王子学.现代蔬菜无土栽培[M].北京:科学技术文献出版社,2005.

[3] 范双喜.现代蔬菜生产技术全书[M].北京:中国农业出版社,2004.

[4] 凌云昕,檀彦军.西瓜、甜瓜栽培新技术[M].北京:河北科学技术出版社,2002.

[5] 王振龙.无土栽培教程[M].北京:中国农业大学出版社,2008.

[6] 蒋卫杰.蔬菜无土栽培新技术(修订版)[M].北京:金盾出版社,2012.

[7] 柴敏,等.特色番茄、彩色甜椒新品种及栽培技术[M].北京:中国农业出版社,2006.

[8] 张福墁.设施园艺学[M].北京:中国农业大学出版社,2001.

[9] 李式军,郭世荣.设施园艺学[M].北京:中国农业出版社,2011.

[10] 蒋卫杰.蔬菜无土栽培新技术[M].北京:金盾出版社,2007.

[11] 邢禹贤.新编无土栽培原理与技术[M].北京:中国农业出版社,2001.

[12] 余宏军.蔬菜有机生态型无土栽培问答[M].北京:中国农业出版社,2007.

[13] 陈海生.营养液膜栽培和深水培对樱桃番茄叶水势影响[J].农机化研究,2005,7(4):57-59.

[14] 李能芳,刘永富.无公害蔬菜栽培技术[M].四川:四川科学技术出版社,2004.

[15] 王久兴.图解蔬菜病虫害防治[M].天津:天津科学技术出版社,2002.

[16] 刘世哲.现代实用无土栽培技术[M].北京:中国农业大学出版社,2001.

[17] 葛红英,江胜德.穴盘种苗生产[M].北京:中国林业出版社,2003.

[18] 史宣杰,段敬杰,魏国强,等.当代蔬菜育苗技术[M].郑州:中原出版传媒集团,中原农民出版社,2013.

[19] 葛晓光.新编蔬菜育苗大全[M].北京:中国农业出版社,2006.

[20] 李加旺,等.黄瓜栽培科技示范户手册[M].北京:中国农业出版社,2008.

[21] 辜松.蔬菜工厂化嫁接育苗生产装备与技术[M].北京:中国农业出版社,2006.

[22] 王秀峰,陈振德.蔬菜工厂化育苗[M].北京:中国农业出版社,2000.

[23] 妖妖.在阳台种美味:耕事 厨事 心事[M].北京:电子工业出版社,2012.

[24] 高志奎,李明.蔬菜栽培学各论[M].北京:中国农业科学技术出版社,2006.

[25] 蒋卫杰, 刘伟, 郑光华. 蔬菜无土栽培新技术[M].北京: 金盾出版社, 1998.

[26] 陈杏宇.蔬菜栽培[M].北京:高等教育出版社,2005.

[27] 陈伦寿,陆景陵.蔬菜营养与施肥技术[M].北京:中国农业出版社,2002.

[28] 张志良,瞿伟菁.植物生理学实验指导[M].北京:高等教育出版社,2003.

[29] 陈海生.深水培栽培樱桃番茄营养液溶氧量变化分析[J].农机化研究,2005,3(2):174-175.

[30] 王久兴.深液流管道水培系统的研制[J].湖北农业科学,2008,47(1):101-103.

[31] 刘金华.有机生态型小西瓜无土栽培周年生产技术[J].蔬菜,2003,4:3-4.

[32] 汪晓云,杨其长.墙面立体无土栽培设施及配套栽培技术[J].农业工程技术(温室园艺),2006,10(25):34-36.
[33] 陈胜萍.番茄树无土栽培设施及配方施肥栽培技术研究[J].中国农学通报,2008 ,24(9):305-307.
[34] 万正林,李立志.南方樱桃番茄树设施生产技术规程[J].热带农业工程,2012,36(4):11-13.
[35] 黄渊军. 长江下游地区番茄树的高产栽培技术[J].长江蔬菜,2011,11(15):43-44.
[36] 张原.屋顶农业之阳台种菜研究[J].长江蔬菜,2012,2(8):1-4.
[37] 妙妙. 阳台种菜全攻略(一)[J].家长,2010,4(1):43-44.
[38] 谭学文.温室番茄岩棉栽培技术及经济效益分析[J],北京农业科学,1996,14(3):39-40.
[39] 江南,郑芝波,等.华南地区夏季黄瓜岩棉浅水层栽培技术及应用效果[J],广东农业科学,2005(3):36-37.
[40] 郑光华. 动态浮根系统的原理和方法[J].中国蔬菜,1992(增刊):47-49.
[41] 师长俭,等. 浮根水培设施的结构、性能及增产效应[J].广东农业科学,1996(5):16-17
[42] 师长俭,郑锦荣,梁肇均,等.蔬菜浮根水培的结构性能及应用[J].长江蔬菜,1998(9):30-31.
[43] 王敏,梁振深,肖日新,等. 海南甜瓜椰糠基质栽培技术规程[J].广东农业科学,2010(4):56-58.
[44] 曾德辉,罗微.海南厚皮甜瓜无土栽培技术[J].热带农业科学,2005,4(8):30-33.
[45] 薛义霞.我国蔬菜无土育苗技术研究进展[J].陕西农业科学,2003(3):33-36.
[46] 徐龙.日光温室的几种消毒方法[J].农村实用技术与信息,2000(11):26.
[47] 陈冠铭,林亚琼,陈黎明.海南设施厚皮网纹甜瓜安全高产栽培技术[J].中国蔬菜,2012(7):48-50.
[48] 庄华才,叶榛华,等.深池浮板栽培蔬菜技术及其应用[J].现代农业装备,2008(12).50-52.
[49] 南雄雄,王昊,时新宁,等. 气雾栽培脱毒马铃薯关键技术[J]. 宁夏农林科技, 2012,53(3):5-7.
[50] 肖英奎,等.马铃薯微型薯气雾培营养液研究综述[J].农机化研究,2011,10:221-223.
[51] 方贯娜,庞淑敏,李建欣,等,马铃薯雾培管理新技术——槽内打顶整根[J].中国蔬菜,2009(15):39-40.
[52] 王东旭,张路,王华森,等.气雾栽培对生菜品质的影响[J].长江蔬菜,2012(24):46-48.
[53] 彭世勇等.紫背天葵立体盆式基质栽培技术[J].辽宁农业职业技术学院学报,2013,3:23-25.
[54] 陈祥,冯义龙.新型环保栽培基质——椰糠[J].中国花卉报,2009,5,7.
[55] 李霞,吕国华,孟胜.基质开发的研究现状、存在问题及发展趋势[J].安徽农学通报,2005,11(7):28-29.
[56] 张锡玉,刘文波.空心菜深液流浮板栽培技术[J].蔬菜,2006(3):19.
[57] 高运茹,等.我国花卉无土栽培及其研究现状[J].河北林业科技,2012,(3):39-40.
[58] 张施君,盛爱武,周厚高.水培花卉[M].贵州:贵州科技出版社,2006.

[59] 沈强，赵鹏. 红掌切花温室无土栽培技术[J]. 中国花卉盆景，2001，11：18-19.
[60] 袁财富，杨红云，肖自芬. 蔬菜常见生理性病害的识别与防治[J]. 西北园艺，2010(9)：39-40.
[61] 597 苗木网. 常见的花卉生理性病害详细介绍[EB/OL]. http://www.597 mm.com/news/show.php? itemid=8090
[62] 鞠庆华，孟保根. 温室草莓架式基质栽培新法[EB/OL]. 南京：江苏为农服务网，2013-03-28 [2013-03-28]. http://www.js12316.com/folder4/folder22/2013/03/2013-03-2813627_2.html.